机载弹药精确制导原理
（第2版）

主　编　丁达理
副主编　胡　斌　唐上钦　王　渊

国防工业出版社
·北京·

内容简介

本书共分9章，第1章介绍了机载精确制导武器的总体技术，第2~8章分别介绍了激光精确制导、电视精确制导、红外寻的制导、雷达制导、GPS/INS制导、多模复合精确制导及其他制导方式的工作原理，第9章介绍了部分相关新概念武器。

本书适合从事机载弹药精确制导研究的科研人员，特别是军事科研人员、广大部队指战员以及院校相关专业的师生参考。

图书在版编目（CIP）数据

机载弹药精确制导原理 / 丁达理主编. --2版.
北京：国防工业出版社，2024.9. -- ISBN 978-7-118-13354-7

Ⅰ. TJ765.3

中国国家版本馆CIP数据核字第2024JZ1824号

※

国防工业出版社出版发行
（北京市海淀区紫竹院南路23号　邮政编码100048）
三河市天利华印刷装订有限公司印刷
新华书店经售

*

开本 787×1092　1/16　印张 22½　字数 518 千字
2024年10月第2版第1次印刷　印数 1—2000 册　定价 98.00 元

（本书如有印装错误，我社负责调换）

国防书店：(010) 88540777　　书店传真：(010) 88540776
发行业务：(010) 88540717　　发行传真：(010) 88540762

本书编委会

主　　　编：丁达理
副　主　编：胡　斌　唐上钦　王　渊
编写组成员：周　欢　倪　东　任　波　黄长强
　　　　　　王　勇　王　杰　谭目来　谢　磊
　　　　　　杜海文　曹林平　葛贤坤　胡　杰
　　　　　　曹　胜　刘远飞　黄　振　张益进

前　言

20世纪末到21世纪初，世界上几场高科技局部战争有两个非常鲜明的特点：一是空军的作用越来越重要；二是精确制导武器的使用比例越来越高，起到的作用越来越大。在今天，精确制导武器装备的拥有程度和运用能力已成为衡量一个国家军事现代化程度的重要标志。

制导武器之所以区别于常规弹药，在于它飞行过程中的轨迹可以受到制导与控制系统的控制，从而精确命中目标。机载精确制导武器是从飞机上发射的精确制导武器，其技术是现代武器中发展最快的高科技之一，是一项复杂的系统工程。本书纵向和横向涉及的军事高技术知识面较广。为了使纵向涉及的各军事高技术领域的内容完整广博，本书在分门别类、深入浅出地介绍其原理、方法和技术的同时，力求引入实战应用、对抗措施、发展前景等。本书涉及的横向内容只是按其特定要求选取均是应用技术中大部分的主要方面，这种相对完整性基本适合本科教学的实际需要。

为了掌握这门课程，除了学习一般工程基础知识外，还应事先了解导弹飞行力学、自动控制原理、电子技术、雷达原理、计算机技术等多种技术知识。以战术导弹制导和控制系统为主，侧重基本原理和基本方法的论述，每个主要章节都给以典型实例，做到理论与实际相结合。

本书以介绍精确制导武器原理为主，为突出机载应用的特点，重点介绍了一些典型的机载制导弹药的原理。第1章介绍了机载精确制导武器的总体技术，第2~8章分别介绍了激光制导、红外制导、电视制导、雷达制导、GPS/INS制导、多模复合制导的工作原理，第9章介绍了部分相关新概念武器。本书在第1版的基础上，更新和增加了总体技术的内容，新增了部分相关新概念武器，完善了红外制导和雷达制导技术的内容。

本书由空军工程大学丁达理主编。参加本书编写的还有胡斌、唐上钦、王渊等，周欢、倪东、任波、王勇、王杰、谭目来、谢磊对本书作出了贡献，西北工业大学卢晓东、周军等对本书的导引头的功能与结构等章节提供了很大的支持。在这里对上述所有同志为本书付出的辛勤劳动与大力支持致以衷心的感谢。向本书引用的参考文献的各位作者表示诚挚的谢意，感谢他们的劳动丰富了该书的内容。

由于编者水平有限，时间又比较紧迫，书中错误和疏漏之处在所难免，敬请同行专家和广大读者予以指正。

编　者
2024年8月

目 录

第1章 机载精确制导武器总体技术 ... 1
1.1 概述 ... 1
1.1.1 基本概念 ... 1
1.1.2 机载精确制导武器的发展 ... 1
1.2 机载精确制导武器主要分系统采用的技术 ... 5
1.2.1 制导技术 ... 5
1.2.2 控制技术 ... 7
1.2.3 推进技术 ... 12
1.2.4 战斗部技术 ... 13
1.2.5 隐身技术 ... 14
1.3 机载精确制导武器对未来作战的影响 ... 14
1.3.1 对空袭作战的影响 ... 14
1.3.2 对防空作战的影响 ... 15

第2章 激光精确制导原理 ... 16
2.1 激光概述 ... 16
2.1.1 激光的四大特点 ... 16
2.1.2 激光的传输特性 ... 18
2.2 激光制导武器概述 ... 20
2.2.1 激光寻的制导 ... 21
2.2.2 激光波束制导 ... 26
2.2.3 激光指令制导 ... 29
2.3 机载激光制导武器的制导规律 ... 30
2.3.1 姿态追踪法制导 ... 30
2.3.2 速度追踪法制导 ... 31
2.3.3 比例导引头制导 ... 31
2.3.4 其他制导规律 ... 32
2.4 机载激光制导武器的组成 ... 32
2.4.1 激光照射系统 ... 32
2.4.2 激光导引头 ... 37
2.5 激光精确制导武器的发展趋势与对抗 ... 43

2.5.1　发展趋势 ··· 43
　　　2.5.2　激光制导与对抗 ··· 44

第3章　电视精确制导原理 ··· 48
3.1　概述 ··· 48
　　　3.1.1　电视制导的定义 ··· 48
　　　3.1.2　电视精确制导的分类 ··· 48
　　　3.1.3　电视导引头 ··· 50
　　　3.1.4　捕控指令电视吊舱 ·· 57
3.2　捕控指令电视制导和电视寻的制导武器 ··· 58
　　　3.2.1　捕控指令电视制导武器 ··· 58
　　　3.2.2　电视寻的制导武器 ·· 59
3.3　对比度跟踪 ·· 70
　　　3.3.1　概述 ·· 70
　　　3.3.2　对比度 ··· 71
　　　3.3.3　边缘跟踪 ·· 73
　　　3.3.4　形心跟踪 ·· 74
　　　3.3.5　矩心跟踪 ·· 75
　　　3.3.6　双波门跟踪 ··· 76
　　　3.3.7　峰值跟踪 ·· 77
　　　3.3.8　目标图像特征测量 ·· 78
3.4　相关跟踪 ··· 79
　　　3.4.1　概述 ·· 79
　　　3.4.2　样板和相似度 ·· 79
　　　3.4.3　图像坐标 ·· 79
　　　3.4.4　图像的矩阵、矢量表示 ··· 80
　　　3.4.5　相似度的距离度量 ·· 81
　　　3.4.6　相似度的相关度量 ·· 81
　　　3.4.7　相关跟踪的算法 ··· 82
3.5　其他电视跟踪方法 ··· 85
　　　3.5.1　差分跟踪 ·· 85
　　　3.5.2　多模跟踪 ·· 86
　　　3.5.3　自适应跟踪 ··· 86
　　　3.5.4　记忆外推跟踪 ·· 86
3.6　电视跟踪系统的一般部件 ·· 87
　　　3.6.1　跟踪转台 ·· 87
　　　3.6.2　闭环控制系统结构 ·· 87
3.7　电视制导的发展趋势 ·· 88

第4章 红外寻的制导 · 90
4.1 概述 · 90
4.1.1 红外制导系统的特点与发展 · 90
4.1.2 红外制导系统的基本组成 · 91
4.2 红外辐射的基本性质 · 93
4.2.1 红外辐射与电磁频谱 · 93
4.2.2 红外辐射基本性质 · 94
4.2.3 红外辐射在大气中的传输 · 99
4.2.4 目标红外辐射特性 · 100
4.2.5 背景红外辐射与干扰 · 102
4.3 红外点源目标探测 · 103
4.3.1 红外光学系统 · 103
4.3.2 红外探测器及其制冷 · 105
4.3.3 红外调制盘 · 109
4.3.4 误差信号处理 · 114
4.3.5 多元探测器 · 116
4.4 红外成像目标探测 · 122
4.4.1 红外成像导引头的基本组成 · 123
4.4.2 红外成像方式 · 124
4.4.3 红外成像器件 · 127
4.4.4 红外图像处理 · 136
4.5 红外导引头稳定跟踪系统 · 145
4.5.1 基本功能与结构形式 · 145
4.5.2 动力陀螺稳定跟踪系统 · 147
4.5.3 速率陀螺稳定跟踪系统 · 153
4.6 红外导引头抗干扰技术 · 155
4.6.1 红外干扰 · 155
4.6.2 红外抗干扰 · 157

第5章 雷达制导 · 160
5.1 雷达制导概述 · 160
5.1.1 雷达制导的特点与发展 · 160
5.1.2 雷达导引头的基本功能与组成 · 163
5.2 雷达目标参数测量 · 166
5.2.1 雷达的基本功能与组成 · 166
5.2.2 目标距离测量 · 167
5.2.3 目标角度测量 · 175
5.2.4 目标速度测量 · 180

5.3 雷达单目标跟踪 ……………………………………………………………… 183
　　5.3.1 雷达距离跟踪 ………………………………………………………… 184
　　5.3.2 雷达角度跟踪 ………………………………………………………… 189
　　5.3.3 雷达速度跟踪 ………………………………………………………… 195
5.4 典型雷达导引头 …………………………………………………………… 198
　　5.4.1 主动雷达导引头 ……………………………………………………… 198
　　5.4.2 半主动雷达导引头 …………………………………………………… 200
　　5.4.3 被动雷达导引头 ……………………………………………………… 208
5.5 雷达目标与环境电磁特性 ………………………………………………… 215
　　5.5.1 目标电磁特性 ………………………………………………………… 215
　　5.5.2 环境电磁特性 ………………………………………………………… 221
5.6 雷达导引头抗干扰技术 …………………………………………………… 226
　　5.6.1 雷达干扰 ……………………………………………………………… 227
　　5.6.2 雷达抗干扰 …………………………………………………………… 229

第6章 GPS/INS 组合制导原理 …………………………………………… 233

6.1 GPS ………………………………………………………………………… 233
　　6.1.1 GPS 发展简史 ………………………………………………………… 233
　　6.1.2 GPS 的工作 …………………………………………………………… 234
　　6.1.3 GPS 的构成 …………………………………………………………… 236
　　6.1.4 GPS 的定位原理 ……………………………………………………… 239
6.2 惯性导航系统 ……………………………………………………………… 243
　　6.2.1 惯性仪表 ……………………………………………………………… 245
　　6.2.2 平台式惯性导航系统 ………………………………………………… 252
　　6.2.3 捷联式惯性导航系统 ………………………………………………… 260
6.3 GPS/INS 组合导航系统 …………………………………………………… 269
　　6.3.1 惯性导航与卫星导航之间良好的性能互补特性 ………………… 270
　　6.3.2 组合结构与算法 ……………………………………………………… 270
6.4 GPS/INS 武器精确制导 …………………………………………………… 273
　　6.4.1 GPS/INS 精确制导的特点 …………………………………………… 273
　　6.4.2 GPS/INS 精确制导的发展 …………………………………………… 276
　　6.4.3 GPS/INS 精确制导巡航导弹 ………………………………………… 277
　　6.4.4 GPS/INS 精确制导炸弹 ……………………………………………… 278

第7章 多模复合精确制导原理 ………………………………………………… 288

7.1 多模复合寻的制导概述 …………………………………………………… 288
　　7.1.1 复合制导体制选择原则 ……………………………………………… 288
　　7.1.2 多模制导的主要复合模式 …………………………………………… 289
7.2 单一模式寻的性能分析 …………………………………………………… 295

7.3 多模复合制导系统的分类 ……………………………………………… 296
7.4 多模复合制导系统的信息处理及融合 ………………………………… 298
 7.4.1 多模制导的复合原则 …………………………………………… 298
 7.4.2 多传感器处理及融合方法 ……………………………………… 300
 7.4.3 多模制导中多传感器信息融合的分类及应用 ………………… 303
 7.4.4 红外成像/毫米波复合制导目标识别的信息融合实现 ………… 304
7.5 多模复合寻的制导的信号合成 ………………………………………… 308
 7.5.1 同控式多模导引头的信息融合 ………………………………… 308
 7.5.2 转换式多模寻的制导指令形成 ………………………………… 310
7.6 多模复合寻的导引头的关键技术 ……………………………………… 312
 7.6.1 总体设计技术 …………………………………………………… 312
 7.6.2 多模传感器技术 ………………………………………………… 312
 7.6.3 信号和图像处理技术 …………………………………………… 312
 7.6.4 相位干涉仪技术 ………………………………………………… 312
 7.6.5 多模头罩材料及设计技术 ……………………………………… 313
 7.6.6 智能导引头技术 ………………………………………………… 313
 7.6.7 导引头隐身技术 ………………………………………………… 314
7.7 多模复合寻的制导发展趋势 …………………………………………… 314

第8章 其他制导方式 …………………………………………………………… 316
8.1 方案制导 ………………………………………………………………… 316
8.2 天文制导 ………………………………………………………………… 317
 8.2.1 天文导航观测装置 ……………………………………………… 317
 8.2.2 天文导航系统原理 ……………………………………………… 317
 8.2.3 天文导航的优点 ………………………………………………… 318
8.3 地图匹配制导 …………………………………………………………… 318
 8.3.1 地形匹配制导 …………………………………………………… 319
 8.3.2 景像匹配制导 …………………………………………………… 320
8.4 遥控制导 ………………………………………………………………… 322
 8.4.1 遥控制导系统组成原理 ………………………………………… 322
 8.4.2 制导误差信号的形成 …………………………………………… 323
 8.4.3 遥控系统基本元件及其动力学特性 …………………………… 324
 8.4.4 运动学环节、方程及传递函数 ………………………………… 327
 8.4.5 遥控指令制导系统动力学特性和精度分析 …………………… 328
 8.4.6 驾束制导系统动力学特性和精度分析 ………………………… 334

第9章 新概念武器 ……………………………………………………………… 337
9.1 碳纤维武器 ……………………………………………………………… 337
 9.1.1 概述 ……………………………………………………………… 337

9.1.2 发展情况 ……………………………………………………………… 338
9.1.3 工作原理 ……………………………………………………………… 339
9.2 电磁脉冲炸弹 ……………………………………………………………… 340
9.2.1 概述 …………………………………………………………………… 340
9.2.2 基本概念 ……………………………………………………………… 341
9.3 粒子束武器 ………………………………………………………………… 341
9.3.1 概述 …………………………………………………………………… 341
9.3.2 基本概念 ……………………………………………………………… 342
9.3.3 分类 …………………………………………………………………… 342
9.3.4 特点 …………………………………………………………………… 343
9.4 机载激光武器 ……………………………………………………………… 344
参考文献 …………………………………………………………………………… 347

第1章 机载精确制导武器总体技术

1.1 概　　述

1.1.1 基本概念

从历史的角度来看，机载精确制导武器同任何武器一样，都是一定历史条件下的产物，其发展受当时的国际形势、战略战术思想、科学技术水平、经济实力等诸多因素的制约，并随着相关学科的发展而发展。在一个多世纪的发展历程中，机载精确制导武器形成了一个种类繁多、配备齐全的武器系列。

在世界军事理论界，对"精确制导武器"这个概念没有统一的定义，在西方国家的文献中，精确制导武器常常用来指安装了引导系统、一次发射命中目标概率不低于50%的武器。在俄罗斯的文献中，精确制导武器则是指使用常规装药在各种战斗使用条件下命中目标概率接近1的武器。目前，人们更注重理解精确制导武器的含义和它所包括的范围，并正在逐步明确一致：精确制导武器是具有精确的制导系统，从而获得极高的命中精度，具有反应敏捷的控制系统和具有识别目标并摧毁目标的能力，具有抗干扰能力，造价低廉，能够大批量生产和装备部队且使用和维护简便的新式武器。其范围包括各种精确制导弹、制导炸弹和制导炮弹、巡航导弹以及远程遥控无人驾驶飞行器等，而其主体是战术导弹。

机载精确制导武器是指从飞机上发射的精确制导武器。用于攻击地面、水面或水下目标的一般称为空地导弹或制导炸弹；用于攻击空中目标的称为空空导弹。机载精确制导武器是精确制导武器中的一大类，在现代战争中具有重要地位和作用。它们的使用对战争的进程和结局有着重大影响。近期局部战争中，机载精确制导武器的使用量逐渐增大。跨入21世纪的机载精确制导武器继续向着高效能、系列化、模块化、通用化和智能化的方向发展，将使得机载精确制导武器的战术技术性能进一步发展，显著提高整个军用作战飞机/武器系统的作战效能。

1.1.2 机载精确制导武器的发展

早在20世纪30年代末，机载导弹的研制就开始了。在第二次世界大战期间，从1943年8月27日起，德国开始用Hs293遥控滑翔炸弹攻击盟国舰船。V-1导弹于1944年6月13日列装后，德国曾将其中部分改为机载发射，实施对伦敦的突击。1944年4月，德国首先开始研制X-4有线制导空空导弹，被公认为世界上第一个可供实战使用的空空导弹，主要用于战斗机攻击敌方轰炸编队。美国对空空导弹的研制始于40年代末，第二次世界大战后发展的第一个空空导弹为XAAM-A-1（空军的第一个试验空空导弹型号），命名为"火鸟"（Firebird），是现代雷达型空空导弹的先行者。苏联最早发展的空空导弹是CHAPC-250，采用半主动雷达导引头，弹重250kg，战斗部重30kg，弹长4.2m，翼展1.08m，最大射程5km。"火闪"（Fireflash）是英国第二次世界大战后研制成功的第一个空空导弹，也是英国的第一个近距雷达型空空导弹，由英国费尔雷航空公司（后并入英国飞机公司）于1949年开始研制，代号为"蓝天"（Blue Sky），1954年首次无制导试验，1957年生产，并进入英国皇家空军服役。法国在第二次世界大战后最早使用的空空导弹是马特拉公司的M-04"马特拉"，1952年在非洲的撒哈拉大沙漠进行空中发射试验，随后发展了R510"马特拉"，采用了光学制导，曾少量生产并装备部队训练用。

1. 机载空空导弹的发展

半个多世纪以来，根据目标特性的变化和空空导弹技术的突破，红外型和雷达型空空导弹的发展经历了四代。

（1）第一代空空导弹（1946—1956年）。第一代红外空空导弹的红外探测器敏感元件采用未制冷的硫化铅，电子器件采用晶体管，因此制导精度低，作用距离短，只能尾后攻击机动性较小的目标。代表型号有美国的AIM-9A/9B/9C"响尾蛇"、英国的"闪光"等。第一代雷达空空导弹针对亚声速轰炸机，主要采用雷达驾束式和雷达半主动制导方式，只能用于尾追攻击。代表型号有美国的AIM-4"猎鹰"、AIM-7A"麻雀Ⅰ"、苏联的K-5（AA-1）、法国的R511"马特拉"等。由于当时技术条件的限制，其性能已不适合现代作战要求，早已停产，大部分已退役。

（2）第二代空空导弹（1957—1966年）。第二代红外空空导弹的红外探测器采用制冷的硫化铅或锑化铟，使用波长为$4\sim5\mu m$，能探测$100\sim300℃$的机体气动热辐射，扩大了尾后攻击范围，制导精度有所提高，并改进了抗电子干扰性能，具有了全天候使用功能。代表型号有美国的AIM-9D/9E/9F"响尾蛇"等、苏联的"环礁"、英国的"红头"、法国的R530。第二代雷达空空导弹针对超声速轰炸机，采用了半主动圆锥扫描雷达、半主动连续波雷达和半主动脉冲多普勒雷达制导方式，使导弹具有了全天候使用和一定的全向攻击能力。代表型号有美国的AIM-7C/7D/7E"麻雀"、苏联的AA-4A"锥子"、法国的R530雷达型等。

（3）第三代空空导弹（1967—1976年）。由于第一代、第二代空空导弹都存在对高速、大机动目标攻击能力差的弱点，不能满足近距空战和夺取制空权的战术使用要求，因此，第三代空空导弹应运而生，红外空空导弹采用了以锑化铟为探测器的红外导引头，具有快速跟踪、离轴发射能力，导弹的最小射程缩短，机动过载显著提高，具有实施全向攻击能力，目视近距格斗性能突出。代表型号有美国的AIM-9L/9M/9R"响尾蛇"等、苏联的AA-8。第三代雷达型空空导弹主要对付具有电子干扰能力的高速机动目标，采用了多普勒和单脉冲体制制导，具有全天候、全向攻击、下射能力，但同时受半主动雷达制导体制的限制，不具备"发射后不管"能力，同时还不具备有"多目标攻击能力"，代表型号有美国的AIM-7F/7M/7R、苏联的AA-7/AA-9、英国的"天空闪光"、法国的超530"马特拉"等。

（4）第四代空空导弹（20世纪70年代末至80年代初开始研制和服役）。第四代空空导弹较前三代空空导弹有了质的飞跃。为满足未来空战的要求，70年代中80年代初，美国、苏联、英国、法国、以色列等国，相继开展了第四代机载导弹的研究工作。80年代中90年代初，研制成功的第四代空空导弹开始装备部队，并首次在空战中成功应用。美国的AIM-120A先进中距空空导弹，在历次高科技局部战争中取得突出战绩，标志着现代空战已经发展到一个崭新阶段，进入了超视距空战的时代，超视距空战将成为未来空战的主要形式。第四代红外空空导弹采用多元红外成像导引头，抗击红外诱饵干扰能力强，具有大离轴角发射的全向攻击能力，分辨率高，机动性强。代表型号有美国的AIM-9X、俄罗斯的AA-11、英国的ASRAAM、以色列的"怪蛇"-4/5等。第四代雷达型空空导弹针对未来复杂背景下空战的要求装备新一代战斗机，雷达制导的中距拦射空空导弹性能比前三代有较大突破，突出特点是采用中制导加主动雷达末制导的复合制导体制，使导弹具有"发射后不管"能力，通过采用弹载计算机和信息处理技术解决了多目标攻击问题。同时，还具备全天候作战和下视上射的特点。代表型号有美国的AIM-120A先进中距空空导弹、俄罗斯的PBB-AE先进中距空空导弹、英国的"流星"先进中距空空导弹等。目前，国外正在发展性能更好的第四代空空导弹，由近距全向格斗红外型空空导弹和超视距多目标攻击雷达型空空导弹构成的第四代空空导弹，将继续沿着近距全向格斗和中远距拦射方向发展，并成为第四代战斗机的主战武器。例如，俄罗斯的射程达400km的R-72和R-37、美国的射程超过350km的AIM-120D"阿姆拉姆"，专门用来拦截战略轰炸机、空中预警机、巡航导弹、高空侦察机和低轨道卫星等重要空中目标。

2. 机载空地导弹的发展

各类防区外精确制导空地攻击武器经过三代的发展，也已进入第四代，正向高效能、模块化、系列化、通用化和智能化方向发展，以满足21世纪空中力量实施全球快速精确攻击和夺取并保持制空/制天权的要求。机载空地导弹按照其作战使用用途可以分为战略空地导弹、通用战术空地导弹、防区外空地导弹/制导炸弹和专用空地导弹。

战略空地导弹是专门为战略轰炸机等大型机种设计的一种远程攻击型武器，大都带有核弹头，用于重点攻击国家的政治中心、经济中心、军事指挥中心、工业基地、交通枢纽等重要战略目标。这类导弹主要采用自主式或复合式制导方式。目前，战略空射巡航导弹仅美国和俄罗斯拥有。美国1992年服役的AGM-129"阿克姆"巡航导弹，是美国战略空军装备使用的第一个隐身战略空射巡航导弹，有带核战斗部的A型和非核战斗部的B型两种型号，最大射程为3000km，最大速度为高亚声速，适用高度为15~3000m，该弹采用独特的隐身气动外形布局，弹体和翼面均采用吸波涂料，隐身性能好，制导系统由惯性基准装置、弹载计算机、速度/加速度传感器、电源装置以及接口装置组成。为提供精确的导弹地速信息，采用激光多普勒测速仪（激光雷达）和卡尔曼滤波速度修正技术。为测量导弹相对地面的飞行高度，采用雷达高度表，以16位串行字向制导系统提供地面地图信息，将其与计算机存储的信息进行相关比较，修正导弹的现时位置，完成地形相关匹配制导，从而使得导弹的方向控制、航路点管理和导航精度得以改善，属于第四代战略空地导弹。苏联1984年和1988年服役的第三代和第四代战略空地导弹分别为Kh-55（AS-15）和Kh-15（AS-16），最大射程为3000km，具有防区外发射、低空突防、精确攻击能力。

通用战术空地导弹是指执行战场压制、遮断，以及攻击纵深高价值目标的导弹。它由近距战术空地导弹发展而来，已经发展三代，正在发展新一代通用战术导弹。第二次世界大战后美军装备使用的第一个通用战术空地导弹是 AGM-12A "小斗犬"。该导弹 1954 年由马丁•玛丽埃塔公司研制，1958 年投产，形成一个无线电指令制导的 AGM-12A/B/C/D 战术空地导弹系列。苏联装备使用的第一个通用战术空地导弹是 X-66（AS-7）。该导弹 1962 年研制，1968 年服役，其设计思想和战术使用上与美国的 AGM-12A "小斗犬"相似。20 世纪 70 年代，美国海军/空军装备使用的通用战术空地导弹是 AGM-65 "幼畜"，由休斯飞机公司（现休斯导弹系统公司）于 1965 年开始设计，1971 年开始投产，1973 年服役，形成了 AGM-65A/B/C/D/E/F/G/H 共 8 个型号组成的完整的战术空地导弹系列，性能水平跨越第二代、第三代空地导弹。苏联装备使用的第二代通用战术空地导弹是 X-25（AS-10）1974 年服役，其设计思想和战术使用上与美国的 AGM-65 "幼畜"导弹相似，形成了一个战术空地导弹系列，有无线电指令型 X-25МР、半主动激光型 X-25МЛ、被动雷达型 X-25МП、电视型 X-25МТ 和红外成像型 X-25МТЛ，可供战术攻击飞机选用，攻击战场上范围广泛的目标。苏联装备使用的第三代通用战术空地导弹是 X-29（AS-14），由"三角旗"机械制造设计局于 70 年代开始研制，1980 年开始服役，形成了一个战术空地导弹系列，有半主动激光型 X-29Л、电视型 X-29Т、被动雷达型 X-29Р 和红外成像型 X-29ТЛ，同第二代通用战术空地导弹相比，其战术技术性能有较大提高，主要是导弹具有低空发射、跃升机动攻击和多目标攻击能力，导弹重量和战斗部重量显著增加，制导精度和射程均有较大提高。

防区外空地导弹（SOM）是 20 世纪 80 年代初各国开始发展的一类新型战术空地导弹，属于战术空地导弹范畴中的第四代产品，前三代为通用战术空地导弹。最早投入实战使用的防区外空地导弹是美国 AGM-84E "斯拉姆"，在 1991 年的海湾战争中攻击伊拉克的一座发电站中体现了极高的命中精度。正在发展的新型防区外空地导弹中，最先进、最具有代表性的是美国命名为联合防区外空地导弹的 AGM-158A "贾斯姆"（JASSM），该导弹是在 1994 年命名为三军防区外攻击导弹的 AGM-137 "特萨姆"（TSSAM）被取消后，美国空/海军联合发展的新一代防区外空地导弹。该导弹采用先进隐身技术，装有 1 台涡喷发动机，采用惯导加 GPS 中制导和红外成像末制导，单一式高效能战斗部与子母式多功能战斗部，最大射程为 370km，弹重 1023kg，弹长 4.26m，速度为亚声速，载机为 B-1B、B-2、B-52H、F-15E、F-16C/D、F/A、18E/F、F-117、P-3C 和 S-3B 等作战飞机，用于攻击敌方战役/战略纵深内高价值的固定目标。目前，美国空军正在发展增程型导弹（JASSM-ER），其射程至少是基本型的 2.5 倍。未来的发展型将采用数据链，提高网络环境下的武器控制性能和灵活性。

防区外投放的各类制导炸弹是在 20 世纪 60 年代越南战争中使用的、由普通炸弹改装成命中精度较高的各种制导炸弹（亦称"灵巧"炸弹）的基础上发展起来的一类近距防区外武器，现已进入第四代，已经研制成功的是采用卫星定位/惯性导航（GPS/INS）制导的、GBU-29/30/31/32 "杰达姆"（JDAM）制导炸弹系列，在历次局部战争中大出风头，1999 年 5 月 8 日轰炸我国驻南斯拉夫大使馆的正是 GBU-31 型"杰达姆"制导炸弹。

专用空地导弹是为攻击特定目标或执行特定任务而发展的一类空地导弹。主要有机载反舰/反潜导弹、机载反坦克导弹、机载反辐射导弹，均已发展到第四代。装备苏联的第一个空舰导弹是 KC-1（AS-1），也是空地导弹系列中的第一个导弹型号，主要用于攻击美国航空母舰和其他大型舰艇，也可用来攻击港口设施、铁路枢纽、大型桥梁、军事工业中心等。1947 年开始研制，1952 年试飞并进行实弹发射试验，1953 年开始服役，现在已经发展到第四代空舰导弹 X-31AM（AS-12）、X-35У（AS-17）和 X-41（AS-19）。均采用更先进的弹体结构和气动外形布局。目前，各国装备使用的现代反坦克导弹有多种型号，投入实战使用并取得突出成绩的是美国 BCM-71 "陶" 和 AGM-114 "海尔法" 反坦克导弹。AGM-114 "海尔法" 反坦克导弹于 1976 年由罗克韦尔国际公司的样弹方案被美陆军采用，1978 年第一个型号 AGM-114A 首次从 "眼镜蛇" AH-1C 武装直升机上进行制导飞行试验，1982 年投入生产。在基本型的基础上发展的系列导弹在性能水平上可以分为四个档次：第一档 AGM-114A/B/C，属于第三代反坦克导弹。第二档 AGM-114F，属于过渡性第三代半产品。第三档 AGM-114K，属于第四代反坦克导弹。前三档均采用半主动激光制导。第四档 AGM-114L "长虹"，采用惯性中制导加主动毫米波雷达末制导，属于第四代先进反坦克导弹。反辐射导弹是指利用雷达的电磁辐射进行追踪，进而摧毁敌方雷达及其保障平台的导弹。机载反辐射导弹是20 世纪 50 年代伴随着地面防空武器的发展而出现的一种新型空对地导弹，专门用于摧毁地空导弹阵地、高炮指挥雷达和其他雷达设施，成为现代电子战的 "硬杀伤" 武器。苏联/俄罗斯研制和装备的机载反辐射导弹最多，除早/中期空地导弹中有反辐射型，如 X-22（AS-4）、X-27（AS-7）和 X-25（AS-12）外，还发展了新型机载反辐射导弹如 X-28（AS-9）、X-58（AS-11）、X-31P（AS-17）。机载反舰/反潜导弹、机载反坦克导弹、机载反辐射导弹等专用空地导弹由于其不可替代的、对特定目标的攻击能力，仍将是各个军事大国全面发展的一类空地导弹，还有突防攻击时作为电子战软杀伤武器的机载诱惑导弹仍将继续发展。美国正在发展 "先进反辐射导弹"（AARCM），采用包括先进的宽频带被动雷达制导、惯性导航/GPS 组合制导和主动毫米波雷达末制导组成的多模复合制导技术。

1.2 机载精确制导武器主要分系统采用的技术

1.2.1 制导技术

现役和研制中的机载导弹，采用的制导技术主要有被动雷达制导技术、主动雷达制导技术、半主动激光制导技术、电视制导技术、红外制导技术、复合制导技术等。这些技术的采用，极大地提高了导弹的命中精度。

1. 被动雷达制导技术

美国的 "百舌鸟" "标准" "哈姆"、苏联/俄罗斯的 X-3117、法国的 "阿玛特"、英国的 "阿拉姆" 等反辐射导弹采用的这种制导技术，是利用目标雷达的电磁辐射对导弹进行导引头。其优点是导弹本身不需向目标辐射能量，弹上设备简单、保密、抗干扰性能强。

采用这种制导技术的现役反辐射导弹，均具有一定的记忆能力，可根据所记目标工作频率与位置实施攻击。导引头的接收机，能检测到对方雷达的天线旁瓣信号、发射机漏能、发电机寄生辐射、雷达关机后发热部件及剩余辐射能量。

2. 主动雷达制导技术

此种制导方式多用于末制导，其工作原理是将照射目标的雷达装在导弹上，由弹上制导装置利用从目标反射回来的信号，对导弹进行制导。采用这种制导技术，导弹自主性好，可实现"发射后不管"，对付多目标能力强。微电子技术的发展，为主动雷达导引头的小型化创造了条件。

3. 半主动激光制导技术

半主动激光制导的工作原理是利用目标反射的激光能量对导弹进行制导，但照射目标的激光指示器是装在载机或其他飞机上，其优点是减少了弹上设备，增大了导弹有效载荷，制导距离较远，抗干扰性能好。法国的 AS-30L、苏联的 AS-10、美国的"幼畜" E 型导引头都采用了这种技术。

4. 电视制导技术

电视制导是由弹上电视导引头利用目标反射的可见光信息实现对目标捕获跟踪，导引头导弹或弹药命中目标的被动寻的制导技术。

电视精确制导主要有两种制导方式：捕控指令电视制导和电视寻的制导。对于精确制导导弹系统来讲，具体采用哪一种制导方式，与弹的射程有关。由于电视摄像机一般能清晰摄取目标的距离不会太远，一般在 20km 以内。对于攻击近距离目标的武器，可以采用电视寻的制导方式，如美国的 AGM-65A/B "幼畜"、俄罗斯的 X-29T 空地导弹；对于可以在防区外发射、有较远射程的导弹（如俄罗斯的 X-59 空地导弹）不可能在发射前使其电视导引头截获目标，所以对射程较远的导弹需要采用捕控指令电视制导系统。

5. 红外制导技术

其工作原理是导引头接收目标的红外辐射，将其转换为电信号，形成并显示出目标信息，用于导弹制导。其优点是能自行完成对目标的搜索、捕获、跟踪、识别与攻击、抗干扰性能好，制导精度高。例如，美国"幼畜"导弹的 D/F 型导引头，采用 16 元光导碲镉汞探测器，可在昼夜间、有雾、战场烟尘及一定程度的恶劣气象条件下使用，能发现和跟踪停止工作数小时的坦克和其他目标，识别隐蔽，伪装目标的能力强，使该种导弹具有"发射后不管"性能。这种导引头还可作为载机进行目标搜索的一种手段。

6. 复合制导技术

为了满足战术要求，通常同时采用两种或两种以上的制导技术，兼取其长、弃其之短，称为复合制导。例如，美国的"空中发射巡航导弹"，采用了惯性导航、地形匹配、数字式景像匹配区域相关器三种制导技术。再如，法国的"米卡"空空导弹，装有红外和主动雷达双模导引头。

尤为引人注目的是，有些导弹已初步具有智能。今后，随着人工智能技术的发展，机载导弹的制导将会出现新的飞跃。

1.2.2 控制技术

1. 自动驾驶仪与稳定控制回路

导弹是一个时变的非线性的弹性结构体。战术导弹可视为刚体。作为自动驾驶仪的控制对象,研究导弹弹体的动力学特性是十分重要的。导弹姿态运动的动力学特性由导弹动力学方程组来描述,它是一非线性时变的微分方程组,表示作用在弹体上的外力矩引起的弹体姿态角的变化。

使导弹的姿态角和质心运动稳定,并接收控制信号,按导引头系统的要求,控制导弹飞行的自动控制装置,称为自动驾驶仪。自动驾驶仪以导弹为控制对象,与导弹动力学环节构成稳定控制回路。自动驾驶仪的功能是控制和稳定导弹的飞行。所谓控制是指自动驾驶仪按控制指令的要求操纵舵面偏转或改变推力矢量方向,从而改变导弹的姿态,使导弹沿基准弹道飞行。这种工作状态,称为自动驾驶仪的控制工作状态。所谓稳定是指自动驾驶仪消除因干扰引起的导弹姿态的变化,使导弹的飞行方向不受扰动的影响。这种工作状态称为自动驾驶仪的稳定工作状态。

稳定是在导弹受到干扰的条件下保持其姿态不变,而控制是通过改变导弹的姿态,使导弹准确地沿着基准弹道飞行。从改变和保持姿态这一点来说,导弹的稳定和控制是矛盾的;而从保证导弹沿基准弹道飞行这一点来说,它们又是一致的。

自动驾驶仪是弹上制导设备的重要组成部分,由测量装置、中间装置和执行装置组成。自动驾驶仪的功能如下:

(1) 改善和充分发挥导弹动力学特性。

(2) 增大导弹的等效阻尼系数。

(3) 使静不稳定导弹成为等效静稳定导弹。

(4) 减少导弹动态参数变化对制导系统(导引头系统)的影响。

(5) 充分利用导弹的可用过载,又要限制导弹的需用过载不超过导弹结构强度允许的范围。

(6) 在飞行弹道的有控段,自动驾驶仪应按照制导系统(导引头系统)的要求,准确、快速地控制导弹按一定的导引头弹道飞向目标。

(7) 在无控段(初制导段),保证初始散布,导弹姿态和飞行弹道满足有控段(制导段)控制飞行的要求。

自动驾驶仪一般由惯性器件、控制电路和舵机系统组成,它通常通过操纵导弹的空气动力控制面或推力矢量控制导弹的姿态运动。

常用的惯性器件有自由陀螺仪、测速陀螺仪和线加速度计等,分别用于测量导弹的姿态角、姿态角速度和线加速度等。

控制电路由数字电路和(或)模拟电路组成,用于实现信号的综合运算传递、变换、放大和自动驾驶仪工作状态的转换等功能。

舵机系统的功能是根据控制信号去控制相应空气动力控制面的运动或改变推力矢量的方向。

一般地说,自动驾驶仪中控制导弹在俯仰平面内的运动的部分,称为俯仰通道;控制导弹在偏航平面内的运动的部分,称为偏航通道;控制导弹绕弹体纵轴的转动运动的部分，称为滚转通道。它们与弹体构成的闭合回路，分别称为俯仰稳定回路、偏航稳定回路和滚转稳定回路。对于轴对称的"十"字形气动布局导弹来说，俯仰（稳定）回路和偏航（稳定）回路一般是相同的，通常统称为侧向稳定回路或侧向回路，对于X形气动布局的导弹，没有偏航与俯仰回路之分，因为导弹的偏航运动和俯仰运动，都由两个相同的回路（通常称为Ⅰ回路和Ⅱ回路）的合成控制实现，习惯上，将Ⅰ回路和Ⅱ回路也称为侧向稳定控制回路，相应地称滚转稳定回路为倾斜稳定回路或倾斜回路。

旋转导弹的自动驾驶仪通常没有滚转通道，只用一个侧向通道控制导弹的空间运动，因而又称为单通道自动驾驶仪。

按所采用的控制方式分类，自动驾驶仪可分为侧滑转弯自动驾驶仪与倾斜转弯自动驾驶仪。

按俯仰、偏航、滚转三个通道的相互关系，自动驾驶仪可分为三个通道彼此独立的自动驾驶仪和通道之间存在交连的自动驾驶仪。

对三个通道彼此独立的自动驾驶仪，根据滚转通道和侧向通道的特点，再进行分类，滚转通道可分为实现滚转位置稳定的自动驾驶仪与实现滚转速度稳定的自动驾驶仪；侧向通道可分为使用一个线加速度计和一个速率陀螺的自动驾驶仪，使用两个线加速度计的自动驾驶仪及使用一个速率陀螺的自动驾驶仪等。

另外还有一些特殊用途的自动驾驶仪，用惯性技术进行方位控制的自动驾驶仪以及贴海飞行和高度控制的自动驾驶仪等。自动驾驶仪的分类如图1-1所示。稳定回路的分类与自动驾驶仪的分类相对应。

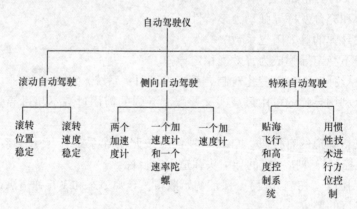

图1-1　自动驾驶仪分类图

2. 控制方法

导弹的控制可分为直角坐标控制、极坐标控制、空气动力控制和推力矢量控制。

直角坐标控制：导弹的控制力由两个相互垂直的分量组成。用直角坐标控制的导弹，在俯仰和偏航方向有相同的控制性能，需要两对升力面和操纵舵面。目前，空气动力控制的导弹大都采用直角坐标控制。这种控制方式适用于轴对称布局的导弹。

极坐标控制：导弹控制力以极坐标方式表示，由幅值和相角组成。这种控制方式多用于自旋导弹的推力矢量控制。

空气动力控制：轴对称导弹"十"字形舵面配置时，空气动力控制原理如图1-2所示。两对舵装在弹体相互垂直的两个对称轴上，同向偏转产生侧向控制力，反向偏转产生滚转控制力。"十"字舵转45°可得到"X"字舵。采用"X"字舵便于在发射装置上安放。"X"字舵控制原理如图1-3所示。"X"字舵要实现偏航或俯仰运动，两对舵都得偏转，由其合力形成侧向控制力。差动（副翼舵）可产生滚转力矩。

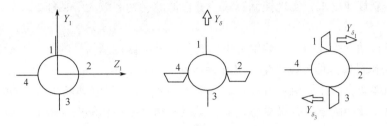

图1-2 "十"字航空气动力控制原理

推力矢量控制：推力矢量控制用改变推力大小和方向控制导弹。在推力大小不易改变的情况下，通常用改变发动机气流方向，实现推力方向的改变，获得控制力。控制推力的形成原理如图1-4所示。只要导弹有推力存在，即使在高空和低速时，也能对导弹进行有效的控制，并能获得很高的机动性。导弹刚发射不久，飞行速度很低，空气动力控制无效时，采用推力矢量控制是适宜的。

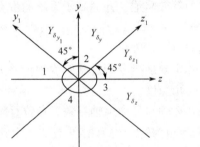

图1-3 "X"字航空气动力控制原理

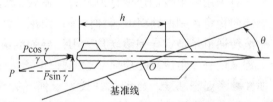

图1-4 控制推力的形成原理

3. 自动驾驶仪的主要部件

自动驾驶仪的主要部件包括量测装置、中间装置和执行装置等。

1）量测装置

量测弹体运动参数和物理量的器件主要有姿态陀螺仪、速率陀螺仪、线加速度计等。

传统的陀螺仪由高速旋转的转子和框架组成，具有定轴性和进动性，精确测量弹体的姿态角和角速度。

姿态陀螺仪：三自由度陀螺仪，利用陀螺仪的定轴性测量弹体的姿态角。姿态陀螺仪的主要性能指标之一是漂移，漂移会引起测量基准的变化，因而会造成控制信号的交连。增大陀螺的角动量，可减少干扰力矩从而可减小陀螺的漂移。

速率陀螺仪：二自由度陀螺，又称阻尼陀螺仪。与姿态陀螺仪不同，速率陀螺仪的万向支架只有一个框架。速率陀螺仪的工作原理基于陀螺仪的进动特性。稳态时，陀螺绕框架轴的转角与弹体沿输入轴的角速度成正比。框架转过的角度由传感器转换成电压输出。如果将速率陀螺仪中的恢复弹簧去掉，则可得速率积分陀螺仪（称积分陀螺仪）。其输出轴的转角与输入角速度的积分成正比。

线加速度计（过载传感器）：测量导弹相对惯性空间，沿规定轴向的线加速度。

2）中间装置

按照控制规律要求，实现控制算法、补偿滤波、功率放大等功能。

3）执行装置

舵机是自动驾驶仪的执行装置之一，其作用是根据控制信号的要求，操纵空气动力控制面（舵和副翼）偏转以产生操纵导弹运动的控制力矩。

按所用能源有液压舵机、气压舵机（冷气和燃气）和电动舵机等不同类型。推力矢量控制时，常用的方法有操纵燃气舵、操纵发动机喷管和侧向推进器。操纵燃气舵是目前使用的主要方法。

4. 滚转稳定导弹的三通道自动驾驶仪

绝大多数导弹自动驾驶仪都对导弹的俯仰、偏航和滚转独立地进行稳定和控制，采用三个相互独立的系统（通道）。轴对称气动布局的导弹俯仰和偏航通道是完全一样的，称为侧向通道。

典型的侧向自动驾驶仪采用速率陀螺仪和线加速度计。

线加速度计测量过载作为主反馈，实现了稳定法向过载与控制指令之间的比例关系。速率陀螺反馈构成阻尼内回路，增大了导弹的等效阻尼，并提高了系统的带宽，在指令制导和寻的制导导弹中广泛采用。

也有采用两个线加速度计或复合控制式的侧向自动驾驶仪。

侧向稳定控制回路将改善弹体等效阻尼特性并实现从指令到过载的线性传递关系。

滚转通道是稳定导弹滚转角和阻尼导弹的滚转角速度。

常采用一个角位置陀螺仪。它与弹体固连，外环轴与导弹纵轴一致。角位置陀螺建立惯性参考姿态基准。自动驾驶仪力求使导弹滚转角为零。也有的再增加一个速率陀螺，引入角速度反馈。自动驾驶仪力求使导弹的滚转角速度为零。

侧向（俯仰，偏航）稳定控制回路如图1-5~图1-8所示。

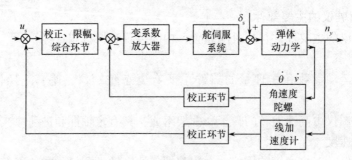

图1-5　侧向稳定控制回路

复合控制式侧向稳定控制在寻的制导系统中被广泛应用。

滚转稳定回路如图1-9、图1-10所示。

角速度陀螺反馈回路起阻尼作用，自由陀螺反馈回路稳定导弹的滚转角。

5. 旋转导弹的单通道自动驾驶仪

旋转导弹的单通道自动驾驶仪，接收导引头系统的控制信号，操纵一对舵面做偏转运动。利用导弹绕其纵轴的旋转，通过舵面切换时间的控制，在要求方向上产生一定大小的等效控制力，同时进行导弹俯仰和偏航运动控制，改变导弹姿态，控制导弹沿着导引头弹道飞行。

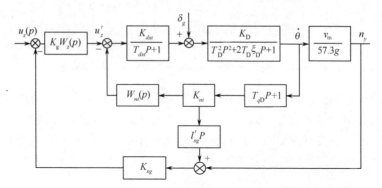

图 1-6　角速率陀螺+线加速度计组成的侧向稳定控制回路框图

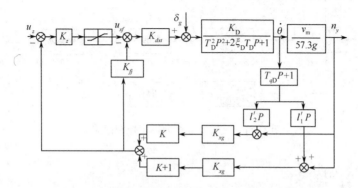

图 1-7　两个线加速度计组成的侧向稳定控制回路框图

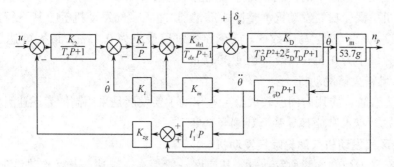

图 1-8　复合控制式侧向稳定控制回路框图

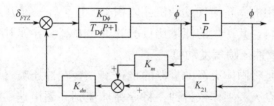

图 1-9　自由陀螺+角速度陀螺组成的滚转稳定回路框图

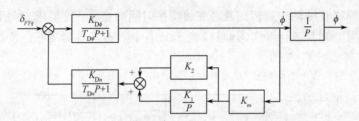

图 1-10 角速度陀螺+积分组成的滚转稳定回路框图

自动驾驶仪作为控制对象——导弹的控制装置，利用负反馈原理与弹体组成稳定控制回路，增大导弹的等效阻尼；减少导弹参数变化对制导系统性能的影响；有控制信号时，操纵导弹向导引头规律要求方向机动，无控制信号时，稳定导弹的姿态角运动。

旋转导弹侧向稳定控制回路如图 1-11 所示。

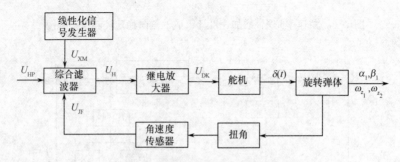

图 1-11 旋转导弹侧向稳定控制回路

1.2.3 推进技术

目前，现役和研制中的机载导弹，采用的动力装置主要是固体燃料火箭发动机、涡轮风扇发动机、涡轮喷气发动机、整体式助推器/冲压喷气发动机等。其飞行速度和射程各异，速度从亚声速至马赫数 5。空空导弹射程最小为 0.1km，最大可达 200km 左右；空地导弹最小为 0.5km，最大超过 300km。

1. 固体燃料火箭发动机

这种动力装置，应用时间已较久，近些年的主要发展是采用高能高燃速且性能稳定的推进剂，如"狱火"空地导弹所装端羟基聚丁二烯。

2. 涡轮风扇发动机与涡轮喷气发动机

适于巡航导弹用的这两种发动机，其速度一般为高亚声速。其优点是续航时间长、射程远、造价低、耐贮存。

美国巡航导弹采用的涡轮喷气发动机，体积小、重量轻、推力大、雷达与红外辐射小。采用硼悬浊状燃料，其产生的能量比目前的 JP-10 高，导弹射程超过 2700km。

3. 整体式助推器/冲压喷气发动机

此种动力装置，是将固体火箭助推器的推进剂，装在冲压喷气发动机的燃烧室内。导弹发射后，助推器点火，工作数秒钟，将导弹加速到高超声速。固体燃料燃烧完毕，冲压喷气发动机点火工作。这样，既提高了结构利用率，又使导弹加速快。射程可比固体火箭发动机高两倍。英国的"超声速海鹰"、国际合作研制的"空射超声速反舰导弹",是采用这种发动机的典型。

4. 液体燃料火箭发动机

迄今,机载导弹采用这种动力装置的型号较少。主要有苏联的AS-5、AS-9,其飞行速度为马赫数0.8。据估计,由于新的高性能燃料的采用,这类发动机将会显著提高导弹的速度与射程,从而会获得更多的应用。

1.2.4 战斗部技术

战斗部分系统由战斗部、引信和安全执行机构组成,它直接毁伤目标,是导弹的重要组成部分之一。为攻击不同的目标,机载导弹装有核战斗部、特种战斗部和常规战斗部。

1. 核战斗部

这种战斗部,装在远程或中程空地导弹上,用于突击对方的要害目标,摧毁概率接近100%,装核战斗部的现役型号主要有美国的空中发射巡航导弹、法国的中程空地导弹。其核战斗部的TNT当量,前者为20万吨级,后者为30万吨级。

虽然,核技术的发展为制造小而"干净"的核战斗部和减少其使用时的政治风险,创造了一定的条件,但装常规战斗部的机载导弹,由于命中精度的提高,已可部分地起到核战斗部的作用。加之国际局势的变化,因此,今后核战斗部的使用将受到更严格的限制。

2. 特种战斗部

化学战剂战斗部、生物战剂战斗部和干扰战斗部统称为特种战斗部。前两者的使用会冒很大政治风险,所以各国在秘密研制,而对其使用则极为慎重。后者装有干扰丝、片等干扰物或一次使用干扰机,用于扰乱对方的C^4ISR系统,今后有增多使用的趋向。

3. 常规战斗部

绝大多数机载导弹都装有常规战斗部,因预定攻击的目标不同,其类型与性能又有很大区别。主要有以下几种:

(1) 破片杀伤战斗部。以炸药装药的爆炸能使壳体形成或释放的高速运动金属破片作为主要杀伤因素。采用这种战斗部的型号,在机载导弹中占很大的比例,反辐射导弹常采用预制破片战斗部,有些新型号装有预制破片定向战斗部,以提高杀伤效率。

(2) 连续杆战斗部。爆炸后放射以高速向外飞行的连续杆,形成扩张的圆环,切割毁伤目标,美国的"不死鸟"和"麻雀"ⅢB等空空导弹采用了这种战斗部。

(3) 集束战斗部。其母弹头装两个以上子弹头,亦称子母式战斗部、集束式多弹头。美国的AGM-130是采用这种战斗部的典型型号。

(4) 穿甲爆破战斗部。即兼有爆破杀伤作用的穿甲战斗部,用于攻击薄装甲目标,大多数装有触发延时引信,保证战斗部钻入目标一定深度后再起爆主装药。近些年来,随着反坦克与反舰任务的加重,采用这种战斗部的型号渐多,其中的自锻破片战斗部,起爆时药型罩形成射弹,以高速侵彻和击穿装甲。

(5) 动能穿甲战斗部。即不装爆炸物,而靠超声速产生的动能杀伤目标。例如,美国的"多用途超高速导弹",最大速度达马赫数5,其战斗部内装碳化钨棒,由圆环和硬芯锥组合而成的穿甲装置，在穿透的同时，还伴有熔液和固体微粒组成的射流，能击毁有均质装甲的各种目标。

（6）复合战斗部。是具有综合效应的常规装药战斗部，包括聚能爆破战斗部、杀伤爆破战斗部、杀伤爆破聚能战斗部等。例如，用于攻击机场的侵彻战斗部，前端装药突破水泥结构，后爆装药在战斗部钻入地下一定深度之后才起爆。因此，能将跑道炸成有许多大块隆起的弹坑，使敌方难于迅速修复使用。

此外，起爆战斗部的引信技术也有了长足的发展。近炸引信已有主动无线电近炸引信、半主动无线电近炸引信、主动激光近炸引信、被动红外近炸引信等多种。触发引信可有不同的延迟时间，以攻击不同的目标。这样，为根据目标和战斗部特性，选配合适的引信，提高引信与战斗部的配合效率，有效地杀伤目标，创造了必要的条件。而一种型号上，触发引信与近炸引信的结合采用，则有效地提高了抗干扰性能和可靠性。

1.2.5 隐身技术

低探测性技术，亦称隐身技术，业已成熟。继在多种作战飞机上运用之后，某些新型机载导弹也采用了这种技术。如美国正在研制的空中发射巡航导弹 AGM-129A 和空空导弹 AIM-9X。这些导弹的雷达有效反射面积小、红外辐射少，难被对方发现。可以预言，隐身飞机装备使用隐身式机载导弹，将显著提高载机的生存能力和突防能力。

1.3 机载精确制导武器对未来作战的影响

高新技术的应用，极大地提高了机载精确制导武器的作战性能，引起现代战场环境也随之发生一系列深刻的变化，对未来空袭和防空作战都有重大影响。

1.3.1 对空袭作战的影响

现代作战飞机由于装备了高性能机载精确制导武器，其空袭作战方式也发生了变化。

1. 远距攻击

当前，机载精确制导武器已实现了近、中、远程系列化，可由不同载机携带。因此，空袭一方能根据目标特点，为作战飞机选挂相应的导弹，攻击地面或空中目标。届时，载机在 C^4ISR 系统指挥控制下，从防空火力范围外发射导弹，实施迅雷不及掩耳的攻击，而不必再像早先那样只有接近目标或飞临目标上空方能实施攻击，从而降低了攻击机的易损性。

2. 同时攻击多个目标

机载导弹具备"发射后不管"性能，且尺寸小型化，这使得一架飞机可携带不同类型的多枚导弹，同时对数个目标实施攻击。因此，飞机出动架次显著减少。

3. 主要以单机或小编队遂行攻击

制导精度和杀伤概率的提高，全天候、全空域、全方向作战性能的增强，弹体结构的模块化，加之电子战技术的综合运用，使载机作战效能大大提高。现在，小编队甚至单机就可完成先前由大机群方能遂行的任务。

1.3.2 对防空作战的影响

先进机载精确制导武器的大量装备，使现代作战飞机的空袭范围扩大，突然性增强，饱和攻击来势迅猛，从而使防空作战也发生了重大变化。

1. 必须尽早发现空袭兵器

综合运用多种手段，建立全方位、多层次、立体化的预警侦察系统，及时掌握敌方空袭兵器性能特点、部署与动向，尽早发现敌方来袭飞机与导弹，迅速作出反应，使之难于达成突然性，方能夺取战场主动权。

2. 实施全空域多层次拦截

合理部署高性能防空导弹和其他拦截手段，建立多层次防空火力网，在几百米至数千千米的距离上，十几米至30余千米的高度内，分层拦截，粉碎多目标的饱和攻击。

3. 统一指挥，灵活作战

以高效、可靠、灵活、保密的指挥控制与通信系统，将战略与战术防空系统组成统一的整体。各种防空力量在统一指挥下各自为战，充分发挥参战兵器的作战效能。

近期局部战争表明，机载精确制导武器是实施空地一体作战、C^4ISR 对抗和反舰的重要手段，对夺取制空权和战争主动权，有着重要作用。未来战争中，机载导弹将会得到更多的运用。为了赢得未来反侵略战争的胜利，在采用高、新技术研制和装备先进机载精确制导武器的同时，还需要研究对付敌方飞机及机载精确制导武器的有效措施。

第 2 章　激光精确制导原理

2.1　激 光 概 述

激光英文全称为 Light Amplification by Stimulated Emission of Radiation，缩写为 LASER，俄文 лазер 来自英文的音译，意译为"受激发射的辐射光放大"。所谓激光制导，就是以激光为信息载体，把导弹或炸弹引向目标而实施精确打击的先进技术[22]。精准是激光制导武器的鲜明特点。由于激光制导的高精度可大大提高武器的投掷准确性和命中率，因而引起了军方的高度兴趣，它在现代战争中发挥了越来越大的作用。

2.1.1　激光的四大特点

激光与普通光没有本质上的区别，但激光又是一种特殊的光，与普通光相比，具有方向性好、单色性好、亮度高和相干性好四大特点。正是基于激光的上述特点，激光在机载弹药精确制导技术上得到了广泛应用[22]。

1. 方向性好

方向性即光束的指向性，常以 α 角大小来评价，α 角越小，光束发散越小，方向性就越好。若 α 角趋于零，就可近似地把它称作"平行光"。灯光、阳光等普通光是射向四面八方的，谈不上方向性。对于特殊定向照明灯光来说，虽然人们可以置光源于透镜或凹面反射镜的焦点上，获得近似的"平行光"，但因光源总有一定大小，镜面出于工艺上的原因不可能做到绝对准确，加之镜子孔径衍射引起的发散原因，因此，永远得不到理想的"平行光"。例如，普通光中方向性最好的探照灯的光束也有 0.01rad 的发散角（$1\text{rad}=10^3\text{mrad}=57.296°$），而激光的发散角一般在毫弧度数量级，是探照灯发散角的 1/10 以下，是微波（电磁波的一种）的 1/100。激光束借助光学发射系统，α 角几乎是零，接近平行光束（见图 2-1）。

光束的发散角小，对于实际应用具有重要的意义。首先，可以减小光学系统的孔径尺寸，更重要的是光束发散越小，在某一方向上光能量越集中，因此，可以射得更远。例如，借助红宝石激光发射系统，在几千千米外接收到的光斑张角只有一个茶杯口大小，即使照到月球上，光斑直径也不过 2km 大小。而普通光方向性最好的探照灯，假定光强度足够大（实际达不到），照到月球上的光斑直径至少有 6000km，可以覆盖整个月球（月球的直径约为 3476km）。

激光由于方向性好、强度高，因此可以瞄得准、射得远。利用这个特性制成的激光测距机和激光雷达，测量目标的距离、方位和速度比普通微波雷达要精确得多。例如，用激光测量地球到月球的距离，相对 $3.84×10^5\text{km}$，误差才 1m（最好的记录仅为 10cm）。

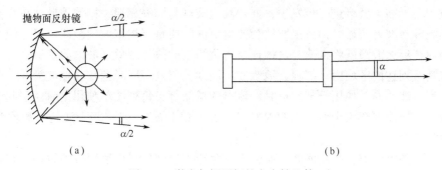

图 2-1 激光与探照灯的方向性比较
(a) 探照灯（$\alpha \geq 0.01\text{rad}$）；(b) 激光（$\alpha \leq 0.01\text{rad}$）。

2. 单色性好

太阳光是白色的可见光，其实"白光"是"红、橙、黄、绿、青、蓝、紫"7 种颜色光的混合，世界上的景色五彩缤纷，也是由这 7 种颜色组成的。从电磁波谱中可见，太阳光包含着所有可见光的波长。一种光所包含的波长范围越小，它的颜色就越纯，看起来就越鲜艳，我们把这种现象称为单色性高。通常把波长范围小于几埃（$1\text{Å} = 10^{-10}\text{m}$）的一段辐射称为单色光，其波长范围称为谱线宽度。波长范围越小，谱线宽度越窄，单色性就越好。如果说发散角大小是衡量光束方向性好坏的标志，那么，谱线宽度则是衡量单色性优劣的标志。

在激光出现以前，世界上最好的单色光源是同位素氪灯光 86，它在低温下发出的光波长范围只有约 0.005Å，室温下的谱线宽度为 0.0095Å，因此，光的颜色十分鲜艳。但激光的单色性比其他单色光源更加显著：如单色性好的氦氖激光，它的波长范围比千万分之一埃还要小，最小的已经达到一千亿分之几埃。

激光的高单色性，可以用来精确计量长度和速度，在光通信中可提高信号与噪声的比值，增加通信距离。此外，单色性好也有利于提高激光的相干性和亮度。

3. 亮度高

亮度是指光源在单位面积上的发光强度，它是评价光源明亮程度的重要指标。为了生产实践的需要，光学上规定：光源在单位面积上，向某一方向的单位立体角内发射的光功率称为光源在这个方向上的亮度。亮度高的光源如人造小太阳（长弧氙灯），它的亮度已经和太阳相当。而高压脉冲氙灯亮度比太阳还要高出 10 倍。然而一台巨型脉冲的固体激光器的亮度可以比太阳表面亮度高 10^{10} 倍，即 100 亿倍。目前，激光是亮度最高的光源之一。迄今为止，唯有氢弹爆炸瞬间的强烈闪光，才能与它相比拟。

激光的高亮度特性有重要的应用意义。光能可以转换为热能，只要汇聚中等亮度的激光束，就可以在焦点附近产生几千摄氏度至几万摄氏度的高温，它能使某些难熔化的金属和非金属材料迅速熔化以至气化；目前，在工业上已成功地利用激光束进行精密打孔、焊接和切割；可用来控制核聚变，模拟氢弹爆炸；制造远程激光雷达和各种激光武器等。

4. 相干性好

激光是一种相干光，这是激光与普通光源最重要的区别。光的相干性可以用水波来进行解释：同时向平静的湖水中投入两块石头后，各自产生了一组水波。两组水波进行独立的传播，但又互相影响，相互干扰，这叫波的干涉现象。如果我们再仔细观察这两组水波相互干涉，就会进一步发现，要是两组波峰与波峰相遇，则波浪起伏得更高；同样，如波谷与波谷相遇，则波浪凹处会变得更深。要是一组水波的波峰与另一组水波的波谷相通，那么波浪就将抵消，这种现象就称为波的叠加现象。波的叠加原理是：每一个波在其所到达的区域内，都独立地激发起振动，与是否同时存在其他波无关；而当两列波产生干涉，同时作用于某一点时，该点的振动等于每列波单独作用时所引起的振动的代数和。把能够产生干涉现象的两列波称为"相干波"，发出相干波的波源称为"相干波源"。

光是一种电磁波，同其他波一样，光也存在干涉现象，也适用叠加原理。在两列光波互相加强的位置，看起来应该比一列光波更明亮；而在两列光波互相削弱的位置，看起来就会比只有一列光波时还暗；当两列光波所引起的波动恰能互相抵消时，这些位置看起来应该是全黑的。这种明暗相间的条纹的出现，就是"光的干涉现象"。

并非任意两束光相遇都能产生光的干涉现象，只有两列光的频率完全相同，它们的波动方向也相同，而且它们波动的步调之间始终保持着一种确定的关系（光学上称为相位差恒定）时，才能产生干涉。普通光源（如同是30W的日光灯）不同两点发出的光，即使频率相同，方向相同，但在"相位"上不能保持确定的关系（即随机变化），所以，仍然不能相干。激光的相干性是同激光的单色性、方向性密切相关的。单色性、方向性越好的光，其相干性必定越好。

对激光相干性的利用，激光全息照相是成功应用的一个例子，其成像原理如下。激光经过分束装置分为两束：一束光直接射到底片上，称为"参考光束"；另一束光经过被拍照物体反射后再射到底片上，称为"物光束"。两束光在底片上形成干涉条纹，这样感光的底片就是全息照片。全息照片不但形象逼真，立体感极强，特别奇妙的是，在看全息照片，观看者改变不同的观察角，便会看到照片中不同位置的景物。而且，一张全息照片即使大部分已经损坏，只剩下一个角落，依然可以重现全部景物。

激光的上述四大特点，是笼统地就激光在其整体上与普通光相比较而言的。在实际应用中无需对四个特性都提出很高的要求。例如，全息照相主要是单色性和相干性好；激光通信主要是要求方向性、单色性和相干性好；激光测距主要要求是方向性好和高亮度；激光武器主要要求则是高亮度和方向性好等。根据应用目的的不同，应选用和研制不同特点的激光器。

2.1.2 激光的传输特性

在激光通信、激光测距、激光雷达、激光制导、激光引信和各种激光武器等应用中，均要涉及激光在大气、水、光纤等介质中的传输。但不管哪种传输介质，对光均有衰减作用，有时对传输影响还很大[22,81]。

1. 激光在大气中的传输特性

激光在大气中传播时，会受到空气中气体分子和悬浮微粒雨、烟、尘的吸收和散射等影响，使光强逐渐减弱，即大气衰减效应。以上各种不同大气条件对不同波长的激光，其衰减程度也是不一样的。在大气中同等含水量的条件下，对光的衰减是雾最大、雪次之，雨最小；由冰粒和水滴构成的云，对光的衰减很严重，而且由于云在空中的位置、浓度、薄厚千变万化，所以，一般较难掌握它对光的衰减规律。

影响激光在大气中传播的另一个因素为大气湍流效应。大气并非处于静止状态，如接近地表面的气温高，而远离地面的高空气温相对较低，由于存在着温差，会使空气对流，引起大气密度的变化，因而在空间就形成了许多不均匀的区域。它们使激光辐射在传输过程中不断地改变其光束结构，使光波强度、位相和频率在时间和空间中呈现随机起伏，这就是大气湍流效应的实质。这种效应对光束的正常传输极其不利，而且晴天比阴天明显，中午比早晚严重。除上述两种效应外，还有大气击穿效应和大气温度对大气折射率的影响等因素，也是使用激光时必须注意的问题。但要完全消除影响激光传输的各种大气效应，目前还不可能，只能设法减小或避免。经过长期研究和测量，发现大气衰减现象对不同波长的激光衰减差别很大。在目前使用的激光波长范围内，有 8 个波长段对激光的透过率较高，称为大气窗口，即当激光的工作波长设计在这 8 个大气窗口中时工作性能最好，除此之外，性能变差，如图 2-2 所示。

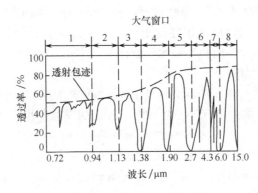

图 2-2　激光大气透过率及大气窗口

2. 激光在水中的传输特性

某些波长的激光像声波一样能在水中传播，因而激光在水下测距、侦察、照明等应用中很受重视。实验表明，紫外和红外激光在水中衰减很大，故无法应用。但可见的蓝绿色激光在水中衰减较小，如波长为 $0.459\mu m$ 的蓝绿激光在水下有较好的传输能力，被称为海水的窗口频率，穿透深度可达 300m，此深度为潜艇发射导弹的最佳位置；而且由于激光的单色性和方向性好，不易被敌方截获和受到干扰，是理想的通信手段。

3. 激光在光导纤维中的传输特性

光导纤维（简称光纤）是一种类似电线导电那样的传光物质。采用光纤传输信号，能有效地避开大气和其他复杂背景对光束传输的影响。用石英、塑料或氟化物材料拉成极细的线，称为纤芯，外加包覆层构成光导纤维。纤芯的折射率高于包覆层的折射率，使光波能沿纤芯远距离传播。如同电缆一样，多根光纤绞合在一起并用钢丝增强，就成为光缆。光纤的种类有反射型、折射型、单一型等多种结构形式，以前面两种应用最广。

光纤的主要用途是通信。与电线通信相比，光纤通信具有传输容量大（比微波高出 1000 倍左右）、中继距离远（传送 15000 对电话时可达 100km）、保密性好、抗干扰能力强、体积小、重量轻、成本低（在相同传输容量下比使用同轴电缆便宜 30%～50%）等优点，在民用和军事上均具有重大意义。

2.2　激光制导武器概述

近年来爆发的局部战争中，精确制导武器得到了广泛的使用，并在战争中发挥了巨大的威力。激光制导武器作为一种空对地精确制导武器，具有命中精度高、抗干扰能力强、成本相对较低、威力大和使用方便等优点，因此成为现代先进战斗机使用其进行对地攻击的重要手段之一[1-2,67-68]。

激光制导是利用激光作为跟踪、测量和传输信息的手段，经制导站或弹上的计算机（或计算电路）计算后，得出导弹（或炮弹、炸弹）偏离目标位置的角误差量，而形成制导指令，使弹上的控制系统适时修正导弹的飞行弹道，直至准确命中目标[1,5]。

1. 激光制导的特点

激光制导的特点与激光本身的优异特性分不开，主要体现在以下几个方面：

（1）制导精度高。既能测角也能测距离，有较高的测量精度。激光制导武器可用于攻击固定或活动目标，寻的制导精度一般在1m以内，且导弹的首发命中率高，是目前其他制导方式难以达到的。

（2）抗干扰能力强。由于激光是由专门设计的激光器才能生产出来的，因此不存在自然界的激光干扰。而且激光的单色性好、光束的发散角小，使得敌方很难对制导系统实施有效干扰。

（3）可用于复合制导。制导武器系统用于远程精确打击，但靠某一种制导方式其能力是有限的。激光制导与红外、雷达等制导方式复合制导，有利于提高制导精度和应付各种复杂的战场环境。

（4）存在的主要问题。目前激光制导存在的主要问题是易受气象条件影响，如容易被云、雾、烟、雨等吸收，不能全天候使用；激光半主动式制导，因在导弹命中目标之前，激光束必须一直照射目标，其激光器的载体，如飞机、坦克等，易被敌方发现和遭受反击的危险。

2. 激光制导的分类

激光制导是由激光器发出照射目标的激光波束，激光接收装置接受目标反射的激光束，经光电转换和信息处理，得出目标的位置信号或导弹与目标相对位置信号，再经过信号变换来控制导弹飞行以达到跟踪目标的目的。激光制导可分为以下几种：

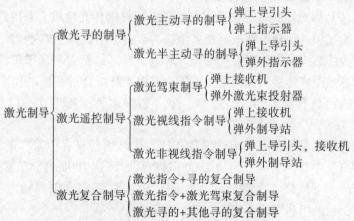

2.2.1 激光寻的制导

寻的制导是精确制导武器的主要体制,是实现"发射后不管"的基础。它由导引头和控制系统组成。

激光寻的制导是由弹外或弹上的激光束照射在目标上,弹上的激光导引头利用目标漫反射(即向各个方向散射)的激光,实现对目标的跟踪和对导弹的控制,使导弹飞向目标的一种制导方法。按照激光源所在位置的不同,激光寻的制导又可分为主动和半主动两类,迄今只有照射光束在弹外且波长为 1.06μm 的激光半主动寻的制导得到了应用[72]。

1. 激光半主动寻的制导

激光源和导引头分开放置,导引头放在弹上,激光源置于弹外的载体(平台)上(如飞机、坦克等,或人工照射)。激光半主动式制导技术已经相当成熟,其制导武器在多次实战中取得了惊人的战绩,目前常用于三类武器上,即激光制导炸弹、导弹和炮弹。

激光半主动导引头也称为激光导引头,是激光半主动制导武器的核心。由于它的探测、导引头和控制作用,才保证弹体能准确命中目标。它的任务有两项:探测目标反射的激光能量以及按制导规律测定某参量并送入控制系统。为完成这两项任务,激光导引头需由光学系统、激光探测器、电子部件和机械部件构成。表 2-1 所列为各种半主动激光导引头简况。

表 2-1 各种半主动激光导引头简况

简况	形 式				
	捷联式	万向支架式	陀螺稳定光学系统式	陀螺光学耦合式	陀螺稳定探测器式
结构特点	光学系统及探测器均固定在弹体上	光学系统及探测器均固定在万向支架上	光学系统及探测器均由动力陀螺直接稳定	透镜及探测器均固定在弹体上,陀螺只稳定反射镜	光学系统固定在弹体上,陀螺稳定探测器
扫描、跟踪能力	无	能独立扫描跟踪,活动范围大	能独立扫描跟踪,活动范围大	能独立扫描跟踪,活动范围中等	能独立扫描跟踪,活动范围中等
视场	视场大	瞬时视场小,动态视场大	瞬时视场小,动态视场大	瞬时视场小,动态视场中等	瞬时视场小,动态视场中等
探测器	尺寸大,时间常数大	尺寸小,时间常数小	尺寸小,时间常数小	尺寸小,时间常数小	尺寸小,时间常数小
背景干扰	大	小	小	小	小
弹体运动影响	大	小	无	无	无
输出信号	目标角误差信号	①目标角误差信号;②支架角信号	①目标角速率信号;②支架角信号	①目标角速率信号;②支架角信号	①目标角速率信号;②支架角信号
精度	低	中等	高	高	高
复杂性、可靠性	好	中等	差	中等	中等
使用情况	攻击机动性差的大目标	攻击机动性差的大目标	攻击机动性好的小目标,如"海尔法"等导弹	攻击机动性好的小目标,得到最广泛的应用	攻击机动性好的小目标

不同的激光制导武器,如制导导弹、航空炸弹和炮弹,其导引头的结构一般各不相同,有风标式导引头、陀螺稳定式导引头,也有捷联式导引头,但基本工作原理是相同的,图2-3所示为激光半主动寻的制导系统的一般组成示意图。

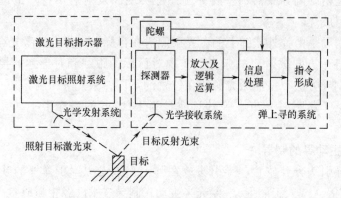

图2-3 激光半主动寻的制导系统的一般组成示意图

图2-3左侧虚线内为激光目标指示器,它的任务是向被攻击的目标发射激光束,为制导武器指示目标。即在整个制导过程中须保证激光束始终照到目标上,或对较大的目标须保证激光光斑稳定在目标的某一部位;并确保激光能量经目标反射后,进入导引头探测器的部分能满足导引头最小可探测信号的要求。

图2-3右侧虚线内为弹上导引头,是激光制导武器的核心部件。弹上导引头一般由探测器、放大及逻辑运算器、信息处理器、指令形成器和陀螺稳定平台组成。[22,65,80]

1) 导引头的工作原理

激光探测器是用来接收由目标反射来的激光束,从而发现激光束指示的目标并测量目标所处的位置。光学系统汇聚的反射能量,通过探测器转换成电信号;放大器把电信号进一步放大,并经过逻辑运算产生角误差信号;信息处理器依据角误差信号求出导引头信息;指令形成器依据导引头信息产生导引头指令,控制导弹沿着正确的弹道飞向目标。

为了把微弱的激光反射能量收集起来,探测器设有一个能量收集器,即光学系统。光学系统一般由滤光片、透镜和反射镜组成,对有用的信号起到集能作用,探测器紧靠光学系统,光信号直接照射到探测器的平面上,其任务是发现目标、确定目标在空间的位置和提供原始误差信号。

高精度的导引头一般总是把光学系统和探测器放在陀螺平台上,利用陀螺仪的定轴性和进动性,快速、稳定地跟踪目标,同时为弹上寻的系统的信息处理器提供目标运动的角位置、角速度和角加速度。

信息处理器根据逻辑电路提供的误差电压和陀螺仪提供的目标角信息,进行综合处理,并依据制导规律求出制导信息。因此,信息处理器有两项任务:一是控制陀螺仪,使探测器的光轴对准目标的中心;二是为指令形成器提供制导信息。

指令形成器依据制导信息形成制导指令输送到弹上的控制系统,再去控制弹体的相应控制面(如舵机),以便修正弹体的飞行轨迹。经过连续不断的控制与修正,直到弹体命中目标时为止。

2) 激光目标指示器(激光照射系统)[75]

激光半主动寻的制导目标指示器,它是激光寻的系统的一个重要组成部分,其任务是向被攻击的目标发射激光束,为制导武器指示目标,并提供相关目标参数。

从激光照射目标这一点来看,激光目标指示器可以装在不同的载体上,根据战场条件决定使用适合的方式。不管用于何种激光半主动制导武器,这些系列化的指示器都有通用性。同时指示器必须具备向目标发射激光的能力和相应的瞄准能力,大多数情况下还得有跟踪、测距能力,在有些条件下还应配以相应的通信设备。

激光半主动制导的作用距离是激光目标指示器应当首先考虑的问题,这包括可见光瞄准具、热像仪、电视摄像机、激光发射机和激光测距机的作用距离,这些距离与目标和背景的特性、大气能见度和激光导引头的灵敏度等因素有关。对精确制导的影响是激光目标指示器应当考虑的另一个重要问题,影响导弹命中精度的因素有导弹本身、指示器和大气等几个方面。就指示器方面而言,应减小操作偏差、校准误差和系统颤动,以提高指示精度。

为了保证激光制导武器能够精确、可靠地命中目标,对激光目标指示器有一系列的严格要求。例如,激光目标指示器的发射功率必须满足作战距离的需要;激光束参数的设计,如激光波长、脉冲宽度、重复频率、编码、光束散角等必须满足工作需要。

3) 激光半主动寻的制导的精度[74]

制导武器的最终目标是大幅度提高命中精度,而影响精度的因素是很多的,归纳起来可以分为以下几个方面:

(1) 初始弹道的影响,包括初始瞄准的精度、发射装置和火控系统的问题等。

(2) 弹体本身的问题,包括弹体气动特性、稳定翼和控制面的设计、加工制造误差等,对导弹,还有发动机方面的问题。

(3) 控制系统的问题,包括制导规律及控制系统参数的选取、自动驾驶仪和执行机构的设计和加工的问题。

(4) 寻的系统的问题,包括导引头的设计加工以及所用标志目标的能量源方面的问题。

(5) 环境因素的问题,包括风等自然因素的突然干扰等。

(6) 目标反射特性的问题。目标可分为镜反射和漫反射目标两类,或者两者皆有的混合目标。一般目标均为漫反射,符合朗伯漫反射定律。对目标反射特性的表征通常用半球反射率来表征,即

$$\rho(\lambda) = \frac{\Phi_{\text{ref}}(\lambda)}{\Phi_{\text{in}}(\lambda)}$$

半球反射率等于目标表面反射辐射能量与入射辐射能量之比。表 2-2 所列为几种典型目标的表面反射率。

表 2-2 几种典型目标对 $1.064\mu m$ 波长激光的漫反射率

目 标 材 料	目标反射率	目 标 材 料	目标反射率
铝(风化的)	0.55	油漆(淡橄榄色)	0.08
建筑用水泥	0.50	土壤(黏泥土)	0.08
钛合金(新的)	0.47	草地	0.47
钛合金(风化的)	0.48	树叶	0.48

上述六个方面除第四个方面外,都是制导武器所共有的。引入误差的因素要从激光目标指示器和导引头两方面来分析[73]。

首先,分析由激光目标指示器引入的误差。

激光半主动寻的制导中,用激光光斑去标示目标,当然,如果激光光斑与目标本身不一致,必然引入制导误差,将这种不一致称为指示误差或照射误差。这一误差又可以看成是由两部分组成的。一是准直误差,表示激光轴线与跟踪瞄准线之间的偏差;二是跟踪误差,表示跟踪瞄准线与目标中心(或所要攻击的部位中心)线之间的偏差。图 2-4 所示为以理想的圆目标为例,说明照射误差的构成。

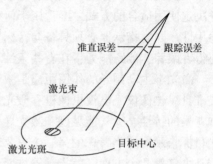

图 2-4 激光指示误差的构成

准直误差由以下五个方面的原因造成[69,73]:

(1) 激光束轴与跟踪瞄准轴之间的调校误差。这是在静态和动态调校过程中引入的,受到测量仪器精度的限制。采用分光镜将激光发射光路与瞄准光路合一可提高精度。

(2) 热畸变引起的激光光路与瞄准光路的变化。激光和某些跟踪传感器(如电视或红外传感器)都会受到热效应影响出现轴线漂移。

(3) 机械结构变形引起光路的变化。这在机载系统中较为严重。在一些要求高的系统中可加专门的反馈控制来补偿这种变化,减少误差。

(4) 大气效应引起的光束抖动和强度起伏。大气湍流会造成折射率随机变化从而使波前畸变,激光束偏离传播方向而抖动,同时光斑上的各点强度出现起伏,使强度中心作随机变化。

(5) 激光光斑本身的不均匀性以及不稳定性。这一因素相当于激光强度中心的变化。

这五种因素的幅度和频谱是各不相同的。因而,总的准直误差要对系统和使用环境作具体分析以后才能得到。更重要的是,需要在实际试验中测试分析。美国在白沙靶场实测地面激光照射器的结果表明,准直误差的均方根值为 $60\mu rad$。

跟踪误差与跟踪方式的选取以及跟踪、稳定回路设计紧密相关,有以下几个方面[52,65-66]:

(1) 跟踪传感器的分辨能力。这会直接影响跟踪精度。手动及半自动跟踪方式中,靠人眼与光学仪器分辨目标。自动跟踪则靠电视或红外传感器分辨目标。分辨力越高,引起的误差越小。

(2) 取差器的测量精度。这与取差器的类型、信号处理方式有关。

(3) 稳定回路引入的误差。在机载系统中,必须加陀螺回路。陀螺元件的选择、回路性能都能影响跟踪精度。

(4) 跟踪回路引入的误差。包括回路的频率响应特性、对干扰的抑制能力、系统校正方面的问题等。

(5) 目标及环境情况。这也是影响跟踪精度的因素。

总的跟踪误差须作全系统分析和实际试验的测量和分析来得出。与准直误差相比，跟踪误差要大些，一般为 0.1～0.5mrad。

其次，分析导引头系统引入的误差。

即使激光光斑准确地落在所有攻击的目标区中心，由于导引头系统本身的误差，也会降低制导精度。

（1）制导规律所引入的原理误差。在速度追踪导引头中，导引头表征的是空速方向，而不是地速方向。在有风的情况下，就会引入原理误差，即使在整个制导飞行过程中，导引头轴线是一直指向目标的，弹的速度矢量也并不指向目标。而且目标的运动与风有同样的影响。脱靶量与风速、目标运动速度之间的关系为[77-78]

$$D_M = \frac{|V_W|^2 + |V_\tau|^2}{2N_1} \tag{2-1}$$

式中：D_M 为脱靶量；V_W 为风速；V_τ 为目标运动速度；N_1 为弹的可用过载。

（2）导引头的加工、调校误差。制导规律都是在理想情况下讲的，实际上，任何导引头部件都不可能理想地实现制导规律，只能是某种近似。例如，理想情况下导引头的光学轴、机械轴、电轴三者应是统一的，实际上都会有偏差，这可称为偏置误差，它会直接影响精度。导引头信号处理过程中出现的畸变和失真也会影响导引头规律的实现。在接近目标的过程中，由于光学系统的局限性，光斑逐渐变大，可能覆盖整个四象限探测器表面，从而无法处理出误差信号，致使弹失控，这对命中精度也会有很大影响。

导引头系统的误差和激光目标指示器的照射误差对总的制导精度的影响，不是简单地相叠加的关系，与其他因素的影响也不能简单地叠加，而应通过大量的计算机模拟分析，将各种随机的因素都当作原始的误差输入进来，然后统计多条弹道的命中精度，处理出最终脱靶量的统计特征。

4）激光半主动寻的制导的特点[75]

激光半主动制导具有很高的制导精度和较强的抗干扰能力，可实现有限的"发射后不管"。激光半主动制导与红外成像寻的制导相比，具有系统构成较为简单、成本较低的优点；与激光驾束与激光指令制导等遥控制导体制相比，具有发射点与照射点配置灵活、无须全程照射目标、射程不受限制等优点。另外，由于在射击中，必须有射手参与进行目标识别与照射，导引头只识别跟踪特定编码的激光信号，因此可大大提高命中精度，并最大限度地避免误伤和重复杀伤。激光半主动制导体制可在多种导弹和制导兵器中应用，可从多种载体与平台上发射，具有很大的战场灵活性，是目前应用最为广泛的激光制导体制。

2. 激光主动寻的制导

激光半主动寻的制导的激光目标指示器与导引头不装在同一个平台上，如果把激光源和导引头都装在同一枚导弹上，当导弹被发射后，能主动寻找要攻击的目标，就构成了激光主动寻的制导导弹，便能实现"发射后不管"。这种制导方式确实很具有吸引力，是激光制导武器的发展方向。但迄今为止尚未见过任何已经投入实战的激光主动导引头及其制导武器，其主要原因是技术上的问题，核心是寻的系统必须小型化，由于电源设备大而重，目前尚难用于实战。

2.2.2 激光波束制导

激光波束制导又称为激光驾束制导，是激光制导的另一种制导方式。顾名思义，激光驾束制导就是导弹"骑"着激光束飞行，激光束指向哪里，导弹就飞到哪里。激光波束制导必须是在通视（直线视距）条件下才能实现，因而适合在短程作战使用。图 2-5、图 2-6 所示分别为驾束制导回路框图和激光驾束制导方式制导原理框图[73-74]。

图 2-5 驾束制导回路框图

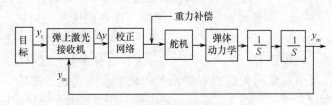

图 2-6 激光驾束制导方式制导原理框图

激光波束制导具有瞄准与跟踪、激光发射与编码、弹上接收与译码、角误差指令形成与控制等四大功能。其基本工作原理是利用光学系统瞄准目标，形成瞄准线并把它作为坐标基准线，当目标移动时，瞄准线不断跟踪目标。将激光束的中心线与瞄准线重合，并使光束在瞄准线的垂直平面内进行空间编码后向目标方向照射。弹上的激光接收机接收到激光信息并译码，测出导弹偏离瞄准线的方向和大小，形成控制指令，控制导弹沿着光束的中心线（即瞄准线）飞行，直至击中目标。

由于激光波束制导具有许多显著的优点，因此，已得到广泛的应用。与光学视线指令制导相比较，激光驾束制导有以下优点[1-2]：

（1）激光驾束只需要一个信息传输通道，不但结构简单，而且操作也简单。

（2）因为接收系统在弹上，背向敌方，光束投射部分不用接收导弹信标的信息，所以敌方干扰无法起作用，而战场干扰又因信息特征不同于制导信息也不易起作用。

（3）与有线指令制导相比去掉了导线，可提高导弹的飞行速度，导弹可以飞越水面峡谷、高压线等障碍物。

（4）有很高的精度、足够远的作用距离。

传统的激光波束制导有一个弱点，即在复杂的情况下，很难保持瞄准线与光束中心线重合，这对攻击活动的小目标十分不利。为解决这一问题，现在已经在弹上另加一个红外信标机，当导弹顺瞄准线飞行时，信标机不工作；当导弹偏离瞄准线时，它就发出自我指示的信号。装在发射点的热像仪专门接收、跟踪信标信号和由目标热辐射来的信号。一旦波束中心线与瞄准线之间有角误差，热像仪马上向光束调焦装置发出校正信号，并激励激光源增大输出功率，使导弹沿正确的光束中心线飞行。

激光驾束制导系统主要由激光束投射器、瞄准具和弹上接收系统等组成。激光束投射器包括激光器、光束调制编码器和激光投射系统。弹上接收机包括光学接收镜头、光电探测器、解码器和信息处理电路。

如图2-7所示,来自目标的景像(与1反向)进入窗口2,由陀螺稳定反射镜3反射,经物镜4、反射镜5、棱镜6在分划板7上成像。射手8可通过目镜9进行观瞄。光源10(如半导体激光器阵列)发出的光由透镜纽11、12准直后射至可动反射镜13,经透镜14和反射镜15到达码盘16,编码后的光束经透镜17和反射镜18后成像于像点19,再由反射镜20和透镜21经反射镜3、窗口2投向空间。透镜组11、12可调焦用以改变射出光线的发散角。当导弹远离发射器时,透镜11向光源10靠拢,这样一方面使发散角减小,另一方面增加了光束能量。这一活动不影响视轴瞄准,故称为准调焦。当导弹飞出(如400m)以后,开关22将反射镜13从光路中转开,这时光源10被码盘16的另一边编码并成像于像点23,经校准片24和反射镜25后进入瞄准光学系统形成窄光束,该光束经分光膜30、反射镜5、物镜4、反射镜3和窗口2射向空间。校准片24由在分划板相应处的探测器29接收角隅棱镜26返回的信号控制,实现射出光束的俯仰校准。方位校准则由光源10来实现。系统的同步信号由光源27产生,被码盘16调制后由接收器28接收,经处理后加到控制电路和光源上去[70]。

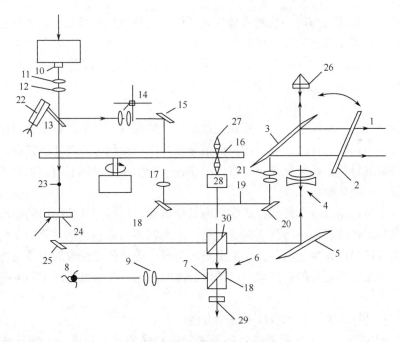

图2-7 条束光束投射器

这里重点介绍带信标的激光驾束系统。

图2-8所示的带信标的激光驾束系统可以较好地解决在任何情况下都能保证瞄准轴与光束轴重合的难题。

图2-8中,方框内为弹上设备,其余为弹外设备。弹外设备包括产生激光的投射器、可调焦透镜和空间编码器。空间编码器允许导弹决定它相对于光束中心或零码区的相对位置。导弹将接收上下左右的信号。

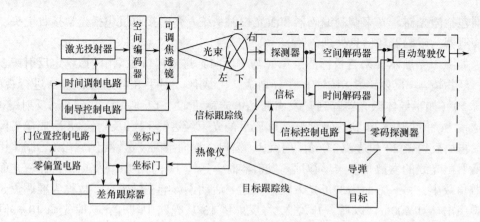

图 2-8 带信标的激光驾束系统

为了探测来自投射器的光束,在导弹尾部装有光电探测器,通过空间解码器和时间解码器与导弹的自动驾驶仪相连。空间解码器给自动驾驶仪适当的校正信号,使自动驾驶仪能调整导弹的飞行路线。时间解码器用来在导弹通过零码区域时打开导弹的信标,起到系统校准作用。

当导弹上的信标工作时,它的信号为弹外设备的热像仪所接收,以便从热像仪上找出导弹所在的位置。信标有一个信标控制电路,它与时间解码器和零码探测器相连,当导弹位于光束中心之外时,时间解码器给出一个信号到信标控制电路,使信标停止工作。当导弹位于光束中心时,零码探测器给出一个信号,信标控制电路使信标发出信号。

为了使导弹与目标位置一致,跟踪器包括一个热像仪,它沿目标跟踪线接收来自目标的热辐射。当信标工作时,导弹的信标信号被热像仪沿信标跟踪线所接收。为了区别来自背景辐射的目标,热像仪与一个目标门相连,为了从背景辐射中区别导弹和它的信标,热像仪与一个信标门相连[21]。

为了决定目标跟踪线和信标跟踪线之间的角偏差,目标门和信标门的输出送到角差跟踪器,角差跟踪器的输出送到零偏置电路,以调整零码中心与视轴间的夹角。零偏置电路的输出送到门位置控制电路,它给出校正信号,使导弹沿光束的中心飞行。制导控制电路用门位置控制电路的输出调节可调焦透镜的焦距,并通过时间调制电路去激励激光投射器。

激光波束制导的关键技术有以下三个方面[22,67]:

(1) 空间编码。激光束调制编码是激光驾束制导的核心技术,是制导波束赋予导弹方位信息的主要手段。激光辐射的特征可用波长、相位、振幅和偏振 4 个参数来表示,光频或光相位实现空间调制编码较为困难,目前主要利用光束强度和偏振来编码。把光束强度变为含有方位信息的光束有多种办法,总称为空间强度调制编码,即用不同的调制频率、相位、脉冲宽度、脉冲间隔等参数实现编码。要把光的偏振用于空间编码,需运用空间偏振编码技术。偏振不但能在光束中给出导弹的方位信息,还能给出导弹的滚转基准。

(2) 调焦。为保证激光驾束制导的精度,并且在远距离条件下,弹上激光接收机仍能接收到足够照度的激光信号，要求制导仪在导弹飞行空间形成一个光束直径一定的空间控制场。这就要求制导站具备改变发射激光束波束角的能力，即连续调焦的能力。连续调焦是通过调焦系统完成的，目前可采用的调焦系统主要有3种：机电凸轮调焦、程控步进电机调焦和气体透镜调焦。

（3）制导波束波长选择。在激光驾束制导技术中，要求所选用的激光波长在实战应用条件下，具有以下特点：①大气传输性能良好，传输损耗小；②该波长有性能较好的光电探测元件，成本不能太高；③充分考虑目标背景特性，所选波长有利于从背景中选出目标。目前，激光驾束制导应用的波长主要有 $1.06\mu m$ YAG 固体激光器、$1.06\mu m$ CO_2 气体激光器、$0.9\mu m$ 半导体激光器等。

2.2.3 激光指令制导

激光问世以后，人们一直在研究用激光实现视线制导的技术，如用激光雷达实现对导弹的跟踪、用激光指令取代反坦克导弹的传输导线等。

激光指令制导也属遥控制导，其工作原理与一般的指令制导是一致的。导弹发射后，由制导站跟踪目标，并实时量测导弹相对瞄准线的偏差，制导站根据偏差和选定的制导律形成控制指令，通过激光波束编码传输到导弹，控制导弹沿瞄准线飞行，直至命中目标。

激光指令制导具有视线指令制导的全部特点。控制指令形成在制导站，因此可以采用较为复杂的算法，而弹上制导系统可以较为简单，一方面降低了导弹成本，另一方面有利于提高制导精度。采用激光指令，较有线指令传输，具有可靠性高、导弹飞行速度快和机动性提高的优点；较无线电指令传输，具有方向性强、设备体积重量小、抗干扰能力强等优点[22,81]。

激光指令制导是一种较为成熟的制导技术，其关键技术主要有：激光指令的编码、发射与接收、解码；激光指令波束的调焦；降低导弹发动机尾焰和烟雾、羽烟对指令传输的干扰等。

美国空军在1981年提出超高速导弹（HVM）制导的 CO_2 激光雷达的方案，由飞机吊舱或地面战车发射轻小和低成本的 CO_2 激光雷达制导反坦克导弹，利用导弹超高速飞行的动能来穿透装甲，其特点在于不需要战斗部和引信，而是用简单的制导系统和以 1500m/s 速度飞行的碳化钨芯侵彻弹头或破片的动能穿透装甲。

HVM 导弹的试验型采用激光视线指令制导，由装在吊舱内的 CO_2 激光雷达实现。CO_2 激光雷达由装在火控吊舱内的 CO_2 激光扫描器和光电成像接收机以及装在弹上的后视激光接收机组成。$10.6\mu m$ 波长的 CO_2 激光器连续输出功率为50W，扫描器具有68°视场，扫描用光电或双光楔旋转方法来实现。它能发射宽、窄两种带有分时制指令的激光束。宽光束用来搜索、跟踪视场内的多个动目标，窄光束用来跟踪和照射目标。搜索、跟踪目标时，从目标反射回来的激光回波信号由火控舱的光学系统接收，传输给光电成像探测器，在这里与本机振荡器的信号混频，然后经电子处理后显示在屏幕上；跟踪导弹时，CO_2 激光束在火控舱和导弹之间传输制导数码指令，通过导弹尾部的后视激光数码接收机接收制导数码指令。

用于跟踪目标和导弹的 CO_2 激光雷达还在大量发展中。此外，用固体激光器的激光雷达（包括 $1.06\mu m$ 的 Nd：YAG 和 $2.09\mu m$ 的 Tm·Er·Ho：YAG 激光雷达）、在太空中利用半导体激光器的激光雷达也都很受重视。

2.3 机载激光制导武器的制导规律

所谓制导规律，是指在制导过程中，调节弹的飞行参数所遵循的某种规律。选择的制导规律不同，控制的最终效果、所适应的使用条件、要求的弹体过载及导引头机构的复杂程度都有所不同。

常用的制导规律有追踪法和比例导引头法。在追踪制导中，又有姿态追踪与速度追踪之分[76-80]。

2.3.1 姿态追踪法制导

在采用这种制导规律时，要求弹体轴线指向目标。因此，姿态追踪的导引头所要测量的是弹轴与目标视线的夹角。只要导引头与弹体固连，其光学轴与弹体轴线一致，就能够测量这一误差角。如图2-9所示，以水平线为参考时，θ 为弹体姿态角，q 是目标视线角（由于弹体的长度与目标的距离是很小的，所以可以将导引头光学系统中心与目标的连线看成视线）。目标上的激光光斑经导引头光学系统在探测元件上成像，像点位置便反映了姿态追踪制导所需的误差角 $\varepsilon=q-\theta$。于是，$\varepsilon=q-\theta\rightarrow0$ 便成了姿态追踪制导规律的数学表达式。为了实现这一制导规律，还要配上控制系统，操纵弹的运动，从而使弹体轴线指向目标。图2-10为姿态追踪制导的原理框图。

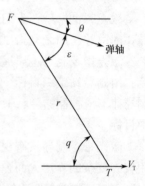

图 2-9 姿态追踪制导相对运动关系

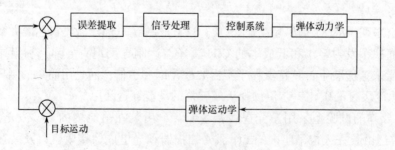

图 2-10 姿态追踪制导的原理框图

姿态追踪制导是一种最简单的制导系统，采用该制导规律的导引头无须万向支架和陀螺。导引头靠弹体的运动来跟踪目标（激光光斑标识），而弹体的惯性较大，所以姿态追踪的导引头必须有较大的视场，而且不适合目标运动速度较快的场合。即使目标速度运动不快，为了达到一定的精度，也要求弹的过载能力较强。因此这种制导系统用得较少，主要用于攻击固定目标的空对地武器。

2.3.2 速度追踪法制导

速度追踪法要求弹的速度矢量指向目标。这与姿态追踪制导不同，速度追踪导引头要测量的是弹的速度矢量与目标视线之间的夹角。为了测量这个角度，首先须建立速度矢量的测量基准。在弹的飞行过程中，导引头的这一测量基准轴要随弹的速度方向而变化。这通常是利用风标来实现的。速度追踪的导引头依靠万向支架与弹体相连，并由风标将其弹轴稳定在弹道风的方向，即弹的空速方向。如图 2-11 所示，q 为视线角，θ_c 为速度矢量与水平线夹角（称弹道倾角）。与姿态追踪法不同，导引头测定的是误差角 $\varepsilon = q - \theta_c$，制导规律的数学表达成了 $\varepsilon = q - \theta_c \to 0$，这样一来，速度追踪便比姿态追踪复杂了。它首先要建立风标气动环节，实现导引头轴线跟踪弹体空速方向变化，这只要设计和加工得好是可以做到的，不过会存在误差。在攻击地面目标时，如果风速较大，就会产生原理误差。图 2-12 是速度追踪制导的原理框图。风标气动环节的输入角是弹道倾角 θ_c 以及风速等影响引入的附加角，风标输出为其轴向角 θ'_c，导引头所测量的正是这个角与目标视线角之差。

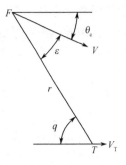

图 2-11 速度追踪制导相对运动关系

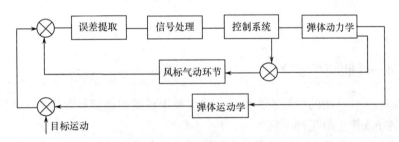

图 2-12 速度追踪制导原理框图

速度追踪制导不像姿态追踪那样要求过大的导引头视场，在同样的使用条件下，过载要求可以略微放宽一些，精度也有所提高。但它仍难以用来攻击运动速度快的目标。所以一般将这种制导方式用于空对地武器，如激光制导航空炸弹。对固定目标或慢速运动目标，它还是一种简单、可靠、成本低的系统。

2.3.3 比例导引头制导

在激光制导导弹和制导炮弹中，比例导引头制导用得最为普遍。它要求弹的横向加速度与目标视线角速度成正比，即弹的速度矢量的旋转角速度与视线角速度成比例。这样比例导引头制导的导引头的首要任务是要跟踪目标并测量出目标视线的旋转角速度。这通常是靠陀螺来稳定导引头的瞄准轴，用万向支架与导引连接实现的。图 2-13 是比例导引头制导相对运动关系示意图。以水平线为参考，q 是目标视线角，θ_c 为弹道倾

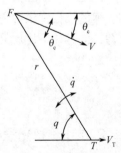

图 2-13 比例导引头制导相对运动关系示意图

角,即弹运动速度方向与水平参考线夹角。导引头测量的是视线角速度$\dot{q}$,然后通过控制系统使弹道变化,并使$\dot{\theta}_c = k\dot{q}$,这就是比例导引头制导的数学表达式。$k$称为比例导引头常数,亦称导引头增益,一般取值为3~6。

比例导引头制导的优点在于它可以有效地攻击活动目标,在同样的使用条件下,它对弹的过载要求比两种追踪导引头法都小,其制导精度可以达到很高。克服风的影响的能力也比较强。当然,比例导引头制导系统复杂,造价高。为了构成比例导引头制导系统,一般都要加自动驾驶仪。图2-14为比例导引头制导原理框图。导引头输出的电信号与视线角速度$\dot{q}$成正比,该信号送入自动驾驶仪,产生转动舵面的指令送给执行机构,舵面偏转后经弹的动力学环节,转变成弹的速度矢量的旋转角速度,从视线角速度到弹的速度矢量的旋转角速度之间各环节传递函数的总增益便是导引头增益k。弹体速度矢量发生旋转后,由于弹体的运动学环节,并考虑到目标的运动,又形成视线角的变化。这就是实现比例导引头制导的全过程。

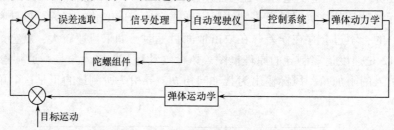

图2-14　比例导引头制导原理框图

2.3.4　其他制导规律

除了以上三种常用的制导规律,在一些文献中还提到比例前置角制导和固定方位制导等其他制导规律,但是都不常用。

比例前置角制导要求弹的前置角与目标视线的角速度成比例,即弹的速度矢量或弹体轴线方向超前于目标视线,而且超前的量与视线的角速度成比例,分别称为速度比例前置和姿态比例前置制导。它们的精度与比例导引头制导系统相接近。它们都要求导引头有跟踪目标并测量视线的角速度的功能,这与比例导引头相类似。其弹道在快要接近目标时,也与比例导引头的弹道相似,而在开始阶段,则接近追踪制导的弹道。

固定航向制导又称平行接近法。它是在比例导引头回路中增加一个积分项来实现的。弹的飞行弹道为一条直线,即视线方向总是保持平行。这种制导规律实现起来较为复杂,而且并不比比例导引头的精度高。

2.4　机载激光制导武器的组成

2.4.1　激光照射系统

1. 概述

激光半主动制导用的激光目标指示器在战场上主要作用是用作火控系统的主要组成

部分为激光制导武器指示目标，为其他武器提供目标数据。

从激光照射目标这一点来看，激光目标指示器可以分别装在不同的地方，包括单座机、双座机、直升机、遥控飞行器、车辆、三脚架上，也有便携式等，可以对目标形成立体包围圈，视战场条件选用合适的方式。不管用于何种激光半主动制导武器，这些系列化的指示器都是通用的。表 2-3 列出了西方国家一些主要激光目标指示器的名称[52,78]。

表 2-3 激光目标指示器

类别	国家	名称\符号	厂　　家
单座机	美	激光照明目标搜索识别系统 LATAR	诺斯罗普
	法、美	自动跟踪激光照射系统 ATLIS	〔法〕汤姆逊 〔美〕马丁·马丽埃塔
双座机	美	宝石刀 PAVA Knife, AN／AVQ-10	福特
	美	宝石矛 PAVA Spike, AN／AVQ-23	西屋
	美	宝石平头钉 PAVA Tack, AN／AVQ-25	福特，国际激光
直升机	美	直升机机载激光目标指示器, AN／AVQ-19	福特
	美	光电搜索目标及夜间显示系统 TADS／PNVS	马丁·马丽埃塔
遥控飞行器	美	蓝点激光指示器	西屋
车载式	美	FIST-V 装甲车指示器	
	美	G／VLDD 地面／车载激光定位指示器	休斯
三角架式	美	GLLD 地面激光定位指示器	休斯
	美	MULE 组合式通用激光指示器	休斯
	英	LTMR 激光目标标志测距仪	费伦蒂
	法	IPY49	激光工业
手提式	美	LTD AN／PAQ-1	休斯
	法	IPY43	激光工业

不管激光目标指示器设置在什么地方，都必须具备向目标发射激光的能力，因而必须有相应的瞄准能力，在大多数情况下还得有跟踪测距能力，在有条件时配以通信设备。

图 2-15 是一个典型的激光目标指示器。它既可以安装在直升机旋翼轴顶平台上，也可以安装在车载的升降枪杆上，来自目标区的光学图像信号 C 由窗口 1 进入可控稳定反射镜 2、可调反射镜 5、分束器 6 反射后进入光学系统 7，在电视摄像机 12 上成像，系统操作者可根据显示器上的图像选择目标，控制陀螺 3 使反射镜 2 转动，用显示器上的跟踪窗套住目标，并使其保持在自动跟踪状态。系统操作者在搜索目标时一般用电视摄像机的宽视场，而在跟踪时用电视摄像机的窄视场，这时把镜头 10 从光路中拨开。为了保证摄像机有良好的图像对比度，在光路中有被控制的中性密度滤光片 9。

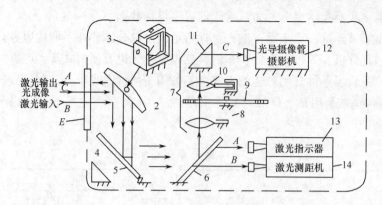

图 2-15 一种激光目标指示器
1—窗；2—可控稳定反射镜；3—陀螺；4—角隅棱镜；5—可调反射镜；6—分束镜；7—光学系统；
8、10—透镜；9—中性密度滤光片；11—棱镜；12—电视摄像机；13—激光指示器发射器；14—激光测距机。

当选定目标后即可向目标发射激光 A。激光指示器 13 发射的激光束经过分束镜 6、可调反射镜 5、陀螺稳定反射镜 2，经窗口 1 射向目标。

来自目标漫反射的激光信号 B 沿着与发射相反的通道进入激光测距机 14，操作者可在显示器上读出距离。

为了随时检查激光发射、接收和电视各光轴间的相对位置是否正确，机内设有视线调校装置——角隅棱镜 4。当陀螺稳定反射镜转向角隅棱镜 4 时，激光可按原光路返回，并在电视摄像机得到一个应当与瞄准点重合的图像。若有偏差，可通过调整荧光屏上跟踪窗口的位置予以修正。

激光照射系统的作用距离能否满足要求是激光目标指示器应当首先考虑的问题。作用距离包括可见光瞄准具、热像仪、电视摄像机、激光发射机和激光测距机的作用距离，这些距离与目标和背景的特性、大气能见度和激光导引头的灵敏度等因素有关。

可见光瞄准具对于 2.5m×2.5m 坦克目标的发现、识别、认清的作用距离与能见度和放大倍数等因素有关。例如，能见度为 8km 时，用 8 倍焦距，这些距离分别为 5km、3km、2km，这是大量实际观测的统计结果。

夜视仪发现与识别坦克目标的距离，比可见光瞄准具更加有限。

激光目标指示器的照射距离，或者说满足制导和测距要求的激光发射功率，与许多因素有关，可以按下式求出[71]：

$$P_t = \frac{\pi(R_d+R_M)P_0}{t_t e^{-\sigma(R_d+R_M)}\rho_t\cos\theta_r t_r A_r} \tag{2-2}$$

式中：P_t 为激光器发射功率，它是激光脉冲能量 E 和脉宽 τ 的函数，$P_t=E/\tau$；P_0 为导引头或测距机接收到的功率；t_t 为激光发射系统的透过率；t_r 为导引头或测距机接收系统的透过率；σ 为大气衰减系数；R_d 为指示器或测距机至目标的距离；R_M 为导引头到目标的距离，在测距状态下计算时使 $R_M=R_d=R$ 即可；ρ_t 为目标反射率；θ_r 为目标反射角；A_r 为接收孔径面积。

由式（2-2）可见，欲增加作用距离 R，在系统灵敏度 P_t 一定的条件下，可以增加激光发射功率、减小发射光学系统的损失、增加目标的反射率、减小接收光学系统的损失或增加接收口径。

激光目标指示器的照射距离，或者说满足制导和测距要求的激光发射功率，与许多因素有关，如激光器发射功率、导引头或测距机接收到的功率、激光发射系统的透过率、导引头或测距机接收系统的透过率、大气衰减系数、指示器或测距机至目标的距离、导引头到目标的距离、目标反射率、接收孔径面积等。

对制导精度的影响是激光目标指示器应当考虑的另一个重要问题，影响导弹命中精度的因素有导弹本身、指示器和大气等几方面。如图 2-16 所示，即使瞄准了目标的中心 O，但由于存在操作偏差、仪器的校准误差、系统的颤动和大气曲起伏，也会使激光束覆盖以 O_1 为中心的虚圆范围，不但产生误差 OO_1，而且有一部分落在目标之外；加上大气扰动使光束加宽，激光束覆盖的是以 O_1 为中心的点划线圆范围，使落在目标之外的部分增大。

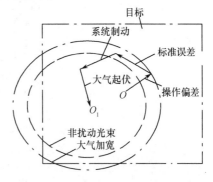

图 2-16 影响指示器精度的因素

可见，欲减小指示器对制导精度的影响，可以从减小操作偏差、校准误差和系统颤动等方面采取措施。

激光束参数是设计激光目标指示器的主要依据。这些参数是激光波长、脉冲能量、脉冲宽度、重复频率、编码、束散角。根据实验结果和工作经验提出的这些指标如下：

激光波长　　　　1.06μm

脉冲能量　　　　50~300mJ（视指示器不同而异）

脉冲宽度　　　　10~30ns

重复频率　　　　10~20mrad，可编码

束散　　　　　　0.1~0.5mrad

激光波长是激光半主动制导的重要问题，由于 1.06μm 在技术上成熟并有优势，世界各国的激光半主动制导绝大部分采用了这个波长。

激光脉冲能量和激光脉冲宽度决定激光功率，视作用距离的远近和指示器的种类不同，脉冲能量有较大的差别。激光目标指示器的激光脉冲宽度一般要求比激光测距机的激光脉冲宽度宽一些，比较多的都在 20ns 以上，目的是使接收系统的带宽能窄一些。

激光脉冲重复频率应当适当地高，以便使导引头有足够的数据率。分析表明对固定目标重复频率在 5pps 即可，对活动目标则应在 10pps 以上，但在 20pps 以上作用已不明显，而激光器的体积和重量将大为增加，所以通常在 10~20pps。

激光脉冲在激光指示器内编码、在导引头内解码，是激光半主动寻的制导中的特殊问题，目的是在作战时不致引起混乱，在有多目标的情况下，按照各自的编码，导弹只攻击与其对应编码的指示器指示的目标。

激光束散角与指示精度有关，直观上看，在最远指示距离上光斑直径应当比目标尺寸小。

2. 激光目标指示器的激光器系统[78]

已装备的激光半主动制导系统采用 1.06μm 波长的激光，用掺钕钇铝榴石（Nd^{3+}：

YAG）巨脉冲重频固体激光器（可简称为 YAG 调 Q 激光器）产生。有关激光产生的原理不属于本书范围，在此仅结合要用的激光器来讨论有关的技术。图 2-17 为一个 YAG 调 Q 激光器系统示意图。

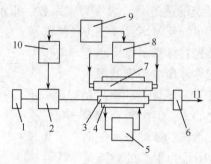

图 2-17　YAG 调 Q 激光器系统
1—全反射镜；2—Q 开关；3—YAG 激光棒；4—泵浦腔；5—冷却器；6—部分反射镜；
7—泵浦灯；8—电源；9—频率控制/编码器；10—延时器；11—输出巨脉冲。

把 Nd^{3+}：YAG 激光棒 3 和泵浦灯 7 装在泵浦腔（也称聚光腔、聚光器）4 内，当电源 8 给泵浦灯 7 脉冲供电后，泵浦灯的辐射能经泵浦腔 4 汇聚后激励 YAG 激光棒 3，使其呈粒子数反转状态。激光谐振腔（由全反射镜 1 和部分反射镜 6 组成）内有 Q 开关 2，只有给它（Q 开关）一个适当的电信号，使其光路开通，反转的粒子才能在反射镜 1 和 6 构成的谐振腔内振荡放大，并从部分反射镜 6 输出巨脉冲 11，所以说电信号是频率控制/编码器 9 给出的。它一方面给出点燃灯信号，另一方面经延时器 10 给出较点燃灯稍后的 Q 开关信号，脉冲的间隔则由其内的编码器决定。由于激光器的效率很低，在重频条件下必须对器件进行冷却。把多余的热量耗散掉才能正常运转，图 2-17 中的冷却器 5 即用于这一目的。

3. 激光目标指示器的光学系统

激光目标指示器和测距机的光学系统要实现三个独立的功能：激光束散角的控制、接收能量的汇聚和瞄准传感器成像。此外，还应有机内自校准装置。

激光目标指示器光学系统的安排主要受外壳的限制。作用距离、目标特性、大气传播、外壳、安全等条件决定了光学系统的口径、视场、束散角和分辨率等。当指示器允许的尺寸较小时，要在一定程度上将瞄准、激光发射和激光接收三个系统适当地合并。

传感器的光学系统取决于具体用什么传感器（如眼睛、电视摄像机、前视红外），通常以接近衍射极限的性能要求尽可能大的口径。

激光扩束镜通常用倒置的伽利略望远镜，要注意经常出现严重的自残效应问题。

接收系统较简单，仅窄带通滤光片和小面积探测器的采用使接收系统的应用复杂化。

机内自校准系统经常用以监视激光束相对传感器瞄准线的准直情况，以便确定激光束能否真正指到所确定的目标上。

1）激光目标指示器

一般都采取指示器吊舱悬挂在飞机下面的方式，吊舱的前面有一个旋转的扫描跟踪头，其后为其他各种设备。转塔内有扫描反射镜，它一般用陀螺稳定平台稳定，并可实施控制，美国的"宝石平头钉"和法国的"Atlis"等激光目标指示器具有一定的代表性，它们有的采用分离镜头，有的采用一个共用镜头。现以图 2-18 说明这类系统的工作原理。该系统的激光发射系统为 4 和 6 组成的伽利略望远镜。透镜 4 同时又是激光接收和电视摄像机物镜，电视摄像机 12 有两组改变视场的棱镜 10 和 11。

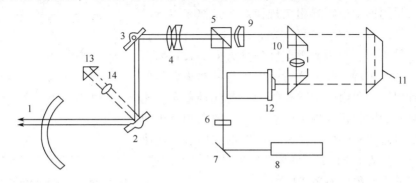

图 2-18 激光目标指示器

1—球罩；2—万向架反射镜；3—万向架/视线调节反射镜；4—物镜；5—分束镜；
6—负目镜；7—反射镜；8—激光器；9—透镜；10—宽视场光学元件；11—窄视场棱镜；
12—摄像机；13—角隅棱镜；14—透镜。

在所有三套光学系统的最前面是反射镜 3、2 和球罩 1。系统为机内自校设置了角隅棱镜 13 和透镜 14，这套系统即使在飞行中也可进行自检。

为了使整机结构紧凑，设计了一种特殊光电接收系统，其焦平面上放置的光电探测器在四象限激光跟踪元件的中间设置了一个用于激光测距的雪崩光电二极管。为了获得尽可能大的搜索和跟踪范围，近年来国外仍在研究相应的技术。

2）无人飞行器载的激光目标指示器

无人飞行器（RPV）载的激光目标指示器与前面的机载系统相似，只是机内自校用了一个可见光投射器。它的排列要求体积小，有多种方案，能在半球之内进行安排。

3）直升机载激光指示器

有脊装式如英国的 AF533 型瞄准具、鼻锥式如美国的 TADS、吊舱式如美国的 SPAL、旋翼顶部平台式多种。

4）地面激光目标指示器

对于不设激光测距机的手持式指示器，甚至对三脚架式的指示器来说，一般都采用发射、接收、观瞄光轴合一的结构，因为这种安排可以增加操作者的信心。地面三脚架式激光指示器除了三脚架外还有方位、俯仰机构，以实现对目标的跟踪和角位置的测量。跟踪的颤动、跳动和超调直接影响指示精度。为了减少这些影响，美国研究人员把黏性阻尼器结构应用到了激光目标指示器上。

2.4.2 激光导引头

激光半主动制导导弹、航空炸弹和炮弹的激光导引头各不相同，如追踪法导引头规律用的风标式导引头、陀螺稳定式导引头、捷联式导引头等[79]。

1. 风标式激光导引头

下面以某型风标式激光导引头为例，叙述风标式激光导引头的工作原理。

导引头舱的制导方式属于半主动寻的的制导方式，需要与机载激光照射吊舱或地面激光照射器协调工作。在规定的作用距离和捕获视场内，探测、识别约定码型的目标漫反射激光回波信号（以下简称为目标回波信号），经过信息处理，捕获目标，形成继电型的制导指令输入尾部仪器舱，引导激光弹命中目标。

导引头采用速度追踪导引头规律。激光弹在飞行过程中，在空气动力学的作用下，风标大体顺着气流方向，即风标的纵轴基本上与激光弹速度矢量方向一致，因而激光弹的光学系统轴与弹的飞行速度矢量基本重合。位标器的设计保证四象限光电二极管中心与光轴重合。光学系统将接收到的目标反射的信号成像，像点相对于四象限光电二极管中心的偏差反映了速度追踪导引头规律的误差角 ε，它是视线角 q 与弹体速度矢量倾角 θ_c 之差。速度追踪法的误差角如图 2-19 所示。

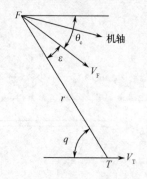

图 2-19　速度追踪法的误差角
F—激光弹；T—目标。

当激光像点的几何中心落在四象限光电二极管的某一象限上时，经过信息处理电路对信号的处理，输出制导指令到尾部仪器舱，控制激光弹舵面偏转，修正弹体的实际飞行方向和理想的速度追踪方向间的偏差，使误差角 ε 减小并逐步趋于零，这样就实现了速度追踪法导引头规律。

导引头工作原理简图如图 2-20 所示。

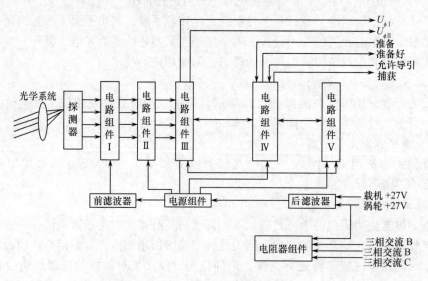

图 2-20　导引头工作原理简图

1) 目标回波信号探测

（1）光学系统。光学系统接收目标反射的激光脉冲回波信号，汇聚成像于四象限光电二极管上。按照导引头总体技术要求，其相对孔径很大，视场中等，为了满足角度盲区要求，中心视场附近需将成像光斑的大小控制在一定范围内，同时为尽量滤除外界杂波干扰，设置窄带滤光片。

光学系统由整流罩、窄带滤光片、透镜组合、四象限光电二极管等组成。

目标回波信号经过整流罩进入位标器，窄带滤光片仅仅透过波长为 1.064μm 的光线，抑制其他波长的背景辐射信号。透镜组合将光信号汇聚到四象限光电二极管上。窄带滤光片在入射范围内保证其透过率，其余光学元件均在两面镀层透膜。

（2）四象限光电二极管。四象限光电二极管的外形图（前视）如图 2-21 所示。

四象限光电二极管被"×"分划线分为四个象限，保护环的作用是降低四个象限的暗电流。

四象限光电二极管敏感面设置在光学系统焦平面附近（离焦），使落在敏感面上的光斑大小满足系统角度盲区的要求，四象限光电二极管的"×"分划线与激光弹控制通道的坐标轴方向一致。

四象限光电二极管将落在不同象限上的激光信号转换成相应的电信号，其工作原理如图 2-22 所示。

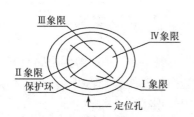 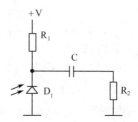

图 2-21　四象限光电二极管外形图（前视）　　图 2-22　光电二极管工作原理

四象限光电二极管加 +V 的反向偏压。当没有探测到激光脉冲时，二极管反向电阻很高，并通过偏置电阻 R_1 对隔直电容 C 充电。当探测到二极管激光脉冲信号时，该二极管反向电流增大，对隔直电容放电，电流在电阻 R_2 上产生负脉冲信号。在脉冲度为 τ、功率为 P_i 的激光照射下，在负载电阻 R_2 上得到的电压幅值为

$$V_d = P_i \cdot R_2 \left(1 - e^{\frac{-\tau}{R_p \cdot C_p}}\right) \tag{2-3}$$

式中：R_p 为四象限光电二极管的脉冲相应度；C_p 为四象限光电二极管的结电容（包括输入电路的分布电容）。

2）信号预处理和放大电路

电路组件Ⅰ完成四象限光电二极管输出信号的预处理和前置放大作用。电路组件Ⅱ实现主放大作用。

信号预处理电路既是四象限光电二极管的负载，又对落于四象限光电二极管四个象限上的光信号转换成电信号进行信号分配，形成新的信号组合，使之与导引头输出的制导指令信号相对应。

前置放大器系四路完全相同的互补反馈视频放大器，其放大作用很小，主要起阻抗匹配作用。输出四路隐含方位信息、编码信息的负脉冲到主放大器，U_a 对应 UΦⅠ+通道，U_b 对应 UΦⅠ-通道，U_c 对应 UΦⅡ+通道，U_d 对应 UΦⅡ-通道。

导引头的主放大器由两块电路组件Ⅱ实现。导引头接受到的激光反射回波的能量经探测系统光电转换成脉冲信号，其脉冲幅值可从几十微伏到几伏变化，也就是说它的脉冲输入动态范围很大。为满足导引头在远距离探测目标信号时，光电二极管输出信号微

弱,主放大器能呈现高增益放大输出,以保证有足够的灵敏度。随着目标信号强度增大直到导引头距目标很近时(称盲距),输入信号强度的变化将增加几万倍,而此时主放大器以低增益放大输出,不饱和、不阻塞,仍保持稳定工作。

3) 信号处理电路

(1) 截获信号形成电路。截获信号形成电路在电路组件Ⅳ实现。主放大器输出的四路信号在电路组件Ⅲ上通过二级负反馈放大器1∶1求和后输入到电路组件Ⅳ,与捕获门限比较形成截获信号,其电路原理图如图2-23所示。

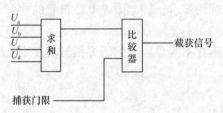

图2-23 截获信号形成电路原理图

(2) 解码电路。解码电路在电路组件Ⅴ上实现。导引头的解码电路具有如下功能:

① 码设置。地面操作人员使用数字码盘选择需要的解码码型。

② 码判断窗口。正常捕获锁定状态和失锁处理状态。

③ 失锁处理逻辑。失锁时,解码电路停止输出捕获信号;失锁脉冲个数小于等于 N 时,解码电路按照原锁定的脉冲序列时刻,按失锁处理状态判断窗口锁定编码脉冲;失锁脉冲个数大于 N 时,解码电路进入重新捕获状态。

④ 解码时间。该时间满足导引头捕获目标的实时性要求。

在初始捕获阶段,解码电路输入的截获信号触发计数器,通过计数器与码型预置电路进行比较产生规定的延迟时间,然后产生一个波门信号,判别下一个截获信号;若该截获脉冲信号存在,则再次判别下一个截获信号,如果存在则输出捕获电平信号。捕获信号产生后,进入捕获阶段,对截获信号的处理一直使用上述逻辑处理流程。

如果截获信号出现丢失的现象,则进入失锁处理逻辑,电路不输出捕获电平信号,同时以丢失前最后一个截获信号为时间基准,主动产生一个失锁处理状态判读窗口,在这个时间窗口内,判断截获信号是否出现,如果出现则重新进入捕获状态,如不出现则继续产生一个失锁处理状态判断窗口来识别截获信号。如果连续丢失大于 N 个截获信号,则解码电路复位,重新进入初始捕获阶段。

(3) 制导指令形成电路。制导指令形成电路在电路组件Ⅲ实现。主放大器输入的四个脉冲信号 U_a、U_b、U_c、U_d 分别对应 $U_{\Phi I}$+通道、$U_{\Phi I}$-通道、$U_{\Phi II}$+通道、$U_{\Phi II}$-通道。通过相应两路脉冲幅值的比较,可以判定目标的方位输出制导指令 $U_{\Phi I}$ 和 $U_{\Phi II}$。

(4) 准备好信号形成电路。准备好信号形成电路在电路组件Ⅳ实现。检测后滤波器输出的直流电源电压以及电源组件输出的电源电压,如电压存在且正常,则触发放大电路将继电器吸合,将输入的"准备"信号线和输出的"准备好"信号线短接,若尾部仪器舱输入"准备"信号,则导引头立即输出"准备好"信号。

(5) 捕获信号形成电路。解码电路输出的捕获电平信号触发放大电路将继电器吸合,将输入"允许导引头"信号线和输出的"捕获"信号线短接。若尾部仪器舱输入

"允许导引头"信号,则导引头立即输出"捕获"信号。机弹分离规定时间后,从尾部仪器舱输入"允许导引头"信号。

4) 供电电路

投弹前由载机供直流电。投弹后由尾部仪器舱内的涡轮电机供直流电、三相交流电,导引头仅使用直流电一部分功率,其余功率和三相交流电由电阻器单元消耗。

载机和涡轮电机的直流电首先进入滤波器,通过隔离二极管将两路电源合二为一。LC 电路滤波后,输出直流电给电源组件,同时通过电阻分压,输出所需的幅值的电源。

2. 陀螺稳定式激光探测器[17,78]

此处以"海尔法"导弹为例介绍陀螺稳定式激光半主动探测器[65-66]。

图 2-24(a)是"海尔法"激光导引头的结构,采用陀螺稳定光学系统的形式。目标反射的激光脉冲经头罩 5 后由主反射镜 4 反射聚集在不随陀螺转子转动的激光探测器 7 上,其前有滤光片 8,主要光学元件均采用了全塑材料(聚碳酸酯)。为防止划伤,在头罩上有保护膜;为了反射信号,主反射镜 4 表面镀金。

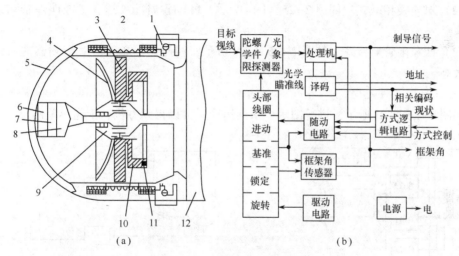

图 2-24 "海尔法"导弹导引头
(a) 位标器结构;(b) 框图。
1—碰合开关;2—线圈;3—永久磁铁;4—主反射镜;5—头罩;6—前放;
7—激光探测器;8—滤光片;9—万向支架;10—机械锁定器;11—章动阻尼器;12—电子舱。

导引头稳定系统包括一个装在万向支架 9 上动量稳定的转子——永久磁铁 3,其上附有机械锁定器 10 和主反射镜 4,这些部件一起旋转增大了转子的转动惯量。激光探测器 7 装在内环上,不随转子旋转。

机械锁定器 10 用于在陀螺静止时保证旋转轴线与导引头的纵轴重合。这样,运输时既可保持转子不动,旋转时又可保证陀螺转子与弹轴的重合性。

陀螺框架有 ±30° 的框架角,设有一个软式止动器和一个碰合开关 1 用以限制万向支架,软式止动器装于陀螺的非旋转件上,当陀螺倾角超过某一角度后,碰合开关闭合,给出信号,使导弹轴转向光轴,减小陀螺倾角,避免碰撞损坏。

导引头壳子上有 4 个调制圈、4 个旋转线圈、4 个基准线圈、2 个进动线圈、4 个锁定线圈、2 个锁定补偿线圈,其用途和配置与"响尾蛇"导弹的导引头类似。

导引头的功能框图如图 2-24（b）所示，图中设有解码电路以便与激光目标指示器的激光编码相协调，方式逻辑电路控制导引头的工作方式，以电的形式锁定、扫描、伺服、捕获和跟踪目标，从外边控制这些功能。

与红外导引头不同，激光半主动寻的信息接收系统不用调制盘，而是用象限元件来测定目标相对于光轴的偏移量和偏移方位，常见的象限元件有四元、三元和二元的，下面来讨论利用多元器件实现测角的原理。

1）四象限元件定向[78]

四象限元件定向有以下三种定向方法：

（1）和差电路。图 2-25（a）表示了两个通道的信息处理过程，激光能量在目标偏移光轴时，在四象限上分布不等，经和差运算后可得出偏差的大小。其线性范围取决于光斑的大小和四象限元件的离焦量等因素。在电路中加入对数放大器以后使系统具有更大的动态范围。激光寻的制导的信号随着距离的减小而急剧增大，使系统具有大的动态范围和进行自动增益控制是完全必要的。

（2）对角线相减式。如图 2-25（b）所示，可以省略几项运算，但误差较和差电路略大。

（3）四象限管对接式。如图 2-25（c）所示，线路更简单，但对探测器的一致性要求太高。

2）三象限元件定向

如图 2-26（a）所示，进行图示一系列运算后可以得到方位、俯仰误差信号。

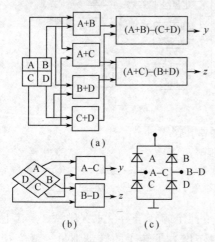

图 2-25 四象限元件的定向原理
（a）和差电路；（b）对角线相减式；
（c）四象限管对接式。

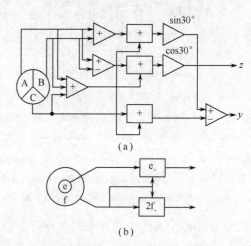

图 2-26 三元与二元定向系统
（a）三元定向系统；（b）二元定向系统。

3）二元探测器定向

图 2-28（b）表示了二元探测器定向系统。

目前，在工程上所见只有四象限元件的激光导引头，一般用在非旋转弹上。当用于旋转弹时，则需要进行坐标变换。这种变换可以用模拟电路实现，也可以用数字电路（微处理器）实现。

2.5 激光精确制导武器的发展趋势与对抗

2.5.1 发展趋势

激光制导由于具有制导精度高、抗干扰能力强和可与其他导引头复合使用等优点，因此受到广泛重视。但激光制导技术的发展有赖于其他相关技术的进步，才能更充分地体现出它应有的特长。当前和今后激光制导的重要研究内容如下[22,67-70]。

1. 激光波长向中、长波段和连续可调方向发展

目前激光半主动寻的制导的目标指示器和激光驾束制导的照射系统多使用 $1.06\mu m$ 的掺钕钇铝石榴石激光器和 $0.9\mu m$ 的半导体激光器，而 $1.06\mu m$ 和 $0.9\mu m$ 的激光对大气和战场烟雾的穿透能力差，因此缺乏足够的军事对抗能力。因此，各国在努力改进 $1.06\mu m$ 和 $0.9\mu m$ 激光器的同时，均在努力发展中、长波段的激光指示器和照射系统，如二氧化碳、金绿宝石等激光器。由于二氧化碳气体激光器的输出功率、脉冲重复频率和大气穿透能力均高于掺钕钇铝石榴石激光器和半导体激光器，并且有较好的背景抑制能力、目标背景对比度和目标识别能力，同时又能与热成像共容，可实现复合制导，因此将会得到越来越广泛的使用；金绿宝石激光器的输出波长在 $700\sim800nm$ 且连续可调，故具有较强的军事对抗能力[81]。

2. 研制激光主动式导引头

主动寻的是各类制导武器的追求目标，对激光制导武器来说也不例外。但迄今为止，激光主动式导引头及其制导武器一直未投入实际使用，其主要技术难题在于电源系统的小型化上。因为要实现主动寻的制导，就必须把除发射架外的包括电源在内的全部制导设备都装在导弹上。虽然激光制导使用的激光功率相对激光动能武器是很小的，但目前激光器的工作效率不高，需要相对大的电源功率去激励才能产生所需的激光功率，使得电源系统较庞大，因而不便于搬到弹上使用。这一困难有赖于电源技术的进步才能解决。此外，激光自动目标识别的问题也有待进一步突破，才能使激光主动寻的制导武器真正实现"发射后不管"的程度。

3. 发展激光成像导引头

与毫米波、红外、可见光成像制导技术相类似，采用成像导引头有利于提高探测和判别多目标的能力，有利于识别目标的要害部位并进行精确打击，有利于提高导弹的抗干扰能力和实现智能寻的制导。

4. 增大作用距离

现用的激光半主动寻的制导的作用距离一般在 $10km$ 左右，在现代化武器作战的今天，这一距离是比较靠近敌目标的，其发射系统的安全性没有得到有力保障，因而增大激光制导武器的作用距离是十分必要的。

5. 减小制导系统的体积和重量

无论是哪一种制导方式，制导系统或多或少是弹头的一部分，努力减少这一部分的体积和重量有重要的实际意义，起码有利于提高制导武器的机动能力和作用距离、增大弹头的有效载荷（炸药）、增强武器的杀伤力。

6. 发展复合寻的制导

在现代作战中，由于战场环境千变万化，各种高技术作战手段密集投入应用和恶劣气象等因素的影响，对单一制导方式提出了严峻的挑战。为提高武器系统的可靠性，减少失效概率，大力发展复合制导势在必行。以下两种与上面介绍的内容相关的复合寻的制导受到了特别的重视：

（1）激光与红外复合寻的制导。对于辐射红外线强的目标，可按红外被动寻的制导，隐蔽接近目标。到了一定距离时采用激光制导，提高了突防能力和命中精度；当存在很强的背景干扰或人为干扰时，用激光制导具有好的抗干扰效果；当气候不佳或施放烟幕时，用红外制导的效果较好。

（2）激光与毫米波复合寻的制导。由于激光的波束很窄，快速捕获目标有一定困难，可先用毫米波制导，待接近目标后再改用激光制导。当遇到干扰时，应选用激光制导；当气候不好时，改用毫米波制导。总之，根据作战时的实际情况，两者互为补充，以充分发挥各自的优点。

7. 攻击多目标、发展多功能

未来战争将是大批量、多层次、全方位空地一体化的立体战争。发展能攻击多目标和多功能的激光制导武器是现代战争的客观要求。美国和北约正在研制的多管火箭发射系统可两管齐射12发火箭弹，每发火箭弹内装6枚毫米波末制导的子弹头，共72枚子弹头，它可摧毁30km射程内的一个坦克连的13辆坦克。激光驾束制导的ADA TS导弹既能攻击地面坦克又能攻击空中飞机。

8. 实现人工智能化

未来战争的战场环境越来越复杂，包括激光制导武器在内的精确制导武器要在极短的时间内将目标摧毁，仅靠人工引导已不可能实现，必须使制导武器具有"思维"能力才能完成。目前有一种被称为"图像现象"的人工智能技术，导弹上的计算机将探测器获得的图像与存储于数据库中已知武器系统的图像加以比较，就能知道探测到的是何种目标。目前美国已经在论证人工智能的"黄蜂"机载反坦克导弹，这种导弹能在距目标很远的飞机上发射，到目标上空能自动俯视战场，搜索、发现、识别敌坦克，然后各子弹头分散攻击不同目标，并攻击其要害部位和薄弱环节，同时能达到提高载机安全生存的能力。

9. 向系列化、通用化、标准化及组件化方向发展

当前，不论是激光制导所用的照射器还是导引头等部件，都在朝着系列化、通用化、组件化、标准化及多功能的方向发展，以使同一照射器可供不同型号的制导炸弹使用以及同一激光寻的导引头可与不同的弹体组合使用，从而实现对不同型号的导弹、炸弹或炮弹的匹配性，并且便于使用、维修。

2.5.2 激光制导与对抗

激光技术应用于军事领域，使激光探测及激光制导技术得到了飞速发展，现已广泛应用于目标探测和激光武器制导上，并使得制导武器的命中概率和精度得到了大大提高。海湾战争和科索沃战争中，美国及其盟军大量使用激光制导武器实施精确打击，其命中精度和作战效能令世人震惊。未来战争中激光制导武器将形成严重威胁。如何有效对抗敌方激光制导武器的攻击，是提高我军生存能力至关重要的问题。

激光制导与对抗是"矛"与"盾"的关系，从目前来看，"矛"占了上风，"盾"却弱了很多，甚至很难找到有效对抗激光制导武器的战例。这可能有三个原因：一是由于激光的特殊性，对抗起来比较难；二是激光制导武器总的来说投入使用量还不够大，且时间和范围有限；三是目前真正握有激光制导武器的是少数几个发达国家，它们在战争中掌握了制空权、制海权和制陆权，对手很少有对付高技术武器的能力。但随着人们对激光制导武器认识程度的加深，尤其是激光制导武器在海湾战争中的显著表现，引起了各国军界的高度重视，因而今后激光制导与对抗是不可避免的，可能有以下几种主要对抗措施。

1. 伪装和隐身

激光制导武器的使用，首先要有一个侦察、探测、识别的过程，如果事先把己方的目标伪装、隐身（包括在目标表面涂覆对激光能强烈吸收的涂层）起来，使敌方无法实现上述过程，则激光制导武器自然无法使用。

2. 配置激光告警系统[83-84]

在己方目标上配置激光告警系统。激光制导武器在飞行中必须向目标照射激光束，当告警系统发觉后，己方可立即采取各种抗击措施，使其失去作用。

激光告警系统是集光、机、电为一体的智能化光电仪器，它是激光制导武器对抗系统的重要组成部分。利用法布里—珀罗干涉原理，研制相干识别型激光告警系统，该系统不仅能够对激光照射告警，而且还能测量出激光的参数，如波长、脉宽、重复频率及激光源的方位等。激光告警系统由激光探测系统、采集处理电路、计算机和告警电路组成。

当激光制导武器攻击目标时，激光指示器需要照射所要攻击的目标，利用目标反射的回波作为制导信息，来导引激光制导武器系统。这时，位于目标处或目标上的激光探测器将得到激光脉冲信号，探测器输出微弱的电信号，先经低噪声电路的高通滤波、放大、采集，利用计算机对激光信号进行计算、分析和处理，给出激光参量和激光指示器的方位，并给告警电路发出信号，进行显示和声音告警。

为使激光指示器简单、轻便、保密起见，绝大多数采用 YAG 激光器，激光波长为 $1.06\mu m$，因此，激光告警系统的探测波长范围为 $0.66 \sim 1.10\mu m$（最好为 $0.45 \sim 11.0\mu m$）；激光指示器照射方位的不确定，需要激光告警系统对任何方位的入射激光均能探测并报警，并能给出方位信息，其搜索范围为方位 $360°$、俯仰 $-10° \sim 90°$；激光制导武器从发射到攻击目标的时间一般很短，例如，一枚速度为 $2Ma$ 的激光制导导弹，在约 $3km$ 处的直升机上发射，从发射到击中目标仅需 $6.4 \sim 8.4s$，因此，激光告警系统的响应时间不大于 $2s$；激光告警系统应有很高的可靠性，虚警率小于 $10^{-3}/h$，并能有效地克服阳光、闪电、曳光弹和各种弹药爆炸等辐射的干扰，能够全天候工作。

当激光探测器连续捕捉到三个或三个以上的激光脉冲时，即认为受到激光制导武器的威胁。

3. 实施激光干扰[82-84]

激光干扰分为激光无源干扰和激光有源干扰。

1) 激光无源干扰

激光无源干扰是一种被动式干扰方式，在激光方向上发射烟幕弹等，阻断敌方激光制导信号通路，使其变为盲弹，失去攻击目标的能力。无源干扰的方法有以下几种：

(1) 烟幕层干扰。利用烟幕进行光电对抗，是最为原始、使用最为广泛而又不断发展的一种方法。烟幕中的微粒可吸收和散射激光，造成激光能量的衰减。烟幕的干扰效果依赖于烟幕的组成成分、烟幕微粒的大小和激光的波长。当微粒的大小接近激光的波长时，大部分光能被散射而使激光强度减弱。选择合适的烟幕，可对激光具有很强的吸收能力和散射能力，使激光通过烟幕的透过率可达到百分之几，甚至1%，如异丙醇、甲醇、$CuCl_2$，以及含有80%异丙醇、15%丁基熔纤剂、5%乙二醇的406B特种混合物等，都对$1.06\mu m$的激光具有很强的衰减能力，因此，当激光告警系统告警后，立即释放一种对激光极富吸收能力的烟幕或发射烟幕弹，使激光指示器的激光束或目标反射的激光束严重衰减，激光导引头接收不到足够的能量（通常导引头敏感度为$1\sim2\mu W/cm^2$），致使武器制导系统无法工作，失去攻击目标的能力。烟幕能有效地降低敌方的侦察效果，使敌方无法精确确定目标所在位置，从而降低武器对目标的命中率。向烟幕笼罩的目标射击，命中效果要降低70%~80%。

(2) 气球干扰云。气球干扰云就是向空中释放大量气球，形成气球隔离层，或称气球云，来干扰激光制导武器的一种方法。在气球外表面涂上激光强反射率的材料，然后在气球中充上氢气与烟幕的混合气体，掌握烟与氢气的比例，可很好地控制气球上升的高度和上升的时间。在使用烟氢气球时，要控制气球容量，并充好数百个或上千个，分别放在尼龙网袋中。当激光告警系统告警后，将充满烟氢气球的尼龙网袋迅速打开，经3~5s即飞向天空，形成气球干扰云，干扰激光制导武器系统的"导引头"，使其失去攻击目标的能力。烟氢气球投放到所要保持目标的上空，靠气球表面的涂层干扰10min左右，同时，气球飞到一定高度自爆，利用气球中的烟幕形成二次干扰。这种方法具有简单、成本低、干扰效果好和无危险性等优点。

(3) 伪装技术。在激光制导武器攻击目标时，首先需要观察确定攻击目标，然后用激光指示器照射目标。为了保护己方目标免受激光制导武器的攻击破坏，可采用伪装干扰技术。第一，在己方目标布设和配置时，最好利用天然的不通视区域或利用植物茂密的地域等进行遮蔽，这些区域具有天然的遮蔽和阻挡电磁波的能力。当目标被遮蔽时，从地面或从空中观察不到目标，就无法发射制导武器等。即使发现了活动的目标并发射了激光制导武器，如果目标能及时机动到不通视或植物覆盖区域躲避，至少也可减小毁伤概率。第二，架设人工遮障。对固定目标，可利用紫外、可见光、激光和红外等综合性能制式散射型或吸收型伪装网，架设成对空或对地的各种遮障，将目标设置在遮障之中，使激光制导武器得不到反射回的激光，失去攻击目标的能力。第三，对目标实施涂料伪装。防激光类的伪装涂料，可强烈吸收或散射某一波长的激光。对目标实施涂防激光类伪装涂料，使激光指示器照射到目标上的激光被吸收或被散射到其他方向上，返回的激光能量很少而无法导引头，实现对付激光制导武器。利用伪装技术来对付激光制导武器系统，可根据实际情况灵活运用。

激光无源干扰是一种十分有效且价格便宜、操作简单的对抗措施，具有广泛的应用前景和应用价值；缺点是受气候条件的影响比较大，如温度、风速、风向和空气稳定性等。

2) 激光有源干扰

所谓有源干扰技术是一种主动对抗干扰的方式，是利用己方的激光武器或火力等摧毁或破坏激光制导武器系统，使其失去攻击目标的能力。有源干扰的方法有以下几种：

（1）激光抑制式干扰。在激光指示器照射所要攻击的目标时，激光告警系统能够迅速告警，并显示照射激光的参量和方位，可迅速采取措施，抑制激光制导武器系统的攻击。采用的干扰技术有两种。第一，摧毁。在激光制导武器系统攻击时，迅速侦察激光指示器的位置或跟踪制导武器，并用有效的火力将其摧毁。第二，软杀伤。利用强激光干扰制导武器系统的传感器，使其饱和、过载或破坏，失去攻击目标的能力；利用强激光干扰或破坏光学观瞄系统、人眼等，使激光指示器无法辐照目标，使激光制导武器系统失去攻击目标的能力。

（2）激光欺骗干扰。当激光制导武器攻击目标时，激光告警系统能够迅速对激光指示器的跳频规律及编码形式进行识别，并复制出激光指示器，利用复制的激光指示器照射假目标，干扰激光制导武器，使其追寻假目标，从而使真目标得到保护。

（3）激光近炸引信干扰。激光近炸引信干扰设备在较短时间能对来袭的激光制导的方位进行探测，对激光近炸引信的跳频规律及编码形式进行识别，并复制出与近炸引信信号的跳频规律及编码形式相同并超前的同步干扰信号，控制激光源驱动激光器实施干扰，使激光近炸提前引爆（50m），达到保护被攻击目标的目的。

4. "将计就计"式对抗

当发现敌方发射的激光信号后，可以此信号作为己方激光导弹的制导源，以直接用于瞄准和跟踪打击。

第 3 章 电视精确制导原理

3.1 概　　述

在 20 世纪 70 年代的越南战场上，美军首次使用了激光和电视精确制导炸弹，以高精度摧毁了越南北方的众多军事目标而闻名，随后美军又把这一技术应用于导弹系统。电视制导武器并不需要向目标发射可见光信号，因此，电视制导属于被动式制导，是图像制导的一种。电视制导作为精确制导技术的重要组成部分已经在世界各国的武器系统中获得了成功应用，由于利用了可见光，所以系统的角分辨力高、制导精度高，能够抗电子干扰，但只能在白天和能见度较好的条件下使用，易受强光和烟雾的干扰。本章主要讨论电视精确制导技术在机载导弹中的应用。

3.1.1 电视制导的定义

电视制导是由弹上电视导引头利用目标反射的可见光信息实现对目标捕获跟踪，导引导弹或弹药命中目标的被动寻的制导技术。

3.1.2 电视精确制导的分类

电视精确制导主要有两种制导方式：捕控指令电视制导和电视寻的制导。对于精确制导导弹系统来讲，具体采用哪一种制导方式，与弹的射程有关。电视摄像机能清晰摄取的目标不会太远，一般在 20km 以内。对于攻击近距离目标的武器，可以采用电视寻的制导方式；对于可以在防区外发射、有较远射程的导弹，不可能在发射前使其电视导引头截获目标，所以对射程较远的导弹需要采用捕控指令电视制导系统。

1. 捕控指令电视制导

捕控指令电视制导如图 3-1 所示。

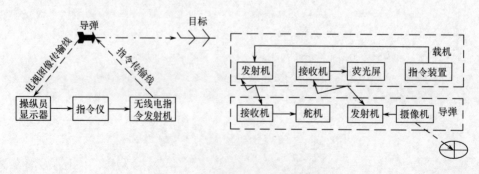

图 3-1　捕获指令电视制导示意图

导弹上装有电视摄像机,发射后导弹在惯性系统或预定程序的控制下飞向目标,或通过电视摄像机摄取的地面图像在飞行员的控制下找寻地标直至目标,当接近电视摄像机对目标的作用距离时,电视摄像机先搜索目标,并把摄取的图像经电视发射机传送到飞机上,在飞机电视监视器上显示出来,飞行员一旦在监视器上发现目标,就操纵屏幕上的十字线压住目标,按下"锁定"按钮,导弹便对目标自动进行跟踪,直至命中目标,如图 3-2 所示。

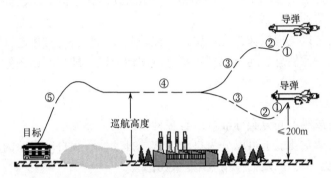

图 3-2 空地导弹飞行过程示意图

第一段,自由落体段。发动机、助推器不工作,保证弹机安全分离。

第二段,助推器开始工作到点燃主发动机工作。助推器工作,产生加速度,保证达到主发动机启动的速度。

第三段,主发动机工作到稳定飞行段。保证达到稳定飞行的高度和校正航向,以在多功能显示器上得到较清晰的图像。

第四段,稳定飞行段。飞行速度基本为匀速,导弹作巡航飞行。

第五段,攻击目标段。又称末端自主制导段,此时离目标距离不能大于目标可视距离。

2. 电视寻的制导

电视寻的制导系统原理如图 3-3 所示。

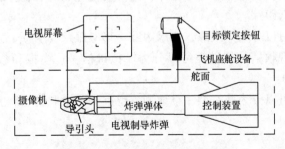

图 3-3 电视寻的制导系统原理图

飞机挂载电视制导武器飞临战区,武器上的电视摄像机开始搜索目标,并将摄取的图像显示在飞机座舱的电视监视器上,当飞行员发现图像中出现目标的影像后,操纵屏幕上的十字中心压上目标,按下"锁定"按钮,此时武器上的电视导引头开始跟踪目标,满足条件后,飞行员按下"投弹"按钮,飞机即可退出攻击,电视制导武器自动飞向目标。也就是说，电视制导武器具备"发射后不管"的能力，所以载机在投弹后即可脱离攻击状态。

3.1.3 电视导引头

电视制导作为精确制导技术的重要组成部分已经在世界各国的武器系统中获得了成功应用，其突出优点是被动工作（不易被敌方发现）、制导精度高、价格低。电视导引头是电视制导武器的核心部分。

电视导引头是以电视摄像机为传感器的被动制导系统。它利用电视摄像机摄取目标及其周围的电视图像信息，通过识别系统进行图像分割，即将原始图像按不同性质和特征分为几个区域，从中提取目标图像[4]。

1. 分类

电视导引头按照不同分类标准可以有多种不同的分类方法。

电视导引头从其功能上可以分为自动搜索、自动捕获和自动跟踪的电视导引头，人工装定的电视导引头，以及捕控指令电视导引头。

自动搜索、自动捕获和自动跟踪的电视导引头的工作程序：电视导引头开机后自动搜索，当视场范围内有目标时，该目标的视频信号幅度应超过一定的门限、连续扫过预先装定的行数。在两行和两场之间，目标信号位置的偏移在设置的范围内，系统自动捕获，并转入自动跟踪，当然系统内还可以设定其他参量。

人工装定的电视导引头的工作程序：导弹从载体发射前，人工参与，用系统产生的十字线（波门）将目标套住，发射后，自动跟踪，攻击预先套住的目标。

捕控指令电视导引头的工作程序：载弹飞机抵达战区，飞行员将导弹发射出去后飞机回避，导弹飞临目标区，电视导引头开机并搜索目标，此时，弹上图像发射机将图像信号传给机载图像接收机，接收机输出的信号加到监视器，飞行员从监视器上发现要攻击的目标时，发出停止搜索指令，经机载指令发射机发出指令；弹载指令接收机接到指令后，控制电视导引头伺服系统停止搜索，此时飞行员移动波门（或十字线）套住目标，同时飞行员发出捕获指令和跟踪指令，这一功能完成之后，弹载电视导引头依靠自身的性能对目标进行跟踪。

根据跟踪体制可以分为点跟踪、边缘跟踪、形心跟踪（含质心跟踪）、相关跟踪。

根据提取电视视频信号的种类可以分为模拟量信号、模拟和数字信号并存、数字信号。

根据装载对象可以分为地空型、空地型、空空型、岸舰型、舰舰型、空舰型、舰空型、潜舰型等。

2. 组成及原理

电视导引头由电视摄像机、转换电路、陀螺稳定跟踪平台组成，摄像机拍摄的图像转换成全电视信号，通过转换电路处理后，送到交连控制显示台里进行一系列的视频处理。

摄像机将综合屏幕上的图像通过摄像机镜头产生景物的光学像，再通过光电转换元件转换为电信号，再通过视频信号、高频调制最后转换成全电视信号，如图3-4所示。

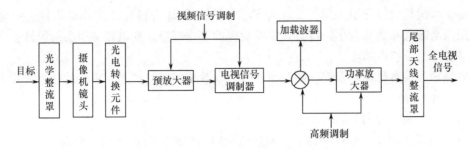

图 3-4　电视信号形成过程框图

由于全电视信号包含背景信号、噪声信号，因此需要消除背景信号。电视图像信号中的平均背景电平代表背景的平均亮度，它不包含目标位置信息，要在视频处理器中把它消除掉。

稳定平台本身是一个用环架系统悬挂起来的台体组件。如果环架绕支承轴没有任何外力矩作用，稳定元件将相对惯性空间始终保持在原来的方位上。但是这种理想情况是不存在的，稳定元件总会在外界干扰力矩的作用下偏离开原来的方位。要保证稳定元件相对惯性空间真正保持在原方位上，除了使稳定元件有足够的自由度外，补偿干扰力矩的影响是一个必须采取的措施，电视导引头跟踪原理框图如图 3-5 所示。电视的扫描过程是控制摄像管的电子束作水平（行扫描）和垂直（场扫描）扫描而完成的。由于行、场扫描的时间是严格规定的，因此，其扫描参数是已知的。外界视场内的目标和背景（三维图像）的光能，经大气传输进入镜头聚焦，成像在摄像管靶面上（二维图像）。

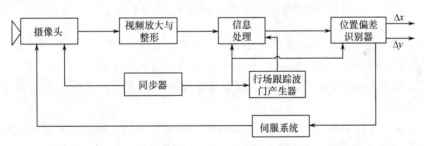

图 3-5　电视导引头跟踪原理框图

因目标和背景的光能反差不同，所以在靶面上形成不同的电位起伏，通过扫描将电位抹平，此时靶面输出与抹平电位成比例的视频信号电流（一维时间 t 的函数）。上述过程称为光电转换，即把光信号变成电信号。如果把行、场扫描正程的中心作为零点，那么，由目标形成的行、场视频信号相对于行、场正程中心出现的时间，就可确定目标水平位置偏差 $\pm\Delta x$ 和俯仰位置偏差 $\pm\Delta y$。测量位置偏差的任务是由视频跟踪处理器中的误差鉴别器自动完成的，鉴别器把测得相对扫描正程零点（也称光轴）的位置偏差变成误差电压（或数字信号）。该信号加于伺服系统，经多次负反馈控制，迅速地使电视导引头的光轴对准目标，达到对目标的跟踪。

3. 电视导引头光学系统

光学系统是电视导引头的重要组成部分。视场中的目标和背景图像，通过光学系统传递，成像在电视摄像管的靶面上，由摄像管转换成全电视信号。

光学系统是电视导引头第一个工作部分，它的设计合理性、工作可靠性、成像质量、图像清晰度和失真大小，将直接影响后面的工作部分。在电视导引头的设计中，对光学系统应给予特殊的注意。

电视导引头对目标的搜索、跟踪是通过光学系统实现的。光学系统的搜索方式主要有以下三种：

（1）摄像机直接对目标视场搜索。

（2）摄像机固定安装在弹体上，通过棱镜转动实现对目标视场的搜索。

（3）摄像机固定安装在弹体上，通过平面镜转动实现对目标视场的搜索。

电视导引头光学系统的工作原理如图 3-6 所示。

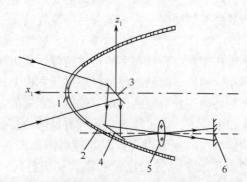

图 3-6　光学系统工作原理

1—光学玻璃罩；2—弹体；3—转动平面镜；
4—固定平面镜；5—摄像机光学镜头；6—摄像管靶面。

目标光线穿过球形光学玻璃罩（整流罩）1（固定于弹体2）照射到转动平面镜3上，经过转动平面镜3反射到固定平面镜4上，再经过固定平面镜4的反射，进入摄像机光学镜头5，目标图像由光学镜头5成像在摄像管靶面6上，从而实现了目标图像的传递和成像功能。

电视导引头光学系统是采用由光学玻璃罩、转动平面镜、固定平面镜和光学镜头等构成的双平面镜光学系统，实现航向搜索、航向跟踪和俯仰稳定。光学镜头和固定平面镜固定安装在弹体上，转动平面镜应能绕航向轴（y_1轴）和俯仰轴（z_1轴）转动。当转动平面镜绕航向轴（y_1轴，即地垂线轴）转动时，可以实现航向搜索和航向跟踪；当转动平面镜绕俯仰轴转动时，可以实现俯仰稳定（或者俯仰跟踪）。转动平面镜的回转中心应与球形光学玻璃罩的球心重合，以便减小球形光学玻璃罩引起的图像失真。

光学玻璃罩与雷达导引头天线罩和红外导引头的整流罩一样装在导弹头部，能透过可见光，是电视导引头光学系统最前端的器件，也是要求比较特殊的器件。其外形尺寸既要受光学系统规定尺寸的限制，又要满足空气动力学的要求。要求光学整流罩的相对口径尽可能大；有一定的视场角，对可见光的折射误差要小；通过率高；在镜头的焦面上成像要清晰，当目标移向视场边缘时没有明显的畸变，而且渐晕要小，在颠簸和振动条件下工作要求稳定；耐热、耐压、抗冲击。

使用整流罩会使电视制导系统的视场角减小并引起可见光的损耗和折射，从而影响电视跟踪精度。其外形通常采用旋转体。为了满足空气动力学要求，使用流线型鼻锥形的，通常作成半球形或抛物线形。所用材料根据环境条件、结构强度和光学性能来选择，一般选用光学玻璃或石英玻璃。

4. 功能

导弹电视导引头应在规定的工作环境（特定的目标与背景，一定的光照，一定的振动、冲击条件，一定的温度、湿度条件和各种干扰）下，完成如下功能：

（1）在导弹飞行末段（接近目标），在武器系统指令机构控制下开机，并按预定程序进行搜索；或全程摄取地面图像，通过飞行员辨识地标，引导导弹飞向目标。

（2）对满足规定条件下的目标进行捕获，并发出捕获指令。

（3）对目标进行稳定地跟踪，使光轴实时对准目标，并向驾驶仪提供光轴与弹轴的角偏差值。

（4）当被跟踪的目标丢失后，应具有记忆功能，在记忆时间内出现目标，系统应正常工作。当目标丢失超过记忆时间后，电视导引头重新搜索并再次捕获跟踪目标。

（5）根据导弹武器系统对电视导引头要求的其他功能。

5. 性能要求

（1）捕获目标的最大距离。捕获目标的最大距离是电视导引头的主要参数之一。它与目标尺寸的大小，目标和背景的光能反差，外界照度，大气透过率，镜头焦距，成像器件灵敏度，弹体飞行高度等因素有关。对于捕控指令电视导引头而言，还与装在弹上的电视信号发射机的功率及装在飞机上的电视接收机的灵敏度等条件有关。在良好的气象条件下，电视导引头能鉴别出15~20km处、尺寸为50m×50m的目标，也能从高度3000m处观察单独的建筑物，从150m高处，可确定停在飞机场上飞机的数目和机型。如果还需提高作用距离，可采用组合导引头探测系统。

（2）跟踪目标的最小距离。对于采用形心跟踪体制的电视导引头，最小作用距离等于目标图像充满靶面的距离，即盲区。换一种概念来说，由于导弹侧向过载有限，光轴与弹轴的偏差角大，回路已不能修正，产生了一定的脱靶量，电视导引头进入了盲区，同样决定了电视导引头的最小作用距离。缩小跟踪最小距离的方法有：采用程序控制的变焦镜头，控制目标尺寸；采用自适应波门，使波门随目标尺寸增大而张大，延迟目标充满靶面的时间；提高武器系统的机动性能。顺便指出，上述各种方法，缩小是有限的，若采用相关跟踪体制，其盲区就可以很小。

（3）角跟踪精度。由于电视导引头能在低仰角下工作，角跟踪精度完全满足武器系统的要求。

（4）分辨力。实践证明战场上的目标多是编队执行任务的，在视场内，往往是多目标并存，因此，电视导引头分辨目标的能力也是重要参数。电视体制的特点是能把相邻像素、不同灰度值的目标和背景都能区分出来，因此，它的分辨力是很高的。另外电视导引头是成像系统，经图像处理后，完全能够把不同形状和大小的目标区分开来。经验表明，如果一个目标被扫到3或4行，能分辨出是坦克还是其他车辆；如被扫到7行以上，可分辨出坦克的类型。因此，电视导引头的分辨力比雷达导引头高。

（5）抗自然环境干扰能力。云、雨、雾、潮湿直接影响电视导引头的工作，因可见光电视导引头穿透云雨雾发现目标的能力差；如光照太强，则对某些光电转换器件来说会引起靶面一片白，淹没目标和背景，无法区分，光照太强还会引起靶面烧毁，导致武器系统失效；海面亮带的边缘亮与暗的反差大，使视频信号发生跳变，易产生虚警。因此，必须提高电视导引头在上述自然环境下的工作能力。

（6）抗干扰能力。电视、红外导引头作为制导手段之后，干扰措施也相继问世，如烟幕弹、强光（指磷、铝、镁等合金，在一定的条件下，燃烧后发出的亮度极强的光）干扰，可使制导系统失效。

（7）对环境条件有较强适应能力。

6. 电视导引头的反对抗

电视导引头是依据光电成像原理，利用图像处理技术从图像中提取被攻击目标信息来工作的，因而针对电视导引头的对抗措施也主要是光电对抗手段。光电对抗包含光电支援、光电攻击和光电防护三种模式。由于电视导引头被动工作，无光电辐射，因而对抗电视导引头主要采用光电攻击和光电防护手段，通常采用以下措施：

（1）施放烟幕，通过施放烟幕将目标笼罩，使电视导引头无法正常探测和识别目标，从而达到保护自己的目的。这种方法最为简单，但往往需要及时探测到导弹对自己的攻击并在恰当的时机施放，否则要么烟幕来不及扩散，要么反而向敌方的侦察系统暴露目标，在空旷的海面往往还会被海风迅速驱散，而达不到目的。

（2）伪装及隐身，是人们研究较多也是应用较多的对抗手段。伪装的效果甚至可以达到混淆人的视觉的程度，对于目前"智力"尚不能达到人的水平的机器来说其影响可想而知，隐身技术不但可以对付雷达制导导弹，视觉隐身对电视导引头也同样有效，如果目标从视觉上完全融入背景，恐怕再好的电视导引头也无能为力。

（3）施放假目标，是对付红外制导导弹常用的措施，但对电视导引头也同样有效，由于电视导引头没有测距功能，因此很难从距离上将近处成像大小与远处跟踪目标相当的干扰点目标区别开来，尤其对于目前多数只基于对比度原理的电视导引头，往往能够起到令其丢失目标的目的。

（4）强激光武器，是近年发展起来的新型对抗措施，与上述几种方法相比，其具有反应迅速、杀伤力强、效费比高等特点，得到了各国军方的广泛重视，是未来精确制导武器反对抗技术研究的重点。

电视跟踪系统[2]基本上都采用CCD作为光电探测器件。研究发现，CCD感光单元收集电荷的能力是有限的，存在最大极限值。CCD的电荷存储容量表示在电极下的单个势阱中所能容纳的最大电荷量。由于CCD是电荷存储与电荷转移的器件，因此电荷存储容量等于时钟脉冲变化幅值电压与氧化层电容的乘积（耗尽层电容很小可以忽略）。单个势阱中电荷存储容量的表达式为[5]

$$Q_{max} = AC_{ax}V_{ct}$$

式中：A为栅电极面积；C_{ax}为MOS电容；V_{ct}为时钟脉冲幅值电压。

CCD对电荷的控制能力是有限的。当电子注入CCD的表面势阱中时，表面势将下降。当表面势下降到与相邻势阱表面势相同时，势阱所收集的电子数为势阱的最大限度，电荷达到电荷存储容量。CCD的光敏单元和转移传输元都是串状的，各元之间用沟阻隔开，但是基底是相同的。如果此时继续往势阱中注入电子，那么在电场的作用下电子将向相邻的势阱中溢出，这种现象称为"光饱和串音"。因此，当激光照射CCD时，照射区域先达到饱和，未被照射的区域首先沿着电荷传输方向出现亮线，光强不断增强，亮线不断加宽，甚至使整个光敏区产生饱和。另外利用激光杂光干扰光电探测器，也能达到一定的干扰效果。

利用激光武器对电视制导导弹进行干扰，首先必须对导弹进行精确定位，确定导弹方位角、俯仰角、距离以及飞行速度。再通过定向发射的激光束干扰电视制导武器。因此电视制导软杀伤的关键技术为精确定位技术与激光束定向发射技术。

7. 优缺点

与其他制式导引头相比，电视导引头有如下优点：

(1) 由于电视导引头是成像系统，易采用图像处理技术。

(2) 抗电磁波干扰。因其原理是被动地检测目标与背景光能的反差，所以电磁波对系统不起干扰。

(3) 跟踪精度高。此特点是由光学系统本身的性能决定的。

(4) 体积小、重量轻。

(5) 可在低仰角下工作，不产生多路径效应。

与其他制式导引头相比，电视导引头有下列缺点：

(1) 只能在良好的能见度下工作，不是全天候的武器系统。

(2) 易受强光和烟雾弹的干扰。例如，强光可烧毁摄像管靶面或成为一片白色，使电视导引头失去效能。

(3) 为防止光学器件发霉、长斑，对使用和存放的环境条件要求高。

(4) 电视导引头作用距离在特殊条件下还很难满足对目标的捕获、跟踪要求。

8. 电视导引头关键技术及解决途径[6]

电视导引头作为精确制导武器的重要组成部分，应用了很多高、新、难的技术，其关键技术和解决途径主要有以下几点：

1) 作用距离

作用距离是电视导引头重要而又关键的一项综合指标，它与电视导引头光学成像系统、跟踪处理系统以及稳定系统密切相关。为了满足作用距离要求，在光学成像系统中采用双 CCD 方案，在稳定系统中采用三轴陀螺稳定平台，在跟踪处理上采用相关跟踪+人工连续标定的方案，并在末端进行攻击点修正，确保攻击目标的准确性。下面仅从电视导引头摄像机的作用距离加以分析：

电视导引头摄像机作用距离（L）可以用下述方程表示：

$$L=\frac{1}{k}\ln\left[\frac{mn|\alpha-\beta|SEf^2}{4d^2I}\right]$$

式中：k 为大气衰减系数；m 为镜头透过率；n 为中性衰减片透过率；α 为目标反射系数；β 为背景反射系数；S 为摄像管灵敏度；E 为外界照度；f 为镜头焦距；d 为镜头有效孔径；I 为摄像管输出电流。

从此公式可以看出，对摄像机作用距离影响最大的就是大气衰减系数 k，但是大气衰减系数以及目标反射系数、背景反射系数和外界照度都属于物质的自然属性，战时不可能去改变它，因此电视导引武器的使用受天气限制。

镜头透过率 m 在镜头生产出来以后就已经确定，一般在 0.5~0.7，而且最大也不超过 1，因此提高此参数的意义不大。

为保证光电转换器件在外界照度大范围变化时能够正常工作,必须在光路中加入中性衰减片。中性衰减片透过率 n 要根据外界照度和摄像管靶面标准照度而定,因此要选择多组滤光片,其透过率一般为 0、0.2、0.5、0.8 等数值,在武器发射前根据外界照度的大小,将某一片装入光路。由此得知,中性衰减片透过率并不是越大越好。更好的办法是采用密度盘进行衰减,它由两片透过率相同的衰减片反方向安装而成,反向转动,透过率可在 0~100% 内连续变化。此方法便于自动控制,应用更为广泛。

因为 $L \infty f^2$,所以提高镜头焦距必然会使摄像机的作用距离增大。但是在工作实践中已经知道,焦距长了,摄像机的体积、质量等参数也随之增大,所以焦距太长也不符合总体设计要求。一般选择焦距变化范围在 30~120mm,即可满足作用距离要求。在总体设计要求许可范围内,可以从提高镜头焦距这个方向加以深入研究。

摄像管灵敏度是摄像管光电转换的灵敏特性,是提高摄像机作用距离的主要出发点,因为提高摄像管灵敏度不仅可以提高摄像机的作用距离,而且还决定了电视导引头可以在什么光照条件下工作。

2)图像稳定

图像稳定是捕获、跟踪的基础。为保证图像的稳定性,可以选用高精度、高带宽的挠性陀螺加力矩电机方案的二轴稳定平台和数字式导引头伺服控制系统。

二轴稳定平台的工作原理:平台的最外框是横滚稳定框,框上装有能敏感弹体沿纵轴滚动的单轴速率陀螺,其输出的信号经伺服控制器驱动横滚电机,使外框保持稳定。中框是俯仰稳定框,安置在外框内。内框是方位框,安装在俯仰框内。光学系统和摄像机就安装在三自由度的内框上,同时内框上还装有两轴的挠性速率陀螺,用于敏感方位、俯仰两个角度的空间角速度,有效地隔离弹体扰动的影响,实现电视导引系统视轴的空间稳定。

3)图像冻结技术

图像冻结技术是一项比较新的技术,它可以使电视导引头更快、更准确地锁定目标。其基本原理就是在复杂的背景图像中,利用图像冻结功能,冻结含有目标的有用图像,在冻结的图像中迅速捕获目标后,解除图像冻结方式,转入目标跟踪。图像冻结的基本要求是在图像冻结期间内,目标运动不能超过要求的范围,否则就会导致捕获失败。

图像冻结的主要目的就是抵抗敌方烟幕弹等干扰。当电视导引头遇到烟幕遮挡时,就失去了跟踪功能,使导弹命中概率下降。烟幕弹的分布区间一般在 100~200m。图像冻结时间应根据导弹飞行速度而定,若导弹飞行速度快,则图像冻结的时间可以短一些,反之应长一些,一般图像冻结时间在 1~2s。

4)跟踪技术

由于导弹飞行轨迹的变化和地面/背景的多样化,使得对地面目标的图像处理成为最复杂、难度最大的一项技术。在跟踪处理上可以采用多点匹配相关(MPC)技术和区域模板相关(RTC)技术,并设计成专用硬件,保证跟踪的稳定性和实时性。

MPC 的基本原理就是经过人工选取模板,在配准区域内进行图像匹配,找到最佳匹配点作为跟踪点。RTC 的基本原理采用直方图最优分割技术将搜索区域分割成多个模板,所有模板同时匹配。

跟踪器的功能就是把光学舱送来的图像信号进行处理,提取出目标特征量,测定出目标相对视场中心的角位置偏差,并把此偏差信号传送给光学舱伺服控制系统,实现对目标的自动跟踪。同时,跟踪器还可以接受操控指令,实现人工/自动搜索、变焦和释放/锁定目标等功能,并把图像信号送图像发射系统。跟踪器还产生搜索、锁定、跟踪、变焦、图像发送、指令接收等转换及动作协调指令,使整个系统能够协调地工作。

3.1.4 捕控指令电视吊舱

当捕控指令电视制导导弹到达预定空域后进行搜索,获取的电视图像实时传送给飞机,经过吊舱里的设备处理后传输给飞机,经过吊舱进一步处理并与其他数据叠加在多功能显示器上显示出来,飞行员根据由导弹传回的图像,通过控制部件控制导弹的飞行。

1. 控制指令的形成及发射

控制信号分为两种:一种是连续的模球控制信号,用于控制摄像头在一定的角度范围内转动,或控制导弹的飞行航向;另一种是一次性指令(一次性功能指令控制导弹不同的动作内容),如通知导弹截获目标、进入自导飞行或下达改变飞行高度等。控制指令的形成及发射如图 3-7 所示。

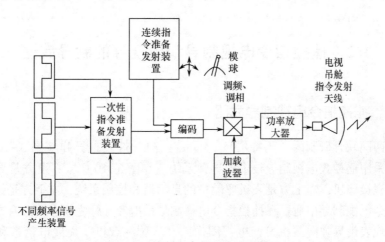

图 3-7 控制指令的形成及发射图

2. 电视信号的接收及处理

电视信号的接收处理过程如图 3-8 所示。

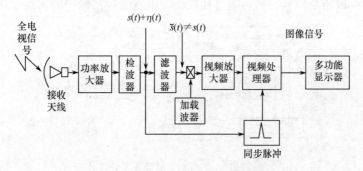

图 3-8 电视信号的接收处理过程

图 3-8 中，$s(t)$ 为图像信号，$\eta(t)$ 为干扰信号，吊舱必须与导弹上的频率保持一致。为保证信号的接收，载机与导弹之间的距离不能大于一定的距离。

图像信号处理原理框图如图 3-9 所示。

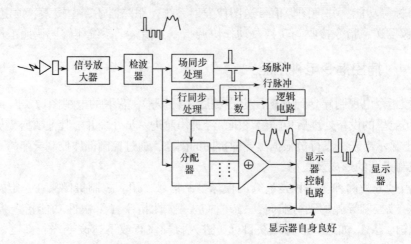

图 3-9　图像信号处理原理框图

3.2　捕控指令电视制导和电视寻的制导武器

3.2.1　捕控指令电视制导武器

英、法两国联合研制的"玛特尔"（Martel）AJ.168 空地导弹（图 3-10）是一种比较典型的采用遥控式电视制导技术的导弹系统。在图 3-10 中，右下方是导弹，它的头部装有电视摄像机，左上方是飞机座舱中的显示器和控制系统，左下方是挂在飞机下面的捕控指令电视制导吊舱。在捕控指令电视制导吊舱和导弹之间有两条有方向指示的虚线，分别代表由导弹向载机发回电视图像的"导弹—载机"无线电信道和载机向导弹发送控制指令的"载机—导弹"信道，实际上并不存在这两条信道。这种导弹系统的指控站就设在飞机座舱内，它采用的是追踪导引头规律。飞机座舱内的指控人员通过操作（作用于导弹），使目标保持在电视屏幕的十字线的中央，这时指令装置就根据操作杆的动作转换成指令信号，然后通过捕控指令电视制导吊舱中的天线发送给导弹，导

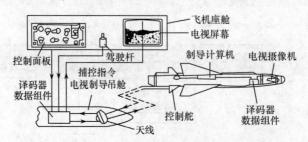

图 3-10　"玛特尔"AJ.168 空地导弹系统工作示意图

引头导弹对准目标飞行,直至命中目标。这种导弹可在低、中、高空发射。若作战距离较远,则导弹会自动进行低空飞行,以防止被敌方雷达发现。当目标进入电视摄像机视界内时,飞行员再将导弹导向目标。这种制导方式的主要缺点是载机在导弹命中目标之前不能脱离战区,易损性较大。

3.2.2 电视寻的制导武器

电视寻的制导和红外线自动寻的制导系统一样,属于被动式自动寻的制导系统。它的主要部件是一部电视摄像机。电视摄像机系统由光学系统、电视摄像管及其扫描电路、误差信号形成电路和摄像机跟踪伺服系统等组成。

电视寻的制导系统由弹上和机上两部分设备组成。弹上有由摄像头组成的电视导引头、控制装置(含舵面);飞机上有电视接收机和控制设备。

制导设备全部安装在导弹上,导弹一经发射,它的飞行状态由它自身的制导系统导引头,控制它飞向目标。这种"发射后不管"的特性,非常适合于飞机的对地攻击行动,使飞行员快速返回。

1. 电视寻的制导的基本工作原理

电视寻的制导是以导弹头部的电视摄像机拍摄目标和周围环境的图像,从有一定反差的背景中自动选出目标并借助跟踪波门对目标实施跟踪,当目标偏离波门中心时,产生偏差信号,形成导引头指令,并自动控制导弹飞向目标。

电视寻的制导系统的简化框图如图3-11所示。

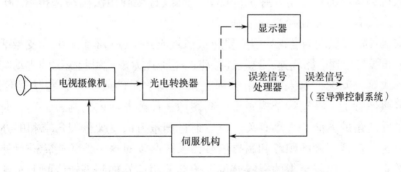

图3-11 电视寻的制导系统简化框图

制导系统一般由电视摄像机、光电转换器、误差信号处理器、伺服机构、导弹控制系统等组成。

导弹对准目标方向发射后,摄像机把被跟踪的目标光学图像投射到摄像管靶面上,并用光电敏感元件把投影在靶面上的目标图像转换为视频信号。误差信号处理器从视频信号中提取目标位置信息,并输出推动伺服机构的信号,使摄像机光轴对准目标,同时控制导弹飞向目标。视频信号在飞机的显示器实时显示,飞行员在导弹发射前对目标进行搜索、截获,以便选择被攻击的目标,在发射导弹后视情况继续观察和跟踪目标,在必要时补射导弹再次攻击。

2. 电视寻的制导武器的工作过程

载机携带电视制导导弹(炸弹)攻击目标的过程:在挂弹飞行过程中,弹上的电视摄像头将搜索到的目标图像显示在飞机座舱的显示器屏幕上，当飞行员在显示器上发现图像中出现目标的影像后，操纵屏幕上的十字中心压住目标，并按下"锁定"按钮，此时电视导引头开始跟踪目标，在满足发射条件后，飞行员按下"投弹"按钮，导弹（炸弹）脱离载机，飞机即可退出攻击，导弹（炸弹）则自动飞向目标。即采用电视自动寻的制导系统的导弹（炸弹）在离开载机被发射之前，弹上电视摄像头要截获并跟踪目标，经飞行员判定后由飞行员实施发射。导弹（炸弹）离机后载机即可退出攻击。电视摄像头的照射距离一般在20km左右，这个距离范围适应近距空地导弹和制导炸弹的射程需要。电视寻的制导导弹（炸弹）具有"发射后不管"的能力。

3. 电视寻的制导的核心——电视跟踪器

1）电视导引头的结构

（1）外框式陀螺结构的电视导引头。"幼畜"AGM65A/B电视导引头是外框式的结构，它的电视摄像机装在内环上，陀螺的进动由装在弹体上的力矩产生器通过连杆来驱动。A型电视导引头视场为5°，B型电视导引头视场为2.5°；跟踪视场为2°，行扫线为525条，每条行扫线只占0.066mrad。因此，跟踪和制导精度很高。

"海尔法"导弹的电视导引头结构也属于这一类。

（2）内框式陀螺结构的电视导引头。以色列的电视遥控导弹"蝰蛇"（Viper）的电视导引头采用了内框式陀螺结构。它的陀螺转子上主要装磁铁，成像光学系统和光导摄像管则全装在内环上。

（3）探测元件与弹体固连式电视导引头。在运动陀螺稳定和跟踪反射镜的寻的系统里，摄像机和探测器均固定在弹上。例如，可以直接利用法国马特拉R550导引头一类的结构，但其有效通光孔径受到限制。

万向支架式陀螺稳定的电视导引头要将摄像管或光电探测器装到万向支架活动的内环上，并通过导线与处理电路相连，这种连接将产生干扰力矩，引起陀螺的进动与漂移。

为了解决这一问题，有人提出用多种光路（光学元件或光纤）将信号传递到弹体的探测器或摄像管上。在这种结构中将引起图像在探测器面内的旋转，其方向、大小与视轴、弹轴间夹角的方向、大小有关。可以通过测量万向支架框架角求和的办法求出转角的大小。为了获得正确的跟踪和制导信号，系统必须对这一像的旋转进行补偿。对采用摄像管的系统，可以将算得的视线方位、俯仰偏角信号加到偏转线圈上实现补偿，摄像管输出的视频信号则经处理后去驱动陀螺进动。对用固态成像器件的系统，则可采用光学机械的办法，在成像光学系统与探测器之间插入渥拉斯顿（Wollaston）或别汉（Pechan）棱镜或三面反射镜使其绕弹轴旋转，旋转角的大小由视轴与弹轴的夹角确定，也可用纯机械的办法实现补偿。

这种用光路经内、外环引出图像的办法显然比较麻烦，故有人提出在光路中引入可变光楔来解决这个问题。可变光楔由两个透镜组成，其间有一曲率相同的球面，分别装在万向支架的内、外环上。当光轴和弹轴不一致时，两个透镜以万向支架三轴交点为球心相互运动，运动的结果形成光楔，楔角的大小随视轴与弹轴夹角而变。经过材料选择，确定透镜材料的折射率，合理地设计参数，则可保证导引头跟踪过程中在探测器灵敏面上获得不动的图像。这样，用光耦合办法完全取代了电线或光纤输出，彻底消除了机械干扰。

这里讨论的方法适用于各类光学导引头，因为摄像管一般尺寸较大，在电视导引头中矛盾较大；而红外导引头，特别是红外焦面阵成像导引头要加冷却装置，有同样的问题需要解决。

2）电视摄像机

电视摄像机由光学系统、光电成像器件（如摄像管、CCD及其间的光阑和快门）等部分组成。

（1）电视摄像机的光学系统。电视摄像机的光学系统用来将目标图像清晰地投射到摄像管靶面上，典型的光学系统可用图3-12来表示。在导弹头罩的后面有主光学系统和控制快门与光阑的辅助光学系统。

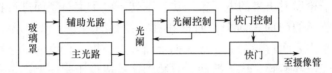

图 3-12 电视摄像机的光学系统框图

主光学系统一般是一个透镜组，如果用于光电跟踪，该透镜组应该是可调焦的。但在导引头中也可采用折反系统，且不必调焦。因为当物距 R 很远、像距 b 很近，即 $b \ll R$ 时，焦距 $f = Rb/(R+b) \approx b$，所以导引头的像面即摄像管灵敏面位于光学系统的焦面处即可。

在讨论导引头的结构时，我们已经注意到摄像机的光学系统一般都在内环上，而不像红外点源导引头那样为了增加转子的转动惯量将光学零件放在陀螺转子上，因为在成像条件下，旋转的光学系统由于不同轴或抖动会使图像变得模糊，或者对旋转精度要求过高而难于达到。

对电视摄像机光学系统的焦距、孔径比、透过率和分辨率的要求如下：

光学系统的焦距 f 与摄像管靶面垂直高度 h 决定系统的视场 ω，当 $f \geq h$ 时，$\omega \approx h/f$。一般要求目标图像尺寸不得超过视场宽度的80%，远距离目标图像占的行数 $n = 3 \sim 5$ 行。由此可算出目标最大距离 R_{max} 与焦距 f 的关系为

$$R_{max} = \frac{A \cdot f \cdot N}{n \cdot h} \tag{3-1}$$

式中：A 为相对光轴的目标有效直径；N 为一帧电视图像扫描线数。

光学系统的孔径比指入瞳直径（光圈）D 与焦距 f 之比 D/f，当改变 D/f 时，电视系统可在不同照度下工作。光学系统的分辨率一般按线对数/mm来衡量，由电视摄像管的尺寸等参数而定。为了在作战过程中实现对目标的探测、识别和辨认，根据约翰逊（Johnson）识别准则，对目标可分辨性与线对数之间的关系如表3-1所列。

表 3-1 目标可分辨性

可分辨性能	50%概率的线对数	≥95%概率的线对数
探测（Detection）	1.0±0.25	2.0±1
识别（Recognition）	4.0±0.8	8.0±1.6
辨认（Identification）	6.4±1.5	12.8±3

光学系统的透过率一般在75%以上。

辅助光学系统和光阑、中性滤光片及光闸等组成的装置，根据接收的阳光自动控制投向摄像管靶面的光通量。这样，一方面可保证获得层次清晰的图像，一方面可保护摄像管靶面不为强光所破坏。在电视导引头中，并不一定都设有这些机构。

（2）摄像管及CCD。将可见光图像转换为电视图像，采用电扫描成像器件。电扫描成像器件可分为真空成像器件和固体成像器件两类。前者有光导摄像管、硅靶摄像管、硅靶电子倍增摄像管，后者有硅电荷耦合器件CCD和电荷注入器件CID。

① 光导摄像管。图3-13（a）为一个光导摄像管示意图。由灯丝H、阴极K、电子束控制电极G_1、加速电极G_2和电子束孔径等组成的电子枪装在管子的一端，管外是线圈，用来使电子枪发射出来的电子束聚焦和偏转。电子束对靶面进行扫描，以得到视频信号的读出。管子的前面是面板，面板和真空接触的内壁上涂一层很薄的透明导电层，使面板和整个内表面封接在面板周围的金属环上，得到良好的电接触。在透明导体上做一层很薄的光电导薄膜，称为靶面，景物图像就成像于靶面上。多种靶面材料制成的摄像管其光谱灵敏度特性都能与人眼的视觉灵敏度相重叠。

光电导材料做成的靶面如图3-13（b）所示，它既做光电变换器又做信号储存器。

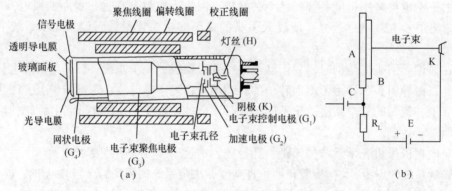

图3-13 光导摄像管及其等效电路

(a) 光导摄像管；(b) 靶面。

在光电导材料外侧的一个面A上设置透明电极（信号板），在真空管内侧表面B和发射电子束的阴极K之间加有电压。用电子束逐点扫描B面，使B表面电荷与电子束中和，最终表面B的电位等于阴极电位，于是在A、B两面之间加有电压。在中断电子束扫描时，入射光束透过透明电极使光电导材料产生光生载流子，改变材料的电导率，使B表面的电位随光照强度的升高而升高。无光照时，材料的各像素的电阻为暗电阻，阻值很高，电子束扫描时，电容C充电使置面是阴极电位。电子束中断后在光照下材料电导率增大即电阻值下降，电容对电阻放电，使靶面电位上升。某像素得到的光强越强，则电阻值下降越大，电容放电就越快，B面一侧电位上升也越高，于是靶面上的光强分布图变成了电位分布图。靶面实现了光电转换和电荷积累过程。当电子束第二次扫过某像素时，由电源E再次对电容充电，此时光电电流在负载电阻R_L上产生压降，而充电电流的大小与B侧电位有关。这样，负载电阻上获得的视频信号对应于B面上各像素的电位变化。电子束扫描某一像素时一方面读出了它的电位，同时使B面上这一点电位恢复到阴极电位，为下次摄像做准备。电子束对靶面进行逐行扫描，在完成一帧以后，又重新开始第二帧，在两帧之间，靶面对光强进行转换，进行积累，在扫描像素时进行信号读出。

② 硅靶摄像管和硅靶电子倍增摄像管（SEM管）。硅（Si）靶摄像管与光电导摄像管不同之处是靶面材料和结构不同，硅靶摄像管的靶面是由硅片上做成两维排列的微小硅光电二极管阵列（约 $5×10^5$ 个）组成，每个光电二极管为一像素，各个光电二极管之间由 SiO_2 绝缘。把硅靶摄像管和像增强管在管内串联就成为硅靶电子倍增摄像管。

③ 固态成像器件。电视摄像机采用真空器件做摄像管，有一个明显的缺点，即笨重。近十年用发展成熟的固态成像器件有效地克服了电真空器件的缺点，具有体积小、重量轻、功耗小、坚固可靠、低压供电等优点，不仅可取代摄像管，还可用于摄像管从未问津的领域。固态成像器件有以下三种主要固态成像器件：

a. 行间转移传感器。它由一系列信号积累点的垂直列组成，每列之间通过多晶硅转移门电路与两相垂直CCD位移寄存器相连，每个位移寄存器内的转移单元数与每个扫描场的显示行数相等，并等于信号积累点数目的1/2。因此，转移单元对两个扫描场起相同作用，通道某一场采用适当的偏压，或另一场设置门电路来控制垂直位移寄存器，每场可以分别读出，产生隔行图像帧面，如图3-14（a）所示。行间转移传感器的优点是需要的垂直转移单元数只是最终电视图像上像素的一半，但是它却需要同样数量的积累点。因此，总的积累时间是一整帧的时间。这样可能导致对快速运动目标的响应稍弱一些。

b. XY寻址MOS传感器。这种传感器由光电二极管的XY寻址矩阵组成，每个交叉点上都有一个MOS（金属—氧化物—半导体）场效应管。每行上的晶体管栅极由多晶硅水平寻址线相连接，其电压受垂直扫描寄存器的控制，每列的晶体管漏极连接到铝读出线上，而铝读出线则通过一系列受水平扫描寄存器控制的MOS场效应晶体管与视频输出相连。垂直扫描寄存器通过在相应于电视行的水平寻址线上加一个正脉冲，从而使MOS晶体管的栅极电压增加，使光电荷通过铝读出行来选择电视画面行。然后，水平扫描寄存器将每行读出线依次地接到视频输出上，从而产生视频信号。垂直扫描寄存器使每行交替输出，这种传感器示如图3-14（b）所示。与行间转移传感器的情况一样，XY寻址MOS传感器需要的光敏元数与最终电视画面内的像素一样多，不过可以利用CMOS工艺生产线大大降低成本。

c. 帧转移传感器。如图3-14（c）所示，在帧转移传感器中，电荷转移通道垂直并排安放，利用共用的电极工作以形成二维成像区。在垂直消隐期间，场积累阶段成像区中产生的电荷迅速转移到成像区下面的屏蔽存储区。水平消隐期间，存储区中电荷一次一行地向下转移到水平移位寄存器中，在每行形成视频信号期间，由时钟脉冲读出。因为每场中积累起来的全部电荷完全被移走，所以帧转移传感器所需的光敏单元只是整帧内像素的1/2。而且行数也只需等于单扫描场内的显示行数。第二交替场的视频信息用电子学的方法转移1/2积累点的中心来获得。

上述三种成像传感器若作一比较，其结论是帧转移传感器比行间转移传感器和XY寻址MOS传感器能更有效地利用成像面积，XY寻址MOS传感器比另两种有更低的成

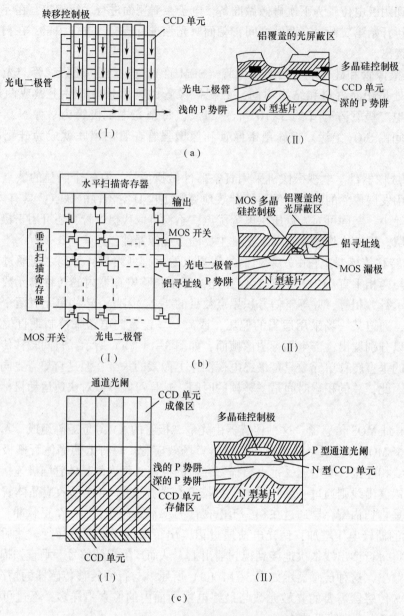

图 3-14 三种固态—成像传感器
(a) 行间转移传感器；(b) XY 寻址 MOS 传感器；(c) 帧转移传感器。
(Ⅰ) 原理图；(Ⅱ) 结构图。

本。在大多数方面，转移传感器结合并发展了另两种传感器良好的性能，而且几乎避免了它们的所有缺点。

3) 目标图像识别与跟踪

电视摄像机提供的全电视图像信号既包括有用的目标信号，又包括背景信号以及各种干扰杂波，必须将它们分开。提取目标信号的方法有背景电平箝位法、目标电平箝位法、目标信号微分提取前后沿法、背景电平抵消法等。电视导引头在搜索中捕获目标以后应进入自动跟踪,跟踪方法则有边缘跟踪、面积平衡跟踪、形心跟踪、相关跟踪等。我们把提取目标信号实现自动跟踪的系统称为图像信息处理系统。

虽然电视制导在20世纪60年代就已研制成功,但随着光电器件和大规模集成电路工艺性的突破,不但电视制导向红外成像制导发展,光电跟踪器也经历了一个发展演变过程。图3-15所示为美国休斯公司的这一过程,到70年代中期,矩心跟踪和相关跟踪已取代早先的固定窗口尺寸的单门跟踪或边缘跟踪。80年代进入微机时期,朝人工智能跟踪方向发展。

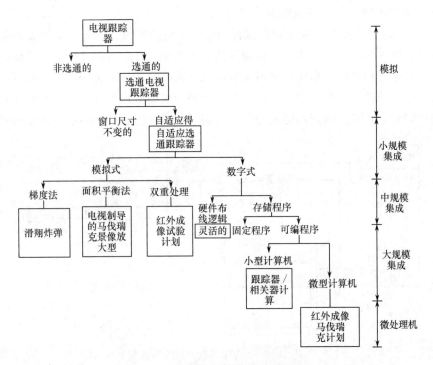

图 3-15　休斯公司电视跟踪器的演变

从视频信号中提取目标信息和跟踪误差信号的跟踪器由视频信息处理机和误差信号处理机组成。例如,对坦克这类目标一般采用点跟踪法,其中比较适合而简单的算法是自适应跟踪。在探测器视场内,只接收含有目标由跟踪窗口所包围的那部分景域,而不是整个视场,如图3-16所示。这不仅大大压缩大量无用的信息处理量,而且允许目标与其背景之间的视频信息比在较大范围内变化,防止噪声干扰。所谓自适应,就是在跟踪过程中跟踪窗口不仅始终套住目标,而且窗口的尺寸能自动地适应目标图像尺寸的变化,包括由于导弹越来越接近目标而引起目标在窗口内的像增大。

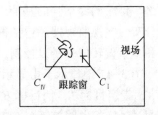

图 3-16　视场与跟踪窗的关系

矩心跟踪是点跟踪法的一种形式,它有两个特点:一是提取目标信息的阈值是自适应的,即阈值的大小随目标与其背景之间的信息对比而变化,这由视频信息处理机完成;二是误差信号的产生是在整个被探测的目标面积上对高于阈值的信息进行求积平衡，定出目标矩心。这是由误差信号处理机完成的。平衡误差的极性确定探测器视场中心向跟踪窗中心的移动方向，而误差信号的幅度和这两个中心的距离成一定的比例。处理出的误差信号送给伺服系统，对导引头和导弹进行修正，使导弹在飞行过程中始终盯住目标而自动跟踪。

4) 电视跟踪系统

由于近三十年的发展，电视在军事上的应用是很广泛的，在这里仅找几个有代表性的实例进行讨论。

（1）采用电视摄像管的电视跟踪系统。

图 3-17 为"幼畜"早期电视跟踪器的框图。电视摄像机的光学系统接收能量在成像传感器上形成图像，其输出电路将视频信号送到端点 a，该信号反映了当输出电路对成像传感器进行扫描时，由该传感器增量区域所接收之能量的大小。一个扫描控制电路以常规的电视扫描方式控制输出电路，并且分别为输出端点 b 和 c 提供水平偏转信号和垂直偏转信号。同时扫描控制电路还分别为端点 d 和 e 提供水平与垂直同步信号。

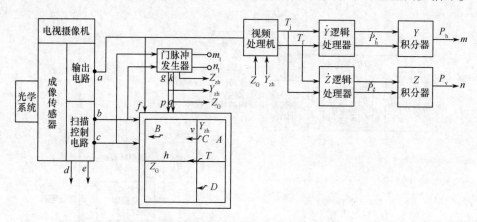

图 3-17 "幼畜"电视跟踪器框图

端点 a 将视频信号送到常规的电视监视器的一个输入端 f。门脉冲发生器产生一对基准定时信号 Z_G 和 Y_{zh}，并将这对信号通过端点 g 和 k 分别送到电视监视器视频信号输入端 p 和 q。根据上述视频输入信号，电视监视器在其显示管上产生图像以及对应于信号 Z_G 和 Y_{zh} 的经增强的基准线 h 和 v。上述图像代表了在电视监视器的视场内的相对能量分布。电视监视器还包括偏转电路，它们分别由电视摄像机的输出端 b 和 c 送来的水平和垂直偏转信号予以控制。

图 3-17 中显示了由显示管给出的具有代表性的图像，其中包括代表地形背景的图形 A，指定目标 T，伪目标 B、C、D，水平十字准线 h 和垂直十字准线 v，这两条准线可通过一定的电路控制，在需要跟踪指定目标时，操作者将两条准线交叉点重合在该目标上。

视频信号处理机在与基准定时信号 Z_G 和 Y_{zh} 相一致的时刻，对端点 a 送来的信号进行幅值采样，并且产生目标定时信号。该目标定时信号代表了可能目标的起点（T_j）和终点（T_f），亦即位于采样值的预定幅值范围之内的目标。例如，假设地形图像 A 的信号强度低于指定目标的信号强度，而伪目标 B、C、D 的信号强度与指定目标相类似，则视频信号处理单元将发出针对目标 T、B、C、D 的可能目标定时信号,而排除了代表地形图像 A 的信号。

一个 $\dot{Y}$ 逻辑处理单元对信号 T_j 和 T_f 进行处理,以便在目标相对位置的基础上对可能目标信号和指定目标信号进行鉴别。上述 $\dot{Y}$ 逻辑处理单元也将产生一个经校正的数字输出信号 $\dot{P}_h$,该信号代表了目标在垂直方向上所占区域的中点与先前存储的位置 P_h 之间的差值。Y 积分单元对信号 $\dot{Y}$ 进行积分,便于更新信号 P_h 的先前值。信号 P_h 由输出端 m 送到门脉冲发生器的一个输入端 m_1。根据信号 P_h,门脉冲发生器更新基准定时信号 Z_G 的相对定时,从而更新水平十字准线在电视监视器显像管上的位置。

一个 $\dot{Z}$ 逻辑处理单元对信号的 T_j 和 T_f 进行处理,而一个 Z 积分单元以类似于上述 Y 通道的方式提供一个位置信号,它代表了指定目标的水平中心点的位置。信号 P_v 通过 Z 积分单元的输出端 n 送到门脉冲发生器的输入端 n_1。根据信号 P_v,更新定时信号 P_{zh},从而更新垂直十字准线 h 在电视监视器显示管上的位置。

采用类似技术实现跟踪的例子还有攻击海面目标的电视寻的系统、跟踪地面的视频跟踪系统等。

(2) 采用固态成像器件的电视跟踪系统。

1978 年 10 月,美国陆军研制出第一台固态成像装置光电寻的系统,它由装在陀螺平台上的电视摄像机和以数字处理机为基础的复合跟踪系统组成。复合跟踪系统包括自适应窗内目标形心跟踪系统、动目标跟踪系统和相关跟踪系统。研制的目的在于使系统具有真正的"发射后不管"的能力。

系统的框图如图 3-18 所示,图中的形心跟踪器已在前面讨论过。下面来看一下动目标跟踪器和相关跟踪器。

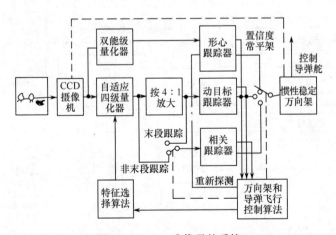

图 3-18 CCD 成像寻的系统

四通道相关跟踪器用于高精度地跟踪三个固定地标和一个目标。相关算法的根据是绝对差值法。比较地标的标准图像与瞬时图像时,相关跟踪器产生控制摄像机位置的电压,使观察场稳定。稳定是该系统的一个重要功能,因为它能供操作者如飞行员选择和识别目标。此外,观察场的稳定还能实现动目标选择体制。在这种体制下,固定目标可从帧中消除，分出活动目标。帧内的地形因随着逐渐接近目标而发生变化，标准图像不再与地标瞬时图像吻合。因此，相关跟踪器规定要重录地标的标准。如果地标图像落在帧的边缘并有丢失的危险，那么应用预先准备的备用地标取代原地标。

相关跟踪器和动目标跟踪器协同工作，有四个相同的通道，在设备上它们由两个组合组成。第一个组合实施跟踪地标的两个通道，第二个组合是地标跟踪通道和目标跟踪通道。

在导弹飞行末段，当目标图像增大到地标大小时，对一个目标进行相关跟踪是有效的，因此末段跟踪状态应持续到命中目标。对面积为 $4.5m^2$ 的目标来说，这种情况出现在 1.2km 距离上。在此状态下，四个空间波闸（选择三个地标小区和一个目标小区）相互接起来构成一个空间波闸，使目标（或目标的一部分）位于其中。

动目标跟踪器的工作原理是将目标区图像进行帧间相减，其空间稳定是利用固定地标来达到的。具有稳定场的两个区域相减就几乎能完全消除固定目标，这时动目标也部分地被消除。这样就能在稳定区域内作出目标的运动轨迹，并能测定目标在轨迹的每个点上的速度。因此，当跟踪中断时就可找出目标的瞬时位置。

（3）从高度杂乱背景中目标跟踪系统。

美国休斯公司提出的这种系统如图 3-19 所示。成像传感器分系统 1 由成像传感器和图像处理电路组成，输出串行或并行数字视频信号。成像传感器可以是可见光或红外频谱的视频成像系统、合成孔径雷达系统等。

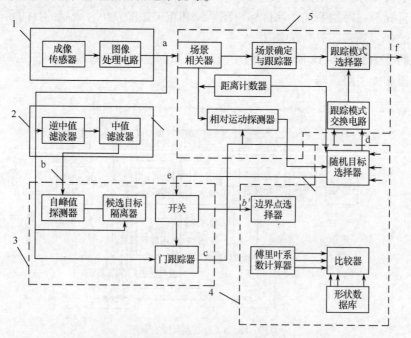

图 3-19　目标导引头系统

1—成像传感器分系统；2—尺寸识别分系统；3—门跟踪分系统；
4—特征分析系统；5—场景相关跟踪分系统。

成像传感器分系统的输出信号 a 有一路加到尺寸识别分系统 2，它由小值滤波器和逆中值滤波器构成像带通滤波器装置，以选择在预定尺寸范围内的目标。

尺寸识别分系统 2 和成像传感器分系统的输出信号 a、b 加到门跟踪分系统 3，它由门峰值探测器、候选目标隔离器、开关和门跟踪器组成。

特征分析分系统 4 通过处理输入的传动 b' 决定场景中所存在的目标，如识别目标的形状。由候选目标边界点选择器、傅里叶系数计算器、比较器和形状数据库组成的系统确定候选目标与存储数据间的相关程度。比较器的输出加到随机目标选择器，如果存在高的相关度便确定之，由随机目标选择器输出信号 d；如果相关度低，则给出控制信号 e 从门跟踪分系统中提取新目标。

场景相关跟踪分系统 5 与图像处理电路（信号 a）门跟踪器（信号 c）和随机目标选择器（信号 d）相连。它包括场景相关器、距离计数器、相对运动探测器、场景稳定与跟踪器、跟踪模式选择器和跟踪交接逻辑线路。该分系统取得距离、距离变化率、目标运动等信息，消除振动及运动引起起伏的影响，最后给出制导信号 f，使导弹朝目标飞去。当导弹接近目标时，如何利用目标的特征部位进行跟踪也是需要解决的问题。

4. 电视寻的制导的典型应用

美国研制的"幼畜"空地导弹系列武器，分别采用电视制导、红外成像制导、激光制导等多种制导方式。目前，"幼畜"空地导弹除装备美国空军、海军和海军陆战队外，还装备了一些国家和地区的战斗机，成为世界空地导弹领域中最大的家族。在作战中，首先由导弹载机的飞行员通过光学系统发现目标（如坦克），随后操纵载机使之对准目标，并进入准备攻击状态。与此同时，飞行员启动导弹上的摄像机（导弹尚未发射），目标及背景的电视影像出现在载机座舱的显示屏上，调节人工跟踪系统，使显示屏上的十字轴线中心对准目标，而后锁定目标，摄像机进入自动跟踪状态，便可随机发射导弹。载机飞行员在敌方火力圈外发射导弹后，载机应马上脱离战场或继续留在敌方火力圈外观察导弹作战效果或转入攻击第二个目标。被发射后的导弹能够自动跟踪发射前锁定的目标并把它摧毁。"幼畜"导弹的结构和作战过程如图 3-20 所示。

30 多年来，美国生产的各类"幼畜"导弹达十几万枚，参加过越南战争、中东战争、海湾战争等，取得了可观的战果。在 1973 年 10 月的第四次中东战争中，以色列空军发射了 58 枚电视制导的 AGM-65A"幼畜"空地导弹，共击毁埃及 52 辆苏制坦克，成功率达到 90%。在海湾战争中，"幼畜"导弹也发挥了重要作用，美国空军共投射精确制导武器 7400 枚，其中"幼畜"空地导弹为 5506 枚（包括非电视制导方式），占总量的 75%。据报道，当时美国空军每天发射的"幼畜"空地导弹就达 100 枚。

5. 电视寻的制导主要优缺点

隐蔽性、直观性、抗电子干扰性是电视制导系统的突出优点。

（1）有较高的制导精度。往往可以在小视场角内进行角度跟踪。

（2）分辨力高。可以辨别跟踪占视场角很小一部分的目标，特别是对地面目标的分辨能力比雷达更好，而雷达不可能分辨波束角内的不同目标。

（3）可以对超低空目标或者低辐射能量的目标进行跟踪。可以跟踪距地面飞行极低的飞机或者巡航导弹。

（4）可以工作在广泛的光谱波段，无线电干扰对它无效，但它对光的干扰较为敏感。

（5）体积小、重量轻、电源消耗低，适用于小型导弹。

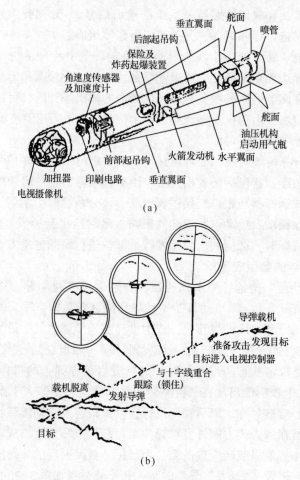

图 3-20 "幼畜"导弹的结构和作战过程

(6) 即使目标充满视场也能正常工作。而在雷达导引头中，由于导弹飞近目标，角跟踪精度将下降。

(7) 电视制导对气象条件要求高。在云雾天气和夜间，可见光的电视不能用。因此，不具有全天候的能力。但是，具有"发射后不管"的能力。

(8) 难以取得距离信息。必须通过其他方法获得距离信息。

(9) 属于被动式自动寻的制导方式，所以使导弹武器的射程受到了很大限制。

3.3 对比度跟踪

3.3.1 概述

对比度跟踪是利用目标与背景之间的对比度来识别和提取目标信号实现自动跟踪目标运动的一种方法。它是电视跟踪最早发展起来的一种方法，至今仍然在许多电视跟踪系统中作为基本的跟踪模式被采用。

电视跟踪的对比度跟踪方法中依跟踪参考点的不同可分为边缘跟踪、形心跟踪、矩心（质心、重心）跟踪、峰值跟踪等。

对比度跟踪法可以跟踪快速运动的目标，对目标姿态变化的适应性强，目标尺寸及其变化基本上不受限制；但识别目标的能力差，难以跟踪复杂背景中的目标。所以，对比度跟踪法基本上只用于跟踪空中或水面目标，从运动载体上跟踪地面固定目标（机载、车载、舰载、弹载的跟踪系统）。

3.3.2 对比度

人眼能看清和区分物体，是由于物体与背景的亮度和色彩有差别。而在暗夜的环境中，人眼能看见物体，只是由于物体与背景的亮度有差别，这是由于人眼视网膜有两种感光细胞的不同作用。显然，在黑白摄像机上能拍摄到物体的图像也是由于其亮度与背景不同（这里，亮度一词应为辐亮度，单位为瓦/球面度·平方米，本书为叙述方便，以后全部用亮度）。

关于对比度的定义，有以下两种[7]：

第一种定义为

$$C = |L_T - L_b| / L_b \tag{3-2}$$

式中：C 为对比度；L_T 为目标亮度（cd/m²）；L_b 为背景亮度（cd/m²）。

这样定义的对比度，有时也叫作反衬对比度，或叫作反衬度。当目标较小且有 $|L_T - L_b| < L_b$ 时用这种定义。

第二种定义为

$$C = (L_T - L_b) / (L_T + L_b) \tag{3-3}$$

这样定义的对比度也叫作调制对比度。当以黑白栅格图形对摄像机测试时，常采用这一定义，这时的 L_T 是对应白线条输出的信号峰值，而 L_b 是对应黑线条输出的信号谷值。在本书中采用第一种定义。

1. 对比度与大气透过率以及距离的关系

用 C_0 表示在很近距离上观察物体时看到的对比度，叫作物体的固有对比度，或零距离对比度；用 C_R 表示在距离 R 处观察物体时看到的对比度，叫作物体的视在对比度。

首先讨论固有对比度的计算。

对于非自身发光的物体，其表面亮度是由于受外部光照射引起的，其亮度 L 与受到的照度 E 的关系式，即 $\pi L = \rho E$。

如果目标是受天空照亮的，而且以天空为背景，如空中的飞机或地平线处的物体。若天空的亮度为 L_b，目标表面漫反射系数为 ρ，则目标的亮度为

$$L_T = \rho E / \pi \tag{3-4}$$

此外，可以证明亮度 L 的无穷大均匀发光表面在其前方产生的照度为

$$E = \pi L \tag{3-5}$$

把式（3-5）代入式（3-4），并以天空亮度 L_b 代换 L，得

$$L_T = \rho L_b \tag{3-6}$$

所以目标的固有对比度为

$$C_0 = 1-\rho \tag{3-7}$$

这就是以天空为背景并被天空照亮的自身不发光的物体的固有对比度。

由此看出，固有对比度取决于物体表面的反射系数。

一些物体的反射系数如表 3-2 所列。

表 3-2　一些物体的反射系数

名　称	反射系数	名　称	反射系数
氧化铝	0.94	白　沙	0.25
雪	0.93	黏　土	0.16
白　纸	0.84		
绿　叶	0.25	黑　土	0.05~0.10

其次研究视在对比度 C_R 的计算。

亮度为 L_T 的目标，在距离 $R(\text{km})$ 处观察时，由于大气衰减的影响，所看到的亮度要比 L_T 小一些；与此同时，路程中的大气由于天空的照射又在目标图像上附加一层杂光；但目标背景的亮度并不因距离改变而改变，结果导致目标对比度降低。

设目标的固有亮度为 L_T，背景天空的亮度为 L，路程 R 上的大气透射率为 T_a，则在距离 R 处目标的视在亮度为

$$L'_T = L_T T_a + L(1-T_a) \tag{3-8}$$

而背景的亮度为 $L'_b = L$，于是距离 R 处的视在对比度为

$$\begin{aligned}C_R &= |L'_T - L'_b|/L'_b = |L_T T_a + L(1-T_a) - L|/L \\ &= T_a |L_T - L|/L = T_a C_0\end{aligned} \tag{3-9}$$

式中：C_0 为目标的固有对比度。

定义：视在对比度 C_R 与固有对比度 C_0 之比，叫作对比度传送因子，用 τ_c 表示，即

$$\tau_c = C_R/C_0 \tag{3-10}$$

由式 (3-9)，以天空为背景并被天空照亮的自身不发光的物体的对比度传递因子等于（距离 R 上的）大气透射率 T_a。

如果背景不是天空，设天空的亮度为 L，固有背景的亮度为 L_b，二者之比为 K，即 $K = L/L_b$，可以推导出这种情况下的对比度传递因子为

$$\tau_c = T_a/[T_a + K(1-T_a)] \tag{3-11}$$

2. 大气透射率 T_a 的计算

大气透射率 T_a 与大气能见度及目标距离 R 有关。大气能见度可由大气衰减系数 σ 或者由能见距离（也叫气象距离）R_v 表示，σ 与 R_v 的关系为

$$\sigma = 3.912/R_v \tag{3-12}$$

大气透射率 T_a 可按下式计算：

$$T_a = \exp(-\sigma R) \tag{3-13}$$

式中：R 为目标距离 (km)；σ 为大气衰减系数 (1/km)。

人眼能分辨出物体所需的最小对比度约为 0.02。把式 (3-12) 代入式 (3-13)，

并令 $R=R_v$，得到 $T_a=0.02$，再考虑式（3-9）就可以理解能见距离 R_v 的含义。

表 3-3 所列为典型大气状态下国际能见度等级。

表 3-3 国际能见度等级[7]

等 级	大气状态	大气距离/km	等 级	大气状态	大气距离/km
0	浓雾	<0.05	5	微雾	2~4
1	厚雾	0.05~0.2	6	晴朗	4~10
2	中雾	0.2~0.5	7	很晴朗	10~20
3	轻雾	0.5~1	8	极晴朗	20~50
4	薄雾	1~2	9	纯净空气	>50

通常以大气能见距离 23.5km 作为标准晴朗天气。

3.3.3 边缘跟踪

以目标图像边缘作为跟踪参考点的自动跟踪叫作边缘跟踪。

边缘跟踪的跟踪点可以是边缘上的某一个拐角点或突出的端点，也可以取为两个边缘（左、右边缘或上、下边缘）之间的中间点。

边缘跟踪简单易行，但它并不是个很好的跟踪方法，因为它要求目标轮廓比较明显、稳定，而且目标图像不要有孔洞、裂隙，否则就会引起跟踪点的跳动；它也易受噪声干扰脉冲的影响。

图 3-21（a）表明目标的图像及一条扫描坐标等于 y_1 的行扫描线（采用场坐标系），这条扫描线与目标图形轮廓相交于两个边缘点 (x_1',y_1') 及 (x_1'',y_1')；图 3-21（b）所示为与其对应的一行的电视图像信号，时间 t_1'、t_1'' 分别与 x_1'、x_1'' 相对应；而图 3-21（c）所示则为经微分处理后的这一行的图像信号。

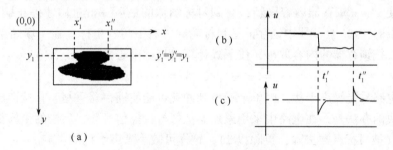

图 3-21 目标图像及边缘微分信号
(a) 目标图像；(b) 视频信号；(c) 微分信号。

用边缘微分信号作写入脉冲，把这一时刻 t_1' 的扫描坐标 (x,y) 锁存下来，就得到对应此边缘点的坐标 (x_1',y_1')。

可以取第一个边缘点坐标 (x',y') 和最后一个边缘点坐标 (x'',y'') 的中间值作为目标坐标，即目标坐标 (x_T,y_T) 等于

$$x_T=(x'+x'')/2$$
$$y_T=(y'+y'')/2$$

边缘跟踪解算电路示例如图 3-22 所示。

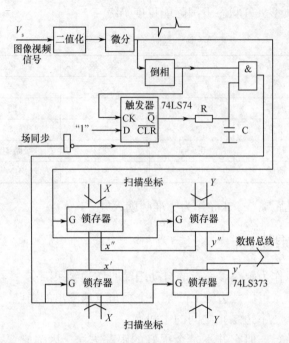

图 3-22 边缘跟踪解算电路[7]

电路的工作原理如下：每场开始时，由场同步脉冲把 D 型触发器（74LS74）清零；目标信号的第一行视频信号前沿微分信号经过倒相成为正脉冲，通过与门后开启 x'、y' 锁存器（74LS373）使它们把目标前沿（目标轮廓之左上角）坐标锁存下来，同时，此微分脉冲也把 D 触发器置为"1"，从而把与门关闭，阻止以后的微分脉冲通过，保证在本场内 x'、y' 锁存器内容不再刷新；目标信号的后沿（目标轮廓右边缘）微分信号脉冲不断地使 x''、y'' 锁存器内容刷新，直到目标图像的最后一行过后才停止刷新，因此，在一场结束时，x''、y'' 存器中锁存的是目标轮廓之右下角的坐标；在一场结束时由 CPU 经数据总线把锁存器的内容取出，按下式计算出目标中心坐标 (x_T, y_T)：

$$x_T = (x' + x'')/2 \quad y_T = (y' + y'')/2$$

解算电路易受噪声干扰，因单个噪声脉冲就可能使锁存器重写，直接造成结果数据错误。解决的办法是，在电路中采用累加器把每行目标信号前、后沿的坐标都累加起来进行平均（被目标行数去除，再除以 2），这样可减小噪声干扰的影响。

3.3.4 形心跟踪

把目标图像看成一块密度均匀的薄板，这样求出的重心叫作目标图像的形心。

形心的位置是目标图形上的一个确定的点，当目标姿态变化时，这个点的位置变动较小，所以用形心跟踪时跟踪比较平稳；而且抗杂波干扰的能力强，是电视跟踪系统中用得最多的一种方法。[7]

形心的定义为

$$\bar{x} = (1/M) \iint \Omega x \mathrm{d}x\mathrm{d}y \tag{3-14}$$

$$\bar{y} = (1/M) \iint \Omega y \mathrm{d}x\mathrm{d}y \tag{3-15}$$

$$M = \iint \Omega \mathrm{d}x\mathrm{d}y \tag{3-16}$$

式中：$\bar{x}$，$\bar{y}$ 为目标形心坐标；积分区域 Ω 为整个目标图像区。

图 3-23 表示一个经二值化处理后的目标图像 Ω，它已被框在跟踪窗内。由于二值化的结果，目标图像 Ω 以内的信号幅度为 "1"，目标图像 Ω 以外的信号幅度为 "0"，这样，可以把形心解算式改写为

$$\bar{x} = (1/M) \int_c^d \int_a^b V(x,y) x \mathrm{d}x\mathrm{d}y \tag{3-17}$$

$$\bar{y} = (1/M) \int_c^d \int_a^b V(x,y) y \mathrm{d}x\mathrm{d}y \tag{3-18}$$

$$M = \int_c^d \int_a^b V(x,y) \mathrm{d}x\mathrm{d}y \tag{3-19}$$

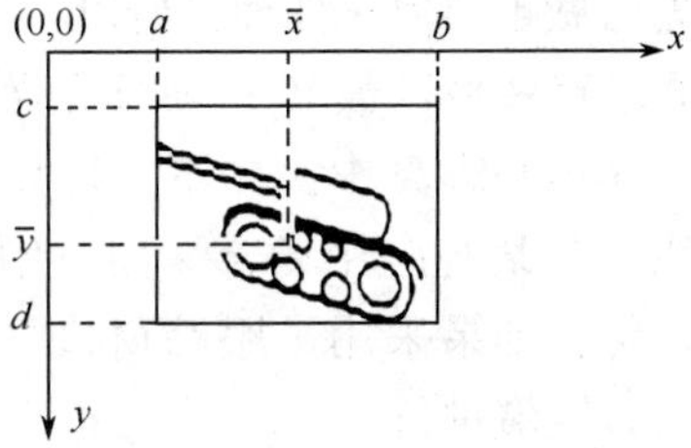

图 3-23 形心

其中，当 (x,y) 属于 Ω 区时，$V(x,y)=1$；当 (x,y) 不属于 Ω 区时，$V(x,y)=0$；a，b，c，d 为跟踪窗口边界坐标。

在数字化处理器中，坐标 x，y 都被量化，x，y 只取整数，这样又可把式 (3-17) ~ 式 (3-19) 写成离散形式：

$$\bar{x} = (1/M) \sum_{y=c}^{d} \sum_{x=a}^{b} V(x,y) x = (1/M) Q_x \tag{3-20}$$

$$\bar{y} = (1/M) \sum_{y=c}^{d} \sum_{x=a}^{b} V(x,y) y = (1/M) Q_y \tag{3-21}$$

$$M = \sum_{y=c}^{d} \sum_{x=a}^{b} V(x,y) \tag{3-22}$$

其中

$$Q_x = \sum_{y=c}^{d} \sum_{x=a}^{b} V(x,y) x \tag{3-23}$$

$$Q_y = \sum_{y=c}^{d} \sum_{x=a}^{b} V(x,y) y \tag{3-24}$$

其中，当 (x,y) 属于 Ω 区时，$V(x,y)=1$；当 (x,y) 不属于 Ω 区时，$V(x,y)=0$；a，b，c，d 为跟踪窗口边界坐标。

3.3.5 矩心跟踪

矩心也叫重心、质心，是物体对某轴的静力矩作用中心。如果把目标图像看成一块质量密度不均匀的薄板，以图像上各像素点的灰度（图像信号的幅度）作为各点的质量密度，如此便可借用矩心的定义式来计算目标图像的矩心。

矩心的定义为

$$x_c = (1/M) \iint \Omega V(x,y) x \mathrm{d}x\mathrm{d}y \tag{3-25}$$

$$y_c = (1/M) \iint \Omega V(x,y) y \mathrm{d}x\mathrm{d}y \tag{3-26}$$

$$M = \iint \Omega V(x,y) \mathrm{d}x\mathrm{d}y \tag{3-27}$$

式中：x_c，y_c 为目标矩心坐标；$V(x,y)$ 为图像函数（即图像上 x，y 处像素点的灰度）；积分区域 Ω 为整个目标图像。

比较矩心跟踪和形心跟踪的公式可知，二者的差别在于形心解算中图像函数 $V(x,y)$ 预先已做了二值化处理，所以，可以说形心是矩心的一种特例。由此也看到，矩心解算不要求对图像函数 $V(x,y)$ 预先做二值化处理，减少了确定二值化门限的困难。

在矩心解算中，并不一定要求目标有显明的轮廓线，在某些应用场合，如空中目标，背景灰度比较均匀，如果采用了跟踪窗口，则积分可在整个跟踪窗口区域进行。

图 3-24 表示一个目标图像，它已被框在跟踪窗内。由于背景灰度比较均匀，因此可以把矩心解算式改写成

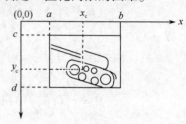

图 3-24 矩心

$$x_c = (1/M) \sum_{y=c}^{d} \sum_{x=a}^{b} V(x,y) x = (1/M) Q_x \tag{3-28}$$

$$y_c = (1/M) \sum_{y=c}^{d} \sum_{x=a}^{b} V(x,y) y = (1/M) Q_y \tag{3-29}$$

$$M = \sum_{y=c}^{d} \sum_{x=a}^{b} V(x,y) \tag{3-30}$$

其中

$$Q_x = \sum_{y=c}^{d} \sum_{x=a}^{b} V(x,y) x \tag{3-31}$$

$$Q_y = \sum_{y=c}^{d} \sum_{x=a}^{b} V(x,y) y \tag{3-32}$$

式中：$V(x,y)$ 为图像函数；a，b，c，d 为跟踪窗口边界坐标。

3.3.6 双波门跟踪

双波门路踪是一种老式的跟踪方法，是仿照老式雷达中自动距离跟踪误差检测器的原理设计的。

双波门跟踪的原理如图 3-25 所示，它的跟踪窗口由前后邻接的两个波门（也叫作半波门）组成，用这两个波门去选通目标图像视频信号并且分别进行积分，然后将前、后积分结果互相比较，如果不相等就同时移动前后波门位置，直至相等为止。由此，我们也可以称之为等积分点跟踪。

为了求得上、下（y 方向）以及左、右（x 方向）的等积分点，各需一双波门，即共需四个波门。所以，也有人称它为四波门跟踪。

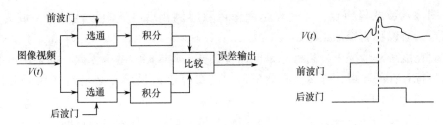

图 3-25 双波门跟踪

这种方法要求目标图像尺寸不能太小，它只适合于跟踪图像面积较大的目标。

波门是实际图像处理的区域，该区域仅是采集图像的一小部分，将波门处理的思想用于目标跟踪中时，波门区域指在被跟踪目标位置附近并包括目标的一块区域，区域的大小一般要大于目标大小，整个图像处理的范围就仅仅在波门区域内，这样，图像处理区域的减小带来运算量的降低，实践证明，在处理波门不是很大的情况下，跟踪算法的运算量是能满足实时性处理要求的[8]。

波门处理的另外一个优点是，能提高目标跟踪算法的抗干扰性能。由于跟踪波门的位置位于被跟踪目标位置附近，这样图像处理的范围就是目标中心位置附近一小块区域，而波门区域以外的信息（主要是背景信息的干扰）就被排除在了图像处理的范围以外，这样极大地提高了目标跟踪算法的抗干扰性能。

目标跟踪系统中波门位置的选择对于目标的跟踪至关重要，因为波门位置的就是实际图像处理的区域，如果波门的位置偏移目标位置过大，则目标会落入波门之外，这样就不会搜索到目标，造成目标的无谓丢失。波门位置的确定，在目标初期锁定的情况下，由人工根据被跟踪目标在视场中的位置确定；在目标跟踪过程中，波门的中心位置为目标预测点的坐标位置，由于目标预测点位置偏移目标中心位置较小，所以以目标的预测点位置作为跟踪波门的中心位置是可行的。

波门大小的选择与跟踪性能的稳定性密切相关。波门设置得过大，虽然能适应目标运动的机动性，但落入波门内的背景噪声干扰等也随之增多，进行模板相关运算的运算量也增大，而且给相关运算的匹配结果也不稳定，很难匹配出最佳匹配点，甚至会匹配上伪目标，造成抗干扰性能的下降；波门设置得过小，虽然相关匹配运算简单省时，但一旦目标预测点的预测误差稍大，或者目标的机动性较大，目标很容易跑出波门之外，造成目标的丢失。另外，由于目标由远及近的运动过程中，目标成像大小会逐渐变换，所以波门的大小也要能适应目标大小的变换。实际使用时，根据我们所跟踪的目标成像的大小，在目标正常跟踪时，我们跟踪波门大小取 150×150 像素，这样即使目标位置预测误差较大，目标也会落入跟踪波门内；在目标丢失后，系统进入记忆跟踪时，在保持原有波门大小跟踪一段时间后，跟踪波门的大小扩大至 400×400 像素，当系统超过记忆跟踪时间后还未能跟踪上目标则系统重新进入全屏幕搜索。

3.3.7 峰值跟踪

峰值跟踪是以目标图像上最亮点或最暗点作为跟踪参考点的一种跟踪方法。因为最亮点是图像函数的峰值点,最暗点是图像函数经倒相后(正负极性反转,成为负像)的峰值点,所以称为峰值跟踪。

在对比度跟踪情况下,目标总是要比背景亮一些或暗一些,因此,如果用电子窗口限定了目标存在的区域,那么,在此窗口内的最亮点或最暗点必定是(如果有目标存在的话)目标上的点。

在对比度跟踪的各种方法中,峰值跟踪是最灵敏、反应速度最快的一种方法。因为峰值点是目标图像上对比度最强的点,峰值跟踪的视频处理电路不需要二值化处理,一旦目标出现,它的坐标解算电路能立刻(在微秒内)测定其坐标和灰度值(图像函数值)。峰值跟踪可以跟踪其图像尺寸只有一个像素点的小目标;可跟踪的目标最小对比度能低于 0.5%,实际只受视频量化(数字化)和噪声的限制。

峰值跟踪法能跟踪任意大小的目标图像,但它更适合跟踪小目标,因为对于大目标,如果目标图像上峰值点的位置经常变动,容易引起跟踪外环(随动系统)晃动。对于偶尔出现的孤立点噪声,实验表明,对跟踪系统的影响不大,一般不会造成丢失目标。

峰值跟踪法特别适合于进行弹道测量的系统,如对高射炮曳光弹射击偏差测量、对导弹进行电视测角制导以及拦截导弹等均可采用峰值跟踪法。

3.3.8 目标图像特征测量

目标图像特征是发现和识别目标的依据。例如,跟踪空中目标的电视跟踪器,当飞行员在监视器荧光屏上看到新出现的一个黑点时,他会想到这可能是一个目标,当这个黑点逐渐变大时,他会从目标图像的宽、高比和运动等特点来判断这是飞机、气球还是导弹,这就是说,目标图像的灰度、宽度、高度等可作为判别目标的特征。

电视跟踪处理器自动测定目标图像特征是实现自动捕获目标的必要条件。所谓捕获,就是指从发现目标到转入自动跟踪目标的过程。如果这个过程由飞行员从荧光屏上发现目标并操纵某些开关、按键来实现,就说是人工捕获;如果这个过程由电视跟踪处理器自动实现,不需人工干预,就说是自动捕获。

在对比度跟踪情况下,目标图像的主要特征是目标图像的灰度、宽度、高度和面积。

一般所说的目标图像的宽、高是指目标图像轮廓的宽、高,但实际测定目标轮廓线不是很容易的事,所以通常是对二值化处理后的目标图像进行宽、高测定。

图 3-36 所示为一幅二值化处理后的目标图像,w 是目标宽度,h 是目标高度,而 Ω 是目标面积。注意这里目标面积并不是宽度 w 与高度 h 的乘积。

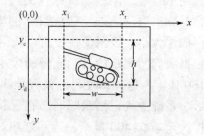

图 3-26 目标高、宽及面积

对比度跟踪方法简单易行,但它识别目标的能力很低,只能用于目标背景景物比较平淡的场合,要适应复杂多变的背景条件还需要另一种方法。

3.4 相关跟踪

3.4.1 概述

电视跟踪的根本职能是自动跟踪指定的目标,这是通过跟踪所指定目标的图像来实现的。然而,由于目标运动、目标周围背景及光照条件发生改变,目标姿态也会改变,这些不确定因素使目标图像发生变化,给电视跟踪带来了很大困难。对于攻击地面目标的武器系统,这种困难更为突出;即使对于跟踪空中目标的系统,在某些情况下,例如目标区域有友军活动,也不允许跟踪错误,所以,仅仅依靠对比度跟踪是不能完成任务的。

为了提高电视跟踪系统识别目标的能力,人们设计出了以图像匹配为基础的电视跟踪方法,习惯上称为电视图像相关跟踪,或简称为相关跟踪。下面介绍常用的一些相关跟踪方法。

3.4.2 样板和相似度

当看到空中的飞机或地面的汽车时,我们之所以能够认出它是飞机或汽车,是因为我们具有对飞机或汽车的先验知识,在我们脑子里已经存有飞机和汽车的样板(或模板),依靠这些样板,我们才得以由视觉识别出各种不同的物体。应当说人类本身识别目标的能力是极其高明的,他如何能在头脑中存储那么多的样板,而且在需要时又能极其迅速地提取使用,识别出周围形形色色的物体,这是我们要不断探索的。

在电视跟踪中用图像匹配法识别和跟踪目标的基本步骤:飞行员先用目标选择标志"跟踪窗"套住目标,按下"跟踪"按钮,这时,电视处理电路就把这一小块电视图像存储下来作为目标样板,在此后的跟踪过程中,电视处理电路就在电视图像(信号)中不断地查寻出与目标样板最相似的一块子图像的位置,以它作为目标的当前位置进行跟踪。

这里自然产生了问题,怎样才算是"最相似"?如何评定"相似"的程度?

应当说,正是由于对"相似度"定义的不同,人们设计出了各式各样的相关跟踪算法和处理电路。在以后几节里我们将讨论一些相似度的评定方法。

3.4.3 图像坐标

景物图像是当前的电视图像,它比目标样板大一些,目标样板是预先存储下来的一块较小的图像,也可能是人为设定的一个图案[7]。

目标样板的尺寸为 K 行、L 列;景物图像的尺寸为 M 行、N 列。取子图像的尺寸为 K 行、L 列,即与目标样板的尺寸相同,则每个景物图像共含有 $(M-K+1)\times(N-L+1)$ 个子图像。

用 $f(x,y)$ 代表景物图像(图像函数),其数值为点 $(x、y)$ 处像点的灰度(图像信号幅度);

用 $S(u,v)$ 代表其左上角坐标为 $(x=u, y=v)$ 的一个子图像；
用 $s(u,v;i,j)$ 代表 $S(u,v)$ 子图像中第 i 行、j 列处像点的灰度（图像信号幅度，图像函数值）。

由图 3-27 可以看出子图像与景物图像之间有以下关系：

$$s(u,v;i,j)=f(x=u+j-1, y=v+i-1) \tag{3-33}$$

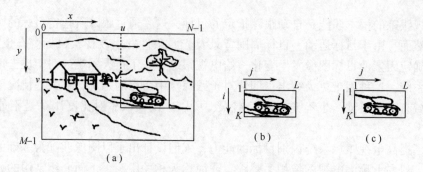

图 3-27 景物图像与样板
（a）景物图像；（b）子图像及图像函数；（c）样板及图像函数。

用 $q(i,j)$ 代表目标样板（图像函数），其数值为目标样板图像中第 i 行、第 j 列处像点的灰度。

有时为了简便，用 S 代表任意一个子图像，用 S_{ij} 代表 S 子图像中第 i 行、第 j 列处像点的灰度，即

$$S_{ij}=s(u,v;i,j) \tag{3-34}$$

式中：u, v 为约定的子图像位置。

用 Q 代表目标样板，用 q_{ij} 代表目标样板 Q 图像中第 i 行、第 j 列处像点的灰度，即

$$q_{ij}=q(i,j) \tag{3-35}$$

3.4.4 图像的矩阵、矢量表示

如果图像坐标 $(x, y$ 或 $u, v)$ 的取值是整数 $(0,1,2,\cdots$，不管其单位如何$)$，则称为离散图像[7]。

如果图像函数值（灰度，信号幅度）是数字化的（量化分层的），则称为数字化图像。

对于离散图像，可用一个矩阵 $\boldsymbol{F}_{m\times n}$ 表示，即

$$\boldsymbol{F}_{m\times n}=(f_{i,j})_{m\times n} \tag{3-36}$$

式中：$f_{i,j}$ 为图像中第 i 行、第 j 列处像点的灰度（图像信号幅度，图像函数值）；m 为图像含有的行数；n 为图像含有的列数，即

$$\boldsymbol{F}_{m\times n}=\begin{bmatrix} f_{1,1} & f_{1,2} & f_{1,3} & \cdots & f_{1,n} \\ f_{2,1} & f_{2,2} & f_{2,3} & \cdots & f_{2,n} \\ \vdots & \vdots & \vdots & & \vdots \\ f_{m,1} & f_{m,2} & f_{m,3} & \cdots & f_{m,n} \end{bmatrix}_{m\times n} \tag{3-37}$$

也可用一个矢量表示一幅离散图像，其规定为把图像矩阵中的各列按顺序上下连接

起来成为一个列矢量。例如，前述图像矩阵 $F_{m\times n}$ 可用一个矢量 f 表达，即

$$f = [f_{1,1}\ f_{2,1}\ f_{3,1}\ \cdots\ f_{m,1}\ f_{1,2}\ f_{2,2}\ f_{3,2}\ \cdots\ f_{m,2}\ \cdots\ f_{1,n}\ f_{2,n}\ f_{3,n}\ \cdots\ f_{m,n}]^T$$

3.4.5 相似度的距离度量

电视跟踪中采用图像匹配法的涵义：从当前景物图像中找出与目标样板最相似的一个子图像的位置。为此，需要确定如何度量相似度。

把一个子图像 S 上的各点与目标样板 Q 上的各对应点进行逐点比较，把各点之间的灰度差的平方值相加的和数作为评价二者之间相似度的依据，此和数越小，则二者越相似；如果完全匹配，即二者完全相同时，此和数等于零。

用数学式子表达出来就是

$$D(u,v) = \sqrt{\sum_{i=1}^{m}\sum_{j=1}^{n}[s(u,v;i,j) - q(i,j)]^2} \tag{3-38}$$

如果匹配点的子图像（左上角）的坐标 (u^*, v^*)，则

$$D(u^*, v^*) = \min_{u,v} D(u,v) \tag{3-39}$$

即对所有的 u，v 而言，$D(u^*, v^*)$ 是 $D(u,v)$ 中的最小者。

如果把景物图像用 $K\times L$ 维矢量 q 表示，目标样板图像用 $K\times L$ 维矢量 s 表示；则 $D(u,v)$ 就是 $K\times L$ 维欧几里得空间中矢量 s 和矢量 q 端点之间的距离，相似度的距离表示为

$$D = \|s-q\| \tag{3-40}$$

式中：q 为目标样板矢量，s 为景物子图像矢量。

构成矢量的元素不一定只是图像函数（灰度，信号幅度）本身，它也可能是图像的某些统计特征参数，或经过某种线性变换之后的一些特征。

3.4.6 相似度的相关度量

统计学中常用相关函数评价两个随机事件之间相互关联的程度。景物图像函数是一种随机过程，它与目标样板之间相互关联的程度自然也可用相关函数加以表达[7]。

子图像 $S(u,v)$ 与目标样板 Q 之间的互相关函数为

$$r(u,v) = \frac{1}{KL}\sum_{i=1}^{K}\sum_{j=1}^{L} s(u,v;i,j) \times q(i,j) \tag{3-41}$$

但是，式（3-41）还不能保证在匹配点 (u^*, v^*) 上 $r(u^*, v^*)$ 是最大。例如，如果有一个子图像 $S(u_1, v_1)$，它具有 $s(u_1, v_1; i,j) \gg q(i,j) \geq 0$ 的条件，显然 $r(u_1, v_1) > r(u^*, v^*)$。

因此，通常宜采用归一化相关函数及 $R(u,v)$，即

$$R(u,v) = \frac{\sum_{i=1}^{K}\sum_{j=1}^{L} s(u,v;i,j) \times q(i,j)}{\left[\sum_{i=1}^{K}\sum_{j=1}^{L}(s(u,v;i,j))^2\right]^{1/2} \times \left[\sum_{i=1}^{K}\sum_{j=1}^{L}(q(i,j))^2\right]^{1/2}} \tag{3-42}$$

可以看出，如果 $S(u,v)$ 与 Q 完全相同，则 $R(u,v) = 1$；据施瓦茨（Schwarz）不等

式可知，如果 $S(u,v)$ 与 Q 不全相同，则 $R(u,v) \leq 1$。

因此，归一化相关函数 $R(u,v)$ 也可作为相似度的一种度量。这也是相关跟踪的"相关"一词的由来。

按照内积的定义式及夹角余弦的定义式可以看出，归一化相关函数 $R(u,v)$ 也就是欧几里得空间中矢量 s 与矢量 q 之间夹角 θ 的余弦；而当 $R(u,v)=1$ 时，$\theta=0$，此时矢量 s 与矢量 q 重合。

用相关函数做相似度度量时，在匹配点 (u^*,v^*) 的相关函数值应为最大，即

$$R(u^*,v^*) = \max_{u,v} R(u,v) \tag{3-43}$$

应当注意到，如果 s 与 q 只相差一个比例因子，仍然会有 $R(u,v)=1$。这是有实际意义的，例如，当光照增强时图像亮度或信号幅度按比例增大，相当于景物子图像矢量长度增长，而 $R(u,v)$ 并不改变，仍能正确匹配；这时若用相似度距离表达式就难以正确匹配了。

3.4.7 相关跟踪的算法

相关跟踪算法的相关值可以用最小绝对差值法（MAD）、最小均方误差法（MSE）、序惯相似性检测算法（SSDA）、归一化积相关法、最多邻近点距离法（MCD）等准则来计算，在实际应用中需要考虑两个方面的问题：跟踪精度和跟踪速度。跟踪精度仅与算法本身有关，主要研究跟踪算法稳定性的问题。跟踪速度与算法本身以及实现算法的软、硬件系统有关，主要研究跟踪算法实时性的问题。

1. 跟踪的稳定性

跟踪稳定性是指在目标运动和环境发生变化的情况下，跟踪点是否能始终处在目标上或者当目标被短时间遮挡后，跟踪点是否能再次回到目标上。影响跟踪稳定性的因素主要有三点：

一是相似准则。相同的实时图像和模板图像，采用不同的相似准则获得的相关曲面的形状是不同的，如果采用某种相似准则能够获得比其他相似准则更加尖锐的相关峰（谷），那么就认为该相似准则具有更好的跟踪稳定性。因为当相关峰（谷）比较平坦时，匹配结果有若干个相近或相等的极大值（极小值），当由于某种原因，如噪声或计算精度的影响，导致一些误差被引入时，跟踪点就会从一个跳到另外一个，当平坦的区域较大时，跟踪点的跳动也会比较大，跟踪就变得不稳定。根据实验结果，归一化积相关准则在低照度下跟踪稳定性显著降低，MAD 准则对噪声比较敏感，而照度和噪声对 MCD 准则的影响均较小，SSDA 准则也能有效提高相关跟踪速度，因为它减少在每一区域位置的像素点比较次数。

二是模板刷新。在对目标进行过程中，目标模板维系了整个跟踪的动态过程，在序列图像中，由于目标在不断变化，因此实际图像必然存在变形、噪声、遮挡等变化。对模板进行合理的更新是相关跟踪的关键。选择合适的模板更新策略，可以在一定程度上克服这些变化对跟踪效果的影响。在进行序列图像跟踪过程中，如果单纯地将当前图像的最佳匹配位置处的图像作为模板进行下一帧图像的匹配，跟踪结果很容易受某一帧发生突变图像的影响而偏离正确位置。因此，应当考虑旧模板和当前图像的最佳匹配位置

处的匹配度（合适度）来制定合适的新模板，相当于对匹配跟踪过程进行一个指导，以达到比较好的跟踪效果。一般采用的模板更新策略主要有：

（1）采用隔固定场（帧）数来刷新模板。模板刷新与否完全依赖场（帧）数的选择，无法反映跟踪的实际状况，因而适应性较差。

（2）根据相关峰（谷）来确定是否刷新模板。如果当前相关峰（谷）的最大（最小）值比某一设定的阈值大（小），说明当前最佳匹配点处的子图较高的置信度，则需要进行模板刷新，即用最佳匹配点处的子图作为新的模板。

（3）加权滤波实现模板刷新。用于匹配下一幅实时图像的模板与当前最佳匹配点处的子图、当前的模板、过去曾经使用过的模板之间均有一定的相关性。因此，新的模板可用下式得到：

$$T = \alpha T^+ + \beta_0 T^0 + \beta_{-1} T^{-1} + \cdots + \beta_{-n+1} T^{-n+1}$$

式中：T 为新模板；T^+ 为当前最佳匹配点处的子图；T^0 为当前模板；$T^{-1} \cdots T^{-n+1}$ 为过去曾经使用过的模板，各个权重系数代表对应模板对新模板的贡献，且权重系数和为 1。当 $n=1$ 时，上式可表示为

$$T = \alpha T^+ + (1-\alpha) T^0$$

新模板仅与当前最佳匹配点处的子图以及当前模板有关。α 反应了当前最佳匹配点处子图的置信度。

三是目标预测跟踪圈。在目标的背景快速变化、外光源闪烁或者视场内有云层以及其他遮挡物出现时，按正常的跟踪策略，所跟踪的目标有可能在视场内丢失。如果采用预测跟踪算法，则当遮挡物遮挡目标的部分或全部时，根据目标此前的位置信息和运动状态预测出目标下一步可能的位置，当目标再次出现时，仍然可实现稳定跟踪而不至于丢失目标。常用的预测跟踪算法有记忆外推跟踪算法、N 点线性逼近预测算法、N 点二次多项式预测算法、卡尔曼滤波算法及各种综合预测算法。

2. 跟踪的实时性

相关跟踪算法一般包含搜索和相关匹配两个过程。相关匹配的计算量与采用的相关准则有关，计算量最少的是 MAD，其次是 MCD，归一化积相关准则计算量最大。在搜索过程中，如果直接采用穷举法搜索，需要搜索的像素点数为 $N-M+1$，计算量很大。而在所有的搜索点中，除了一点外其余的都是在非匹配点上做"无用"工作，因此，可以采用对匹配有贡献的模板像素加权，并从中心到边缘递减，以改善相关峰的尖锐度，降低噪声和目标变形的影响，缩小搜索范围，尽快找到最佳匹配点。常见的搜索方法有二维对数搜索法、三步搜索法、对偶搜索法、多级亚采样快速搜索和基于金字塔结构的快速搜索等方法。

本小节介绍相关跟踪的绝对差法。因为绝对差法直观易懂，容易实现，而且有代表性。

所谓绝对差法就是用两幅图像的图像函数之差的绝对值作为评价二者之间相似度的依据的一种算法。

设目标样板图像矢量 q 及景物子图像矢量 s 分别为

$$\boldsymbol{q} = (q_1 q_2 q_3 \cdots q_n \cdots q_N)^{\mathrm{T}} \tag{3-44}$$

$$s = (s_1 s_2 s_3 \cdots s_n \cdots s_N)^T \qquad (3-45)$$

其中，N 维矢量 q 和 s 的元素 q_n 和 s_n 来自图像函数矩阵，其元素脚标 $n=K\times(j-1)+i$（i 是行号，j 是列号），其维数 $N=K\times L$，是 K 行的总数，是 L 列的总数。

则绝对差法定义的相似度距离为

$$D(u,v) = \sum_{n=1}^{N} |s_n - q_n| \qquad (3-46)$$

式中：s_n 为位于 u,v 处的子图像 $S(u,v)$ 的矢量的元素。

在匹配位置应满足条件

$$R(u^*, v^*) = \max_{u,v} R(u,v) \qquad (3-47)$$

即对所有的 u,v 而言，$D(u^*,v^*)$ 是 $D(u,v)$ 中的最小者。

式（3-47）的物理意义是，把二图像的对应点的灰度差的绝对值累加起来作为评价相似度的依据，此累加值越小，二者越相似。

此外，还有所谓"平均绝对差法"，它定义的相似度距离为

$$D(u,v) = \frac{1}{KL} \sum_{n=1}^{N} |s_n - q_n| \qquad (3-48)$$

它与式（3-46）相比只是多了一个除法运算，并无本质区别。

另有所谓"规格化绝对差法"或"去均值绝对差法"，它定义的相似度距离为

$$D(u,v) = \sum_{n=1}^{N} |s_n - \bar{s} - q_n - \bar{q}| \qquad (3-49)$$

式中：$\bar{s}$、$\bar{q}$ 分别为子图像样板的图像函数的均值，即

$$\bar{s} = \frac{1}{KL} \sum_{n=1}^{N} s_n \qquad (3-50)$$

$$\bar{q} = \frac{1}{KL} \sum_{n=1}^{N} q_n \qquad (3-51)$$

绝对差法定义的相似度距离 $D(u,v)$ 可以消除由于图像信号平均电平（相当于直流成分）改变引起的失配，但是也带来另一个"反相匹配"问题。例如，当样板全黑一块，而景物子图像全白一块时，也会出现最小，造成错配，须采取措施防止发生。

为了给相关跟踪处理器有进一步的了解，下面用一个设计实例给予说明。该实例是采用相似度距离 $D(u,v)$ 的绝对差算法。

相关跟踪的难点之一是运算工作量大，而且这些运算必须在电视图像制式所限定的时间内完成，也就是必须在电视场扫描时间（20ms）内完成。

参照图 3-28，先估计运算的点数。在图中，景物图像为 $M\times N$ 个点（高×宽），每个组图像包含 $M\times N$ 个点（高×宽），所以一幅图像含有 $(M-K+1)\times(N-L+1)$ 个子图像，因此，匹配运算点数为

$$N_p = (M-K+1)\times(N-L+1)\times K\times L \qquad (3-52)$$

则每个运算点时间 t_1 必须小于 $20 \div N_p$（ms），即

$$t_1 < \{20 \div [(M-K+1)\times(N-L+1)]\times K\times L\} \qquad (3-53)$$

例如，$K\times L = 16\times 15$，$M\times N = 256\times 256$，则 $t_1 < 0.0013\mu s$。如果考虑每点运算的内容，据式（3-47），包括取数、相减、求绝对值、累加、存数等多种运算，要在这样短的时

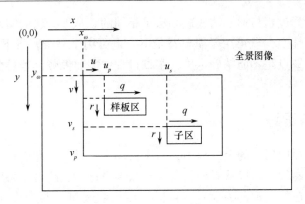

图 3-28 坐标系[7]

间内完成，用一般的方法是不可能的。

为了解决运算时间不足的问题，可以从两方面着手：一是缩小图像尺寸；二是设计专用硬件进行并行运算。

目标样板尺寸与被跟踪目标在摄像机视场中所占的比例大小有关，不能太小，否则降低了识别目标的能力，容易发生错误。

从摄像机全景图像中用的电子窗口圈出一个小区域，称为搜索区，使相关解算只在此区内进行，即缩小景物图像尺寸，这是减少运算量的有效办法。

例如，取 $K×L=8×6$，$M×N=24×48$，则每个点的运算时间 $t_1<0.278\mu s$，设计出这样的相关运算器并不难。

目前，针对不同的应用条件，有各式各样的相关跟踪算法和处理电路可供选用。

3.5 其他电视跟踪方法

3.5.1 差分跟踪

利用帧间差分进行运动目标跟踪是一种比较经典的、简单易行的方法。差分方法基于在背景不变的情况下，图像序列中由于目标运动而产生的相邻帧之间的差异就表现在差分图上。由于物体运动，目标图像在相邻两帧图像中的位置有了明显的差异，因而在差分图上就显示出来由于目标运动而产生的两块位移差分区域，这两块区域就是分析目标运动情况的主要依据。实际上由于噪声和图像质量等问题，差分图上可能会有许多的差分区域，这就要求对这些区域进行分类，一类是行效差分区，另一类是噪声区，但是一般来说，大多数噪声区都是离散的，因此噪声区可以比较容易地去除。差分图虽然不能得出有关速度、三维结构等方面的确定判断，但它不失为一种检测运动目标的实用方法[9]。

在进行具体操作时，要保证进行相减的两帧图像是在摄像机停止运动时获得的。也就是要保证背景不变，只有目标在运动，这样才能保证利用两帧图像的相减滤除背景，从而正确地检测出目标位置，否则所获得的差分图像是没有意义的。在获得差分图像后，目标位置的结算过程与形心法或矩心法是相同的。从差分法的实现过程可看到，差分法的优点是适应性强（既可用于简单背景下，也可用于复杂背景下）、简单易行，运算量小，速度快；缺点是不能精确定位，跟踪过程中需要停顿，若目标停止运动容易造成目标丢失。

3.5.2 多模跟踪

从导弹发射到命中目标的全过程中，由于目标、背景等都在变化，很难有一种跟踪模式从始至终一直奏效。所以从系统的硬件、软件设计上，就可以采用多模并行跟踪技术。根据每一个算法的"时间—背景—目标"特性曲线等一些理论和实践确定跟踪算法的置信度，实时地把置信度高的跟踪模式切换到控制回路中，对置信度低的模式重新修订。

对于捕捉目标的初始段，通常采用图像匹配模式为好，因为首先要对目标进行识别跟踪。将事先采集的目标存入制导计算机内。进入捕获目标阶段时，将预存图像和导引头实际得到的图像进行相关运算，根据图像匹配情况，进行目标自动识别。这对既没有明显特征又没有高背景对比度的目标是一种较好的方法。过去图像匹配只靠数字相关技术，现在则有可能使用符号图像匹配方法识别目标。

对于锁定后发射的导弹，初始段跟踪也可采用形心法，这种方法精度高，抗干扰能力也较强，但无法识别目标。当目标图像较小不易识别时，还是用形心法。在这阶段，初始扰动可能较大，这将有可能超过形心门的尺寸而使形心跟踪失灵。在中间段，可采用形心跟踪，因这种模式精度高，抗干扰能力强，算法简便，因而可获得较快的计算速度。在末制导段，目标图像面积增大，采用形心法工作时可能因形心门太大而无法正常工作，甚至目标图像大于整个视场，形心法根本不能工作，因而这阶段采用相关跟踪法，也可以对瞄准点进行选择。

3.5.3 自适应跟踪

现代战争对图像跟踪系统的要求越来越高。实际情况下对目标的跟踪总是在一定的背景条件下进行的，在跟踪过程中常常受到多种因素、干扰的影响。这样跟踪系统测量所得的目标状态（位置、距离、速度、加速度等）与目标的真实状态往往不尽相同。通常采用一定的智能跟踪、控制策略，使系统的某些参数根据跟踪过程的环境条件、跟踪状态、跟踪模式以及跟踪要求等变化做相应调整，以达到对目标可靠跟踪的要求。

3.5.4 记忆外推跟踪

正常跟踪目标时，目标突然被遮挡，若干秒后又正常复出，若按上述介绍的算法处理，就会丢失目标，造成系统紊乱。为此提出了记忆外推跟踪方法。记忆外推跟踪方法的基本思想是存储记忆前帧和本帧的目标信息，利用预测算法外推目标下一帧的参数。外推算法的研究成果较多，各有优缺点，如逼近法简单、迅速，但精度较差；卡尔曼滤波方法先进但计算复杂。实际中可采用微分线性拟合外推方法，其基本要点是，目标的运动可看作是惯性受限的非平稳过程，遮挡前跟踪的数据（目标的中心位置）已存入处理器中（即记忆算法），一旦目标丢失，需由处理器将以前的目标信息（已记忆）根据微分线性拟合外推来预测目标的下一个位置，依次循环，直至目标复出[10]。

3.6 电视跟踪系统的一般部件

3.6.1 跟踪转台

跟踪转台是电视跟踪系统机械结构的主体，它承装着电视摄像机等各种电视传感器[7]。

跟踪转台有两个主轴，分别是水平轴和垂直轴。电视摄像机安装在水平轴的一端，可以俯仰转动，所以水平轴也叫俯仰轴。垂直轴贯穿转台上部与底座，使转台上部可以全方位转动，所以垂直轴也叫方位轴。

在水平轴和垂直轴上分别套装有直流力矩电动机、测速电动机、旋转变压器（解算器）旋转子。

直流力矩电动机是驱动转台转动的伺服控制电动机，它的特点是转速低、力矩惯量比大，所以可以直接套装到受控轴上而不需减速齿轮等机构，大大减少了机械设计与安装的复杂性，控制精度高，噪声小。当然，其他类型的伺服电动机也是可以用的。

跟踪转台是实现高精度跟踪的重要保证。转台设计时要注意尽量减少部件的转动惯量。在机械加工和装配时其水平轴和垂直轴之间要保持精确的正交性；俯仰和方位转动时的摩擦力矩要尽可能地减小以降低静态误差。

3.6.2 闭环控制系统结构

电视自动跟踪系统是闭环控制系统，其输入量是目标的位置角（方位角或高低角），输出量是电视摄像机光轴的位置角（方位角或高低角）。

电视摄像机对向目标，摄取目标图像，如果目标不在电视摄像机光轴上，则从电视监视器上看，目标的图像偏离了电十字线（这里认为电十字线的位置——也叫作"电轴"，与电视摄像机光轴是重合的），电视信息处理器解算出目标相对于电十字线的偏差经数据总线传送给数/模转换器转换成相应的误差电压（方位、高低分别传送），此误差电压经放大、校正后加到相应的力矩电动机上驱动转台向目标方向靠近，实现自动跟踪。所以，从闭环控制系统的观点来看，电视摄像机和电视信息处理器起到了测量元件的作用[7]。

测速电动机能产生与转轴转动角速度成一定比例的电信号，把这个测速信号反馈到功率放大器的输入端，能显著改善系统的响应速度和刚度（反力矩与误差角之比），减小静态误差。

校正放大器的作用除放大误差信号外，还能改善系统的控制特性，保证系统稳定性和动态品质。

用直流力矩电动机做驱动电动机可以达到接近秒级的精度；但在动态响应过程中可能进入饱和区（非线性区）以致造成系统不稳定，这可利用微计算机控制来解决。

图 3-29 中的轴角编码器的用途是把跟踪转台方位轴、俯仰轴的位置角——方位轴、高低角转换成数字量，这是为了操作控制转台的位置和与其他外部设备交换信息，如接受目标指示。图 3-29 中轴角的转换是由旋转变压器与轴角编码器共同完成的。旋转变压器有一个初级激磁绕组和两个次级绕组，初级激磁绕组通常采用 400Hz 交流电源激磁，由次级绕组输出两个信号是振幅均正比于转子轴位置角的正弦信号和余弦信号。旋转变压器输出的正弦信号、余弦信号送到轴角编码器，由轴角编码器解算出转轴的位置角数字量。为了提高轴角转换的精度，常采用多极旋转变压器与单对极的旋转变压器组合使用。

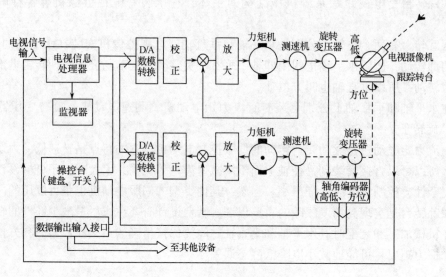

图 3-29 电视自动跟踪系统

3.7 电视制导的发展趋势

在精确制导武器家族中，电视精确制导是较早研制成功并投入实战应用的武器之一。由于其具有突出的优点，因而迄今仍在机载弹药精确制导技术中占有重要的地位。

电视精确制导的一个发展趋势和新技术是复杂背景条件下的自动目标识别和跟踪技术，该技术利用成像系统获取的图像，自动地提取目标并识别出来，即通过一系列图像数据实现对目标的获取和识别，并能在允许范围内克服载体和目标的运动，实现对目标的稳定跟踪。自动目标识别与跟踪技术是世界各国精确制导武器系统的关键技术。图像噪声、模糊、各种干扰、光照的变化、目标的运动、变形等，始终困扰着各种自动目标识别与跟踪系统。虽然相关研究已有数十年的历史，但是这个问题目前仍然是计算机视觉、模式识别，特别是各种武器的导引头、战场监控、视觉导航等领域的一个研究热点。同时，电视精确制导武器在跟踪目标时，有时会出现目标突然被遮挡，若干秒后又正常复出的情况，若只按上述介绍的相关跟踪算法处理，就会丢失目标，造成系统出错。为此，不少国内外学者提出了利用记忆外推跟踪等算法跟踪迷失目标的方法。记忆外推跟踪算法的基本思想是记忆（即存储）前一帧和本帧的目标信息图像，利用预测算法外推目标下一帧的参数（即可能的位置）。外推预测算法有许多，如逼近法、卡曼滤波方法、微分线性拟合外推方法等。本系统中采用微分线性拟合外推方法。该方法的基本要点是，目标的运动可看作惯性受限的非平衡过程，遮挡前跟踪的数据（目标的中心位置）已存入 DSP 处理器的存储器中，一旦目标丢失，需要从存储器中将以前的目标信息取出，再根据微分线性拟合外推预测目标的下一个位置，依次循环，直至目标复出。美国目前正在研究的用于自然场景和复杂背景条件下的自动目标识别（Automatic Target Recognition，ATR）和目标自动跟踪技术，可以通过自学习或预存储的目标模型，对实时的视频图像进行处理、计算、和目标识别，以及对目标的自动跟踪。在一次模拟测试中，先将一名军官的脸部数据作为目标模板输入目标识别和自动跟踪系统中，装有这套目标识别和自动跟踪系统的无人机飞到目标上空后，从无人机传回的图像中，研究人员发现目标识别和自动跟踪系统很快就发现、锁定并跟踪了正躲在丛林中一棵树下的小汽车里吃午餐的这位要追踪的军官。这表明，这套目标识别和自动跟踪系统穿过了树叶、透过了汽车挡风玻璃，排除了树木阴影的干扰，能够正确锁定和跟踪目标。

在电视遥控制导技术方面，由于电视视线制导存在着作战距离近、隐蔽性较差的缺点，目前主要是发展电视非视线制导，尤其是发展非视线光纤指令制导。这是由于光纤制导具有作用距离远、隐蔽性和安全性比较好，而且光纤不向外辐射能量、不易受干扰的优点。同时，由于光纤传输数据的速率高、容量大，可快速向制导站回传电视图像，因此，导弹的命中精度高。但光纤制导也存在不足的一面，如导弹的飞行速度较慢（相对无线制导），可能在中途被敌方拦截。另外，系统比较复杂，从而造价较高。

当今，电视寻的末制导技术已成为电视精确制导的发展热点。其理由是：制导精度高，可对付超低空目标（如巡航导弹）或低辐射能量的目标（如隐身飞机）；可工作在广泛的光谱波段；无线电干扰对它无效；体积小、重量轻、电源消耗低，适用于小型导弹。但电视寻的制导也有不足之处，如对气候条件要求高，在雨雾天气和夜间不能用。此外，由于电视寻的制导属于被动式制导，除非用很复杂的方法，否则得不到目标的距离信息。

从总体上考虑，发展电视、雷达、红外、激光等制导的复合（组合），是符合逻辑的必然趋势。例如法国的"新一代响尾蛇"地空导弹，就有雷达、电视和红外三种制导方式并存，根据情况需要灵活运用。而美国的"幼畜"空地导弹则品种系列化，例如，在晴天，可以挂装 AGM-65B 电视制导导弹；在夜间，可挂装 AGM-65D 红外成像制导导弹；攻击点状小目标，可挂装 AGM-65C/E 激光半主动寻的制导导弹等。

从多模复合制导的潜力上看，发展电视与雷达、红外或激光等制导方式的复合制导，也具有广阔前景。

第4章 红外寻的制导

红外寻的制导是发展较早的一种制导技术，20世纪50年代就已产生了第一代红外寻的制导空空导弹。红外寻的制导是利用目标辐射的红外线作为信号源的被动式自寻的制导，可分为红外非成像寻的制导和红外成像寻的制导两大类，其中红外非成像寻的制导也叫作红外点源寻的制导。

早期发展的红外制导系统是红外点源寻的制导系统，由于其工作原理的限制，容易受到敌方的干扰和欺骗，目前正在大力发展的红外成像制导系统与非成像红外制导系统相比，有更好的对目标的探测和识别能力，但其成本是红外非成像制导系统的几倍，从今后的发展来看，非成像红外制导系统作为一种低成本制导手段仍是可取的。

本章主要介绍红外辐射的基本特性、红外点源目标探测、红外成像目标探测、红外导引头的稳定跟踪系统，以及红外导引头干扰和抗干扰技术。

4.1 概　　述

4.1.1 红外制导系统的特点与发展

红外寻的制导系统广泛应用于空对空、地对空导弹，也应用于某些反舰和空对地武器，其优点是：

（1）制导精度高，由于红外制导是利用波长较短的红外线能量来实现目标探测的，因此其角分辨率高，且不受无线电干扰的影响。

（2）可发射后不管，武器发射系统发射后即可离开，由于采用被动寻的工作方式，导弹本身不辐射用于制导的能量，也不需要其他的照射能源，攻击隐蔽性好。

（3）弹上制导设备简单、体积小、质量轻，成本低，工作可靠。

红外自寻的制导系统的缺点是：

（1）受气候影响大，不能全天候作战，雨、雾天气红外辐射被大气吸收和衰减的现象很严重，在烟尘、雾、霾的地面背景中其有效性也大为下降。

（2）容易受到激光、阳光、红外诱饵等干扰和其他热源的诱骗，偏离和丢失目标。

（3）作用距离有限，一般用于近程导弹的制导系统或远程导弹的末制导系统。

红外寻的制导是发展较早的一种制导技术，始于20世纪40年代中期，至今已经经历了四代的发展。

第一代红外制导系统以AIM-9B导弹的红外导引头为代表，它工作在近红外1～3μm波段，红外探测器为非制冷硫化铅（PbS）探测器，采用模拟电路实现信号处理功能，跟踪稳定机构为自由动力陀螺。由于它灵敏度低，最大探测距离只有5km左右，并且跟踪和机动能力有限,故一般只能对大型轰炸机进行尾后攻击。

第二代红外制导系统以 AIM-9D 导弹的红外导引头为代表,它的探测器采用了制冷技术,使红外响应波长延伸到了 $3\mu m$ 以上,导引头的灵敏度有了很大提高(对典型目标的尾后探测距离可达 $8 \sim 10km$),跟踪能力有了较大提高,体积显著减小,气动特性得到明显改善。

第三代红外制导系统在 20 世纪 70 年代后期问世,以 AIM-9L 导弹的红外导引头为代表,采用制冷锑化铟(InSb)探测器,探测波长为中红外的 $3 \sim 5\mu m$ 波段,基本实现了对喷气式飞机的全身探测。它具有很高的探测灵敏度,对典型喷气式战斗机的尾后最大探测距离可达 20km 以上,跟踪能力也得到了显著提高。这一时期,法国和苏联/俄罗斯较晚研制出来的"玛特拉" R-550 Ⅱ 和"射手" P-73 导弹还采用了多元探测技术,初步具备了抗红外诱饵干扰的能力。

第四代红外寻的导弹在世纪之交问世,以 AIM-9X 导弹的红外导引头为代表。其红外工作波段虽仍是中红外,但信号处理已经跃升到成像体制。它不但有更高的灵敏度,而且较好地解决了对飞机的前向探测问题,更具重大意义的是在抗背景和人工干扰方面达到了较为完善的程度。第四代红外寻的制导导弹的信息处理系统已跨入了全数字化的范畴,由弹载微型计算机实现全部信息处理功能,实现了 $\pm 90°$ 的跟踪(半球跟踪)。第四代红外寻的制导导弹体现了当代技术发展的最新成果,是多专业、多学科有机结合的产物,是 20 世纪战术导弹领域中最后一个杰作。可以预见,在新世纪随着光电子、微电子、微机电、微计算机、现代控制以及先进功能材料技术的进步,红外寻的制导技术必将向着智能化、微小型化方向进一步发展,将会展现更加辉煌的前景。

4.1.2 红外制导系统的基本组成

红外寻的制导系统主要由红外导引系统和控制系统组成,其中控制系统与其他制导系统的类似。红外导引系统是红外制导系统区别于其他类型制导系统的主要特色所在,下面的内容将围绕红外导引系统展开。

红外导引系统通常设置在导弹的最前端,所以称为红外导引头。按功能分解,红外导引头通常由红外探测、稳定与跟踪、目标信息处理以及导引信号形成等子系统组成,如图 4-1 所示。

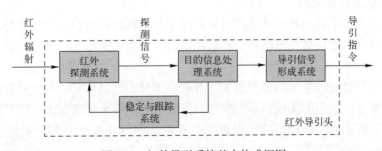

图 4-1 红外导引系统基本构成框图

按结构来划分,红外探测系统与稳定跟踪系统通常构成红外导引头的位标器,目标信息处理系统与导引信号形成系统通常构成红外导引头的电子组件。

1. 红外探测系统

红外探测系统是用来探测目标红外辐射，获得目标有关探测信号的系统。若将被检测对象与背景及大气传输作为系统组成的环节，则红外探测系统的基本构成如图4-2所示，主要由光学系统、扫描/调制器、红外探测器、制冷系统和预处理电路等组成。

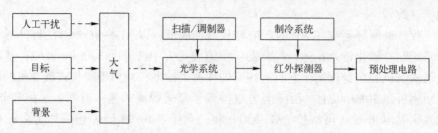

图4-2 红外探测系统基本构成框图

空空导弹红外探测系统可分点源探测与成像探测两大类。点源探测系统主要用来测量目标辐射和目标偏离光轴的失调（误差）角信号，而成像探测系统还可获得目标辐射的分布特征。

2. 稳定与跟踪系统

稳定与跟踪系统的主要功用是在红外探测系统和目标信息处理系统的参与支持下，跟踪目标和实现红外探测系统光轴与弹体的运动隔离，即空间稳定。

红外导引系统中常用的跟踪系统可分为动力陀螺式和速率陀螺式两大类。跟踪系统一般由台体、力矩器、测角器、动力陀螺或测量用陀螺，以及放大、校正、驱动等处理电路组成，如图4-3所示。图中"红外探测系统"环节是稳定跟踪平台上的载荷。

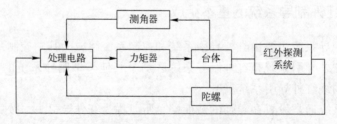

图4-3 跟踪系统构成框图

3. 目标信息处理系统

目标信息处理系统的基本功用是将来自红外探测器组件的目标信号进行处理，识别目标，提取目标误差信息，驱动稳定平台跟踪目标，以及送给导引信号形成系统进一步处理。

红外目标信息处理系统的种类很多，有调幅信号、调频信号、脉位调制信号、图像信号处理等类型。它们的构成也不尽相同，概括起来主要由前置放大、信号预处理、自动增益控制、抗干扰、目标截获、误差信号提取、跟踪功放等功能块组成，如图4-4所示。

4. 导引信号形成系统

导引信号形成系统的基本功用是根据导引律从角跟踪回路中提取与目标视线角速度成正比的信号或其他信号并进行处理，形成制导系统所要求的导引信号。

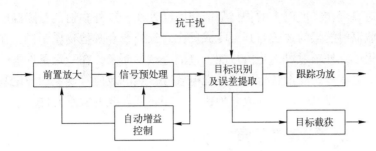

图 4-4　目标信息处理系统基本构成框图

先进的红外型空空导弹，导引系统并非将视线角速度信号直接作为控制指令，而是要根据复杂的导引律要求进行必要的分析处理，导引信号形成系统一般由变增益、导引信号放大、时序控制、偏置以及离轴角补偿等功能电路组成。

4.2　红外辐射的基本性质

红外制导系统探测的是目标的红外辐射信号，为理解红外制导系统的工作原理，首先需要了解红外辐射的一些基本性质。

4.2.1　红外辐射与电磁频谱

1800 年，英国天文学家 F. W. 赫谢尔（F. W. Herschel）通过实验发现了红外线，当时它被称为不可见光线。经过研究，红外线是一种热辐射，是物质内分子热振动产生的电磁波，其波长为 $0.76 \sim 1000 \mu m$，在整个电磁波谱中位于可见光与无线电波之间，如图 4-5 所示。由于这种辐射的波谱位于可见光的红光之外，因此被称为红外线（Infrared）。

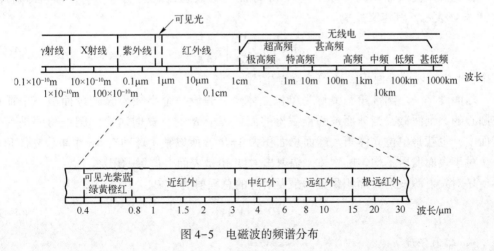

图 4-5　电磁波的频谱分布

红外线与可见光一样都是直线传播，速度同光速一样，具有波动性和粒子性双重特性，遵守光学的折射、反射定律。可见光的成像、干涉、衍射、偏振、光化学等理论都适用于红外线，因此可以直接应用这些理论来研制红外仪器。

任何绝对温度在零度以上的物体都能辐射红外线，红外辐射能量随温度的上升而迅速增加，物体辐射能量的波长与其温度成反比。红外线和其他物质一样，在一定条件下可以相互转化；红外辐射可以是由热能、电能等激发而来，在一定条件下红外辐射又可转化为热能、电能等。能量转化原理是光电效应、热电效应等现象的理论基础，我们可以利用光电效应、热电效应等制成各种接收、探测红外线的敏感元件。

4.2.2 红外辐射基本性质

1. 基本辐射量

一般所使用的红外探测器的响应时间都比较小，反应很快，也就是说不是积累型的，它们响应的不是照射在它们上的总能量，而是瞬时照射在它们上的能量，即辐射功率。因此，把辐射功率以及由它派生出来的几个物理量当作基本辐射量。

辐射功率是最基本的辐射量。其余的辐射量可以由它加上适当限制派生出来。分别介绍如下：

1) 辐射功率 P

单位时间内发射（传输或接收）的辐射能，叫作辐射功率，用符号 P 表示，单位为瓦（焦耳/秒）。其定义式为

$$P = \lim_{\Delta t \to 0} \left(\frac{\Delta Q}{\Delta t} \right) = \frac{\partial Q}{\partial t} \tag{4-1}$$

辐射功率也叫作"辐射通量"，用符号 φ 表示，它的意义与辐射功率相同。

2) 辐射出射度 M

辐射功率是对整个辐射源来说的。考虑这种情况：当两个辐射源的辐射功率相同，辐射面积不同时，怎么描述这两个辐射源的差别呢？辐射出射度描述了辐射功率沿辐射源表面的分布特性。

辐射源单位表面积向半球空间（2π 球面度）发射的辐射功率，叫作辐射出射度，以符号 M 表示。其定义式为

$$M = \lim_{\Delta A \to 0} \left(\frac{\Delta P}{\Delta A} \right) = \frac{\partial P}{\partial A} \tag{4-2}$$

式中：A 为辐射源表面积。M 的单位为瓦/米^2。

球面度是一个圆锥角，又称为单位立体角。假设一个半径为 R 的球面被一个顶点在圆心的圆锥所截，当球面被圆锥截得的面积等于 R^2 时，这时对应的圆锥角就是一个球面度，也就是单位立体角。球面总面积为 $4\pi R^2$，所以整个球面有 4π 个单位立体角。

对于表面发射不均匀的物体，辐射出射度 M 是表面上位置的函数。

M 对发射源发射表面积积分即是发射源的总辐射功率 P。

$$P = \int_A M dA \tag{4-3}$$

3) 辐射强度 I

辐射出射度描述了辐射沿辐射源表面位置的分布。但对于同一个位置，辐射沿不同的空间方向的分布也有不同。为了说明沿空间方向的分布，需要用到辐射强度的概念。

辐射强度描述了点源发射的辐射功率在空间不同方向上的分布特性。

若一个点源围绕某指定方向的小立体角 $\Delta\Omega$ 内发射的辐射功率为 ΔP，则二者之比的极限值定义为辐射源在该方向的辐射强度，用 I 表示。

$$I = \lim_{\Delta\Omega \to 0}\left(\frac{\Delta P}{\Delta \Omega}\right) = \frac{\partial P}{\partial \Omega} \tag{4-4}$$

由定义可以看出，辐射强度 I 就是点源在某方向上单位立体角内发射的辐射功率。其单位为瓦·球面度$^{-1}$。

4）辐亮度 L

辐射在空间方向上的分布情况，对于点源，可以用辐射强度来描述，而对于扩展源，则要使用辐亮度这个参数来描述。

要描述辐射源在 θ 方向上的辐射特性，可以取扩展源表面上某一位置 x 附近的一面积元 ΔA，该面积元向半球空间发射的辐射功率为 ΔP，若进一步在与面积元的法线夹角为 θ 的方向取一个小立体角元 $\Delta\Omega$，则从面积元 ΔA 向立体角元 $\Delta\Omega$ 发射的辐射功率为二阶小量 $\Delta(\Delta P) = \Delta^2 P$。因为在 θ 方向看到的面积是 ΔA 的投影面积 $\Delta A_\theta = \Delta A \cdot \cos\theta$，所以在 θ 方向的立体角元 $\Delta\Omega$ 内发射的辐射，相当于从源的投影面积 ΔA_θ 上发射的辐射。因此，在 θ 方向上观测到的源表面上位置 x 的辐亮度 L 就定义为

$$L = \lim_{\substack{\Delta A_\theta \to 0 \\ \Delta\Omega \to 0}} \frac{\Delta^2 P}{\Delta A_\theta \Delta\Omega} = \frac{\partial^2 P}{\partial A_\theta \partial \Omega} = \frac{\partial^2 P}{\partial A \partial \Omega \cos\theta} \tag{4-5}$$

该定义表明，在某方向的辐亮度就是扩展源在该方向上的单位投影面积向单位立体角发射的辐射功率，其单位为瓦·米$^{-2}$·球面度$^{-1}$。

5）辐照度 E

上面所讨论的四个基本辐射量，都是对辐射源来说的，描述的是发射的情况。在实际应用中，我们还需要有一个描述接收辐射的物理量，这就是辐照度。

辐照度就是被照物体表面单位面积上接收的辐射功率，以 E 表示为

$$E = \lim_{\Delta A \to 0}\left(\frac{\Delta P}{\Delta A}\right) = \frac{\partial P}{\partial A} \tag{4-6}$$

辐照度的单位为瓦/米^2。

这里要注意的是，虽然辐射出射度与辐照度的定义式相同，二者的单位也相同，但它们却有完全不同的物理意义。

辐射出射度描述的是离开辐射源表面的辐射功率的空间分布，它包括了辐射源向 2π 空间发射的辐射功率，而辐照度则是入射到被照表面不同位置上的辐射功率分布，它既可包括一个或几个辐射源投射来的辐射，也可以是来自指定方向上某一个立体角投射来的辐射。

现将基本辐射量的名称、符号、意义和单位统一列于表 4-1 中。

表 4-1 基本辐射量的名称、符号、意义和单位

名　称	符　号	意　义	定　义　式	单位（SI）
辐射能	Q	以电磁波的形式发射、传递或接收的能量		焦（耳）
辐射能密度	W	辐射场单位体积中的辐射能	$W = \dfrac{\partial Q}{\partial V}$	焦耳·米$^{-3}$

(续)

名 称	符 号	意 义	定 义 式	单位（SI）
辐射功率	P	单位时间内发射、传输或接收的辐射能	$P = \dfrac{\partial Q}{\partial t}$	瓦（特）
辐射出射度	M	源单位表面积向半球空间发射的辐射功率	$M = \dfrac{\partial P}{\partial A}$	瓦·米$^{-2}$
辐射强度	I	点源向某方向单位立体角发射的辐射功率	$I = \dfrac{\partial P}{\partial \Omega}$	瓦·球面度$^{-1}$
辐亮度	L	扩展源在某方向上单位投影面积和单位立体角内发射的辐射功率	$L = \dfrac{\partial^2 P}{\partial A_\theta \partial \Omega}$	瓦·米$^{-2}$·球面度$^{-1}$
辐照度	E	入射到单位接收表面积上的辐射功率	$E = \dfrac{\partial P}{\partial A}$	瓦·米$^{-2}$

2. 光谱辐射量和光子辐射量

前面介绍的五个基本辐射量，描述了辐射的空间分布特征，这些分布特征是针对总的辐射能量而言的，即它包含了波长从 $0 \sim \infty$ 的全部辐射，因此把它们叫作全辐射量。

但有时候，我们更加关心某一波长或某一波段的光辐射的分布情况。这时就需要了解辐射的光谱分布特征了。前面所介绍的几个基本辐射量均有相应的光谱辐射量。对应辐射功率有光谱辐射功率，对应辐射出射度有光谱出射度，对应辐射强度有光谱辐射强度等。

如果关心的是在某特定波长 λ 附近的辐射特性，则可在 λ 附近取一个小的波长间隔 $\Delta \lambda$，在该波长间隔内辐射量有一增量，于是，辐射增量与波长间隔之比的极限就定义为相应的光谱辐射量，并以带脚标 λ 的符号表示。

例如，光谱辐射功率为

$$P_\lambda = \lim_{\Delta \lambda \to 0} \left(\frac{\Delta P}{\Delta \lambda} \right) = \frac{\partial P}{\partial \lambda} \; (\mathrm{W} \cdot \mu\mathrm{m}^{-1}) \tag{4-7}$$

它表征了在波长 λ 处单位波长间隔内的辐射功率。

相应地，其他几个光谱辐射量如表 4-2 所示。

表 4-2 光谱辐射量和光子辐射量

名 称	符 号	意 义	定 义 式	单位（SI）
光谱辐射功率	P_λ	在指定波长 λ 处单位波长间隔的辐射功率	$P_\lambda = \dfrac{\partial P}{\partial \lambda}$	瓦·微米$^{-1}$
光谱辐射出射度	M_λ	在指定波长 λ 处单位波长间隔的辐射出射度	$M_\lambda = \dfrac{\partial M}{\partial \lambda}$	瓦·米$^{-2}$·微米$^{-1}$
光谱辐射强度	I_λ	在指定波长 λ 处单位波长间隔的辐射强度	$I_\lambda = \dfrac{\partial I}{\partial \lambda}$	瓦·球面度$^{-1}$·微米$^{-1}$
光谱辐亮度	L_λ	在指定波长 λ 处单位波长间隔的辐亮度	$L_\lambda = \dfrac{\partial L}{\partial \lambda}$	瓦·米$^{-2}$·球面度$^{-1}$·微米$^{-1}$

(续)

名　称	符号	意　义	定义式	单位（SI）
光谱辐照度	E_λ	在指定波长 λ 处单位波长间隔的辐照度	$E_\lambda=\dfrac{\partial E}{\partial \lambda}$	瓦·米$^{-2}$·微米$^{-1}$
光子辐射出射度	M_q	源单位表面积每秒向半球空间发射的光子数	$M_q=\dfrac{M}{h\nu}$	光子数·米$^{-2}$·秒$^{-1}$
光谱光子辐射出射度	$M_{q\lambda}$	在指定波长 λ 处单位波长间隔的光子辐射出射度	$M_{q\lambda}=\dfrac{\partial M_q}{\partial \lambda}$	光子数·米$^{-2}$·秒$^{-1}$·微米$^{-1}$

另外，在某些情况下，采用每秒发射（通过或接收）的光子数来定义各辐射量，称为光子辐射量，并以带脚标 q 的符号表示。例如，光子辐射出射度为

$$M_q=\frac{M}{h\nu}\text{（光子数·米}^{-2}\text{·秒}^{-1}\text{）} \tag{4-8}$$

式中：M 为 1s 发出的能量；$h\nu$ 为 1 个光子的能量；M_q 为 1s 发出的光子数。

3. 黑体、白体、透明体

辐射到某一物体上的总功率为 P_0，其中一部分会被吸收，一部分会被反射，还有一部分会穿透该物体。被吸收的部分记作 P_α，被反射的部分记作 P_ρ，穿透的部分记作 P_τ，则

$$P_\alpha+P_\rho+P_\tau=1 \tag{4-9}$$

两边除以 P_0，得

$$\frac{P_\alpha}{P_0}+\frac{P_\rho}{P_0}+\frac{P_\tau}{P_0}=1 \tag{4-10}$$

我们给式（4-10）中的各个部分取个名字。左边第一项比值称为物体的吸收率 α，第二项为物体的反射率 ρ，第三项称为物体的穿透率 τ，可见

$$\alpha+\rho+\tau=1 \tag{4-11}$$

若 $\alpha=1$，则 $\rho=0$，$\tau=0$，这就是说，所有落在物体上的辐射能完全被该物体吸收，这一类物体叫绝对黑体，简称黑体。

若 $\rho=1$，则 $\alpha=0$，$\tau=0$，这说明所有落在物体上的辐射能完全被反射出去。

如果反射的情况符合几何光学中的反射定律，则该反射体称为镜体；如果反射情况是漫反射，则该物体称为白体。

若 $\tau=1$，则 $\alpha=0$，$\rho=0$，这就是说，所有落在物体上的辐射能都将穿透过去，这一类物体称为绝对透明体。

自然界中没有绝对的黑体，也没有绝对的白体和绝对的透明体。

物体的吸收率、反射率和透过率的数值与物体的材料、表面状况、温度及辐射线的波长有关。例如，石英玻璃对于波长大于 4μm 的红外线来说是不透明的，但对于波长小于 4μm 的红外线则透过率很好。普通的窗玻璃则不然，它仅仅是可见光的透明体，几乎不让紫外线通过。

对吸收和反射来说也有上述情况。白色表面很好地反射可见光。但对红外线来说，具有重大影响的不是物体表面的颜色，而是表面的粗糙情况。不管什么情况，光滑表面的反射率要比粗糙面的反射率高几倍。

实验证明：任何物体，只要它的温度高于绝对零度（-273℃），都具有辐射电磁波的能力。在温度较低时，辐射能量小，当温度升高时，辐射能量也随之增大。当达到热平衡条件时，任何物体的辐射本领与吸收率之比对一定波长与一定温度而言是一个常数，而与物体种类无关。也就是说，当温度一定时，一个物体对于某一波长处的辐射功率吸收越多，它在该波长的辐射本领越强。由于黑体能够在任何温度下全部吸收任何波长的入射辐射能，因此，黑体也应有最大的辐射本领。通常可用人工的方法制造出绝对黑体，以便研究热辐射的一些规律。

4. 黑体辐射定律

黑体是一种理想的物体，它具有优良的特性，我们研究一般物体的热辐射规律，可以借助于对黑体的研究的结论来进行，首先我们来了解一下黑体辐射的几个基本定律。这些定律是整个热辐射理论的基础。

1）辐射定律

（1）普朗克辐射定律。

普朗克辐射定律用于计算黑体的光谱辐射出射度，即

$$M_\lambda(T) = \left(\frac{2\pi hc^2}{\lambda^5}\right)\left(\frac{1}{e^{hc/k\lambda T}-1}\right) \tag{4-12}$$

（2）维恩位移定律。

维恩位移定律描述了黑体辐射光谱曲线的峰值波长 λ_m 与黑体温度的关系，即

$$\lambda_m T = a \tag{4-13}$$

（3）斯特蕃-玻尔兹曼定律。

斯特蕃-玻尔兹曼定律指出了黑体的辐射出射度 M，即

$$M = \int_0^\infty M_\lambda d\lambda = \sigma T^4 \tag{4-14}$$

2）朗伯余弦定律

朗伯（Lambert）辐射体服从朗伯余弦定律：朗伯体单位表面积向空间规定方向单位立体角内发射（或反射）的辐射功率和该方向与表面法线方向的夹角 α 的余弦成正比。

按定义：$L_\alpha = L_0$

所以

$$\frac{I_\alpha}{dA\cos\alpha} = \frac{I_0}{dA}$$

所以

$$I_\alpha = I_0 \cos\alpha \tag{4-15}$$

3）基尔霍夫定律

基尔霍夫定律描述了非黑体的辐射与黑体辐射的关系，即

$$\frac{M'}{\alpha} = M \text{ 或 } \frac{M'}{M} = \alpha \tag{4-16}$$

4.2.3 红外辐射在大气中的传输

由辐射源发出的红外辐射,需经过在大气中的传输才能到达探测器并为其所接收。而大气的吸收和散射将使辐射在传输中受到衰减,由于散射的作用,还会产生非信号的附加辐射,使目标辐射对比度下降。可见辐射在大气中的传输情况对光电系统的探测性能有着直接的影响。

我们知道,组成地球大气的主要气体是氮气和氧气,刚好这两种气体对相当宽波长范围内的红外辐射没有吸收作用,但大气中的一些次要成分,如水蒸气和 CO_2 等对红外辐射的传播却有显著的影响,它们在红外波段中都分别有相当强的吸收带,使得红外辐射在大气中传输时受到它们的吸收作用而衰减,图 4-6 给出了在海平面从 $1\mu m$ 到 $15\mu m$ 的红外辐射通过 1 海里(1 海里 $\approx 1.852 km$)路程时的透射情况。

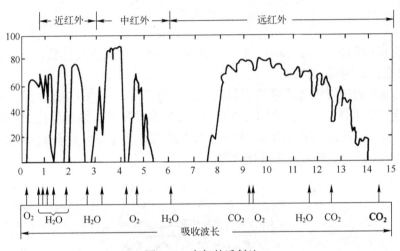

图 4-6 大气的透射比

从图 4-6 中可以看出,在 $15\mu m$ 以下,有 3 个具有高透射率的区域:① $0.4 \sim 1.3\mu m$ 的可见光至近红外窗口;② $3 \sim 5\mu m$ 的中红外窗口;③ $8 \sim 14\mu m$ 的远红外窗口。另外,还有一些小区域如 $1.60 \sim 1.75\mu m$、$2.10 \sim 2.40\mu m$ 等。这些区域的吸收率很小,相应波长辐射的"透明度"很高,称为"大气窗口",只有有效地利用这些窗口波段,才能使光电系统有效地工作。其中波长在 $3.4 \sim 4.2\mu m$ 透过红外线的能量最强,而喷气式发动机喷口辐射的红外线峰值波长就在这个范围内,因此,这个波段最早被红外制导系统所利用。在 $15\mu m$ 以上没有明显的大气窗口,因此,红外导引头的工作波长必须选择在 $15\mu m$ 以下。

红外线在大气中传输时,一部分辐射能量将被空气分子和悬浮微粒向四面八方散射而引起衰减。这种散射在低空较高空严重。在散射中,同样大小的气体分子,对波长较短的光线的散射比波长较长的光线的散射要强烈得多。当太阳光经过大气时,较短波长的紫光和蓝光散射强烈,使得天空呈现淡蓝色。

红外线在雨雪中传输时的衰减作用十分严重,所以红外制导系统一般只能在简单气象条件下使用。

4.2.4 目标红外辐射特性

飞机是目前空对空战术导弹的主要攻击目标。下面以喷气式飞机为例,介绍目标的红外辐射特性。

喷气式飞机有四种红外辐射源:①作为发动机燃烧室的热金属空腔(喷口辐射);②排出的热燃气(喷气流辐射);③飞机壳体表面的自身辐射(蒙皮辐射);④飞机表面反射的环境辐射,包括阳光、大气与地球的辐射。下面简要介绍前三种辐射的基本特性。

1. 喷口辐射

喷气式飞机的辐射主要是由尾喷管内腔的加热部分发出的,其辐射强度可以用下式表示:

$$J=\frac{\varepsilon\sigma T^4 A_d}{\pi} \qquad (4-17)$$

式中: $\sigma = 5.6697 \times 10^{-12}$ ($W \cdot cm^2 \cdot K^{-4}$),称为斯特蕃-玻尔兹曼常数; ε 为比辐射率; T 为喷口温度; A_d 为喷口面积。

图 4-7 是几种喷气式飞机喷口辐射的积分辐射强度,该图是在地面条件下,距飞机 1.5km 处测试所得的结果。由图可以看出,在后半球发动机轴两侧的 0°~40°范围内辐射比较集中。因此,采用探测喷口辐射工作原理的红外寻的制导导弹,对以上几种目标适合于从后半球一定角度范围内进行攻击。

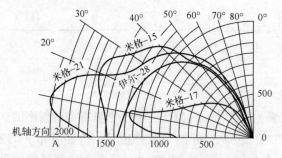

图 4-7 四种飞机积分辐射强度的平面分布图

计算表明,若喷口内腔温度 $T=500℃$,则喷口辐射会在 $3.74\mu m$ 的波长附近出现最大值。

2. 喷气流辐射

喷气式发动机工作时,尾喷口会排出大量的喷气流,对于从目标飞机的侧身和前半球攻击的红外导弹来说,是极重要的红外源。

喷气流由碳微粒、二氧化碳及水蒸气等组成,喷气流从喷口以 300~400m/s 的速度排出后迅速扩散,温度也随之降低。图 4-8 为美制波音 707 喷气发动机喷出气柱的等温线在有无加力时的变化情况。

喷气流辐射呈分子辐射特性,在与水蒸气及二氧化碳共振频率相应的波长附近呈较强的选择辐射。据测量,光谱分布主要集中在 $2.7\mu m$、$4.4\mu m$ 和 $6.5\mu m$ 附近,参见

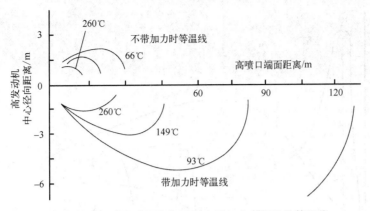

图 4-8 喷气式发动机在海平面有无加力时气柱的等温线

图 4-6。

3. 蒙皮辐射

在研究波长 $\lambda<5\mu m$ 的飞机红外辐射时,飞行马赫数 $Ma<2$ 时蒙皮的辐射不起重要作用。因而过去往往认为,蒙皮的红外辐射只有当 $Ma>2$,飞机蒙皮承受相当程度的气动加热的条件下才需要考虑它的红外辐射,其实这是一种片面的理解,未产生较严重气动加热的蒙皮会在 $8\sim14\mu m$ 波段内产生重要影响。

图 4-9 表示了一种装有喷气发动机驱动旋翼的直升机的各种红外辐射源 $3\sim5\mu m$ 和 $8\sim14\mu m$ 两个波段内辐射的比例。从图可见,在 $8\sim14\mu m$ 波段内蒙皮辐射占有压倒性的比例。众所周知,直升机几乎不存在气动加热问题。蒙皮辐射在 $8\sim14\mu m$ 内占这样大的比例的原因在于,一是蒙皮(以其温度为 300K 为例)辐射的峰值波长约为 $10\mu m$,正好处于 $8\sim14\mu m$ 波段范围内;二是此波段的宽度较宽,由此二原因,在 $8\sim14\mu m$ 内的黑体分数要比 $3\sim5\mu m$ 内的高 30 倍左右;三是飞机蒙皮的面积非常大,它的辐射面积比喷口面积大许多倍。上述三个原因使得蒙皮辐射在 $8\sim14\mu m$ 波段内占有极重要的地位。

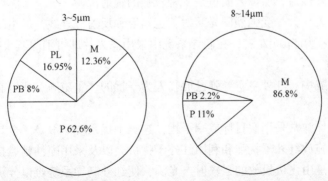

图 4-9 飞机蒙皮辐射($\theta=120°$,$\varphi=120°$)在两个波段内的比例
P—喷口;PL—喷气流;PB—喷管壁;M—蒙皮。

当然,在飞行速度较高而由气动加热导致的蒙皮增温较大时,它在中红外波段($3\sim5\mu m$)内也会有相当的辐射。图 4-10 给出了飞机的各种辐射波段分布情况。

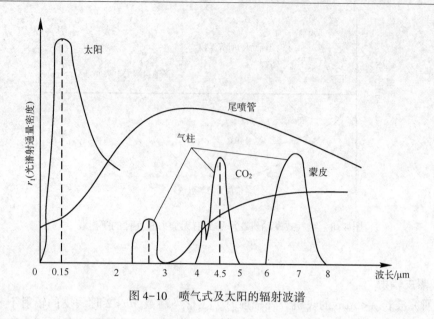

图 4-10 喷气式及太阳的辐射波谱

4.2.5 背景红外辐射与干扰

1. 背景辐射

飞机飞行背景是指空中能辐射红外线的自然辐射源，如太阳、云团和大气等。它们的辐射进入导弹的制导系统后，都会干扰系统的正常工作。

太阳是空中的一个强大辐射源，其峰值辐射波长约为 $0.45\mu m$（可见光）。它辐射出的能量约 90% 是在波长为 $0.15\sim0.4\mu m$ 的范围内。所以太阳对工作在近红外波段的红外寻的制导系统的正常工作影响较大，因此发射红外导弹时一定要偏离太阳一定的角度，即采取回避的办法，一般要求导弹发射时与太阳的夹角不小于 15°。

天空中的云团能反射太阳的辐射，同时，它吸收太阳辐射的热能而具有一定的温度，也会产生红外辐射，所以云团也是一种较强的辐射源。

在晴朗的白天，大气受强烈阳光照射，也辐射和反射红外线。但由于大气辐射波谱大部分能量集中在 $0.5\mu m$ 左右，在制导系统中采用滤光片即可消除其干扰。

2. 红外干扰

目前，在空战中，红外空空导弹已面临人为干扰的严重威胁，所以必须引起人们的重视。

飞机对红外导弹常采用假目标欺骗干扰，这类干扰系统一般是一个具有适当大功率的热源。例如，施放红外干扰弹和利用红外干扰机，以及采用喷油延燃技术。

红外干扰弹是由飞机投放的强辐射点光源，使红外制导系统难以分辨真假目标，它被广泛认为是一种比较可靠的干扰手段，如图 4-11 所示。

红外干扰机装置在飞机上，其中带有热源，例如强光氙灯或电弧灯等。它可发出类似飞机发动机喷口及其排气的峰值辐射范围的高强度辐射，并经一定的调制后（忽强忽弱），在某一视场范围内发射出去。为扩大干扰范围，还可进行一定的扫描。干扰机使导弹红外制导系统工作紊乱而不能保持可靠的跟踪，并最终偏离目标而脱靶。

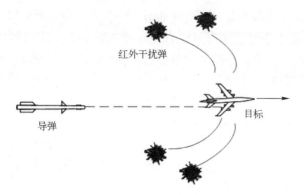

图 4-11 红外干扰弹

喷油延燃技术俗称"热砖",当飞机受红外导弹攻击时,突然在发动机喷口喷出一团燃油,延迟一段时间使其燃烧。由于燃烧时的辐射特性与飞机发动机及其排气的辐射相似,因此诱使导弹偏离真实目标,而被攻击机则可增速逃跑。

飞机对红外导弹的干扰,除上述措施外,人工施放烟幕或改变飞机自身的辐射特性也是常用的办法。

4.3 红外点源目标探测

红外探测系统的任务是接收目标的辐射能量,滤除背景和杂光辐射,并把目标辐射汇聚到探测器上,对目标的连续红外辐射进行调制,将其转变为含有方位信息的电信号,并对电信号进行预处理。以下就从各个组成部分来详细介绍红外探测系统。

4.3.1 红外光学系统

为了提高战术导弹的性能,要求红外导引头的光学系统应具备足够大的视场,在视场内光晕要小,在工作波段内能量传输损失要小,成像质量要好,结构紧凑,性能稳定。

红外导引头的光学系统有多种形式,但多采用折返式,因为这种形式占的轴向尺寸小。光学系统位于红外接收最前部,用来接收目标辐射的红外能量,并把接收到的能量在调制器或探测器上聚焦成一个足够小的像点。光学系统靠镜筒安装成一个整体,它一般由整流罩、主反射镜、次反射镜、支撑透镜等组成,如图 4-12 所示。

整流罩:一个半球形的同心球面透

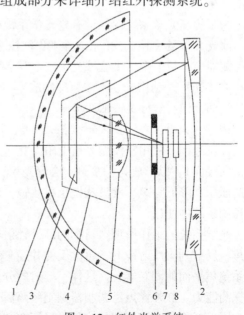

图 4-12 红外光学系统
1—整流罩;2—主反射镜;3—次反射镜;4—伞形光阑;
5—支撑透镜;6—光阑;7—调制盘;8—探测器

镜，为导弹的头部外壳，应有良好的空气动力特性，并能透射红外线。整流罩若由石英玻璃制成，则对 6μm 以下波长的红外线有较好的透射能力，这与喷气飞机发动机喷口辐射的红外波谱相对应。整流罩的工作条件恶劣，导弹高速飞行时，其外表面与空气摩擦产生高温，内表面因舱内冷却条件好，导致罩子内外温差较大，可能使其软化变形，甚至损坏。另外，高温罩子将辐射红外线，干扰光电转换器（探测器）的工作。因此，整流罩的结构必须合理，材料必须选择适当，加工要精密。

主反射镜：用于会聚光能，是光学系统的主镜。它一般为球面镜式抛物面镜。为了减小入射能的损失，其反射系数要大，为此镀有反射层（镀铝或锡），使成像时不产生色差，并对各波段反射作用相同。

次反射镜：位于反射镜的反射光路中，主反射镜会聚的红外光束，经次反射镜反射回来，大大缩短了光学系统的轴向尺寸。次反射镜是光学系统的次镜，一般为平面或球面镜，镀有反射层。

伞形光阑：一个表面涂黑的伞形金属罩，作用是防止目标以外的杂散光直接照射到探测器上。

支撑透镜：一个凸透镜，也称为校正透镜，用来校正形同像差（即光学系统的成像与理想像间的差），提高像质；另外，伞形光阑、次反射镜等零件通过支撑杆安装固定在支撑透镜上（即次透镜），起到了校正和支撑的双重作用。

光阑：一个中间开孔的圆盘，其作用也是限制杂光进入，提高像平面上的成像质量。

调制盘：位于系统的像平面上，对像点辐射进行调制作用。

探测器：系统的光电转换元件，把经过调制盘调制之后的像点热能信号转换为相应的电信号。

为了提高光学系统性能，有些光学系统还包含如下的组件。

滤光片（滤光镜）：用来滤除工作波段范围外的光，只使预定光谱范围的辐射光照在探测器上。目前多用吸收滤光镜（利用各种染料、塑料和光学材料的吸收性能制成）和干涉滤光片（利用光的干涉原理制成）。如锗滤光片把波长小于 1.8μm 的红外线吸收滤掉；两面镀有红外透光膜的宝石（Al_2O_3）干涉滤光片，对波长小于 2.2μm 的红外线，透过率为零，对波长大于 2.3μm 的红外线透过率为 90%。

浸没透镜：使用浸没型光敏电阻（把光敏电阻层黏合到一个半球或超半球的球面透镜的底面），以形成光学接触，会聚光束，提高光敏元件的接收立体角，减少光敏元件的面积，降低噪声。浸没透镜也称场镜，属于焦后光学系统，主要在采用调制盘的红外探测系统中使用。

光学系统的工作原理：目标的红外辐射透过整流罩照射到主反射镜上，经主反射镜聚焦、反射到次反射镜上，再次反射并经伞形光阑、校正透镜等进一步会聚，成像于光学系统焦平面的调制器上。这样，辐射的分散能量聚焦成能量集中的光点，增强了系统的探测能力。红外像点经调制器调制编码后变成调制信号，再经光电转换器转换成电信号，因目标像点在调制器的位置与目标在空间相对导引头光轴的位置相对应，所以调制信号可确定目标偏离导引头光轴的误差角。

为了讨论方便，用一个等效凸透镜来代表光学系统，二者的焦距相等，目标视线与

光轴的夹角用 $\Delta\varphi$ 表示，如图 4-13 所示。

当 $\Delta\varphi=0$ 时，目标像点落在 O 点；当 $\Delta\varphi\neq 0$ 时，目标像点 M 偏离 O 点，设距离偏差 $OM=\rho$，由于 $\Delta\varphi$ 很小，则 $\rho=f\tan\Delta\varphi\approx f\Delta\varphi$，即距离 ρ 表示误差 $\Delta\varphi$ 的大小。f 为光学系统的焦距。图 4-13 中，坐标 yOz 与 $y'O'z'$ 相差 180°，目标 M' 位置与 $O'z'$ 轴的夹角为 θ'，像点 M 与 Oz 轴的夹角为 θ（像点方位角），由图可得 $\theta=\theta'$。即像点 M 的方位角 θ 反映了目标偏离光轴的方位角 θ'。可见，光学系统焦平面上的目标像点 M 位置参数 ρ、θ 表示了目标 M' 偏离光轴的误差角 $\Delta\varphi$ 的大小和方位。

从图 4-13 还可以看到，导引头所观察的空间范围是受探测器尺寸限制的。如果放在焦平面上的探测器的直径为 d，则与光轴成 α 角范围内的光线均可聚焦到探测器上，比 α 角更大的光线落到探测器外面，如图 4-14 所示，这部分能量不能被系统所接收，因此 α 角就决定了这个系统所能观察到的有效空间范围大小，称 α 为光学系统的视角（也称瞬时视场）。因为探测器对称于光轴，所以光学系统全部视角为 2α，$2\alpha=2\arctan(d/2f')$。

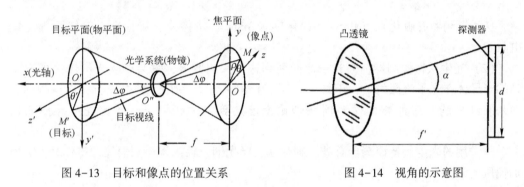

图 4-13 目标和像点的位置关系　　　图 4-14 视角的示意图

显然，视场角大，导引头观察空间范围就大，但视场角大，背景干扰就大，需要导引头的横向尺寸亦大，综合考虑，导引头的视场角不能设计得太大。

光学系统位于红外导引系统的最前端，由于导引系统后续环节的差异，不同型号的红外寻的制导导弹的光学系统在典型结构的基础上会有细微差别。

4.3.2 红外探测器及其制冷

红外探测器是红外制导导弹和机载红外光电设备实现探测、截获和跟踪功能的重要组件。它是获取目标信息的光电传感器。空空导弹探测和攻击的往往是远距离、高机动性的目标，因此要求光电传感器具备灵敏度高和快速响应的特点。空空导弹应根据攻击目标的辐射特性，考虑大气的辐射和吸收，选择合适的红外探测器类型。红外探测器组件一般由光敏芯片、杜瓦、制冷器、读出电路等组成。下面主要从光敏芯片和制冷器的角度介绍红外探测器。

1. 红外探测器

为了提供跟踪伺服机构和导弹制导系统需要的信号，须将光学系统接收到的目标辐射的连续的热能信号，转换成电信号。这种进行光电转换的器件称为红外探测器。红外探测器的质量优劣，对缩小导引头体积，减轻重量，增大导引头作用距离，都起着重要作用。

按红外探测器探测过程的物理属性，红外探测器分为热探测器和光子探测器两类。

热探测器是利用红外线的热效应引起探测器某一电学性质的变化来工作的，主要有热电探测器、热敏电阻、热电堆、气体探测器等。光子探测器是利用红外线中的光子流射到探测器上，与探测器材料（半导体）内部的电子作用后，引起探测器的电阻改变或产生光电电压，以此来探测红外线。光子探测器的响应时间短，探测效率高，响应波长有选择性。目前红外制导导弹使用的红外探测器都是光子探测器，下面提到的红外探测器也都是这一类型。

按照工作方式，红外探测器通常分为三种类型：

(1) 光电导探测器。当红外线中的光子流辐射到这类探测器上时，会激发出载流子，反映在电阻上使阻值降低，或者说使电导率增加。利用这种物理属性来探测红外线的探测器称为光电导探测器。由于光电导探测器的电阻对光线敏感，所以也称它为光敏电阻。

这类探测器有硫化铅（PbS）、锑化铟（InSb）、锗掺汞、锗掺金、锗掺铜等光敏电阻。

(2) 光生伏特探测器。当光子流照射到这类探测器上，它会产生光电压（即不均匀的半导体在光子流照射下，于某一部分产生电位差）。利用这种电压就可以探测到辐射来的红外线。这种类型探测器在理论上能达到最大探测率，要比光电导探测器大40%。

较常用的光生伏特探测器有硅、砷化铟、锑化铟、碲镉汞探测器等。工作时不需外加偏压。

(3) 光磁电探测器。光磁电探测器是由一薄片本征半导体材料和一块磁铁组成的。当入射光子使本征半导体表面产生电子、空穴对并面向内部扩散时，它们会被磁铁所产生的磁场分开而形成电动势，利用这个电动势就可以测出辐射的红外线。这类探测器的特点是不需要制冷，反应快（10^{-8}s），可响应到 $7\mu m$ 波长，不需要偏压，内阻低（小于 30Ω），噪声小，但探测率比前两种低。需要外加磁场，且光谱响应不与大气窗口对应，所以目前应用较少。

按照采用的材料分类，目前最常用的探测器有：

(1) 硫化铅（PbS）探测器。它是目前室温下灵敏度最高、应用最广泛的一种光导型探测器，是发展最早也是最成熟的红外探测器之一。它的探测率高，并能通过制冷、浸没等工艺进一步提高探测率。例如响尾蛇 AIM-9D 等导弹就是采用制冷硫化铅浸没探测器。较常用的方法之一是用低熔点玻璃把浸没透镜和有光敏层的石英基片黏合起来。但这种探测器只能在干冰温度（−78℃）以上使用。更低温时可能出现龟裂。若要求工作在更低温度，提高探测距离和抗背景干扰能力，则可将硫化铅薄膜直接沉淀到浸没透镜平面端，以减少中间介质的吸收和界面的反射，显著提高可靠性。制冷的结果使响应时间加长，这是缺点。一般要求响应时间在几十微秒至几百微秒。

(2) 锑化铟（InSb）探测器。InSb 是在 $3\sim 7\mu m$ 的大气窗口具有很高探测率的探测器。它有光伏型（77K）、光导型（室温与77K）及光磁电型（室温）。光伏型比光导型的探测率高，响应时间约 $1\mu s$。光伏型 InSb 已制成大面积的多元阵列。

(3) 碲镉汞（HgCdTe）探测器。HgCdTe 探测器是在 8~14μm 大气窗口具有很高探测率的重要探测器，有光伏型（77K）、光导型（77K）两种，调节碲镉汞材料中镉的分量，可以改变响应波长。目前已设计出响应在 0.8~40μm 波长范围内一切所需工作波段的探测器。碲镉汞探测器的噪声小、探测率高、响应快（光伏型 $\tau=1\mu s$、光导型 $\tau \approx 1\mu s$），适用于高速、高性能设备及探测阵列使用。

以上三种是常用器件，因为红外技术在飞跃发展中，目前已经出现和正在研制的有各种各样的探测器。在红外导引头中如何设计和选择探测器，一般考虑下述几点：①探测度 D^* 足够大；②光谱响应的峰值波长在大气窗口内；③时间常数小；④结构简单、体积小。

按照探测器的响应波段分类，红外探测器对应于红外传输的三个大气窗口，分为短波探测器、中波探测器和长波探测器，近年来还出现了工作不同波段的双波探测器和多光谱探测器件。

(1) 短波探测器。这类探测器光谱响应在 1~3μm 波段，对飞机尾喷口的高温辐射响应灵敏，而对飞机其他区域基本没有响应。所以，采用此类探测器的导弹只能探测目标机尾后 120°左右范围的红外辐射。二代之前的空空导弹大采用短波探测器。

(2) 中波探测器。这类探测器光谱响应在 3~5μm 波段，可探测飞机的尾气柱和蒙皮的红外辐射，从而可对目标机的全方位探测，广泛应用于空空导弹。三代之后的空空导弹几乎全部采用中波探测器件，如美国的 AIM-9L 采用中波锑化铟探测器，AIM-9X 采用中波碲镉汞探测器。

(3) 长波探测器。这类探测器光谱响应在 8~14μm 波段，对温度较低的近室温目标，长波探测器比中波探测器的探测效率高。长波探测器适用于对地面红外目标的探测，在空空导弹上至今还没有应用。

(4) 双波探测器。此类探测器工作在两个特定波段。用双波探测器可使系统具有光谱探测识别能力，从而提高抗复杂背景和人工干扰能力。如以色列的"怪蛇-5"红外成像格斗型导弹就采用了一种双波段凝视焦平面阵列导引头，从而具备很强的抗红外诱饵干扰能力、识别目标图像以及瞄准点选择能力。

2. 制冷器

红外探测器制冷到很低的温度下工作，不仅能够降低内部噪声，增大探测率，而且还会有较长的响应波长和较短的响应时间。为了改善探测器的性能，提高导引头的作用距离，目前各类红外导引头中的探测器都广泛采用了制冷系统。考虑到导弹的结构特点，要求冷却探测器的装置必须微型化。下面只简单介绍几种有代表性的制冷器。

1) 气体节流式制冷器

红外探测器中广泛使用的气体节流式制冷器，是一种微型制冷设备。根据焦耳-汤姆逊效应，当高压气体低于本身的转换温度并通过一个很小的孔节流膨胀变成低压气体时，节流后的气体温度就有显著的降低。再使节流后降温的气体返回来冷却进入的高压气体，高压气体就会在越来越低的温度下节流，不断进行这种过程，气体达到临界温度以后，一部分气体开始液化，获得低温。焦耳-汤姆逊液化结构如图 4-15 所示。

探测器的光敏元件装在称为杜瓦的双层真空密封容器内，高压气体通过分子筛滤去水汽与二氧化碳等杂质，然后送入装在杜瓦制冷室里的焦耳-汤姆逊微型液化器中

(图4-15（b））。高压气体流经细管并在顶端节流喷出，膨胀降温，制冷气体直接射向光敏元件背面，并沿有散热片的细管外壁排出（经逆流式热交换器）。膨胀后的低温气体与热交换器进行热交换并冷却高压进气，不断进行这个过程，一定时间后，高压进气温度逐渐下降，最终经节流膨胀后达液化温度。

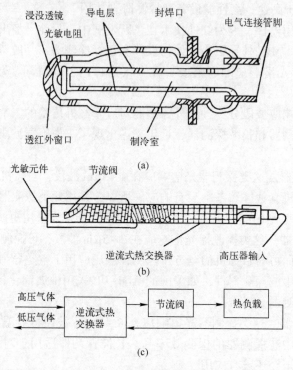

图4-15 一种气体节流式制冷器

探测器制冷后的工作温度取决于所用制冷剂所能达到的温度。目前红外探测器光敏材料广泛使用硫化铅与锑化铟，它们的理想工作温度为77K，所以制冷剂适用的气体仅有氮气（气化温度77.3K）和氩气（气化温度87.3K）。实际的制冷探测器，因做不到完全绝热，所以达不到这些制冷剂的气化温度。在实际工作中，也有采用二氧化碳（气化温度为194K）或压缩空气制冷的。

目前红外探测器广泛使用节流制冷，是因为它的结构简单，无运动部分，体积小，重量轻，冷却时间短，噪声小，使用方便。但事物都是一分为二的，它的缺点是效率低，工作需要很高的气压（高压气瓶），因为杂质易堵塞节流孔，所以对气体的纯度要求高。美国"响尾蛇"AIM-9D导弹，采用节流式制冷探测器，制冷气体的纯度为99.99%的氮气，气瓶压力大于200个大气压，工作波段为2.7~3.8μm。

2) 温差电制冷器

温差电制冷器利用珀尔帖效应实现制冷。1834年珀尔帖发现，当把两种不同的金属焊在一起通上直流电压时，随着电流的方向不同，焊接处的温度会上升（变热）或下降（制冷）。这就是物理学中的珀尔帖效应。一般导体的珀尔帖效应是不显著的。如果用两块N型和P型半导体做电偶对，就会产生十分显著的珀尔帖效应。这是因为外电场使N型半导体中的电子和P型半导体中的空穴都向接头处运动，它们在接头处复合，复合前的电子与空穴的动能与势能就变成接头处晶格的热振动能量，于是接头处就有能量释放出来（变热）。若改变电流方向，则电子与空穴就要离开接头，接头处就会产生电子空穴对，电子空穴的能量来自于晶格的热能，于是产生吸热效应（制冷）。冷端用来给探测器制冷，因此，温差电制冷器又称半导体制冷器。

美国的"响尾蛇"AIM-9E导弹即采用了温差制冷器，它的探测器光敏元件采用带有浸没透镜的硫化铅。制冷温差30~35℃（由常温20℃左右可下降至-10℃左右）。制冷后的探测器灵敏度比AIM-9B提高1.4倍。探测距离由AIM-9B的6.5km提高到12km左右。正常工作时与太阳夹角的限制也由大于20°减小为13°~15°。可见，温差电制冷使AIM-9E导弹性能有了显著提高。

温差电制冷器的优点是体积小、质量轻、冷却快、寿命长、可靠性高、制冷温度可调，缺点是需要低压大电流供电、制冷温度有限。为了得到更低的温度，必须把几个电偶对串联起来运用。目前，温差电制冷器基本已不再应用。

3) 斯特林制冷机

斯特林制冷机是利用逆向斯特林循环工作的制冷机。斯特林循环是由O. R. Stirling于1816年提出的，由两个等温过程和两个等容回热过程组成，最初用于热力发动机。19世纪60年代，A. KirK利用逆向斯特林循环进行制冷，获得成功。早期的斯特林制冷机主要为整体式结构，即制冷机冷指部分与压缩机在一起，采用曲柄连杆机构，振动大，寿命短，其典型产品的寿命为1000~2000h。20世纪70年代末，英国牛津大学成功研制出牛津型斯特林制冷机。由于采用了线性电机驱动方案、动态非接触密封等关键技术，制冷机的性能得到了突破性的提高。随后发展的分置式结构的斯特林制冷机，采用制冷机冷指部分与压缩机分开，中间金属软管连接的方案，解决了制冷机振动对探测器的影响，同时由于采用更为先进的线性电机技术及间隙密封技术，制冷机产品的寿命也延长至3000~4000h。

与开式节流制冷技术相比，斯特林制冷技术最大的优点是去掉了高压供气系统。20世纪后期，斯特林制冷系统实现了微型化、寿命长、可靠性高及维护简单后，在军事装备得到了广泛的应用。20世纪90年代末，斯特林制冷机已开始应用于美国的AIM-9X空空导弹。国内斯特林制冷机在技术性能和可靠性方面与国际水平相比仍有一定差距，但近年来进步很快，制冷机存在的寿命问题、密封性与自润滑问题、振动问题、电磁干扰问题等目前已经基本解决，并且已经成功应用于机载光电设备，下一步重点是系统优化和小型化研究。

无论哪种制冷器都配有杜瓦，杜瓦为制冷器提供一个相对绝热的空间，为探测器的正常工作提供必要条件，其结构与暖水瓶相似，主要由外壳和芯柱（冷指）组成，芯柱配接制冷器。外壳和芯柱可采用不同材料或者相同材料制成：均选用玻璃材料的称为玻璃杜瓦；选用玻璃和金属材料的称为玻璃金属复合杜瓦；均选用金属材料的称为金属杜瓦。杜瓦瓶具有高气密性、低热负载和高可靠性的特点。

4.3.3 红外调制盘

经光学系统聚焦后的目标像点是强度随时间不变的热能信号，如直接进行光电转换，得到的电信号只能表明导引头视场内有目标存在，无法判定其方位。为此，必须在光电转换前对它进行调制,即把接收的恒定的辐射能变换为随时间变化的辐射能,并使其某些特征(幅度、频率、相位等)随目标在空间的方位而变化,调制后的辐射能经光电转换为交流电信号,便于放大处理,这个过程称为红外调制。扫描/调制器是完成红外调制的关键部件,调制盘是比较典型的扫描/调制器,在红外空空导弹上有着广泛的应用。调制盘的式样繁多,图案各异。但基本上都是在一种合适的透明基片上用照相、光刻、腐蚀方法制成特定图案。按调制方式,调制盘可分调幅式、调频式、调相式、调宽式和脉冲编码式。下面以一种常用的调制盘为例来讨论。

1. 位置编码

调制盘的花纹图案形式繁多,但基本原理是类似的,为了分析问题方便,我们以一种简单、典型的图案(图 4-16)来说明。

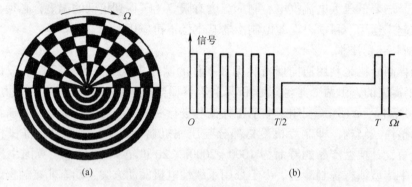

图 4-16 一种简单调制盘及调制脉冲

图 4-16 (a) 中上半圆是调制区,分成 12 个等分的扇形区,黑白区相互交替;下半圆是半透明区(也称半透区),只能使 50% 的红外辐射能量通过。在上半圆调制区内是黑白相间的辐射状扇形花纹,白条纹区的透过率 $\tau=1$,黑条纹区的透过率 $\tau=0$。这样,对大面积背景来说,上、下半圆的平均透过率都是 1/2,产生相同幅度的直流电平,便于滤除。

调制盘放在光学系统的焦平面上,调制盘中心与光轴重合,整个调制盘可以绕光轴匀角速度旋转。调制盘后配置场镜,把辐射再次聚到探测器上。当导弹与目标的距离大于 500m 时,目标辐射的红外线可以认为是平行光束射到光学系统上的。光学系统把它聚成很小的像点,落在调制盘上,当目标在正前方时,落在调制盘中心的像点直径 0.25~0.28mm。当目标偏离导引头光轴时,像点落在调制盘的扇形格子半圆上,由于调制盘的旋转,目标像点时而透过调制盘,时而不透过调制盘,所以目标像点被调制成断续相同的 6 个脉冲信号。脉冲的形状由像点大小和黑白纹格的宽度之比决定。若搜索跟踪系统对脉冲形状有要求,可根据像点大小设计黑白纹格的宽度。假设像点大小比黑白扇形宽度小得多,则产生矩形脉冲。当目标像点落在黑白线条的下半圆上时,目标像点占有的黑、白线条数目几乎相等,此时,目标辐射不被调制,而通过的热辐射通量为落在此半盘上的 50%。这样就形成了图 4-16 (b) 所示的信号,该信号经光敏元件后便转换为相应的电脉冲信号。

调制盘是用来鉴别目标偏离导弹光轴位置的。由于导弹和目标都是空间运动物体,因此，目标像点可以出现在调制盘上的任意位置，下面分析像点落在调制盘上不同位置时（图4-17）所产生的脉冲序列的形状如图4-18所示。

(1) 当目标位于光轴上时，失调角 $\Delta q_1 = 0$，像点落在调制盘中心，如图4-17中位置"1"。调制盘旋转一周后，由于调制盘两半盘的平均透过率相等，光敏电阻输出一个常值电流信号，如图4-18(a)所示。此信号送入放大器要经过一个电容耦合，由于电容隔直流的作用，故信号输出 u'_{F1} 为零，误差信号 $u_{\Delta 1}$ 为零。上述结果是自然的，因为目标在光学系统轴上，输出电压也应该为零。

(2) 目标像点落在调制盘上位置"2"时，失调角为 Δq_2，偏离调制盘中心的距离为 $\Delta \rho_2$，由于此处扇形格子弧长较小，因此目标像点大于一个格子，即像点不能全部透过白色格子，也不能全部被黑格子所挡住，调制盘转动一周后所获得的脉冲信号幅度值较小，如图4-18(b)所示。此信号经耦合电容滤去直流分量后输出信号为 u'_{F2}，并由电子线路处理放大，检波之后得到误差信号 $u_{\Delta 2}$，其幅度值与目标偏差角 Δq_2 成正比。$u_{\Delta 2}$ 是随时间变化的，可用下式表示：

$$u_{\Delta 2} = k\Delta q_2 \sin 2\pi f_b t = U_{m2}\sin\Omega t \tag{4-18}$$

式中：k 是比例系数；$\Omega = 2\pi f_b$ 为调制盘旋转的角速度。

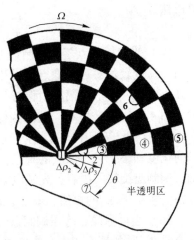

图4-17 目标偏差不同时的像点位置

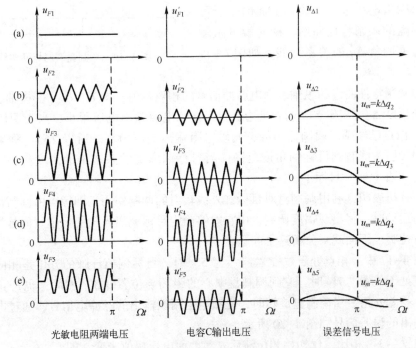

图4-18 像点在调制盘上不同位置输出电信号的波形

(3) 当目标像点落在调制盘上的位置"3"时,像点大小刚好等于一个格子。调制盘旋转一周后,获得的电脉冲幅度值最大,如图4-18(c)所示。放大器输出的误差信号电压 $u_{\Delta 3}$ 为

$$u_{\Delta 3} = k\Delta q_3 \sin 2\pi f_b t = U_{m3} \sin \Omega t \tag{4-19}$$

(4) 当目标像点落在调制盘上的位置"4"时,此时脉冲信号幅度值也为最大。但是由于弧度较长,目标像点透过和被挡住的时间也比较长,所以电脉冲信号的前后沿变得陡直些,并且最大幅度值保持一定时间。调制盘旋转一周后,光敏电阻上获得的电信号如图4-18(d)所示。此时获得的误差电压 $u_{\Delta 4} = u_{\Delta 3}$。

(5) 当像点落在调制盘上的位置"5"时,此处的特点是格子的弧度更长了,但格子的宽度却小于目标像点的直径,因此,电脉冲的幅度开始减小,而脉冲信号的宽度增加。调制盘旋转一周后,光敏电阻上获得的电信号如图4-18(e)所示。此时误差信号的幅值将小于 $u_{\Delta 4}$ 的幅值,即 $u_{m5} < u_{m4}$。

(6) 当目标像点落在调制盘上的位置"6"时,透过的热辐射通量始终为50%,即与位置"1"的情况相同,光敏电阻输出的直流信号经耦合电容后为零。因目标机动,偏差信号在不断变化,像点不可能始终位于位置"6"。

从上面的分析可以看出,当像点落在调制盘中心位置及其附近时,光敏电阻的输出电压接近零,在调制盘中心附近的小范围内对热辐射实际上没有进行调制,这一区域称为"盲区"。当目标像点偏离调制盘中心后,光敏电阻输出的电压随着偏差值的增大而增大,当像点全部落在透明区时,调制度最大,光敏电阻输出电压最大。通过上面的分析可作出调制盘的调制特性曲线,即光敏电阻输出电压与失调角 Δq 的关系曲线,如图4-19所示。

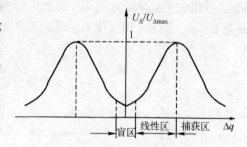

图 4-19 调制盘调制特性曲线

图中调制特性曲线的纵轴表示电脉冲信号的相对幅值,即 $U_\Delta / U_{\Delta max}$,横轴表示目标偏离光轴角度 Δq。当像点在调制盘边缘时,光敏电阻输出电压很小,当失调信号 $\Delta q = \Delta q_{max}$ 时,像点已经越出调制盘边缘,光敏电阻输出电压为零。所以 $2\Delta q_{max}$ 称导引头视场角,即导引头能看到目标的角度范围。当目标偏离光学系统轴的角度超过 Δq_{max} 时,导引头就"看不到"目标了。

上面分析表明,利用调制盘对目标红外线辐射的调制作用,即像点由调制盘中心向外作径向运动时,将出现幅度调制,由它能够确定目标偏离光轴的大小。但是如何确定目标的方位呢?下面就来分析这个问题。

在图4-17中,相点处于位置"1"~"5"时,目标偏离导弹的方位是相同的。当目标像点处于位置"7"时,它到调制盘中心的距离与位置"3"相同,也是 ρ_3,但是方位角上相差 θ 角。当调制盘旋转时,光敏电阻两端输出的脉冲电信号,通过电子线路处理后输出的误差信号如图4-20所示。

与位置"3"相比,仅初始相位滞后 θ 角,而电压幅值未变,即

$$u_{\Delta 7} = k\Delta q_7 \sin(\Omega t - \theta) = k\Delta q_3 \sin(\Omega t - \theta) \tag{4-20}$$

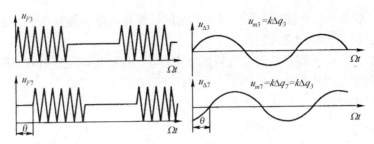

图 4-20　像点在调制盘上不同位置时的输出电信号波形

考虑到 $u_{\Delta 3}=k\Delta q_3\sin\Omega t$。故可看出，误差的相位能反映目标偏离导引头光轴的方位。因此，可以得出以下结论：误差信号电压振幅值的大小可反映目标偏离导引头光轴的角度 Δq 的大小，误差信号的初始相位反映了目标偏离导引头的方位。因此，将误差信号的初始相位与水平基准信号相比较，可得方位误差信号，与垂直基准信号相比较就可以得到俯仰误差信号。利用这些误差信号就可以驱动系统，使红外跟踪系统自动对准目标，实现自动跟踪。

2. 空间滤波

红外制导导弹跟踪的目标往往是在各种背景辐射下存在的，而背景中的辐射源的红外辐射可能会对目标的探测造成干扰。调制盘具备对背景空间中类似云团、水面等大张角背景辐射的抑制作用，这叫作空间滤波。

如图 4-21 所示，由于云团的面积很大，其在调制盘上成的像就是一块大的像斑，其面积远远大于目标像点的面积，大的面积对应光学系统中大的张角，因而叫做大张角目标。大张角目标像斑落在调制盘的调制区时，由于调制区是由黑白扇形条间隔排列组成的，因而像斑就被这些扇形条切分成多个黑色和白色的小块；由于像斑面积大，其切分的黑白小块较多，可以认为黑色块的总面积与白色块的总面积大致相等，从而，像斑透过调制盘的能量约占其总能量的 1/2。当调制盘转动时，黑色总面积和白色总面积会发生一定的波动，但变化不大，透过调制盘的能量也在总能量的 1/2 左右波动，如图 4-21 中右边波形图的第一个 $T/2$ 周期所示。而当调制盘的半透区扫过像斑时，其透过的能量就维持在 1/2 不变，如图 4-21 中右边波形的第二个 $T/2$ 周期所示。这样，在调制盘完整的一个旋转周期中，大张角背景辐射对应的输出信号幅值就是其总能量的

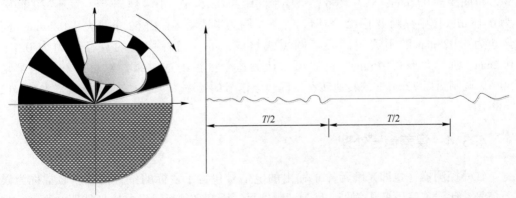

图 4-21　调制盘的空间滤波作用

1/2 的幅值，基本是一个直流信号，经过后续信号处理电路的隔直作用，这个背景辐射就被滤除了，起到了空间滤波的作用。

在上面的例子中，假设背景云团的张角比较大，得出了调制盘具有空间滤波作用的结论，但当背景云团的张角不是很大，并且位于调制盘的边缘时，如图 4-22 中的 A 云团，则其经过调制盘后，仍然可能输出比较大的调制信号。

为了增强调制盘的空间滤波能力，我们对调制盘的径向也进行切分，如图 4-22 中左半区所示。这样，即使对于位于调制盘边缘位置的中等张角 B 背景云团，其像斑也能得到比较均匀的切分，从而其对应的输出信号基本为直流信号，可以简单地被滤除。

空间滤波的具体效果如何，与黑白扇形格子对背景像斑的切分均匀性有关，为了提高黑白格子的切分均匀性，提出了"等面积原则"，即要求所有的黑白格子面积相等。为了达到这个目的，就要求越靠近调制盘的外部边缘，其径向尺寸就应该越小。如图 4-23 所示为"响尾蛇"空空导弹真实的调制盘图形，它就是根据上面所说的原则设计的。

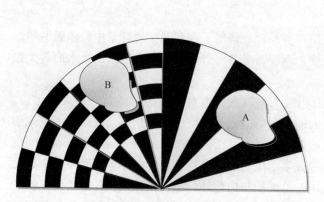

图 4-22 调制盘的径向切分

图 4-23 "响尾蛇"空空导弹调制盘图案

这是一个放大图，其实际直径为 6.3mm。上半圆为调制区，分成 12 个等分的扇形区，中心扇形区的半径为 1.1mm，边缘个环带分成 3 组。从内层环带算起，1~4 环带，每环带间距为 0.2mm；5~9 环带，每环带间距为 0.15mm；10~14 环带，每环带的间距为 0.1mm（图中只画出了 12 个环带）。下半圆为半透明区，由 62 条宽为 0.025mm，间距也为 0.025mm 的不透明同心半圆黑线组成，因为目标像点的直径大约为 0.1~0.2mm，远远大于 0.025mm，所以可以认为这个区域的透过系数对目标和背景都是 50%。调制盘以 72rad/s 的转速转动，即包络信号的频率为 72Hz，而载波频率为 72×12=864Hz。

4.3.4 误差信号处理

红外探测器（也即光敏元件）输出的电信号包含了目标的位置信息，通常称为误差信号。此误差信号极其微弱，且为调制信号，因此必须经过误差信号处理电路进行放大、解调等处理以后，方可形成控制陀螺跟踪目标的进动电流及输给自动驾驶仪的控制信号以操纵导弹飞行。

1. 误差信号处理电路的功用

（1）对目标误差信号进行电压放大和电流放大。
（2）对误差信号作解调变换。
（3）使导引头跟踪系统的工作不受导弹与目标间距离变化的影响。
（4）导引头捕获目标时，给射手或载机飞行员提供音响信号。
（5）使导弹在未发射前陀螺转子轴与弹轴相重合。

2. 导引头误差信号处理电路的形式

误差信号处理电路的形式取决于调制信号的形式。例如，调幅式调制盘给出的是调幅信号，误差信号处理电路采用调幅信号处理电路，由检波器取出包络信号作为有用信号；如果是调频信号，则采用鉴频器提取有用信号；对于调宽、调相误差信号，则采用鉴宽、鉴相电路进行处理。

图4-24为某型空空导弹红外导引头调幅式误差信号处理电路的方框图，主要由光敏电阻、前置放大器、选频放大器、滤波器、检波器、功率放大器、自动增益控制电路等部分组成。

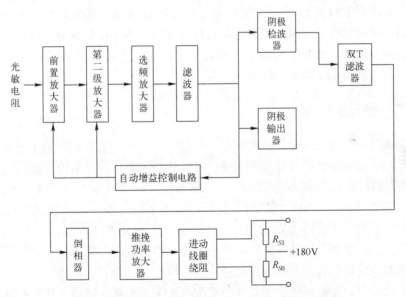

图4-24　某型空空导弹红外导引头误差信号处理电路

其中，前置放大器是信息处理电路中的关键部件。前置放大器的设计核心技术是如何达到最高的信噪比。因此，前置放大器设计的主要问题是如何降低其噪声系数，以使红外探测器的噪声成为系统的极限噪声。红外探测器的灵敏度与其偏置有关，最佳偏置的探测器有着最高的灵敏度，因此前置放大器设计的另一问题是如何使探测器具有最佳的偏置。此外，为了提高信噪比还需抑制干扰，需要采用滤波、屏蔽等措施。

自动增益控制电路的作用是消除目标辐射能量变化对方位探测的影响。当导弹距离目标较远时，接收到的目标能量较小，而随着导弹不断接近目标，其接收到的目标辐射越来越强。如果没有增益自动控制电路，则同一个角度误差的目标信号幅值会越来越大，从而导致后续信号处理电路无法区分到底是由于目标不断接近引起的，还是由于目标失调角增大引起的。自动增益控制电路根据接收到的目标辐射总能量来自动调节放大电路增益，当目标距离较远、辐射能量较弱时，增大电路增益；而当目标不断接近、辐射能量不断增强时，逐渐减小放大电路的增益，使得目标距离变化引起的输出信号变化影响降到最低。早期红外系统多采用变跨导的放大器，虽然方法简单但是控制范围小（单级控制能力在30dB左右），一般采用多级控制。现代红外系统多采用可控阻抗元件（如结型场效应管等）与集成运算放大器构成的增益受控放大器，主要优点是控制范围大，单级控制能力可达70dB以上，且信号失真小。

二极管包络检波器在早期红外导引系统中得到普遍应用，其优点是电路结构简单，缺点是线性度差、输出阻抗高。现代红外导引系统多采用集成运放半波或全波线性检波器，其检波特性显著改善，不但能对毫伏级的小信号进行检波，而且具有输出阻抗低的优点。

误差信号提取电路常用的滤波器有低通滤波器、带阻滤波器、带通滤波器等。带通滤波器与低通滤波器主要用于滤除包络信号的谐波分量；带阻滤波器用于抑制包络信号的二次谐波信号或载波信号，常采用无源双T带阻滤波器，也有采用二阶有源带阻滤波器的。当采用半波检波器时，通常采用低通滤波器与双T带阻滤波器的组合形式，带阻滤波器用于抑制载波分量；当采用全波检波器时，多采用带通滤波器与二阶有源带阻滤波器的组合形式。因为二阶带通滤波器较一阶低通滤波器对载波有更好的滤波性能，所以带阻滤波器用于抑制二次谐波信号。

4.3.5 多元探测器

多元探测器的功能和调制盘是相同的，都是用来实现对目标辐射能量的红外调制，所不同的是：采用调制盘的红外探测系统，其红外探测器是一元结构，而采用多元探测器的探测系统红外探测器是多元结构，典型的是使用两个或者四个条形探测元构成L形或"十"字形排列。采用多元探测器的红外探测系统克服了调制盘式探测系统输出信息量太少、抗人工干扰能力弱的缺点，还具有能量利用效率高的特点。下面以L形二元探测器为例介绍多元探测器的红外调制过程，为了描述方便，我们把采用二元探测器的红外探测系统简称为二元探测系统。

与调制盘式探测系统相同，二元探测系统的光学系统是旋转的，其基本原理是：在光学系统旋转的过程中，使目标像点旋转并对探测器进行扫描，产生电脉冲形式的探测信号，同时随光学系统一起旋转的永久磁铁在基准线圈感应产生基准信号，利用探测信号与基准信号的相位关系表征目标的方位信息，从而完成红外调制的过程。后续的信号处理电路从探测信号与基准信号的相位中提取目标方位误差信号。

1. 目标像点的旋转

如图4-25所示，L形二元探测器的两个光敏元件互成90°角布置，位置位于光学系统焦平面上，两个光敏元件轴线的交点，即探测器中心O，正好处在光学系

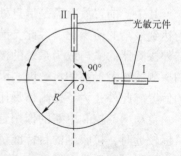

图4-25 二元探测器

统的光轴上。目标像点在焦平面上旋转,从而对探测器进行扫描,这是二元探测器实现方位探测的前提。通过目标像点的旋转,二元探测器对目标热辐射进行时间脉冲调制。

如图 4-26 所示,二元探测系统的光学系统的次反射镜与光学系统光轴倾斜一个 φ 角,当光学系统工作时,次反射镜光轴扫过的是一个圆锥角,经校正透镜聚焦后的目标像点,在焦平面上的运动轨迹是一个圆。二元探测器正处在焦平面上,所以扫过二元探测器的目标像点也是一个圆。这个目标像点扫描圆的圆心为 O',半径为 R。半径 R 与平面倾斜反射镜的倾斜角 φ 成比例,即 $R=f(\varphi)$,而 φ 角是固定不变的,所以,不管在什么情况下,目标像点扫描圆的半径 R 都是一定的。

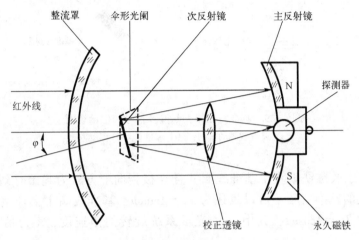

图 4-26 二元探测系统的光学系统

2. 探测信号的产生

如图 4-27 所示,当目标像点在扫过探测器光敏元件时,完成了光电转换,光敏元件输出一个电脉冲形式的探测信号。

探测信号的产生如图 4-28 所示,目标像点在扫过光敏元件的过程中,在像点进入光敏元件时,随着像点压住光敏元件的面积增大,电压逐渐增大,直到整个像点全部压在光敏元件上时,电压值达到最大。当像点离开光敏元件时,随着像点压住光敏元件的面积减小,电压逐渐减小,直到整个像点全部离开光敏元件,电压值减小到零。这样便输出了一个电脉冲信号,送往信号处理电路。

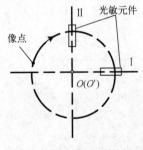 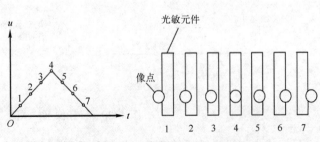

图 4-27 像点旋转 　　　　　图 4-28 探测信号形成示意图
　　　　扫描光敏元件

3. 基准信号的产生

如图 4-26 所示,二元探测系统光学系统的球面反射镜后方安装了一个永久磁铁,在导引头位标器的外侧,按照与探测器两个光敏元件对应,互成 90°角布置了两个相同的基准线圈(Ⅰ、Ⅱ),当永久磁铁随着光学系统一起旋转时,由永久磁铁和基准线圈的电磁感应产生正弦波形的基准信号,作为探测器输出脉冲信号相位鉴别的基准,如图 4-29 所示。

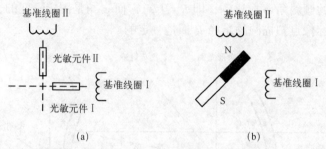

图 4-29 基准线圈排列与基准信号产生示意图
(a) 基准线圈的排列;(b) 基准信号产生示意。

如果定义永久磁铁垂直于基准线圈Ⅱ且 N 极指向上方时为起始时刻,那么基准线圈Ⅱ上产生的基准信号Ⅰ可以表述为 $J_{\mathrm{II}} = A\sin\omega t$,基准线圈Ⅰ上产生的基准信号Ⅱ可以表述为 $J_{\mathrm{I}} = A\cos\omega t$,其中 ω 为光学系统旋转的角速度,A 为信号幅度的最大值。

4. 调制过程

1) 当目标在位标器光轴上时

目标处在光学系统的光轴上,目标像点扫描圆的圆心 O' 与位标器探测器中心 O 是重合的,如图 4-30(a)所示。

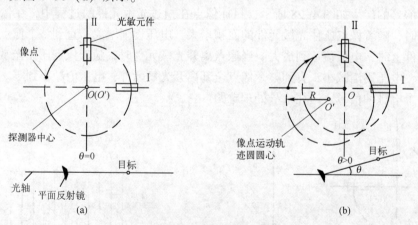

图 4-30 目标像点扫描图

目标像点扫过光敏元件Ⅱ和光敏元件Ⅰ的时间间隔为旋转周期(T)的 1/4。两个光敏元件产生的探测信号与对应的基准信号无相位差,所以探测信号不含有脉位调制信息,无信号输出,如图 4-31 所示。

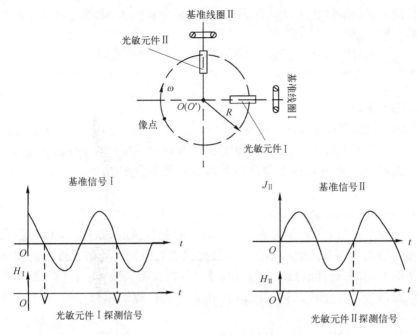

图 4-31　脉冲调制原理（无偏差量）

2）当目标偏离位标器光轴时

目标偏离位标器光学系统的光轴，目标像点扫描圆的圆心 O' 与位标器探测器中心 O 不重合，产生偏离误差，分解成相互垂直的两个通道的偏差量——e_1（Ⅰ通道）和 e_2（Ⅱ通道）。目标像点扫过光敏元件Ⅱ和光敏元件Ⅰ的时间间隔不等于旋转周期的 1/4。两个通道的光敏元件上产生的探测信号与对应的基准信号产生相位差。

从图 4-32 中可以看出，当目标偏离位标器光轴时，偏差量 e_1 与 e_2 分别与脉冲信号相位角 φ_1 与 φ_2 的余弦和正弦函数成比例关系。

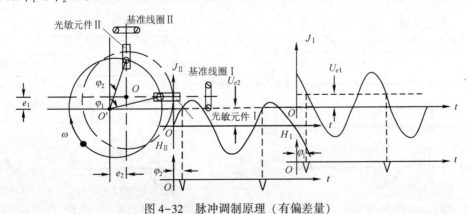

图 4-32　脉冲调制原理（有偏差量）

当目标像点扫描圆半径为 R 时，有

$$e_1 = R\cos\varphi_1$$
$$e_2 = R\sin\varphi_2$$

(4-21)

由于两个通道光敏元件输出的探测信号包含着脉位信息，所以该信号经过两个通道的光敏元件信号处理组件处理后输出的电压信号也与相位角 φ_1 和 φ_2 的余弦和正弦函数成比例关系，即

$$U_{e_1} \propto \cos\varphi_1$$
$$U_{e_2} \propto \sin\varphi_2$$
(4-22)

5. 误差信号的形成

探测器两个通道光敏元件输出的探测信号是一个微弱的电压信号，必须经过信号处理电路进行放大与相位解调等处理后，形成能够反映出目标相对于导弹在空间方位的误差信号。下面对目标处在光轴上和目标偏离位标器光轴时几种情况的误差信号作一分析。

1) 当目标在位标器光轴上时

目标处在位标器光学系统的光轴上，目标像点扫描圆的圆心 O' 与位标器探测器几何中心 O 是重合的，即偏差量 $e_1 = e_2 = 0$。目标像点扫过两个光敏元件的时间间隔等于陀螺转周期的 1/4。目标像点扫过光敏元件 I 产生的探测信号，输往信号处理电路处理形成俯仰误差信号；目标像点扫过光敏元件 II 产生的探测信号经处理形成偏航误差信号。

光敏元件 I 输出的探测信号首先送到脉冲放大器中进行放大，以免因为电脉冲信号的微弱而出现丢失目标现象。经放大后的探测信号进入转换脉冲形成电路，形成一个脉冲宽度为 1/2 基准电压信号周期（T）的矩形转换脉冲，如图 4-33 所示。

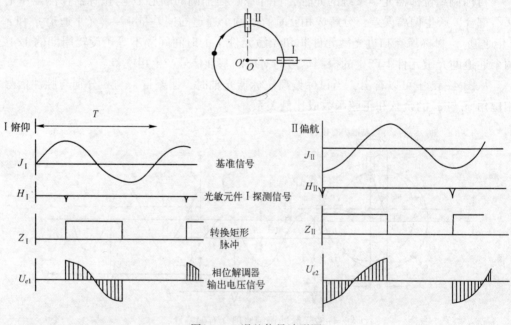

图 4-33 误差信号波形图

矩形转换脉冲输入相位解调器，同时基准电压信号也输入相位解调器。在相位解调器内矩形转换脉冲和基准电压线圈产生的基准电压信号 J_1 进行相位比较变换，而得到一个对称的信号，即信号的波形是对称的，正半周幅值与负半周幅值的绝对值相等。这

一信号的变化规律与基准电压信号波形变化规律一致,而且无相位差,其相位角 $\varphi_1 = 90°$。

如前所述,在相位解调器输入端输入的基准信号为 $J_I = A\cos\omega t$,与输入的矩形转换脉冲相位合成电压信号值为

$$U_{e_1} = kA\cos\omega t_1 \tag{4-23}$$

式中:k 为系数;t_1 为光敏元件 I 探测信号出现时刻。

可见目标在位标器光轴上时,显然 $\omega t_1 = \varphi_1 = 90°$,所以 $U_{e_1} = 0$,信号处理电路俯仰误差信号电压为零,正好说明目标在俯仰方向上无偏差。导弹认为在俯仰方向目标处于中心,不形成在俯仰方向控制位标器跟踪和导弹飞行的信号,不对导弹进行俯仰方向的跟踪和飞行控制。

光敏元件 II 输出的探测信号按照同样的方法处理,但信号在相位上相差 90°,即相位角 $\varphi_2 = 0°$。在相位解调器输入端输入的基准信号为 $J_{II} = A\sin\omega t$,与输入的矩形转换脉冲相位合成电压信号值为

$$U_{e_2} = kA\sin\omega t_2 \tag{4-24}$$

式中:k 的含义与式(4-23)中相同;t_2 为光敏元件 II 探测信号出现的时刻。

显然目标在位标器光轴上时,$\omega t_2 = \varphi_2 = 0°$,所以 $U_{e_2} = 0$。可见目标在位标器光轴上时,信号处理电路也没有偏航误差信号电压输出,也就是说导弹跟踪以及控制系统不形成在偏航方向控制位标器跟踪和导弹飞行的信号,不对导弹进行偏航方向的跟踪和飞行控制。

2)当目标偏离位标器光轴时

目标偏离位标器光轴(以目标处在位标器光轴左下方为例,此时像点偏向右上方)时,目标像点的扫描圆的圆心 O' 与位标器探测器几何中心 O 不重合,其偏差量 e_1 与 e_2 均不为 0。如图 4-34 所示。

目标像点扫过两个光敏元件的时间间隔不等于旋转周期的 1/4,光敏元件产生的探测信号与基准信号出现了相位差。从图中明显看出探测信号的相位角 φ_1 和 φ_2 都不为 0,位标器两个通道上的偏差量如式(4-23)、式(4-24)所示。

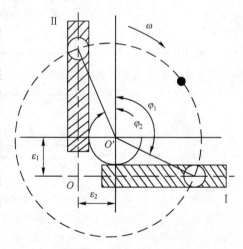

图 4-34 像点偏向右上方

显然,把 $\cos\varphi_1$ 和 $\sin\varphi_2$ 的值代入两个通道的信号处理电路输出电压信号值的式(4-23)、式(4-24)中,得

$$\begin{cases} U_{e_1} = kAe_1/R \\ U_{e_2} = kAe_2/R \end{cases} \tag{4-25}$$

令 $B = kA/R$,所以得

$$\begin{cases} U_{e_1} = Be_1 \\ U_{e_2} = Be_2 \end{cases} \tag{4-26}$$

式（4-26）说明信号处理电路输出的电压信号 U_{e_1} 和 U_{e_2} 正比于目标像点相对光轴的偏差 e_1 和 e_2。两个通道上的偏差量越大，两个通道误差信号值就越大。

目标偏离位标器光轴可能有多种情况，下面以目标偏离位标器光轴左下方为例，画出其误差信号波形。

目标偏离在位标器光轴左下方时，目标像点扫描圆所处的位置如图 4-35 所示。目标像点扫过两个光敏元件产生的电脉冲信号，其相位角 $\varphi_1 > 90°$、$\varphi_2 > 270°$，由前述可知两个通道的误差信号值都为负值，如图 4-35 中所示。

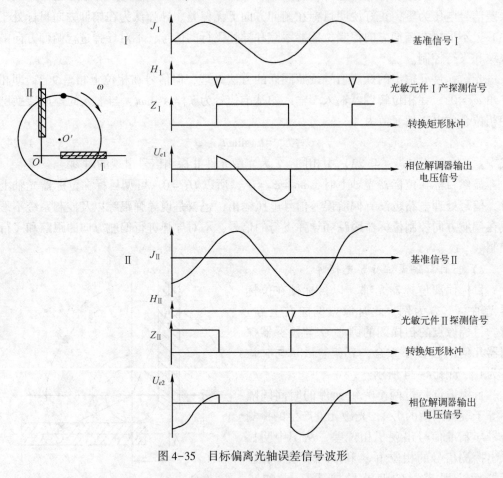

图 4-35　目标偏离光轴误差信号波形

4.4　红外成像目标探测

红外成像制导技术是在红外点源制导的技术上发展而来的。早期建立在红外点源制导技术之上的红外制导导弹，如美国的响尾蛇导弹等，取得了较大的战绩。然而随着计算机技术、光电子技术等的发展，光电对抗越来越强烈，靠简单的点源式热寻的导弹面临重大挑战。为此，发展红外成像制导的精确制导武器成为 20 世纪 70 年代以来许多国家研制的热点。

从美国休斯公司 1975 年生产的第一枚 4×4 元红外成像制导导弹至今，红外成像导引头技术经历了40多年的发展，从开始的4×4元、64×64元、128×128元，一直发展到现在的256×256元，甚至512×512元以上，成像体制从扫描成像发展到凝视成像。

目前，发达国家已经将早期的红外制导武器（红外点源制导的武器）淘汰，现役的红外制导武器基本上都采用红外成像导引头，其中第一代红外成像导引头所用探测器为扫描体制，一般为多元线列或小面阵的红外器件光机扫描结构，如美军装备的AGM-65D"幼畜"空地导弹、"斯拉姆"空地导弹、中程反坦克导弹（AAVS-M）、挪威的"企鹅"MK2系列反舰导弹等；其技术特点是：温度分辨率一般为0.2~0.3℃，高的可达0.1~0.05℃；空间分辨率一般为0.5~1.0mrad，高的可达0.2~0.3mrad。第二代红外成像导引头所用探测器一般为焦平面阵列（凝视体制），如美国的先进中程反坦克导弹、美国的国家导弹防御系统中的EKV，德、法、英联合研制的"崔格特"远程反坦克导弹等。由于凝视红外成像较之扫描红外成像具有更高的灵敏度（温度分辨率可以达到0.01~0.02℃）和帧频、更稳定可靠的性能等优点，因而成为20世纪80年代以后各国研究的重点方向，相应地，第二代红外成像导引头技术成为主攻方向。从现有的装备和当前的研发来看，第一、二代红外导引头都存在，而且是以第一代为主，但逐渐向第二代发展。其工作波段一般为中波3~5μm和长波8~12μm，也有双波段兼有的（双色红外，如美国Raytheon公司研制的EKV），或与其他制导手段（如可见光、激光、紫外光、毫米波等）复合的，如洛克希德·马丁公司为"铜斑蛇-Ⅱ"115mm制导炮弹所研制的红外成像激光制导双模导引头。

4.4.1 红外成像导引头的基本组成

红外成像导引头的组成一般如图4-36所示。

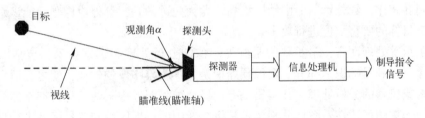

图4-36 红外成像导引头的组成

成像导引头对探测器的要求是希望能在尽可能远的距离上捕获到拟攻击的目标，因为探测距离远有利于提高制导精度。信息处理机的任务是如何基于探测器获取的图像序列，将拟攻击的目标从碎片、诱饵等假目标中正确地识别出来，然后对其实施精确跟踪，给出目标的角速度信息，据此形成所需要的制导指令，使导弹朝着目标的方向飞行，直至命中目标。在红外成像导引头技术的研究中，有成像探测技术研究、自动目标识别技术研究和信息处理机技术研究等项关键技术。

红外成像制导系统的研制工作始于20世纪70年代中期，与红外点源制导系统相比，成像制导系统提供的信息更丰富，具有更强的识别能力和更高的制导精度。

红外成像寻的制导系统的核心部件是红外成像导引头，一般由红外摄像头、图像处理系统、图像识别系统、跟踪处理器和摄像头跟踪系统等部分组成，其中图像处理和图像识别子系统是红外成像制导系统的核心。典型的红外成像制导系统如图 4-37 所示。

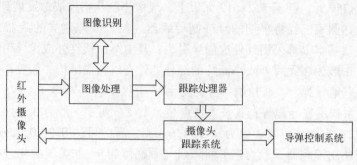

图 4-37 红外目标跟踪系统

红外成像制导系统的工作原理：导弹发射前，由发射控制装置搜索、确定被攻击目标的位置后，立即用导弹上的导引头跟踪并锁定目标。导弹发射后，弹上摄像头对获取的目标红外图像进行预处理，得到数字化目标图像。经图像处理后，区分目标信息与背景信息，识别出被攻击目标并抑制假目标的干扰。跟踪处理器的窗口按设定的方式跟踪目标图像，并把误差信号送到摄像头跟踪系统，控制红外摄像头继续瞄准目标，同时向控制系统发出导引指令，使导弹飞向预定的目标。由于导弹发射后，完全由导弹自身的末制导与控制系统使导弹飞向预定的目标，因此被称为"发射后不管"的制导方式。随着导弹与目标间的距离逐渐缩小，目标图像在成像平面上的投影将不断扩大，变得越来越清晰，此时导引头根据目标形状识别出其要害部位的中心位置，并以此位置作为导弹的攻击点。红外成像制导技术抗红外干扰能力很强，灵敏度和空间分辨率高。与可见光相比，红外辐射更容易穿透云、雾、烟、尘埃，探测距离可增大 3~6 倍。与红外点源寻的制导相比，红外辐射命中精度更高。尤为先进的是，红外成像制导能识别目标类型和确定目标的要害部位进行攻击。

对于跟踪处理而言，最重要的是红外图像的分析处理和识别技术，包括图像预处理、图像分割和目标识别部分。图像预处理是为了改善图像的外观，使之更适合人眼的观察判断或机器的分析处理，其实质是有选择地加强图像中某些信息而抑制掉另一些信息以增加图像的可读性。图像分割技术是将图像中的目标区域和背景区域进行划分后再提取出图像目标的处理技术。跟踪系统如果想要实现对图像目标的跟踪就必须先提取图像目标，进而提取出其具有的特征，才能借此识别图像目标，即根据图像目标特征判断图像目标是不是被跟踪的目标，从而实现跟踪的目的。

4.4.2 红外成像方式

热成像系统可将物体自然发射的红外辐射转变为可见的热图像，从而使人眼的视觉范围扩展到远红外区。近年，热成像技术得到了迅速发展和广泛应用。热图像的质量已达到黑白电视的水平，这些图像的静态照片可与高质量的黑白照片相媲美。

自然界中的一切物体，只要温度高于绝对零度，就不断地发射辐射能。因此，从原理上讲，只要能收集并探测这些辐射能，就可以通过重新排列来自探测器的信号形成与景物辐射分布相对应的所示。这种热图像再现了景物各部分的辐射起伏，因而能显热图像。

以上是热成像的物理原理。热成像系统如何基于景物各部分的温度和辐射发射率差异形成可见的热图像，这就涉及热成像系统的工作原理，下面简单介绍两种热成像系统。

1. 红外扫描成像系统

在热成像系统中，红外探测器所对应的瞬时视场往往是很小的，一般只有零点几毫弧度或几毫弧度，为了得到总视场中出现的景物的热图像，必须扫描景物。这种扫描通常是由机械传动的光学扫描部件来完成的，所以称为光机扫描。图4-38以最简单的热成像系统表明了其工作原理。

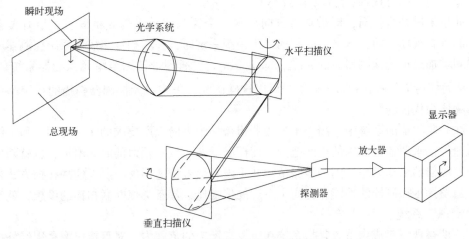

图4-38 热成像系统的工作原理

光学系统将景物发射的红外辐射收集起来，经过光谱滤波之后，将景物的辐射通量分布会聚成像到光学系统焦面上，即探测器光敏面上。光机扫描器包括两个扫描镜组，一个做垂直扫描，另一个做水平扫描。扫描器位于聚焦光学系统和探测器之间。当扫描器工作时，从景物到达探测器的光束随之移动，在物空间扫出像电视一样的光栅。当扫描器以电视光栅形式将探测器扫过景物时，探测器逐点接收景物的辐射并转换成相应的电信号。或者说，光机扫描器构成的景物图像依次扫过探测器，探测器依次把景物各部分的红外辐射转换成电信号，经过视频处理的信号，在同步扫描的显示器上显示出景物的热图像。

系统中的扫描器可以置于聚光光学系统之前或置于其后，因而构成两种基本的扫描方式，即物方扫描和像方扫描。

用于热成像系统中的扫描器大部分是产生直线扫描光栅。常用的光机扫描器有摆动平面反射镜、旋转反射镜鼓、旋转折射棱镜、旋转折射光楔等。

对扫描器的基本要求：扫描器转角与光束转角呈线性关系；扫描器扫描时对聚光系统像差的影响尽量小；扫描效率高；扫描器尺寸尽可能小，结构紧凑。

借助光机扫描器使单元探测器依次扫过景物的各部分，形成景物的二维图像。在光机扫描热成像系统中，探测器把接收的辐射信号转换成电信号，可通过隔直流电路把背景辐射从目标信号中消除，从而获得对比度良好的热图像。所以，尽管这种类型的热成像系统存在着结构复杂、成本高等缺点，仍然受到重视，取得了很大进展并日趋完善。

2. 红外凝视成像系统

如何理解"凝视"的概念，怎样实现凝视成像，为什么要采用凝视型热成像系统，它与光机扫描热成像系统相比有哪些独到之处等，就是本节所要讨论的问题。

从前面的讨论可知，对于采用单元探测器扫描的光机扫描热成像系统，探测器的驻留时间为

$$\tau_d = \frac{\alpha\beta}{W_\alpha W_\beta f_p}\eta_{SC} \tag{4-27}$$

式中：η_{SC} 为扫描效率；α、β 分别为水平和垂直方向上的瞬时视场；W_α、W_β 分别为水平和垂直方向上的总视场；f_p 为取像效率。

如果采用并联扫描，即沿垂直方向放置一个探测器数目为 n_v 的阵列，恰好覆盖所要求的垂直视场，而在水平方向扫描。当帧频一定时，并联扫描热成像系统探测器的驻留时间增加至单元探测器时的 n_v 倍，即 $\tau_{dp}=n_v\tau_d$，通频带压缩至单元探测器系统的 $1/n_v$，从而使通道信噪比提高 $\sqrt{n_v}$ 倍。可以这样认为，采用单元探测器扫描的系统是以牺牲信噪比为代价的。

在并联扫描的系统中，用一个探测器覆盖一维方向上所要求的空间范围，另一维采用低速扫描来覆盖所要求的空间范围，使探测器响应景物辐射的时间增加，也就降低了每个探测器的采样频率。因为多路传输几乎没有信号传递损失，所以这种扫描方式最大限度地发挥了探测器的性能，提高了系统的信噪比，基于类似并联扫描的设想，就产生了"凝视"系统。

所谓凝视型热成像系统是指系统在所要求覆盖的范围内，对目标成像是用红外探测器面阵充满物镜焦平面视场的方法来实现。换句话说，这种系统完全取消了光机扫描，采用元数足够多的探测器面阵，使探测器单元与系统观察范围内的目标元一一对应。这里的"凝视"指红外探测器响应目标辐射的时间远比取出每个探测器响应信号所花的读出时间要长而言。

为什么要采用凝视型热成像系统呢？目前广泛应用的光机扫描系统进一步提高性能受到限制，制成更高水平的热成像系统将面临许多困难。从前面的讨论可知，无论是串扫、并扫或串并扫的摄像方式，都需用二维扫描，使系统结构复杂化，而且机械扫描的扫描速度不宜太高，限制了热成像系统快速性能的发挥，即使有了快速响应的探测器，光机扫描系统的扫描速度也难于满足要求。从长远的观点看，凝视型热成像系统很有潜力，它将成为研制高水平热成像系统的重要技术途径。

凝视型热成像系统中，以电子扫描取代光机扫描，从而显著地改善了系统的响应特性，并且提高了系统的可靠性。由红外探测器和具有扫描功能的信号读出器组合而成的红外焦平面阵列是这种系统的核心。因此，可以认为实现焦平面阵列技术的途径，在目前阶段就是实现凝视成像的基本途径。红外焦平面阵列包括光敏元件和信号处理两部分，可采用不同的光子探测器、信号电荷读出器及多路传输。按照结构，红外焦平面阵列分为单片式和混合式两类。

4.4.3 红外成像器件

早期，人们只能做出元数有限的线阵或面阵，例如 1×60、1×120、1×180、4×4、8×8 等，要对探测的视场成像只能利用光机扫描来实现，如热像仪和某些体积允许的导弹才可能采用。对于弹径小的导弹如红外成像空空导弹来说，这种器件是难以使用的。所以在 20 世纪 70 年代就提出了不需光机扫描便能成像的红外焦平面阵列（IRFPA）或凝视焦面阵的概念。

红外焦平面阵列器件是在电荷耦合器件（CCD）发展的基础上产生的，下面首先介绍 CCD 器件的工作原理，然后介绍红外波段的 CCD 器件——IRFPA 器件。

1. 电荷耦合器件（CCD）的基本原理

电荷耦合器件（Charge Coupled Device，CCD）是 1970 年初发展起来的一种新型半导体光电器件，其突出特点是以电荷作为信号载体，不同于以电流或电压作为信号的其他光电器件。CCD 的基本功能是信号电荷的产生、存储、传输（转移）和检测。

1）CCD 的基本结构和特性

（1）CCD 基本单元。CCD 的基本单元是一个由金属-氧化物-半导体（Metal-Oxide-Semiconductor，MOS）组成的电容器，如图 4-39（a）所示。其中金属极板通过栅极 G 与外界电源的正极相连，氧化物作为电容器的电介质，半导体衬底接地。一个 MOS 单元称为一个像素，由多个像素组成的线阵如图 4-39（b）所示，其中金属栅极是分立的，而氧化物与半导体是连续的整体。

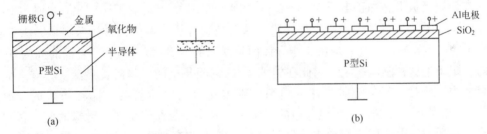

图 4-39 CCD 单元与线阵结构示意图
(a) 金属-氧化物-半导体（MOS）电容器；(b) MOS 电容器线阵。

根据信号电荷传输通道的不同，CCD 分为两种类型：一种是信号电荷存储在半导体与绝缘体之间的界面，并沿界面传输，这类器件称为表面沟道电荷耦合器件（SCCD）；另一种是信号电荷存储在离半导体表面一定深度的体内，并在半导体内部沿一定方向传输，这类器件称为体内沟道或埋沟道电荷耦合器件（BCCD）。下面以表面沟道 P 型 Si-CCD 为例介绍其结构与工作原理。

（2）CCD 基本特性。当栅极上未加电压时，P 型 Si 内的多数载流子（空穴）均匀分布，如图 4-40（a）所示。若栅极上施加正电压 U_G，则会在栅极与衬底之间产生电场，半导体上表面附近区域内的空穴会被电场力排斥到半导体的下部，从而在半导体上表面附近形成一层多子的耗尽区，如图 4-40（b）所示；而少数载流子（电子）将会被电场力引入并限制在耗尽区内，电子在耗尽区内的电势能（$E_p=-e \cdot U_s$，电势 $U_s>0$）很低，耗尽区对于电子来说就像一个"阱"，故称为"势阱"。

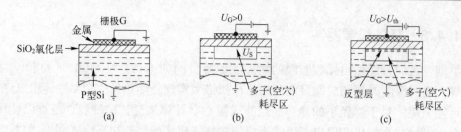

图 4-40 CCD 栅极电压 U_G 的变化对 P 型 Si 耗尽区的影响

(a) 栅极未加电压，空穴均匀分布；(b) $U_{th} > U_G > 0$，形成耗尽区；(c) $U_G > U_{th}$ 形成反型层。

势阱具有存储电子的能力，且存储能力与栅极电压 U_G 有关：U_G 越大，半导体内的电场越强，势阱越深，存储能力就越强。当所加电压 U_G 超过阈值电压 U_{th}（约为 2V）时，半导体上表面附近区域内的电子浓度将会超过空穴浓度（这些电子来源于耗尽区中电子-空穴对的热激发），该区域内的导电类型就由原来的 P 型变为 N 型，形成所谓的反型层，如图 4-40（c）所示。

随着时间的推移，势阱会被热激发产生的电子填满而消失，不再具有存储电子的能力。

反型层实际上也就是电荷传输的通道，因此也称为沟道。对于 P 型半导体，其反型层由电子构成，故称为 N 沟道。反之，N 型半导体的反型层由空穴构成，称为 P 沟道。由于电子的迁移率高于空穴的迁移率，所以大多数 CCD 选用 P 型 Si 衬底（N 沟道）。

在金属极板上施加正电压 U_G（$>U_{th}$）的瞬间，极板上会立即感应出正电荷（时间约 10^{-12}s）。P 型半导体中的空穴能跟得上这种感应速度，并随即被排斥到半导体下部，而电子的产生要慢得多（它取决于半导体内热激发的产生-复合过程，弛豫时间为 0.1～10s），跟不上这种感应速度，因此在施加 U_G 的瞬间是空的，势阱也最深，具有最大的存储能力。此时，若向势阱内注入电荷，则被注入的电荷将会存储在势阱内，形成（信号）电荷包。但是，信号电荷包的存储时间要小于热激发电子的弛豫时间，否则势阱会被热激发的电子填满而消失，信号电荷包既不能存进去也不能取出来，所以 CCD 器件必须工作在非稳态。事实上，它通过内部的时钟脉冲来控制电荷包存储时间。

2）CCD 基本工作原理

（1）电荷包的注入。将电荷包注入 CCD 势阱中的方法有多种，根据电荷包的来源不同，可分为光注入和电注入两类方式。

① 光注入。光束直接照射 P 型 Si-CCD 衬底时，半导体内将产生电子-空穴对，多数载流子会被栅极上所加电压产生的电场排斥到底部，少数载流子则被收集在势阱中形成信号电荷包，这是一种光注入方式。

光注入方式分为正面照射与背面照射两种。将 CCD 的金属膜栅极面对光源，光辐射透过栅极与氧化层，照在半导体上，使之产生光电子，就属于正面照射式；背面照射式如图 4-41 所示，外界光

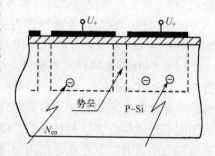

图 4-41 背面照射式光注入示意图

辐射直接照射半导体，使之产生光电子。

利用 CCD 摄像器件拍摄光学图像时，先通过光敏元阵列的光电（或光热）效应把按一定照度分布的光学图像转换成电荷分布，再把电荷注入相应栅极下面的深势阱中，也属于光注入方式。当 CCD 摄像器件的光敏材料、结构和时钟脉冲选定后，光注入的电荷量与入射的光谱辐射通量、光积分时间成正比，因此 CCD 摄像器件可用于光电检测和光学成像的定量分析。

② 电注入。当 CCD 用于信息存储或信息处理时，通过输入端的输入二极管和输入栅极，把与信号成正比的电荷注入相应的势阱中，就称为电注入。电注入的方法很多，这里介绍常用的电位平衡注入法。

如图 4-42 所示，在输入栅极 IG 上施加适当的正电压（以保持沟道处于导通状态），并以此电压作为基准电压，由 N^+ 扩散区和 P-Si 衬底构成输入二极管 ID，其上施加模拟输入信号 U_{in}。

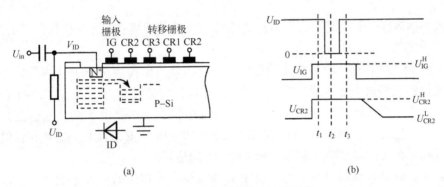

图 4-42 电位平衡注入法示意图
(a) 电位平衡注入法的输入结构；(b) 电注入时输入结构各电极的电压波形图。

t_1 时刻，当信号 U_{in}（或 V_{ID}）和栅极 CR2 的电平 U_{CR2} 均为高电平（$V_{ID} > U_{CR2}$）时，二极管 ID 处于反向偏置，N^+ 扩散区和栅极 CR2 下面均产生深势阱；t_2 时刻，当 U_{in}（或 V_{ID}）为低电平、U_{CR2} 仍为高电平时，二极管 ID 处于正向偏置，信号电荷包通过栅极 IG 下面的势阱流入栅极 CR2 下面的深势阱中；t_3 时刻，二极管 ID 又处于反向偏置，在栅极 IG 和 CR2 下面势阱中的多余电荷被抽走。利用这种方式能够注入的电荷量取决于栅极 IG 和 CR2 的高电平之差（$U_{CR2}^H - U_{IG}^H$）。

(2) 电荷包的存储。由 CCD 基本特性可知，CCD 单元能够存储电荷包，且其存储能力可通过调节 U_G 而加以控制。这是 CCD 的一个基本功能和特性。

当电荷包注入势阱中时，因电荷包也将产生电场（其方向与 U_G 产生的电场相反），具有对外电场的屏蔽作用，从而使表面势收缩，势阱深度变浅，空间电荷区变窄。随着电荷包的积累，表面势将继续收缩，势阱更加变浅，如图 4-43 所示。其中图 4-43 (b) 为电荷包填充 1/3 势阱的情景，表面势收缩了 1/3；当电荷包足够多时，势阱中就不能再存储多余的电荷，出现如图 4-43 (c) 所示的"溢出"现象。

每个金属栅极下的势阱中能够存储的最大（信息）电荷量为

$$Q = C_{ox} \cdot U_G \cdot A_d \tag{4-28}$$

式中：C_{ox} 为单位面积氧化物电容器的电容；U_G 为栅极上所加的电压；A_d 为有效栅极面

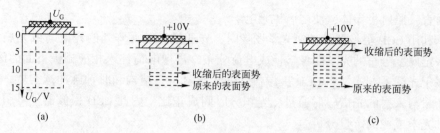

图 4-43 注入电荷包时,势阱深度随之变化的示意图
(a) 空势阱深度与电压 U_G 有关;(b) 电荷包填充 1/3 势阱;(c) 全满势阱。

积。据估算,势阱中能够存储的电子数可达 10^6 个。

从非平衡态到达平衡态的时间为

$$t = \frac{2\tau_0 N_A}{n_i} \tag{4-29}$$

式中:τ_0 为耗尽区少数载流子的寿命;N_A 为受主杂质的浓度;n_i 为本征载流子的浓度。存储时间量级为 $0.1 \sim 10\mathrm{s}$。

(3) 电荷包的转移。CCD 中电荷包的转移过程是将电荷包从一个(因存储了这些电荷而变浅的)势阱中输入相邻的深势阱中,通过控制各栅极电压 U_G 的大小来调节势阱的深度,并利用势阱的耦合原理实现。因为电荷包的转移是沿表面(或体内)沟道按一定的方向进行的,所以 MOS 电容器阵列上所加电压 U_G 必须满足一定的相位时序要求,使任何时刻势阱深度的变化总是朝着同一方向进行。

实际中,CCD 的栅极分成几组,各组分别施加不同相位的时钟驱动脉冲,这样的一组称为一相。在 CCD 中,转移电荷包时所需要的相数由 CCD 的内部结构决定。如图 4-44(a)所示为三相 CCD,其栅极被分为三组,施加的三相时钟脉冲如图 4-44(f)所示。在某一时刻,因为三相时钟脉冲的电压不同,各栅极下面的势阱深度也就不同。电荷包在此三相驱动脉冲的作用下,就能以一定的方向按单元顺序逐个转移。由于

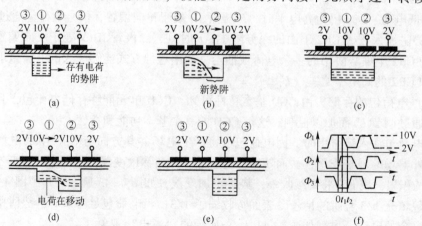

图 4-44 三相 CCD 中电荷包的转移过程示意图
(a) 开始时刻,电荷包处于深势阱中;(b) t_1 时刻,栅极 2 电压升高,形成新势阱;(c) t_1 时刻,势阱耦合,电荷包共享;(d) t_2 时刻,栅极 1 电压降低,势阱收缩;(e) t_2 时刻后,电荷包由势阱 1→2;(f) 三相时钟脉冲。

CCD 具有存储和转移电荷包的能力，故它又称为动态移位寄存器。下面分析三相 CCD 中电荷包的转移过程。

设开始时刻电荷包存储在栅极电压为 10V 的第 1 个栅极下的深势阱中，其他栅极上加有大于阈值的低电压（2V），如图 4-44（a）所示；经时间 t_1 后，第 1 个栅极电压仍保持为 10V，而第 2 个栅极的电压由 2V→10V，如图 4-44（b）所示。因为这两个栅极靠得很近，其下的两个势阱将耦合在一起，使原来在第 1 个势阱中的电荷包被耦合势阱共享，如图 4-44（c）所示；在 t_2 时刻，第 1 个栅极的电压由 10V→2V，第 2 个栅极的电压仍为 10V，则势阱 1 收缩，电荷包流入势阱 2 中，如图 4-44（d）、（e）所示。这样，时钟电压经过 $T/3$（T 为时钟脉冲的周期）后，深势阱及其内部的电荷包向右移动了一个栅极位置。若经过一个周期 T，电荷包将转移三个栅极位置，即一个光敏单元间距，称为一位（如图 4-44 所示的三相线阵 CCD，一个光敏单元对应二个栅极）。栅极电压按照时钟脉冲的规律不断改变，信号电荷包就按其在 CCD 中的空间排列顺序，串行地转移出去。

要使电荷包不受阻碍地从一个势阱转移到相邻势阱中，CCD 各栅极的间隙必须很小，即两个栅极之间的势垒要很小，以实现势阱的耦合（理论计算和实验表明，对于大多数 CCD，1μm 的间隙长度可满足要求）；另外，各相时钟脉冲之间也要有一定程度的交叠（脉冲的上升/下降沿具有较长的时间，如图 4-44（f）所示），使电荷包的源势阱和接收势阱同时共存。

（4）电荷包的输出。CCD 中电荷包的输出方式有多种，这里介绍一种简单的电流输出方式。

如图 4-45 所示，电流输出方式电路由输出栅极 OG、输出二极管 ID（由 P 型 Si 衬底和 N^+ 扩散区构成）、偏置电阻 R、源极输出放大器和复位场效应管 RS 等构成。

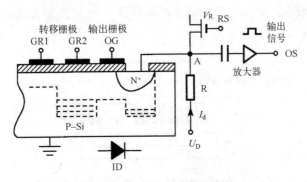

图 4-45　电流输出方式电路图

当电荷包在驱动脉冲的作用下向右转移到最末一个转移栅极 GR2 下的势阱后，若 GR2 电极上的电压由高变低，则势阱收缩，电荷包将通过栅极 OG（其上加有恒定的电压）下面的沟道进入 N^+ 区。由电源 U_D、偏置电阻 R、N^+ 区和 P 型 Si 衬底构成输出二极管 ID 的反向偏置电路，N^+ 区对电子来说相当于一个深势阱，进入 N^+ 区后的电荷包将被迅速拉走而产生电流 I_d，I_d 值与进入 N^+ 区的电量 Q_s 成正比，与偏置电阻 R 成反比。因为电阻 R 是 CCD 内部的固定电阻，所以输出电流 I_d 直接反映了进入二极管 N^+ 区的电量 Q_s。

由于 I_d 的存在，A 点的电位 $U_A(=U_D-I_d \cdot R)$ 发生变化。进入二极管的电量 Q_s 越大，I_d 也越大，U_A 下降越厉害。所以，可利用 U_A 的变化检测 Q_s。隔直电容 C 用来将 U_A 的变化量取出，使其通过场效应放大器的 OS 端输出。在实际的器件中，常常利用绝缘栅场效应管取代隔直电容，并兼有放大器的功能，由开路的源极输出。

图 4-45 中的复位场效应管 RS 用于对输出二极管 ID 的深势阱进行复位，使势阱中没有被完全拉走的电荷在下一个驱动脉冲到达之前及时卸放掉，腾出势阱空间准备接收下一个电荷包。否则，残余的电荷将与后续的电荷包叠加，影响电荷包的输入及输出信号的真实性。

综上所述，对于 CCD 摄像器件，它是先将半导体产生的（与照度分布相对应）信号电荷注入到势阱中（即光注入），再通过内部驱动脉冲控制势阱的深浅，使信号电荷沿沟道朝一定的方向转移，最后经输出电路形成一维时序信号。

3) CCD 摄像器件

电荷耦合摄像器件（通常简称为 CCD）是一类可将二维光学图像转换为一维时序电信号的功能器件，由光电探测器阵列和 CCD 移位寄存器两个功能部分组成，探测器阵列的基本原理与单元探测器类似，作用是获得电荷图像，CCD 移位寄存器则实现信号电荷的转移输出。

根据结构的不同，电荷耦合摄像器件分为线阵和面阵两大类型，其中线阵器件可以直接接收一维光信息，而在接收二维光信息时，需要借助机械扫描机构才能转换为完整的时序信号；面阵器件则可以直接接收一维或二维的光学图像信息。

（1）线阵 CCD 摄像器件。图 4-46 所示为三相单沟道线阵 CCD 摄像器件的结构，它由行扫描电压 Φ_p、光敏二极管阵列、转移栅 Φ_x、三相 CCD 移位寄存器、(Φ_1、Φ_2、Φ_3) 驱动脉冲和输出机构等构成，其中 CCD 移位寄存器被遮光，并与光敏阵列分隔开，两者通过转移栅相连，加在转移栅上的转移脉冲 Φ_x 可控制光敏阵列与 CCD 移位寄存器之间的隔离或沟通。

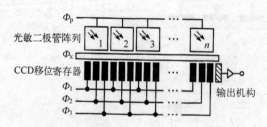

图 4-46 三相单沟道线阵 CCD 摄像器件的结构

在光积分时间内，行扫描电压 Φ_p 为高电平，转移栅 Φ_x 为低电平，光敏二极管阵列被反偏置，并与 CCD 移位寄存器彼此隔离，在光辐射的作用下产生信号电荷并存储在光敏元的势阱中，形成与入射光学图像相对应的电荷包的"潜像"。当转移栅 Φ_x 为高电平时，光敏阵列与移位寄存器沟通，光敏区积累的信号电荷包通过转移栅 Φ_x 并行地流入 CCD 移位寄存器中。通常，转移栅 Φ_x 为高电平的时间很短（转移速度很快），而为低电平的时间（也是光积分的时间）相对较长。在光积分时间内，已流入 CCD 移位寄存器中的信号电荷在三相驱动脉冲的作用下，按其在 CCD 中的空间排列顺序，通过输出机构串行地转移出去,形成一维时序电信号。

(2) 面阵 CCD 摄像器件。按一定的方式将一维线阵的光敏单元和 CCD 移位寄存器排列成二维阵列,即可构成二维面阵 CCD 摄像器件,如图 4-47 所示是一种用于数码相机中的面阵 CCD。根据转移方式的不同,面阵 CCD 可分为帧转移方式、隔列转移方式、线转移方式和全转移方式四种。这里以帧转移面阵 CCD 为例说明其工作原理,对于其他种类的面阵 CCD,可参阅相关资料。

图 4-48 所示为帧转移三相面阵 CCD 的原理结构图,主要由光敏区(摄像区)、暂存区和水平读出寄存区三部分组成。

图 4-47 一种实用的面阵 CCD

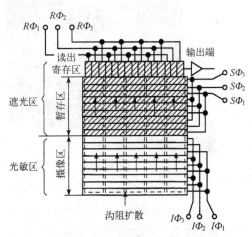

图 4-48 帧转移三相面阵 CCD 的原理结构图

光敏区由光敏阵列构成,其作用是实现光信号的转换和在场正程时间内进行光积分,各光敏单元由沟阻分隔开;暂存区被遮光,其列数和位数都与光敏区一一对应,且每一列相互衔接,其作用是在场逆程时间内,迅速地将光敏区里整帧的电荷包转移到它的势阱内暂存起来。然后,当光敏区开始进行第二帧图像的光积分时,暂存区则利用这一时间,将电荷包一次一行地转移给 CCD 移位寄存器,变为串行时序电信号输出。当 CCD 移位寄存器将其中的一行电荷包输出完毕,暂存区里的电荷包再向下移动一行,又转移给 CCD 移位寄存器。当暂存区中的电荷包被全部转移完毕,再进行第二帧电荷包的转移。可见,电荷包的产生、存储与转移是交替进行的。

帧转移面阵 CCD 的特点是结构简单、光敏像元的尺寸很小、调制传递函数 MTF 较高,但光敏面积占总面积的比例(填充因子)小。

常用面阵 CCD 的像素数有 512×512、1024×768 等,帧频可高达 1200 帧/s,响应波长可涵盖紫外、可见光和红外波段。加拿大 Dalsa 公司已研制出 5120×5120 像素的面阵 CCD。

2. 红外焦平面阵列器件(IRFPA)

1970 年以来,随着半导体集成电路工艺的发展成熟,红外图像传感技术得到迅猛发展,目前已经研制出多种红外探测器二维阵列,可以把二维被测目标的红外辐射图像转换为电荷图像,再借助 CCD 自扫描技术,输出一维时序电信号,最后经电路处理,输出景物热图。这种系统中阵列探测器的每个像元与景物中的一个微面元相对应,对红外辐射的光积分时间远大于电荷包的扫描输出时间,因此称为凝视型热成像系统。这种系统几乎可以利用所有入射的红外光子,因而热灵敏度和温度分辨率得到了提高。

采用适当的结构和工艺,将二维红外探测器阵列(使用时置于物镜焦平面处)与必要的信号处理电路集成在一起,就可制成红外焦平面阵列器件。如图4-49(a)所示是一种非制冷型红外焦平面阵列实物照片,图4-49(b)所示是其结构组成示意图。

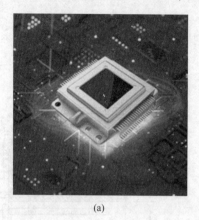

(a) (b)

图4-49 一种红外焦平面阵列芯片及其结构组成

(a) IRFPA 实物照片;(b) IRPFA 结构组成。

1) 红外焦平面阵列器件的结构原理

红外焦平面阵列器件通常工作于 $1\sim3\mu m$、$3\sim5\mu m$ 和 $8\sim12\mu m$ 的红外波段,且多数用于探测常温(300K)背景中的目标。在这些情况下,背景辐射相对较强(目标的对比度低),且随波长的变化很大,而普通的 Si-CCD 摄像器件对红外辐射的响应度很低,允许的光积分时间也很短(约为 μs 量级),不能直接用于凝视型红外成像。

因此,制作红外焦平面阵列器件的途径只有两条:一是选用对红外辐射灵敏度高的特殊材料,并集成为 CCD 器件;二是采用兼有普通红外探测器阵列和 Si-CCD 两方面长处的结构,这也是目前常用和比较成熟的技术。

IRFPA 的基本结构如图 4-50 所示,其中红外探测器可以选用光子探测器或热探测器。

光子类中,如 InGaAs(响应波长 $1\sim3\mu m$)、PtSi 与 InSb(响应波长 $3\sim5\mu m$)、HgCdTe(响应波长 $8\sim12\mu m$)探测器,其中 PtSi 探测器的制造成本低、成品率高,目前已得到了广泛使用。

光热类中,如热电堆、测辐射热计、热释电探测器,它们对整个红外波段都有较高响应,且不需制冷。电荷包的存储与转移输出机构采用普通的 Si-CCD 结构。

此外,IRFPA 还有信号处理电路部分,如前置放大器、滤波器、增益和偏置补偿器(用于提高光敏面的均匀性)、模-数转换器、延时积分器及时钟脉冲源等。对探测器、信号读出和信号处理作不同安排,就有不同具体结构的 IRFPA,如图 4-51 所示。

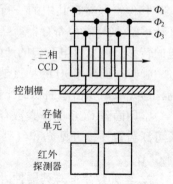

图4-50 IRFPA 的基本结构

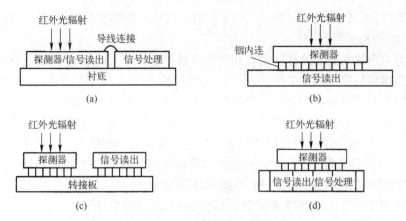

图 4-51 IRFPA 的几种不同结构
(a) 单片式；(b) 直接混合式；(c) 间接混合式；(d) Z 平面式。

(1) 单片式结构。单片式又称整体式，即整个 IRFPA 做在同一块芯片上。它具体又分为三种情况：一是本征型红外 CCD，本身对红外敏感（如 HgCdTe CCD）；二是把非本征型红外探测器与 CCD 读出电路做在同一块 Si 衬底上；三是在 Si 衬底上制作肖特基势垒二极管面阵与 CCD 读出电路，如 PtSi CCD。信号处理部分通常是在探测器阵列的近旁（不是在其下面），且可以不跟探测器/读出单元制备在同一衬底上，也不需与探测器的温度相同，如图 4-51（a）所示。

(2) 混合式结构。混合式结构的根本特点是把探测器（如用 HgCdTe、InSb 等本征窄带半导体材料制作）与信号读出部分（用普通的 Si-CCD）分开。它有两种形式：直接混合式和间接混合式，分别如图 4-51（b）、（c）所示。其中，直接混合式中的探测器与信号读出部分通过铟柱把对应单元连接起来；间接混合式中的探测器通过一块集成电路板与信号读出部分相连。

铟是一种特殊的金属材料，除了具有良好的导电性能外，还具有熔点低（约150℃）、焊接时与铝膜的亲密性好、对 CCD 性能的影响小等特点，在 CCD 集成电路中，常用它作为电极材料。

混合式结构在选择探测器上具有很大的灵活性，可以获得高量子效率（50%~90%），是目前最受重视的技术之一。

(3) Z 平面式结构。Z 平面式又称立体式，它是将信号读出与信号处理部分采用叠层的方法组装成模块，再把模块与探测器连接起来。它们都可以安装在同一块硅片上，如图 4-51（d）所示。

2) IRFPA 的发展现状

目前，IRPA 的研究重点主要集中在大规模探测器阵列的集成、结构与性能改进和降低成本等方面。随着 IRFPA 在军事上的广泛而重要的应用需求，其研发取得了许多重大的进展。

(1) 光子探测器阵列 IRFPA。已研制出的光子探测器阵列 IRFPA 有多种。

① InSb 探测器阵列：前照式 1×512 像素线阵，背照式 1024×1024 像素面阵。

② HgCdTe 探测器阵列：1024×1024 像素面阵，响应波段 1~2.5μm，主要用于空间成像光谱仪；640×480 像素面阵，响应波段 3~5μm，主要用于战术导弹寻的器和战略

预警监视系统；响应波段 8~12μm，用于常温下目标红外辐射图像探测。它们的像元尺寸均为 18μm×18μm。

光子类探测器在使用时往往需要利用制冷器，使其处于低温工作状态，以降低探测器的噪声，提高信噪比和灵敏度，利用它们制作的 IRFPA 属于制冷型 IRFPA，主要用于红外遥感、军事目标的探测与制导等性能要求较高的领域，但成本和价格非常高。

目前，制冷型 IRFPA 的研究工作侧重于 HgCdTe 探测器阵列的研制；另外，多量子阱（MQW）IRFPA 也是一种正在研究和值得期待的新型 IRFPA，它适用于远红外探测。

（2）热探测器阵列 IRFPA。已研制出的热探测器阵列 IRFPA 也有多种。

① 铌酸锶钡热释电探测器阵列：328×245 像素面阵。

② 二氧化钒（VO2）测辐射热计：336×240 像素面阵。

③ 多晶硅热电堆：320×240 像素面阵，像元尺寸 28μm×28μm。

热探测器阵列可工作在常温下，不需制冷器（故体积小、质量轻、功耗低、使用方便），属于非制冷型 IRFPA，价格低廉，但其灵敏度要比制冷型 IRFPA 低 1 个量级以上，在准军事和民用市场的凝视型红外成像系统中用得比较广泛。目前，非制冷型 IRFPA 的主要工作方向是降低功耗、减小探测单元尺寸、降低成本、研制 640×480 像素等规模更大的器件等。

4.4.4 红外图像处理

目标和背景的红外辐射需经过大气传输、光学成像、光电转换和电子处理等过程，才被转换成红外图像。红外图像也是图像，图像处理的基本理论和方法都适用于红外图像，但红外图像相比较于可见光等其他波段的图像有其自身的一些特点，因而需要针对其特点选用合适的处理手段。

1. 红外图像的特点

红外图像反映了目标和背景不可见红外辐射的空间分布，其辐射亮度分布主要由被观测景物的温度和发射率决定，因此红外图像近似反映了景物温度差或辐射差，其特点如下：

（1）红外热图像表征景物的温度分布，是灰度图像，没有彩色或阴影（立体感觉），故对人眼而言，分辨率低、分辨潜力差。

（2）景物热平衡、光波波长、传输距离远、大气衰减等，导致红外图像空间相关性强、对比度低、视觉效果模糊。

（3）热成像系统的探测能力和空间分辨率低于可见光 CCD 阵列，使得红外图像的清晰度低于可见光图像。

（4）外界环境的随机干扰和热成像系统的不完善，给红外图像带来多种多样的噪声，如热噪声、散粒噪声、1/f 噪声、光子电子涨落噪声等。噪声来源多样，噪声类型繁多，这些都造成红外热图像噪声的不可预测的分布复杂性。这些分布复杂的噪声使得红外图像的信噪比比普通电视图像低。

（5）红外探测器各探测单元的响应特性不一致等，导致红外图像出现非均匀性，体现为图像的固定图案噪声、串扰、畸变等。

综上所述，红外图像一般较暗，目标与背景对比度低，边缘模糊，视觉效果差。

2. 图像的数字化

现代红外成像制导导弹多采用 CCD 凝视探测器，因此所形成的红外图像是由每个 CCD 探测单元产生电信号的组合。通常电信号以数字信号来表示，以便于弹上计算机的处理，所以导引头所获取的红外图像是在二维空间分布的数字图像矩阵。当然可见光图像也是可以这样数字化，因此下面所介绍的图像处理方法也能够应用于可见光图像。

1) 图像的矩阵表示

一般意义上说，数字图像是一个二维的光强函数 $f(x,y)$，假设采样后的图像有 M 行 N 列，则可以用 $M\times N$ 阶矩阵表示一幅数字图像，即

$$\begin{bmatrix} f(0,0) & f(0,1) & \cdots & f(0,N-1) \\ f(1,0) & f(1,1) & \cdots & f(1,N-1) \\ \vdots & \vdots & & \vdots \\ f(M-1,0) & f(M-1,1) & \cdots & f(M-1,N-1) \end{bmatrix} \tag{4-30}$$

其中：M 和 N 为正整数；矩阵中的每个元素称为图像单元，又称为图像元素，或简称为像素，坐标 (x,y) 处的值 $f(x,y)$ 为离散的灰度值，即

$$0 \leqslant f(x,y) \leqslant L-1 \tag{4-31}$$

这里，L 为数字图像中每个像素所具有的离散灰度级数，即图像中不同灰度值的个数，一般取 L 为 2 的整数次幂，即

$$L=2^k \tag{4-32}$$

若 $k=1$，则 $L=2$，即图像只有两个灰度级，一般取黑白两个灰度，也就是所谓的黑白二值图像；若 $k>1$，则图像具有多个灰度，常见的灰度图像 16 灰度级（$k=4$）和 256 灰度级（$k=8$）。

2) 空间分辨率与灰度级分辨率

图像的空间分辨率和灰度级分辨率是数字图像的两个重要指标。

对相同大小的图像来说，空间分辨率反映了图像中可辨别的最小细节的大小。如图 4-52 所示，从左到右依次为同一幅图片 10×10、25×25、50×50、100×100、200×200 分辨率的图像，可以明显看出，随着分辨率增大，可分辨的图像细节精细。

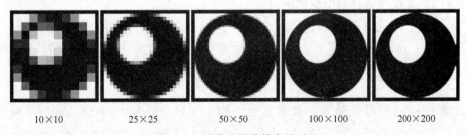

图 4-52 图像空间分辨率的对比

图像的灰度级反映了图像亮度变化可分辨的细节，灰度级越大，则图像中可分辨的亮度等级越多。如图 4-53 所示，从（a）到（f）依次为灰度级分辨率为 256、128、32、16、4、2 的情况，可以看出，256 级能比较好地反映出真实的亮度变化，灰度级越小，亮度层次越差，当灰度级为 2 时，图片变为黑白图片。

图 4-53 图像灰度级分辨率的对比

3) 像素的邻域

在图像处理中,经常用到像素的邻域的概念。像素的邻域指的是一个像素四周与其相邻的像素组成的区域,常用的领域有 4 邻域和 8 邻域。

假设某一像素 p 的坐标为 (x,y),则其上、下、左、右四个像素称为 p 的 4 邻域,记为 $N_4(p)$,如图 4-54(a)所示。

	$(x-1,y)$	
$(x,y-1)$	$p(x,y)$	$(x,y+1)$
	$(x+1,y)$	

(a)

$(x-1,y-1)$		$(x-1,y+1)$
	$p(x,y)$	
$(x+1,y-1)$		$(x+1,y+1)$

(b)

$(x-1,y-1)$	$(x-1,y)$	$(x-1,y+1)$
$(x,y-1)$	$p(x,y)$	$(x,y+1)$
$(x+1,y-1)$	$(x+1,y)$	$(x+1,y+1)$

(c)

图 4-54 像素的邻域

(a) 4 邻域;(b) 4 对角邻域;(c) 8 邻域。

$N_4(p)$ 的 4 个像素点的坐标依次为

$$(x-1,y),\ (x+1,y),\ (x,y-1),\ (x,y+1) \tag{4-33}$$

像素 $p(x,y)$ 的左上、左下、右上、右下 4 个对角像素称为 p 的 4 对角邻域,记为 $N_D(p)$,如图 4-54(b)所示。$N_D(p)$ 的 4 个像素的坐标分别为

$$(x-1,y-1),\ (x+1,y-1),\ (x-1,y+1),\ (x+1,y+1) \tag{4-34}$$

像素 $p(x,y)$ 周围全部 8 个像素称为 p 的 8 邻域,记为 $N_8(p)$,如图 4-54(c)所示。

显然,$N_8(p)=N_4(p)+N_D(p)$。当像素 p 位于图像的边缘位置时,则其邻域中某些像素位于数字图像的外部,在这种情况下,会有特殊的处理。

3. 红外图像预处理

由于探测器本身固有的特性,红外图像普遍存在目标与背景对比度较差、图像边缘模糊、噪声较大等缺点,因此必须进行预处理以提高其对比度,增强图像中的有用信

号,抑制使图像退化的各种干扰信号等。红外图像的预处理主要包括图像增强、图像复原和图像分割。

1) 图像增强

图像增强是对图像的某些特征(如对比度、边缘、轮廓等)进行强调或尖锐化。红外图像是由红外探测器接受辐射源发出的红外辐射转换而成的一种二维空间亮度分布,往往含有探测器的转移噪声和输出噪声以及大量的背景干扰噪声。同时,目标和背景之间的温差通常不是很大,导致红外图像对比度较低。尤其是目标距离较远或者辐射强度较弱时,目标容易淹没于背景中,造成目标检测的困难,因此必须对获取的红外图像进行增强处理。

常用的红外图像增强方法有灰度变换、直方图均衡以及图像平滑滤波。下面对这几种图像增强方法原理进行简要介绍。

(1) 灰度变换。灰度变换法是按一定的规则逐像素修改原始图像的灰度,从而改变图像整体灰度的动态范围。调整方法可以使灰度动态范围扩展,也可以使其压缩,或者部分区域灰度压缩而部分区域灰度扩展。设输入图像的灰度记为 $f(x,y)$,输出图像的灰度记为 $g(x,y)$,那么灰度变换数学上可以表示为

$$g(x,y) = T[f(x,y)] \tag{4-35}$$

式中:图像输出与输入灰度之间的映射关系完全由函数 T 确定。根据变换函数的形式,灰度变换分为线性变换、分段线性变换和非线性变换。灰度变换可使图像对比度得到扩展,图像更加清晰,特征更加明显。图 4-55 对比了一幅图像经灰度变换后的变化效果。

图 4-55 图像灰度变换

(2) 直方图均衡。直方图是图像的一个重要统计特征,是表示数字图像中每一个灰度级与该灰度级出现的频率间的统计关系。如图 4-56 所示是一张图片及其对应的直方图,由直方图可知,图像的像素主要分布在灰度级较大的区间,整幅图片偏亮,导致左上方后面背景的飞机不太清楚。

直方图均衡就是能过调整各个灰度级像素的分布比例,使整幅图像像素的灰度级分布比较均衡,从而使对比度差的图像变得更清楚。图 4-57 所示图片为将 4-56 中图片进行直方图均衡处理后的结果。

由图可见,图片左上方部分的对比度明显改善了。当然,直方图均衡也有不足的地方,它对图片进行的是全局均衡化,可能对某些局部来说,反而对比度会变差。比如对

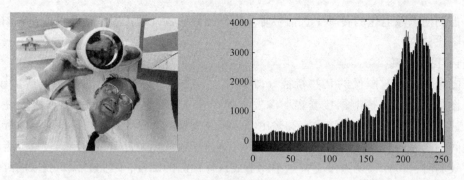

图 4-56 图像的直方图

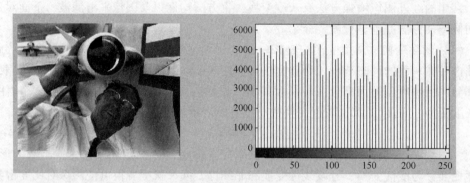

图 4-57 图像的直方图均衡处理

于图 4-56 中原来偏暗的地方,如导弹的导引头和人脸部分,经过直方图均衡处理后,反而使对比度变差了。这种情况可以通过采用更复杂的直方图规定化来进行更为细致的处理。

(3) 图像平滑滤波。平滑滤波的作用是模糊处理和减小噪声。

平滑滤波的概念非常直观,它用滤波模板确定的邻域内像素的平均灰度值代替图像中的每一个像素点的值,这种处理减少了图像灰度的"尖锐"变化,从而起到滤除噪声的作用。图 4-58 显示了一种线性平滑滤波器,它采用 3×3 的平滑模板,将像素与它的 8 邻域像素的值进行平均,从而得到滤波后的像素值。

图 4-58 3×3 线性平滑模板

图 4-59 展示了平滑滤波的实际效果。其中 (a) 为原始图像,(b) 为叠加了均匀分布随机噪声的图像,图 (c)~(f) 依次为 3×3、5×5、7×7 和 9×9 平滑模板对噪声图像进行平滑滤波的结果。由图可见,当所用平滑模板的尺寸增大时,对噪声的消除效果有所增强,但同时所得到的图像变得更加模糊,细节的锐化程度逐步减弱。

为了克服线性平滑滤波所带来的图像细节模糊的问题,可以采用中值滤波方法中的非线性平滑滤波。中值滤波即用一个有奇数点的滑动窗口 (如 3×3、5×5 窗口),将窗口中心的值用窗口内各点的中值代替。这种滤波的效果如图 4-60 所示,由图可见,中值滤波只用 3×3 模板窗口即可取得较好的滤波效果,而同时较好地保留了图像的原有细节。

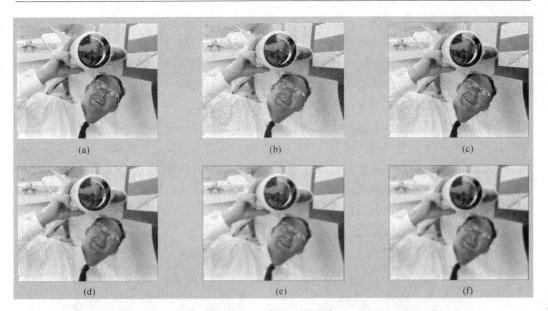

图 4-59 线性平滑滤波

(a) 原始图像；(b) 添加椒盐噪声图像；(c) 3×3 模板平滑滤波；
(d) 5×5 模板平滑滤波；(e) 7×7 模板平滑滤波；(f) 9×9 模板平滑滤波。

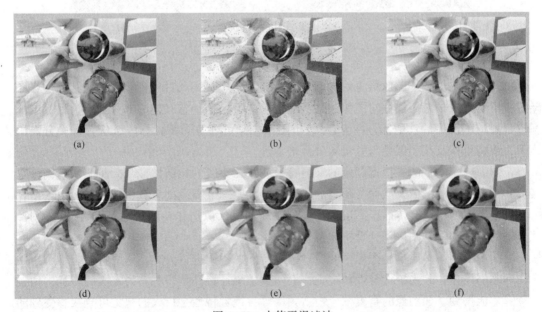

图 4-60 中值平滑滤波

(a) 原始图像；(b) 添加椒盐噪声图像；(c) 3×3 模板中值滤波；
(d) 5×5 模板中值滤波；(e) 7×7 模板中值滤波；(f) 9×9 模板中值滤波。

近年，图像平滑处理技术又有了新进展，结合人眼的视觉特性，运用模糊数学理论、小波分析、数学形态学、粗糙集理论等新技术进行图像平滑，取得了较好的效果。

2) 图像复原

景物成像过程受多种因素的影响，图像的质量会有所下降，这种图像质量的下降称为图像的退化。例如，成像目标物体的运动（平移或者旋转）、大气的湍流效应、光学系统的相差、成像系统的非线性畸变、环境的随机噪声等都会使图像产生一定程度的退化，特别是在弹载的高动态运动环境下更容易造成图像模糊或失真。图像复原的过程是为了还原其本来面目，即由退化的图像恢复到真实反映景物的图像。

图像复原从某种意义上来说也是为了改善图像的质量，但这与图像增强有明显的区别。图像增强的过程基本上是一个探索的过程，是用人的心理状态和视觉系统去控制图像的质量。而图像复原是利用退化现象的某种先验知识，建立退化现象的数学模型，再根据模型进行反向的推演运算，以恢复原来的景物图像。图 4-61 给出将一幅由于运动造成模糊的图像进行复原的效果。图像复原的过程是为了还原其本来面目，即由退化的图像恢复到真实反映景物的图像。

图 4-61 运动模糊复原

3）图像分割

图像分割是红外图像信息处理的一个重要步骤，是实现目标自动识别的基础。在图像应用研究中，人们往往对图像的某些部分感兴趣。这些感兴趣的部分常称为目标或前景（相应的图像的其他部分称为背景）。图像分割可理解为将目标区域从背景中分离出来，或将目标及其类似物与背景区分开来。

图像分割的目的是根据图像的某些特征或特征集合的相似性准则，将图像空间分割成若干有意义的区域，从而为随后的目标识别和跟踪等高级处理减少数据量。由于图像分割中出现的误差会传播至高层次处理阶段（如目标识别和精确跟踪等），因此，图像分割的精确程度是图像预处理中非常重要的指标。

图像分割的本质是将图像中的像素按照特性的不同进行分类。这些特性是指可以用作标志的属性，分为统计特性和视觉特性两类。统计特性是一些人为定义的特征，通过计算才能得到，如图像的直方图、矩、频谱等；视觉特性是指人的视觉可直接感受到的自然特征，如区域的亮度、纹理或轮廓等。

（1）图像阈值分割。图像阈值分割利用目标和背景灰度上的差异，把图像分为不同灰度级的区域。如图 4-62 所示为热水壶红外图像的阈值分割实例。

阈值法对目标、背景对比度高的图像分割效果较好，计算简单，是一种有效且实用的图像分割技术。根据获取最优分割阈值的途径，可以把阈值法分为全局阈值法、动态阈值法、模糊阈值法和随机阈值法等。

（2）边缘检测。边缘是人类识别物体的重要依据，是图像最基本的特征。边缘中包

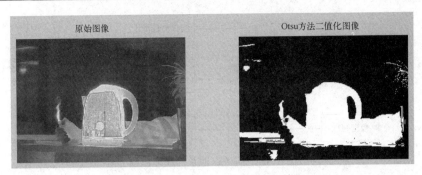

图 4-62 热水壶红外图像的阈值分割

含目标有价值的边界信息,这些信息可以用于图像分析、目标识别,并且通过边缘检测可以极大地降低后续图像分析处理的数据量。如图 4-63 所示为热水壶边缘检测实例。

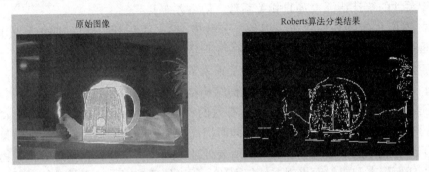

图 4-63 热水壶红外图像的边缘检测

图像边缘广泛存在于物体与背景之间、物体与物体之间,是图像灰度(亮度)发生空间突变或者在梯度方向上发生突变的像素的集合。图像边缘可以划分为阶跃状边缘(Step edge)和屋顶状边缘(Roof edge),其中,阶跃状边缘两边的灰度值有明显的变化;而屋顶状边缘在灰度增加和减小的交界处。在数学上可以利用其灰度变化曲线的一阶、二阶导数描述这两种不同的边缘。对于阶跃状边缘,灰度变化曲线的一阶导数在边缘处呈现极值,而二阶导数在边缘处呈现零交叉;屋顶状边缘在灰度变化曲线的一阶导数呈现零交叉,而在二阶导数处呈现极值。

4. 红外图像目标的识别

红外图像目标识别是自动寻的红外成像制导技术的重要环节,也称为 ATR(自动目标识别)技术,它是决定红外成像制导武器能否取得成功的关键技术。

图像识别是通过对红外图像的预处理后进行目标特征提取,并经综合分析、学习从而实现对目标和背景进行分类与识别。其相互关系如图 4-64 所示。

1)特征提取

特征提取是将图像数据从维数较高的原始测量空间映射到维数较低的特征空间,进而实现对图像数据的压缩。

从数学角度来讲,特征提取相当于把一个物理模式变为一个随机矢量,如果抽取了 n 个特征,则此物理模式可用一个 n 维特征矢量描述,表现为 n 维空间的一个点。n 维特征矢量表示为 $X=(x_1,x_2,\cdots,x_n)$。

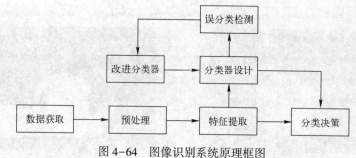

图 4-64　图像识别系统原理框图

在图像识别中，常被选取的特征主要有：

(1) 图像幅值特征：图像像素灰度值、彩色色值、频谱值等表示的幅值特征。

(2) 图像统计特征：直方图特征、统计性特征（如均值、方差、能量、熵等）、描述像素相关性的统计特征（如自相关系数、协方差等）。

(3) 图像几何特征：面积、周长、分散度（4π 面积/周长^2）、伸长度（面积/宽度^2）、曲线的斜率和曲率、凹凸性、拓扑特征等。

(4) 图像变换系数特征：如傅里叶变换系数、哈达玛变换、K-L 变换等。

(5) 其他特征：纹理特征、三维几何结构描述特征等。

特征选择的主要目的是获得一些最有效的特征量，从而使同类目标有最大的相似性，不同类的目标具有最大的相异性；同时提高分类效能，降低存储器的存储量要求。

对于红外成像制导系统，识别算法所要处理的是三维目标，它不是静止的物体，其可能会以任何姿态和辐射面出现在任何方位，所以处理难度是显而易见的。目标识别的传统方法是建立包含各种目标及各种姿态、距离的外形特征库以进行匹配。但是在实战中，导引头的存储容量有限，不可能存储如此海量的数据；并且若进行匹配识别，需要在不同姿态、距离、位置所构成的多维搜索空间进行搜索，一般无法实现快速匹配。

为了降低目标识别的难度，并提高目标识别的可靠性和实时性，总希望其所提取的特征具有良好的不变性。因此，不变性特征的研究是特征提取研究的重点之一。目标识别要求从任意观察点识别三维目标，这就要求所提取的特征与目标的尺度、位置和姿态无关。目前还没有任何一种特征能针对这些所有变化实现不变性，所以对于目标识别只能降低不变性要求，寻找具有某种特定不变性的特征量，即特征不变量。

在图像识别中，特征不变量是指目标的特性在经历了如下的一个或几个变换后仍然保持不变的特征量：目标尺度的变换、目标图像的平移变换、目标图像的旋转变换、仿射变换和透视变换。其中透视变换是一个非线性的变换，通常在满足一定条件的情况下可以用仿射变换很好近似，所以目前目标不变量的研究主要集中在前四种变换。

不变性特征可分为全局特征和局部特征两类。全局特征代表了目标整体的属性，它对于随机噪声具有鲁棒性，但是当目标有部分缺损时，会对特征不变性造成很大影响。局部特征代表了目标的局部信息，这些局部信息通常是指目标边界上关键点之间的部分。由于关键点一般是目标边缘的高曲率点，因此其受噪声影响很大，常会出现错检和漏检的情况。

2) 分类决策

分类决策是指在所提取的目标特征空间中按照某种风险最小化规则来构造一定的判

别函数，从而把提取的特征归类为某一类别的目标。此外，在分类决策时也可以直接按照匹配的原则进行处理，即将提取的每个特征矢量与存储的理想特征矢量进行比较。当两者达到最接近匹配时，就分配一个表示其在给定目标类中的可信度概率。当对图像中的所有物体进行分类匹配后，将疑似目标的可信度概率与阈值比较，如果超过目标阈值的候选物体数量较多，就将具有最高可信度概率的物体看成主要目标。

从数学观点来看，分类决策就是找出决策函数（边界函数）。当已知待识别模式有完整的先验知识时，可据此确定决策函数的数学表达式。如果仅知道待识别模式的定性知识，则在确定决策函数的过程中，通过反复学习（训练）、调整，得到决策函数表达式，作为分类决策的依据。

图像识别系统的主要功能是得到模式所属类别的分类决策，而分类决策的关键是找出决策函数。一般决策函数分为线性决策函数和非线性决策函数两类，常见的有距离函数和不变矩函数。

4.5 红外导引头稳定跟踪系统

4.5.1 基本功能与结构形式

1. 跟踪系统的功用

跟踪系统的功能就是跟踪与稳定。跟踪指的是当目标偏离光学系统光轴时，红外探测系统检测到偏差，根据这个偏差要使得光轴再次指向目标；而稳定就是指当光轴已经指向目标时，要将光学系统的光轴稳定在空间。当导引头工作于稳定状态时，视场角是有限的，因为视场大了会带来不利的影响，即容易引入背景干扰，使导弹对目标的选择性和鉴别能力低；但是视场角小了，搜索过程中不易捕获目标，即使捕获到目标，倘若目标机动，再加上导弹绕其质量中心的振动，也容易丢失目标。为了使导引头鉴别能力高，又易于捕获和跟踪目标，必须让导引头对目标进行跟踪。

红外导引系统为了实现跟踪与稳定，大部分采用三自由度动力陀螺，将光学系统直接安装在陀螺转子上，光轴与陀螺自转轴重合，利用它的定轴性将光学系统稳定在空间，避免导弹飞向目标过程中所产生的振动而影响导引头的正常工作；利用它的进动性，实现对目标的跟踪。此类跟踪系统称为陀螺跟踪系统，它由包含光学系统的陀螺转子、框架机构、伺服机构和相应的电路等组成。

2. 跟踪系统的基本原理

如图 4-65 所示，在红外导引系统中，红外探测系统与跟踪系统共同组成了跟踪回路，该回路实际上就是一个负反馈自动控制系统，图中 q_M 为目标视线角，q_t 为离轴角，Δq 为失调角，该角反映了目标偏离光轴的程度。

图 4-66 为同一平面内的视线、光轴相对位置图。当目标位于光轴上时（$q_M = q_t$），方位探测系统无误差信号输出。由于目标的运动，目标偏离光轴，即 $q_M \neq q_t$，系统便输出与失调角 $\Delta q = q_M - q_t$ 相对应的方位误差信号。该误差信号送入跟踪系统，跟踪系统便驱动光轴向着减小失调角 Δq 的方向运动。当由于目标的运动，再次加大 Δq 时，光轴

的运动重复上述过程。这样，系统便自动跟踪了目标。

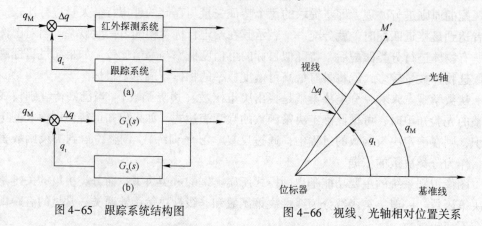

图 4-65　跟踪系统结构图　　　　图 4-66　视线、光轴相对位置关系

由图 4-65 中跟踪回路的组成图（a），作出跟踪结构方块图（b），其中 $G_1(s)$、$G_2(s)$ 分别为红外探测系统和跟踪系统的传递函数。红外探测系统可以看成为放大环节，因此

$$G_1(s) = \frac{u(s)}{\Delta q(s)} = K_1 \tag{4-36}$$

式中：K_1 为比例系数。

跟踪系统输入一个电压 u，输出为转角 q_t，是一个积分环节和一个放大环节相串联，故

$$G_2(s) = \frac{q_t(s)}{u(s)} = K_2 \frac{1}{s} \tag{4-37}$$

式中：s 为运算子 dt；K_2 为比例系数。

由负反馈回路求传递函数的方法，得系统闭环传递函数为

$$\Phi(s) = \frac{u(s)}{q_M(s)} = \frac{G_1}{1 + G_1 G_2} = \frac{K_1}{1 + K_1 K_2 \frac{1}{s}} = \frac{\frac{1}{K_2} s}{\frac{1}{K_1 K_2} s + 1} \tag{4-38}$$

由式（4-38）可见，跟踪回路实际为一个微分环节和一个惯性环节的组合环节。

将式（4-38）变化为

$$u = \frac{\frac{1}{K_2}}{\frac{1}{K_1 K_2} s + 1} \cdot s q_M = \frac{\frac{1}{K_2}}{\frac{1}{K_1 K_2} s + 1} \cdot \dot{q}_M \tag{4-39}$$

在跟踪的稳态过程中，系统输出电压 u 与目标视线角速度 $\dot{q}_M$ 成正比，即

$$u = \frac{1}{K_2} \cdot \dot{q}_M = K \cdot \dot{q}_M \tag{4-40}$$

把红外跟踪系统用于导弹的制导系统中，用上述电压 u 去控制舵机，使舵面偏转的

角度与 u 成比例,即与 q_M 成比例,从而操纵弹体转动,使导弹速度矢量的转动角速度也与 q_M 成比例,这就实现了比例导引的制导规律。

由式(4-36)还可以得到

$$u = K_1 \Delta q \tag{4-41}$$

比较式(4-40)和式(4-41)可见,对于具有一定视线角速度的目标,为维持稳定跟踪,必须要求目标有一定的失调角 Δq 与之对应。就是说,系统达到稳定跟踪时,光轴运动角速度 $\dot{q}_t$ 完全跟随了目标视线角速度 $\dot{q}_M$,即 $\dot{q}_M = \dot{q}_t$,但光轴与视线间却存在一定的角位置误差 Δq,由式(4-40)和式(4-41)可方便地求出

$$\Delta q = \frac{\dot{q}_M}{K_1 K_2} \tag{4-42}$$

稳定跟踪时,光轴与视线间的角位置误差 Δq 与目标视线角速度 q_M 成正比,与系统开环增益 $K_1 K_2$ 成反比。

由以上分析,可见红外跟踪系统是一个误差(Δq)控制的速度跟踪系统。

下面介绍两种比较典型的稳定跟踪系统——动力陀螺跟踪系统和速率陀螺跟踪系统。

4.5.2 动力陀螺稳定跟踪系统

在某型红外寻的空空导弹导引头中采用电磁驱动式陀螺跟踪系统,利用通电线圈驱动带有永久磁铁的陀螺转子进动,从而实现跟踪,保证了光学系统能够始终截获目标,并且跟踪范围为顶角不小于 50° 的圆锥体空间。

1. 陀螺结构

陀螺的万向支架组件固定在红外线接收器的底座上,如图 4-67 所示。

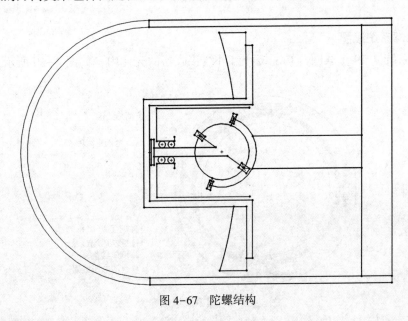

图 4-67 陀螺结构

陀螺有外环和内环，所以，陀螺转子可以作方位、俯仰运动。陀螺转子为一个杯形筒，安装在内环的轴承上，它的外面固定着镜筒。镜筒的后部装有球面大反射镜、永久磁铁和机械锁定器，镜筒的前面是伞形光阑、平面反射镜，而伞形光阑和平面反射镜通过连接杆与支承透镜固连，支承透镜固定在镜筒的前端。镜筒内安装有调制盘和光阑（位于调制盘之前）。从这个意义上讲可以认为陀螺转子是由光学系统、永久磁铁和机械锁定器等组成的。光敏电阻安装在内环前端的固定座上，它不旋转，只能同内环一起做方位和俯仰运动。此外，在伞形光阑前面装有水银盘，其上有两个圆形同心槽，槽内注入铊汞合金。它是一个章动阻尼器，可使陀螺进动时平稳。调整水银盘上的平衡环和机械锁定器上的平衡环的配重螺钉，使陀螺转子保持动平衡状态。

2. 机械锁定器

陀螺在不工作时，为防止由于运输或搬运而引起陀螺转子的摆动，造成机械损伤，故装置有机械锁定器。机械锁定器的构造和工作原理如图 4-68 所示。

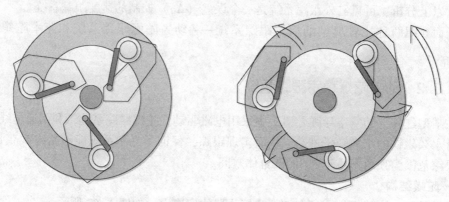

图 4-68 机械锁定器

3. 陀螺系统线圈

陀螺系统共 19 个线圈，均配绕在红外线接收器的壳体内，如图 4-69 所示。

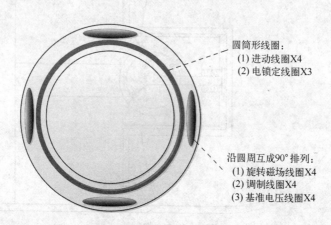

图 4-69 陀螺系统线圈配置

(1) 旋转磁场线圈（XZQ）。旋转磁场线圈呈扁平形，共 4 个，互成 90°排列。线圈通以高频电流时产生旋转磁场，并与陀螺转子上永久磁铁的磁场相互作用，使陀螺转子旋转。

(2) 进动线圈（JDQ）。进动线圈呈圆筒形，共 4 个，其线圈轴线与导弹纵轴重合。如有进动电流流过线圈，便产生磁场，并与永久磁铁的磁场相互作用，使陀螺进动跟踪目标。

(3) 调制线圈（DZQ）。调制线圈共 4 个，互成 90°排列，均绕在铁心上，每个线圈两端各附加一个小永久磁铁，用于磁化铁芯。调制线圈的作用是控制旋转线圈的工作。

(4) 电锁定线圈（DSQ）。电锁定线圈共 3 个，绕成圆筒形。线圈轴线与导弹纵轴重合，分别配置在进动线圈的前面、后面和中央底层。当陀螺转子轴倾斜于导弹纵轴时，永久磁铁的磁力线便被电锁定线圈切割而产生感应电动势。此电动势被放大后，送至进动线圈。进动线圈所产生的磁场与永久磁铁的磁场相互作用使陀螺转子恢复中立状态（$\varphi=0$，$\psi=0$），从而"锁住"陀螺。

(5) 基准电压线圈（JZQ）。基准电压线圈共 4 个，互成 90°排列，对应的两个线圈互相串联为一组。当陀螺旋转时，永久磁铁的磁力线被基准电压线圈切割而产生感应电动势，并且两组线圈产生的感应电动势在相位上相差 90°。这两个电压就是加在相位鉴别器上的基准电压。

4. 陀螺旋转电路

椭圆形永久磁铁是陀螺转子的重要组成部分，它和陀螺转子的其他部分固连在一起，所以要使陀螺转子旋转，只要使永久磁铁旋转即可。这里利用旋转磁场线圈（XZQ1~XZQ4）产生的磁场与永久磁铁的磁场相互作用，从而实现陀螺转子的高速旋转。永久磁铁与旋转磁场线圈的配置情况如图 4-70 所示。

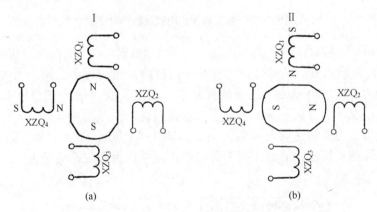

图 4-70 陀螺旋转原理

永久磁铁可绕其轴旋转。假如永久磁铁在位置 I 时，给旋转磁场线圈 XZQ4 输入电流，于是产生磁场。其 N 极向着永久磁铁，S 极离开永久磁铁（图 4-67（a））。这样，永久磁铁的 N 极被 XZQ4 的 N 极排斥，使永久磁铁转到 II 的位置。

当永久磁铁在位置 II 时切断输向 XZQ4 的电流，接通 XZQ1 的电流。永久磁铁在 XZQ1 的磁场作用下，又继续顺时针旋转 90°，如果依次给旋转线圈通、断电，就可实现永久磁铁不停地旋转。

旋转磁场线圈的依次通断电是通过调制线圈和陀螺旋转电路来实现的，调制线圈感应出永久磁铁的当前位置，陀螺旋转电路利用调制线圈输出的信号来控制给旋转线圈的通断电，产生使永久磁铁旋转所需的旋转磁场。另外，陀螺旋转电路还具有陀螺稳速功能，使陀螺转子的转速在规定的（72±5）rad/s 范围内。

5. 陀螺跟踪原理

在导弹跟踪目标过程中，如果目标视线与光轴间出现偏差角 Δq，则光敏元件便有相应信号输给电子线路。这个信号经放大后，在陀螺进动线圈中产生相应的控制电流 $i_{误}$，此电流通过线圈产生的磁场与陀螺转子上永久磁铁的磁场相互作用而产生进动力矩 $M_{进}$。在 $M_{进}$ 的作用下，使陀螺转子轴向目标方向进动，即使光学系统轴不断跟踪目标。

永久磁铁与调制盘的相对位置如图4-71所示。

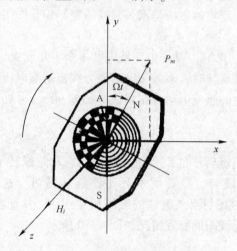

图 4-71 永久磁铁和调制盘的相对位置

如果进动线圈通以直流电，则线圈磁场对不转动的永久磁铁的作用力和力矩的方向如图4-72所示。假设电流以顺时针方向（从左向右看）通过进动线圈，则由左手定则可确定线圈受力方向。电磁力本应使线圈移动，但由于线圈固定在弹体上不能动，因此有一个大小相等、方向相反的力作用在永久磁铁上，如图4-72（a）所示，永久磁铁此时所受力、力矩和进动电流的方向，如图4-72（b）所示。由于此时永久磁铁与陀螺转子同轴相固连，故此作用力和力矩也同样作用在陀螺转子上。

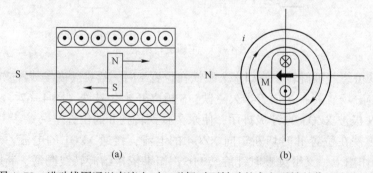

图 4-72 进动线圈通以直流电时，磁场对不转动的永久磁铁的作用力和力矩

如果进动线圈加入一个频率等于永久磁铁旋转频率，幅值反映目标偏差大小，相位反映目标相对导弹的方位的正弦交流电，此时由于永久磁铁的磁场与通电线圈磁场的相互作用，磁铁将受一外力矩。上述相互作用力在交流电每半周的每一瞬间大小不同，但方向是不变的。在磁铁旋转一个周期内，电流 $i_{误}$ 和永久磁铁所受的作用力 F 的波形图如图4-73所示。上述合力将产生一个作用在陀螺转子上的平均力矩，陀螺在这个外力矩作用下，按进动规律向某个确定方向进动。此方向与 $i_{误}$ 初相位有关，故可实现向目标跟踪。

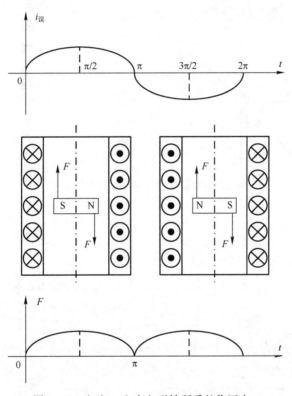

图4-73 电流 $i_{误}$ 和永久磁铁所受的作用力 F

为了研究进动力矩的产生原理，先看一下导引头捕获目标后进动线圈中的电流 $i_{误}$ 与目标位置的关系。如图4-74所示，目标 A' 在调制盘上的像点为 A。OA 与 OY 的夹角为 θ。目标视线与光学系统轴的夹角为 Δq。如果以 OY 为计算角度的起始轴，陀螺转子的旋转角频率为 Ω，则误差信号放大电路输出的误差信号电流

$$i_{误} = i_0 \sin(\Omega t - \theta) \tag{4-43}$$

式中：$i_0 = K_1 \cdot \Delta q$（K_1 为比例常数）。

误差信号电流与陀螺转子上的永久磁铁的位置关系如图4-75（a）所示。$i_{误}$ 进入进动线圈，线圈即产生轴向交变磁场，与安装在陀螺转子上的永久磁铁的磁场相互作用，产生电磁力矩，即使永久磁铁受到一个转动力矩 M，此力矩因是作用在陀螺上的外力矩，故可引起陀螺进动。图4-75（b）表示永久磁铁在不同位置时 M 的方向和大小。可以看到，M 的方向也随着大磁铁的转动而转动，其转动的速度也是 $\Omega = (75\pm5)\,\text{rad/s}$。

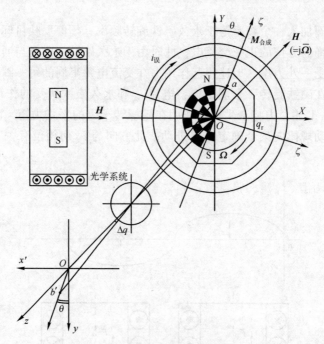

图 4-74 目标与像点的位置关系

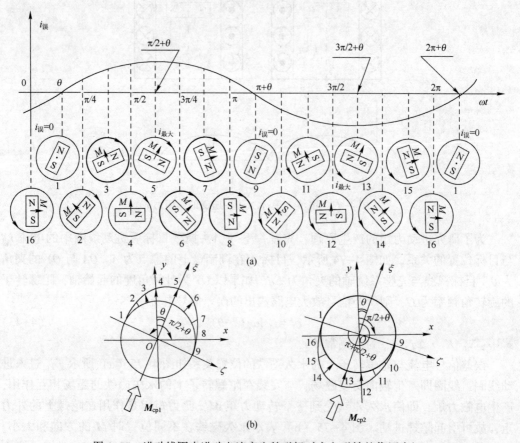

图 4-75 进动线圈中进动电流产生的磁场对永久磁铁的作用力矩

当电流 $i_{误}$ 为正半周时，M 的相位从 $-\left(\dfrac{\pi}{2}-\theta\right)\to\left(\dfrac{\pi}{2}+\theta\right)$（以 OY 轴为起始轴），参考图 4-74，即当 $\Omega t=\theta$ 时，$i_{误}=0$，所以 M 也等于零，其方向和起始轴 OY 夹角为 $-\left(\dfrac{\pi}{2}-\theta\right)$。当 $\Omega t=\dfrac{\pi}{2}+\theta$ 时，$i_{误}$ 幅值达到最大值 I_0，此时 M 的幅值也达最大值 M_0，最大力矩沿 $O\xi$ 方向。

当电流 $i_{误}$ 为负半周时，M 的相位从 $\left(\dfrac{\pi}{2}+\theta\right)\to\pi+\left(\dfrac{\pi}{2}+\theta\right)$。由图 4-74 可知，力矩的分布是对称于 $O\xi$ 轴的，故在 $O\xi$ 轴上的投影是叠加的，而在 $O\zeta$ 轴上的投影是抵消的，因此合成力矩的方向沿着 $O\xi$ 轴，如图 4-75 所示。

当陀螺进动时，转子角速度矢量 Ω（或动量矩 H）走捷径与 $M_{合成}$ 靠拢。因 Ω（或 H）的方向与导弹前进方向相反，故陀螺进动时使装置在转子前方的光学系统轴倒向左下方（面对导弹观察），从而使陀螺跟踪目标 A'，目标偏离光轴的角度越大，进动电流的幅值越大，作用在陀螺上的合成力矩也越大，陀螺转子轴（即光轴）跟踪目标的速度也越快。

当目标偏离导弹的方位不同时，光点落在调制盘上的位置不同，$i_{误}$ 的初相角也不同。即坐标 $O\zeta\xi$ 与 Oxy 的夹角不同，合成力矩的方向（$O\xi$ 正向）也不同。最后通过修正该误差角，使光学系统轴向目标像点的共轭方向（即目标方向）转动，实现对目标的跟踪。

4.5.3 速率陀螺稳定跟踪系统

速率陀螺稳定平台方案，目前在实际导弹系统中应用最为广泛。美国的"麻雀"系列导弹和"霍克"导弹，英国的"天空闪光"导弹，意大利的"阿斯派德"导弹以及苏联的"萨姆-6"导弹的导引头均采用这种稳定方案。

1. 基本组成

速率陀螺稳定跟踪系统主要由平台台体、速率陀螺、角度传感器、校正网络、驱动功放、力矩电机和传动机构等部分组成。

2. 工作原理

（1）稳定原理。速率陀螺稳定方案利用 2 或 3 个速率陀螺测量光轴或天线轴在方位、俯仰或滚转方向上的空间角速度输出，用速率陀螺"空间测速机"的性能构成稳定回路。

如图 4-76 所示，弹体扰动或弹体姿态变化时产生的干扰力矩作用于平台台体，引起台体存在附加的角速度输出被速率陀螺敏感后，其输出电压经校正环节处理和功率放大器（简称"功放"）放大后传送到力矩电动机，由力矩电动机产生方向相反上的卸荷力矩来平稳外部的干扰力矩，力求使光轴或天线轴在空间的角速度达到最小，从而构成闭环角速度稳定控制回路。

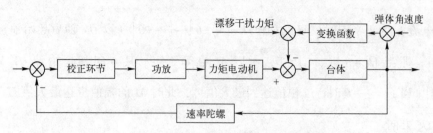

图 4-76 速率陀螺稳定回路组成原理框图

（2）随动/搜索原理。随动/搜索原理如图 4-77 所示，回路是以角度指令信号为输入、台体角度信号为反馈的闭环控制系统，驱动光轴实现随动和搜索。随动角度指令来自机载雷达或头盔，搜索角度指令来自弹上或发射装置的搜索电路。

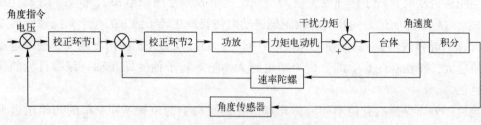

图 4-77 随动/搜索原理框图

（3）跟踪原理。跟踪原理如图 4-78 所示。当平台的光轴与目标位置不一致时，红外探测系统测得目标角误差信号，经信息处理驱动力矩电机带动台体转动，使光轴跟踪目标。

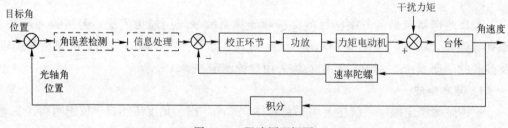

图 4-78 跟踪原理框图

3. 典型结构

图 4-79 是一种典型的三轴速率陀螺稳定平台结构示意图。方位和俯仰速率陀螺、光学系统、探测器安装在内环上。中环采用钢丝传动，力矩器的力矩通过钢丝作用到中环框架上，中环框架的转角通过另一组钢丝传递给中环角度传感器。在设计力矩器传动钢丝时，主要关心的是传动刚度；而在设计角度传感器传动钢丝时，主要关心的是角度传递的准确性。采用钢丝传动与采用齿轮传动相比刚性较差，但结构要紧凑得多。

三轴平台的外环部分仅给出了外环框架（外环电动机、外环角度传感器等未显示），外环框架相对弹体可 360°连续旋转，外环的关键构件包括外环力矩电动机、外环角度传感器、导电滑环等。在外环 360°连续旋转时，用导电滑环实现位标器与电子舱

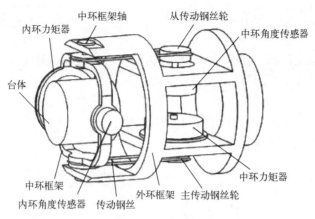

图 4-79 三轴速率陀螺稳定平台

间电信号的传输,用可转动的高压密封接头向位标器台体输送制冷气体。

4. 速率陀螺稳定平台的特点

速率平台与动力陀螺跟踪稳定平台相比,具有以下优点:

(1) 跟踪角速度大:速率平台的最大跟踪角速度主要由平台力矩电机和陀螺动态范围决定,通常大力矩的力矩电动机和宽测速范围的陀螺比较容易获得,因而速率陀螺稳定平台可以实现较大的跟踪角速度。

(2) 大离轴角:由于速率平台不存在离轴角效应,速率平台可通过多种框架结构形式实现大离轴角,某些设计可达±90°以上。

(3) 抗干扰能力强:由于速率陀螺平台稳定和跟踪回路可以单独构成,因此平台的稳定性可以达到相当高的水平,使台体受干扰力矩的影响很小。

(4) 负载能力大:适于承载大的和机构复杂的成像探测系统。

速率平台的缺点:构成器件多,结构复杂,体积大和造价高。

4.6 红外导引头抗干扰技术

红外导引系统的抗干扰主要包括抗背景干扰和抗人工干扰两部分。抗背景干扰主要指的是抗太阳、云层和地物干扰,云层与地物干扰包括自身辐射及其对太阳的反射等。抗背景干扰能力的优劣可通过导引系统的作用距离、截获概率、虚警概率等指标受影响的程度来评价。抗背景干扰的性能一般通过信号特征识别和时间积累来改善。

以下重点介绍与分析红外导引系统的抗人工干扰性能。

4.6.1 红外干扰

红外干扰类型有很多种,主要分为欺骗性干扰、压制性干扰和消光性干扰三类。

欺骗性干扰主要包括红外诱饵弹、红外干扰机、喷油延燃干扰、激光诱饵、伴飞诱饵弹等。压制性干扰主要有激光致盲人工干扰、摧毁式干扰等。消光性干扰主要包括烟幕干扰、气溶胶干扰、红外涂料隐身、红外伪装等。

对于红外制导空空导弹的主要作战对象——第三、第四代战斗机来说,目前世界上研究最多、装备最广泛、简单有效的干扰是红外诱饵弹，在此仅对红外诱饵弹的特性进行分析。

要使红外诱饵能起到干扰作用，红外诱饵所产生的有效辐射应尽早出现在导弹的视场内。红外诱饵弹通常在起燃后 0.2~0.5s 内达到最大辐射强度的 80%。空射红外诱饵干扰的有效燃烧时间一般是 3~6s。实用红外诱饵弹点燃时火焰最高温度达 2000~2500K，其辐射光谱的峰值对应波长为 1.45~1.16μm。图 4-80 是某型号红外诱饵弹的辐射强度随时间变化的曲线。

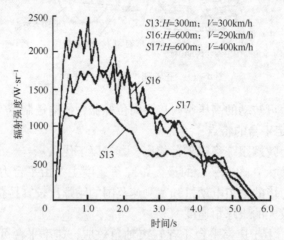

图 4-80　红外诱饵弹动态辐射强度随时间变化曲线

红外诱饵对红外制导导弹的干扰能力不仅取决于红外诱饵弹本身的辐射强度，而且取决于它与载机两者之间的辐射强度比。为了有效地诱骗点源红外制导导弹的攻击，目前的红外诱饵弹的辐射强度总是大于载机的红外辐射强度。

红外诱饵弹的辐射强度和有效燃烧时间除受高度影响外，还受到载机的飞行速度的影响。载机的飞行速度反映了红外诱饵弹所处的不同气流状态。速度效应是确定辐射强度的重要修正参量，静态状态下测定的辐射强度与实际飞行的动态状态下的辐射强度要大 10~20 倍。图 4-81 是某红外诱饵弹的速度效应曲线。

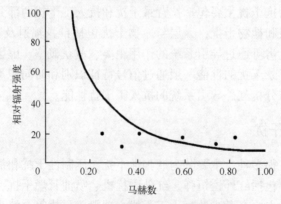

图 4-81　红外诱饵弹速度效应曲线

红外诱饵的弹道密度是指在诱骗红外制导导弹时，保持在红外导引系统视场内红外诱饵弹的平均数量。弹道密度越大，对红外导引系统的干扰作用就越大，但是弹道密度越大，要求载机携带的红外诱饵的数量就越多，这与载机的有效载荷有矛盾。因为要实现一定数量密度的红外诱饵，不得不考虑运动状态下红外诱饵的弹道散布。红外诱饵弹的运动弹道常用以下公式计算：

$$\frac{\mathrm{d}v}{\mathrm{d}t} = \frac{\rho_a g v^2}{2\beta} \tag{4-44}$$

式中：$\frac{\mathrm{d}v}{\mathrm{d}t}$ 为阻力减速；ρ_a 为大气密度；v 为速度；β 为弹道系数。

$$\beta = \frac{w}{C_D A_{\mathrm{ref}}} \tag{4-45}$$

式中：w 为红外诱饵弹的重力；C_D 为阻力系数；A_{ref} 为相对阻力系数的参考面积。

按上述基本公式，经适当地修正可以计算出各种飞行条件下红外诱饵弹道的散布。图4-82是典型条件下红外诱饵弹的干扰弹散布曲线。

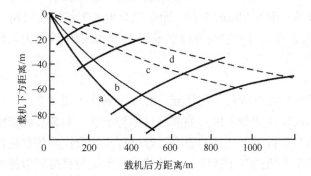

图 4-82　飞行高度为 6km 时干扰弹散布曲线

4.6.2　红外抗干扰

这里所叙述的抗干扰方法主要针对装备最为广泛的红外诱饵弹。红外导引系统要想实现抗干扰，必须对获得的各种信息从不同的角度进行分析和识别，通过对比干扰与目标在各种信息表现上的不同选出目标，达到抗干扰的目的。目标与干扰在信息上的不同主要体现在空间位置、辐射温度、辐射强度、辐射能量变化率、运动轨迹、形状等几个方面。因此常用的抗干扰方法可分为空间位置识别法、光谱识别法、辐射强度识别法、运动轨迹识别法、形体识别法和综合加权识别法几种，下面对这些方法进行简要介绍。

1. 空间位置识别法

1）变视场

在导引系统设计中，常采用变视场的方法以减小干扰，提高跟踪性能。减小导引系统视场有两条途径：一是光学变视场；二是电子变视场。

2）波门技术

波门技术是随着红外导引系统空间分辨率的提高逐步发展起来的。波门技术限制了红外探测信号的处理区间，减少了区间外干扰的影响，有利于提高跟踪品质。

对于成像探测系统，波门也称为窗口，波门是以形心或质心等算法形成的中心来设置的。波门大小一般设计为自适应的，它取决于目标大小、目标空间运动特性和抗干扰需求。

3) 相关技术

相关技术是依据目标的主要特征（空间位置、能量辐射等）连续变化的特点，将系统的基准图像在实时图像上以不同的偏移值位移，根据两幅图像之间的相关度函数判断目标在实时图像中的位置，跟踪点就是两个图像匹配最好的位置，即相关函数的峰值。相关技术与波门技术相比利用了更多的图像信息，因而能更有效、可靠地识别目标。一般相关技术不要求分割目标和背景，对图像质量要求不高，可在低信噪比条件下正常工作，对于与选定的跟踪目标图像不相似的其他干扰都不敏感，可用来跟踪较大的目标或对比度较差的目标。

2. 光谱识别法

1) 光谱滤波

空中目标辐射由发动机尾喷口辐射、尾流辐射、蒙皮辐射三部分组成。云团或地物背景辐射的峰值波长一般在 $10\mu m$ 左右，而干扰弹由于工作温度较高，其辐射的峰值波长一般在 $1\mu m$ 左右，所以红外空空导弹多采用 $3\sim5\mu m$ 的中波作为工作波段，以抑制干扰弹与背景辐射。

2) 多波段识别

为了改善红外导引系统的抗干扰性能，红外探测技术朝着多波段探测与识别的方向发展。单波段探测仅能从能量上区分或抑制目标与干扰，而多波段探测的采用，可以使系统具有区分目标与干扰温度特征的能力。通过对多波段探测信息进行数据融合，可以明显地提高红外导引系统的抗干扰能力，尤其是当干扰与目标辐射能量基本相当时，多波段识别优势更大。

3) 多模技术

多模探测与跟踪是一种极佳的抗红外干扰技术。多模探测与制导系统可根据所施放的光或电干扰类型自动切换制导模式，同时通过数据融合技术充分利用多模探测信息，从而增强抗干扰能力。

多模探测与制导技术中，采用中红外/雷达双模寻的红外导引技术效果更好，它实现了光电互补，能有机地综合光、电制导的各自优势，是红外抗干扰最具发展前景的寻的制导技术。

3. 辐射强度识别法

1) 能量变化率识别

干扰弹起燃时的变化特征明显有别于目标辐射自然变化特征，可以通过对所跟踪的目标单位时间内能量的变化量来判断目标是否投放了干扰弹，以便为调整系统的增益控制、波门设置、分割门限等提供最可靠的依据。

2) 幅度识别

干扰弹出现时信号幅值迅速变化，干扰弹信号幅值与目标信号幅值不同是其显著特征，因此可根据视场内脉冲信号的幅值鉴别出目标和干扰弹。

对于图像探测系统，可以用多种特征（如灰度特征和形状特征等）进行描述。通过合理地设计动态分割门限，可以从图像的灰度特征识别出目标与干扰。

4. 运动轨迹识别法

1)航迹识别

干扰弹与目标分离后它们与目标的运动特征有明显的不同,可以采用航迹识别方法区分干扰与目标。航迹识别首先需要采集目标的多帧信息以建立目标航迹,然后进行航迹匹配,最后进行目标与干扰的判别。

2)预测跟踪

当导引系统在跟踪目标过程中因受到干扰影响导致跟踪的目标参数超出正常跟踪值范围时,可将其转入预测跟踪状态。这时导引系统虽然仍根据实时采集的数据计算置信度,但是导引系统对目标的跟踪信息却不由实测的计算参数提供而转由历史数据计算出的预测参数提供。在系统处于预测跟踪状态下,若跟踪信息恢复到正常范围内,则可转入正常跟踪状态。

5. 形体识别法

对于成像导引系统,信息中包含有较准确地跟踪对象的红外形体大小和形状,在层次门限分割技术基础上,根据形体大小和形状可较容易地识别出目标与干扰。

6. 综合加权识别法

在进行抗干扰方案设计时,一般需要综合运用上述各种相对独立的抗干扰措施给出目标和干扰的判断。综合加权识别法研究的是上述各独立信息之间的逻辑关联度。通过综合分析,对每一个独立信息在弹道的不同时段给出不同的置信度,然后通过加权计算锁定目标、剔除干扰,从而达到提高抗干扰概率的目的。

置信度是表征探测信息的状态参量。对于图像信号,可设置面积、灰度、形状、灰度梯度、旋转、帧位移等参数的置信度。置信度设定不是一成不变的,一般采用自动调节变参量设计。通过对目标各信息的记忆、统计、评估与综合,使综合加权算法具有自适应和自学习能力,最终给出最佳抗干扰策略。

第5章 雷达制导

雷达探测使用的电磁波波长比红外线的长,为10m~0.01m(对应的频率为30MHz~30GHz),能全天时、全天候工作,几乎不受季节、昼夜和天气条件的影响;采用大功率发射机、高增益天线以及高灵敏接收机可获得比红外探测大得多的探测距离。

本章讨论雷达寻的制导系统的相关内容,包括雷达导引头的基本功能和组成,目标和环境的电磁特性,目标参数测量,单目标跟踪等,并介绍了典型的半主动雷达导引头和主动雷达导引头。

5.1 雷达制导概述

5.1.1 雷达制导的特点与发展

雷达导引头是雷达寻的制导导弹的关键装置,雷达寻的制导导弹的发展与雷达导引头装置的发展密不可分,它是这种类型导弹上发展最活跃的领域,现代雷达导引头已经演变成为一种极复杂的装置,它的性能和技术水平是衡量雷达寻的制导导弹性能和水平的基本依据之一。

雷达自寻的式导弹系统的工作原理如图5-1所示。

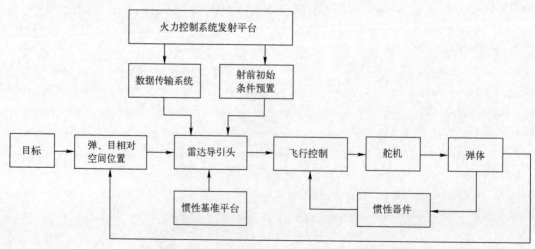

图5-1 雷达自寻的式导弹系统的工作原理

发射前导弹位于发射装置上,根据火力控制系统所选定攻击的目标,把射击前有关该目标的初始数据适时地传送到导弹上,这叫作初始预定。导弹一般通过导引头接收初始预定指令。

导弹发射后，位于飞行控制舱内的惯性器件适时测量弹体的横向加速度、转动速率及弹体姿态，并通过飞行控制系统的控制面使弹体保持稳定。位于制导舱中的导引头建立导弹与目标间的空间联系，当它截获指定目标并稳定跟踪后，指令形成装置按导引规律要求，利用导引头测得的弹目相对运动参数形成控制面的操纵指令，送往飞行控制系统，使导弹按规定的方式接近目标。

对于远程导弹，一般采用惯性中段制导加末段半主动或主动式自寻的制导的复合控制方式，在这种情况下，除初始条件预定外，在中制导段，火控系统还要通过数据传输通道不断向导弹发送目标的当前运动参数。在导弹中，它与由导弹惯性基准平台测得的导弹运动参数相比较，按规定的导引规律形成指令，送往飞行控制舱，控制导弹飞行，并对导引头进行实时预定，在适当时机转换到末段的寻的制导飞行。

在交会段，由近炸引信装置确定有效击毁目标的最佳起爆战斗部时间，引爆战斗部。在导弹上还设有触发引信，以备在导弹与目标直接碰撞时引爆战斗部。

图 5-2 给出了几种典型导引头的外形结构。

图 5-2 几种典型的雷达导引头

雷达导引头是集微波、电子、电气、精密机械为一体的复杂装置，由于受弹体制约，因此在结构上呈圆柱形，由电子舱和天线伺服装置两大部分组成，各功能电子组件以模块化方式置于电子舱内，并具有良好的可检测性及互换性，以利于生产调试和维修。由于战术导弹在极严酷的使用条件下工作，因此对导引头的工作可靠性提出了极高的要求，这一点需要用优化的设计、可靠的元器件、良好的原材料、先进的生产工艺和严格的生产及质量管理等方面的共同努力来保证。

随着对制导要求的日益提高和导弹电磁工作环境的复杂化，当代导引头已发展成为集电子、机械于一体，生产工艺精细，可靠性要求极高的一种精密复杂的制导装置。在国外，当代的制导舱的价格已占整个导弹成本的70%左右，由此也可以看出雷达导引头系统的复杂性及关键性。

为配合当代自寻的式战术导弹发展的需要，导引头技术正在沿着进一步提高制导精度、实现作战的灵活性和加强对电磁环境适应性的方向发展。因此，出现了"精确制导""发射后不管"和"智能化导引头"等代表着这些方向的新概念,具体地,正从以下方面实现上述目标。

1. 在基本体制方面

正在实现由半主动式向主动式的过渡。主动式导引头较半主动式有更大的自主性,火控系统简单,具有"发射后不管"和攻击多目标的优点。但主动式导引头的作用距离较小,为解决这一矛盾,当前广泛采用复合制导方式,在前段采用捷联惯导,末段转变为寻的制导。这种方式可以保持主动式自寻的优点,又满足了导弹作战空域的要求。

半主动寻的的双基地特性具有反隐身目标的优点,也将会继续完善。它与主动寻的相结合可以进一步扩大作用空域。

2. 在使用的波段方面

为实现导引头的三个基本发展方向,其所用频段不断向高的方向发展,目前已至毫米波段,它具有高分辨力和大的可用带宽,为获得更多的目标信息,提高制导精度提供了有利条件。由于毫米波设备体积小,便于与红外结合形成双模导引头,除保证制导精度外,还提高了导弹的抗干扰能力,因此成为当前精确制导导引头研制中的一个热门课题。

红外导引头的精度高,但作用距离小,而微波导引头正好相反,因此可以采用多模复合制导方式综合两者的优点,以达到距离远、精度高的目的。例如,可采用被动微波导引头进行中段制导,而末段转入红外导引头制导等。

3. 在波形设计方面

波形设计主要为目标信息的提取和识别服务。目前广泛使用的波形在微波上有连续波调频、相干脉冲串等,在毫米波波段上有线性调频波形等。在波形设计上正深入采用信号模糊图与杂波和干扰环境匹配技术,以最大限度地抑制杂波与干扰,实现信号的最佳检测。

4. 在信息提取、识别和控制管理方面

在采取各种措施提高制导精度的同时,围绕着在复杂的电磁环境下识别干扰、区分目标、识别目标要害部位,通过信号处理掌握更多的导弹和目标的运动规律,以提高制导精度等方面所进行的大量工作,把导引头的信息处理技术推向蓬勃发展的阶段;特别是微型处理器在导弹上的应用,使导弹的信号处理技术更趋完善,波形自适应和空域自适应滤波技术在弹上的应用已经成为可能,为自适应管理和导引头的智能化创造了条件。

5. 在结构组成方面

导引头的数字化、集成化、小型化除减小体积外,极大地提高了这一复杂产品的可靠性。微处理器的应用将对导引头的结构组成产生根本性的影响,使导引头、引信、自动驾驶仪等设备逐步融为一体,形成以主控器为中心而向分控器辐射的弹上分布式网络结构,到那时,导引头等设备的面貌将出现重大变化,其设计方法也将产生根本的变革。

随着相控阵技术在弹上的应用,在过去相位干涉仪式导引头的基础上,出现了捷联式导引头方案,它可以实现比例导引中所需的视线角速度的测量和弹体去耦而无须机械式天线稳定平台。其功能可由以微处理器为核心的电子设备来完成,大大简化了导引头结构。如果相控阵天线与天线罩合为一体实现共型，则更进一步简化了天线罩的设计和生产，并排除了由天线罩引起的寄生耦合回路，使导弹控制系统的设计也得到简化。捷联惯导和捷联导引头的发展为弹上探测、控制的一体化设计指明了方向。

6. 在制导规律方面

制导规律的研究是一个专门的领域，不是导引头设计者的任务，但它对导引头的测量参数提出了要求，对它的基本方案有重大影响；而且，导引规律要在指令形成装置中实现，自适应改变导引规律也是涉及导引头智能化的一个重要内容。因此，导引头设计者应当关心这一技术领域的发展。

目前，自寻的式导弹上普遍采用比例导引规律及其各种变形的修正比例导引。在今后的一段时间内，这种导引规律会继续得到采用和完善。

目标正在向高速、大机动方向发展，并带有各种干扰手段，为适应这一发展趋势，目前正在应用现代控制理论和对策理论研究最优制导规律、自适应显式制导规律和微分对策制导规律等，以期突破传统制导规律的框子，在制导规律的应用上出现一个新的飞跃。

以上从几个根本方面简述了导引头可能的发展趋势。由于一个导弹武器系统的研制往往需要 7~8 年，因此当该系统装备部队时，它应与当时所使用的目标性能相适应，为不使所研制的设备出现技术老化，这些发展趋势是一个导引头系统设计者所必须了解和掌握的。

但要指出，发展趋势和现实可能是有距离的，选用何种技术途径是为武器系统的战术指标服务的，在这一前提下，应处理好先进性与现实性之间的关系，使所研制的设备在技术上既具有生命力又具有良好的效费比。

5.1.2 雷达导引头的基本功能与组成

1. 雷达导引头的基本任务

为实现对导弹的制导必须使弹上导引头完成以下的基本任务：

(1) 使导引头定向装置的天线在空间稳定，不受弹体扰动的影响。
(2) 截获目标。
(3) 实现角度跟踪。
(4) 产生操纵指令。

为实现以上的基本任务，导引头中探测目标信号的天线及接收机的微波混频器一般均安装在弹体内的某种万向支架上。为了使导引头能正常探测、截获并跟踪目标，它的探测天线应与弹体运动相隔离，这一任务是由导引头的稳定回路来完成的。其工作原理是：安装在天线上的速率陀螺测量天线的运动，输出信号送到控制电路，经处理后反馈到万向支架的相应力矩装置，以抵消由弹体引起的天线运动，使它在空间保持稳定。

天线接收到的目标反射信号经接收机送至信号处理机进行鉴别，一旦判定其为目标信号并达到信杂比要求，即截获目标，并提取角误差信号，经变换后把误差信号送至万向支架的力矩器，使天线一直指向目标，实现角度跟踪。导引头角度跟踪后，把信号处理机中的指令装置与自动驾驶仪接通，导弹飞行控制系统按规定的导引规律控制导弹飞向目标，实现对导弹的制导。

2. 雷达导引头的主要功能

（1）在半主动寻的时，接收和执行火力控制系统的各种初始参数预置；接收各种指令，经变换后发往导弹各有关部位，改变其工作状态，使导弹适应本次作战环境。在复合制导时，接收火控系统发来的目标数据和弹内惯导系统发来的导弹数据，经处理送往指令形成装置形成指令，使导弹按规定的导引规律飞行，并同时产生导引头的预定指令。

（2）快速截获指定目标，为执行攻击任务打下基础。

（3）实现对目标的角度自动跟踪，并进行天线稳定，建立导弹与目标之间的运动联系。

（4）按选定的导引规律的需要，测量弹目间相对运动的有关参数。对比例导引规律，要求导引头测量弹目视线的转动角速度 $\dot{q}$。

（5）测量导弹的某些运动参数，借以对飞行弹道进行补偿，优化导弹的飞行轨迹。例如，为进行补偿，有时需要测量弹目相对运动速度 v_c 和导弹飞行速度 v_M 等。

（6）对被测参数进行整理变换，产生相应的控制指令，送往自动驾驶仪。

（7）根据对战场电磁环境的判断和弹目相对运动的情况自主发布各种命令，改变导引头和导弹的工作状态。例如，改变导弹控制回路的通带宽度等。

（8）向雷达引信发送有关参数和命令，并在危险的情况下执行导弹自毁任务。

（9）具有区别地物杂波和有用信号的良好能力，防止错误截获；具有很强的抗人为干扰的自卫能力，以实现上面规定的各项功能。

3. 雷达导引头的基本组成

根据上述功能，可以勾画出导引头的基本组成，如图 5-3 所示。

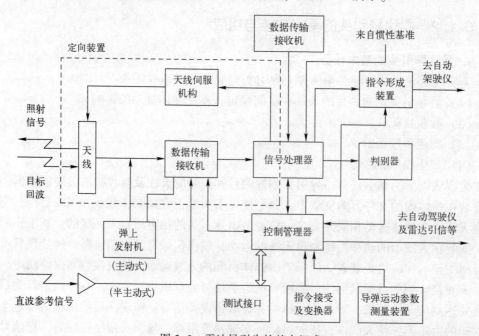

图 5-3　雷达导引头的基本组成

由图 5-3 看出，导引头由定向装置、信号处理器、指令形成装置、控制管理器、弹上发射机、数据传输接收机、指令接受及变换器等组成，下面对它们的功能分别做简要说明。

1) *定向装置*

它由天线、天线伺服机构、发射机（对主动式导引头）、接收机等组成，实现对目标的照射、接收目标反射信号及角度跟踪，输出导引规律所需的弹目相对运动测量信号，产生弹道补偿和其他功能所需要的测量信号。

2) *信号处理器及判别器*

它的主要功能有：

(1) 截获目标逻辑。

(2) 角跟踪误差信号的提取。

(3) 实现速度、距离、杂波跟踪。

(4) 对接收信号进行分析、处理，区分多目标及镜像目标。

(5) 电子抗干扰及目标识别。

(6) 对天线罩误差斜率进行补偿。

(7) 实现射前预置。

(8) 接收数据传输系统送来的目标数据，并进行处理，用于中段制导。

(9) 提取和处理指令形成装置所需的各种参数。

3) *控制管理器*

也可把它划归信号处理器，但为强调控制和管理的重要性，把它单独划出。它由微处理器或逻辑电路组成，根据信号处理系统的判别结果和火力控制系统发来的各种信息，对导引头自身和整个导弹的工作状态进行调整和转换，以便在各种作战条件下均能使导弹有效的执行其杀伤任务。

4) *指令接收及变换器*

它是导弹和火力控制系统交换信息的接口及传递通道。它接收发往导弹的各种预装参数和命令；进行记忆、变换，并发往有关执行部位。

5) *导弹运动参数测量装置*

它是设在导引头内的各种传感器，以满足导弹控制对其自身运动参数的需要。

6) *指令形成装置*

它是一个计算装置。按导引方程对导引头测得的各种参数进行变换和运算形成对导弹的控制指令；实现对导弹控制回路动态参数的校正；按控制管理器的要求变换控制回路的通带、改变有效导航比等。

7) *弹上发射机*

它的用途是照射目标，并作为导引头接收机相参本振源。只在主动式导引头中有这一装置；在半主动式导引头中，它的作用由地面照射雷达和弹上直波基准信号接收系统所取代。

8) *数据传输接收机*

在采用复合制导体制的导弹中设有这种接收机，通过它向导弹传送目标信息或其他修正指令等。

9) 测试接口

测试接口是为对导弹在地面进行各种检查测试而与外部测量系统交换信息的接口。在导引头组成日益复杂的情况下，它虽然为一次性使用的产品，但造价仍极高，应具有一定的可测试和维修性。

5.2 雷达目标参数测量

雷达探测到目标之后，最基本的目的就是从目标回波中提取目标的有关信息，即测量目标参数。目标参数包括距离、方位角、俯仰角等位置参数；目标位置的变化率可由其距离和角度随时间变化的规律中得到，并由此建立对目标的跟踪。

5.2.1 雷达的基本功能与组成

雷达是英文 Radar 的音译，Radar 是 Radio Detection And Ranging 的缩写，意为"无线电探测和测距"，即利用无线电来发现目标并测定它们在空间的位置，因此雷达也被称为"无线电定位"。随着雷达技术的不断进步，雷达的功能不断拓展，从最开始的测量目标的距离和方位、仰角，到后来的测量目标的速度，又发展到利用目标回波来获取更多的有关目标的信息等。

雷达的基本组成如图 5-4 所示，主要包括发射机、收发转换开关、天线、接收机、信号处理机和显示器等。

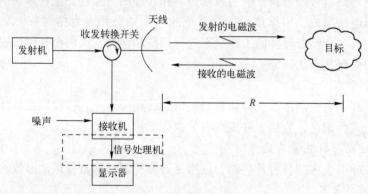

图 5-4 雷达的基本组成原理框图

发射机产生高频电磁信号，经过收发转换开关后传送给天线。雷达一般采用定向天线，可将电磁波汇聚后沿一定的方向辐射到大气中。电磁波在大气中以光速（约 3×10^8 m/s）传播，如果在电磁波的传输方向上有某个目标，则电磁波遇到目标后会产生反射，其中有一部分反射能量沿着发射方向相反的方向回到雷达天线位置。雷达天线收集到目标的回波后，再经收发开关转接给接收机。接收机将该微弱信号放大并经信号处理后即可得到相应的目标信息，最后将这些信息显示在显示器上供操作者观察和使用。

5.2.2 目标距离测量

测量目标的距离是雷达的基本任务之一。电磁波在均匀介质中以固定的速度直线传播（在自由空间传播速度约等于光速 $c=3\times10^8 \text{m/s}$），则目标至雷达的距离 R 可以通过测量电波往返一次所需的时间 t_R 得到，即

$$t_R = \frac{2R}{c}, \text{ 或 } R = \frac{1}{2}ct_R \tag{5-1}$$

而时间 t_R 就是回波相对于发射信号的延迟，因此，目标距离测量就是要精确测定延迟时间 t_R。根据雷达发射信号的不同，测定延迟时间通常可以采用脉冲法、频率法和相位法。下面主要讨论脉冲法测距。

1. 脉冲法测距

1）基本原理

在脉冲雷达中，回波信号是滞后于发射脉冲 t_R 的回波脉冲，如图 5-5 所示。

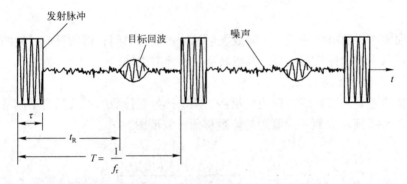

图 5-5 脉冲雷达测距原理示意图

由于电磁波的传播速度很快，因此回波信号的延迟时间通常很短，雷达技术常用的时间单位为微秒（μs），将光速 $c=3\times10^5$ km/s 代入式（5-1），得

$$R = 0.15 t_R \tag{5-2}$$

距离 R 的单位为 km。

测量微秒量级的时间需要采用快速计时的方法。早期雷达均用显示器作为终端，在显示器画面上根据扫掠量程和回波位置直接测读延迟时间。现代雷达常常采用电子设备自动地测读回波到达的迟延时间。

有两种定义回波到达时间 t_R 的方法，一种是以目标回波脉冲的前沿作为它的到达时刻；另一种是以回波脉冲的中心（或最大值）作为它的到达时刻。对于通常碰到的点目标来讲，两种定义所得的距离数据只相差一个固定值（约为 $\tau/2$），可以通过距离校零予以消除。如果要测定目标回波的前沿，则由于实际的回波信号不是矩形脉冲而近似为钟形，可将回波信号与一比较电平相比较，把回波信号穿越比较电平的时刻作为其前沿。使用电压比较器不难实现上述要求。用脉冲前沿作为到达时刻的缺点是容易受回波大小及噪声的影响，比较电平不稳也会引起误差。

在自动距离跟踪系统中，通常采用回波脉冲中心作为到达时刻。图 5-6 为采用这

种方法的一个原理框图,来自接收机的视频回波与门限电平在比较器里作比较,输出宽度为 t 的矩形脉冲,该脉冲作为和（Σ）支路的输出;另一路由微分电路和过零点检测器组成,当微分器的输出经过零值时便产生一个窄脉冲,该脉冲出现的时刻正好是回波视频脉冲的最大值,通常也是回波脉冲的中心。这一支路如框图上所标的差（Δ）支路。和支路脉冲加到过零点检测器上,选择出回波峰值所对应的窄脉冲而防止由于距离副瓣和噪声所引起的过零脉冲输出。

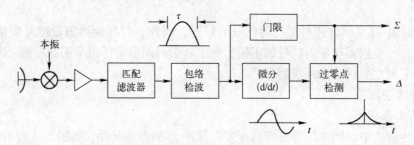

图 5-6　回波脉冲中心估计

对应回波中心的窄脉冲相对于等效发射脉冲的延迟时间,即为对应目标的距离。该延迟时间可以用高速计数器测得,并可转换成距离数据输出。

2）数字式距离自动测量

现代雷达主要采用数字式自动测距器,使用计数器计数的方法来自动测量回波的延迟时间,图 5-7 所示为数字式测距的原理框图及波形图。

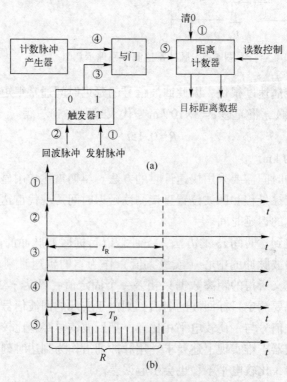

图 5-7　数字式测距的原理框图及波形图

距离计数器在雷达发射高频脉冲的同时开始对计数脉冲计数,即雷达发射信号时,启动脉冲使触发器置1,来自计数脉冲产生器的计数脉冲经与门进入距离计数器,计数开始。经过时延 t_R,目标回波脉冲到达时,触发器被清0,与门封闭,计数器停止计数并保留所计数码。在需要读取目标距离数码时,将读数控制信号加到控制门而读出距离数据。

只要记录了在此期间计数脉冲的数目 n,就可以根据计数脉冲的重复周期 T_p 计算出回波脉冲相对于发射脉冲的延迟时间,即 $t_R = nT_p$。

T_p 为已知值,测量 t_R 实际上变成读出距离计数器的数码值 n。为了减小测读误差,通常计数脉冲产生器和雷达定时器触发脉冲在时间上是同步的。目标距离 R 与计数器读数 n 之间的关系为

$$R = \frac{1}{2}cnT_p \tag{5-3}$$

如果需要读出多个目标的距离,则控制触发器置0的脉冲应在相应的最大作用距离以后产生,各个目标距离数据的读出依靠回波不同的延迟时间去控制读出门,读出的距离数据分别送到相应的距离寄存器中。

可见,在数字式测距中,对目标距离 R 的测定转换为测量脉冲数 n,从而把时间 t_R 这个连续量变成离散的脉冲数。从提高测距精度,减小量化误差的观点来看,计数脉冲频率越高越好,这就需要采用高速的数字集成电路,计数器的级数应相应增加。有时也可以采用游标计数法、插值延迟线法等减小量化误差的方法。

2. 测距精度

1)影响测距精度的因素

雷达在测量目标距离时,不可避免地会产生误差,它从数量上说明了测距精度,是雷达的主要参数之一。

由测距公式可以看出影响测量精度的因素。对式(5-1)求全微分,得

$$dR = \frac{\partial R}{\partial c}dc + \frac{\partial R}{\partial t_R}dt_R = \frac{R}{c}dc + \frac{c}{2}dt_R \tag{5-4}$$

用增量代替微分,可得到测距误差为

$$\Delta R = \frac{R}{c}\Delta c + \frac{c}{2}\Delta t_R \tag{5-5}$$

由式(5-5)可看出,测距误差由电波传播速度 c 的变化 Δc 和测时误差 Δt_R 两部分组成。

误差按性质可分为系统误差和随机误差两类,系统误差是指在测距时,系统各部分对信号的固定延时所造成的误差,系统误差以多次测量的平均值与被测距离真实值之差来表示。从理论上讲,系统误差在校准雷达时可以补偿掉,但实际工作中很难完善地补偿,因此在雷达的技术参数中,常给出允许的系统误差范围。

随机误差是指因某种偶然因素引起的测距误差,所以又称偶然误差。由设备本身工作不稳定性造成的随机误差称为设备误差,如接收时间滞后的不稳定性、各部分回路参数偶然变化、晶体振荡器频率不稳定以及读数误差等。由系统以外的各种偶然因素引起的误差称为外界误差,如电波传播速度的偶然变化、电波在大气中传播时产生折射以及

目标反射中心的随机变化等。

随机误差一般不能补偿掉，因为它在多次测量中所得的距离值不是固定的而是随机的。因此，随机误差是衡量测距精度的主要指标。

(1) 电波传播速度变化产生的误差。如果大气是均匀的，则电磁波在大气中的传播是等速直线运动，此时测距公式 (5-1) 中的 c 值可认为是常数。但实际上大气层的分布是不均匀的且其参数随时间、地点而变化。大气密度、湿度、温度等参数的随机变化，导致大气传播介质的导磁系数和介电常数也发生相应的改变，因而电波传播速度 c 不是常量而是一个随机变量。由式 (5-5) 可知，由于电波传播速度的随机误差而引起的相对测距误差为

$$\frac{\Delta R}{R} = \frac{\Delta c}{c} \tag{5-6}$$

随着距离 R 的增大，由电波速度的随机变化所引起的测距误差 ΔR 也增大。在昼夜间大气中温度、气压及湿度的起伏变化所引起的传播速度变化为 $\Delta c/\bar{c} \approx 10^{-5}$，若用平均值 $\bar{c}$ 作为测距计算的标准常数，则所得测距精度亦为同样量级，例如 $R = 60 \text{km}$ 时，$\Delta R = 60 \times 10^3 \times 10^{-5} = 0.6 \text{m}$ 的数量级，对常规雷达来讲可以忽略。

电波在大气中的平均传播速度和光速亦稍有差别，且随工作波长而异，因而在测距公式 (5-1) 中的 c 值亦应根据实际情况校准，否则会引起系统误差，表 5-1 列出了几组实测的电波传播速度值。

表 5-1　在不同条件下的电磁波传播速度

传播条件	$c/(\text{km/s})$	备 注
真空	299 776±4	根据 1941 年测得的资料
利用红外频段在大气中的传播	299 773±10	根据 1942 年测得的资料
$\lambda = 10 \text{cm}$ 的电磁波在地面—飞机间传播，飞机高度为	299 792.4562±0.001	根据 1972 年测得的资料
$H_1 = 3.3 \text{km}$	299 713	皆为平均值，根据脉冲导航系统测得的资料
$H_2 = 6.5 \text{km}$	299 733	
$H_3 = 9.8 \text{km}$	299 750	

(2) 因大气折射引起的误差。当电波在大气中传播时，由于大气介质分布不均匀将造成电波折射，因此电波传播的路径不再是直线而是走过一个弯曲的轨迹。在正折射时电波传播途径为一向下弯曲的弧线。

由图 5-8 可看出，虽然目标的真实距离是 R_0，但因电波传播不是直线而是弯曲弧线，这就产生一个测距误差（同时还有侧仰角的误差 $\Delta \beta$），即

$$\Delta R = R - R_0 \tag{5-7}$$

ΔR 的大小和大气层对电波的折射率有直接关系。如果知道了折射率和高度的关系，就可以计算出不同高度和距离的目标由于大气折射

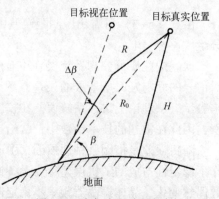

图 5-8　大气中电波的折射

所产生的距离误差,从而给测量值以必要的修正。当目标距离越远、高度越高时,由折射所引起的测距误差 ΔR 也越大。例如,在一般大气条件下,当目标距离为100km,仰角为0.1rad时,距离误差为16m的量级。

上述两种误差,都是由雷达外部因素造成的,故称为外界误差。无论采用什么测距方法都无法避免这些误差,只能根据具体情况,作一些可能的校准。

(3) 测读方法误差。测距所用具体方法不同,其测距误差亦有差别。早期的脉冲雷达直接从显示器上测量目标距离,显示器荧光屏亮点的直径大小、所用机械或电刻度的精度、人工测读时的惯性等都将引起测距误差。当采用电子自动测距的方法时,如果测读回波脉冲中心,则回波中心的估计误差(正比于脉宽 τ 而反比于信噪比)以及计数器的量化误差等均将造成测距误差。

自动测距时的测量误差与测距系统的结构、系统传递函数、目标特性(包括其动态特性和回波起伏特性)、干扰(噪声)的强度等因素均有关系。

测距的实际精度和许多外部因素及设备的因素有关,混杂在回波信号中的噪声干扰(通常是加性噪声)则是限制测量精度的基本因素。由噪声引起的测量误差通常标为测量的理论精度或极限精度。测量距离就是对目标回波出现的时延做出估值,用最大似然法可获得参量的最佳估值。

2) 测距的理论精度(极限精度)

目标的信息包含在雷达回波信号中,在理想模型时,目标相对于雷达的距离表现在回波相对于发射信号的时延。通常回波中混杂的噪声 $n(t)$ 为限带高斯白噪声。由于混杂的噪声将对信号的波形和参数产生随机影响,此时对测量信号时延也会产生相应的随机性误差。这样从回波信号中提取目标信息就变为一个统计参量估值问题,即观测接收机输入一个具体实现后,应当怎样对它进行处理才能对参量作出尽可能精确的估计。这就是估值理论的任务,它解决了如何处理观测波形才最佳以及在最佳处理时可能达到的理论精度。

参量估值的方法很多,如贝叶斯估值、最大后验、最大似然、最小均方差等。在雷达中实现最佳估值的途径常用最大似然法估值。最大似然估值在测量次数较多或测量信噪比较大时,具有无偏性和有效性,即估值的统计平均值为0、均方误差最小。

当混杂噪声为限带高斯白噪声时,理论分析证明,回波时延的估值方差为

$$\sigma_{t_R}^2 = \frac{1}{8\pi^2(E/N_0)B_e^2} \tag{5-8}$$

式中:E 为信号能量;N_0 为噪声功率谱密度;B_e 为信号的均方根带宽。

均方根带宽与半功率带宽和噪声带宽不同,它是均值的二阶矩,频谱能量越在频段的两端,B_e 越大,时延测量精度越高,有

$$B_e^2 = \int_{-\infty}^{\infty} (f-\bar{f})^2 |S(f)|^2 df \tag{5-9}$$

式中:$S(f)$ 为中心频率为0的视频回波频谱(包含正、负频率分量);$\bar{f} = \int_{-\infty}^{\infty} f |S(f)|^2 df$,通常满足 $\bar{f}=0$。

若令信号有效带宽 $\beta = 2\pi B_e$,则

$$\sigma_{t_R}^2 = \frac{1}{(2E/N_0)\beta^2} \tag{5-10}$$

时延测量的均方根误差满足

$$\sigma_{t_R} = \frac{1}{\beta\sqrt{2E/N_0}} \tag{5-11}$$

式（5-11）表明，时延估值均方根误差反比于信号噪声比及信号的均方根带宽。

从式（5-9）可得到以下结论：在保持相同信噪比的条件下，信号频谱 $S(f)$ 的能量越朝两端会聚，即其有效带宽 β 越大，时延（距离）的测量精度就越高。

3. 距离分辨力和测距范围

距离分辨力是指同一方向上两个大小相等点目标之间最小可区分距离。对于简单的恒载频矩形脉冲信号，分辨力主要取决于回波的脉冲宽度 τ，脉冲宽度越窄，距离分辨力越好。对于复杂的脉冲压缩信号，决定距离分辨力的是雷达信号的有效带宽 B，有效带宽越宽，距离分辨力越好。距离分辨力可表示为

$$\Delta r_c = \frac{c}{2} \cdot \frac{1}{B} \tag{5-12}$$

测距范围包括最小可测距离和最大单值测距范围。所谓最小可测距离，是指雷达能测量的最近目标的距离。脉冲雷达收发共用天线，在发射脉冲宽度 τ 时间内，接收机和天线馈线系统间是"断开"的，不能正常接收目标回波，发射脉冲过去后天线收发开关恢复到接收状态，也需要一段时间 t_0，在这段时间内，由于不能正常接收回波信号，雷达很难进行测距。因此，雷达的最小可测距离为

$$R_{\min} = \frac{1}{2}c(\tau + t_0) \tag{5-13}$$

雷达的最大单值测距范围由其脉冲重复周期 T 决定。为保证单值测距，通常应选取

$$T \geq 2R_{\max}/c \tag{5-14}$$

式中：$R_{\max}$ 为被测目标的最大作用距离。

4. 测距模糊与解距离模糊

1）测距模糊

有时雷达重复频率的选择不能满足单值测距的要求，如脉冲多普勒雷达或远程雷达，雷达的脉冲重复周期小于需要测量的目标回波的延迟时间，那么回波脉冲将在发射它的那个周期里回不来，而要在若干个周期后才能回来。这样，以回波到达的那个周期的发射脉冲为起点测得的目标回波延迟时间，就不能直接用于计算目标的真实距离。由这个延迟时间计算的距离是模糊距离，并称这种脉冲重复频率信号对需要测量的目标存在距离模糊。

如图5-9所示，在有测距模糊的情况下，目标回波对应的真实距离可表示为

$$R = \frac{1}{2}c(mT + t_R) \tag{5-15}$$

式中：t_R 为测得的回波信号与发射脉冲间的时延；m 称为模糊数或模糊值。

为了得到目标的真实距离 R，必须判明式（5-15）中的模糊值 m。

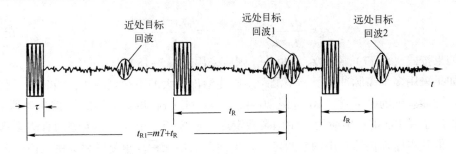

图 5-9 测距模糊示意图

2) 解距离模糊

对于高、中脉冲重复频率的 PD 雷达,要测量目标的真实距离,必须解距离模糊。解距离模糊就是判断式(5-15)中的模糊数 m。可以用几种方法来判测距模糊值 m,这里主要讨论多重脉冲重复频率法解模糊。

先讨论用双重高重复频率解距离模糊的原理。

设两个脉冲重复频率分别为 f_{r1} 和 f_{r2},它们都不能满足不模糊测距的要求。f_{r1} 和 f_{r2} 具有公约频率 f_r,即

$$f_r = \frac{f_{r1}}{N} = \frac{f_{r2}}{N+a} \tag{5-16}$$

式中:N 和 a 为正整数,常选 $a=1$,使 N 和 $N+a$ 为互质数;f_r 的选择应保证不模糊测距。

雷达以 f_{r1} 和 f_{r2} 的重复频率交替发射脉冲信号。通过记忆重合装置,将不同 f_r 的发射信号进行重合,重合后的输出是重复频率为 f_r 的脉冲串。同样也可得到重合后的接收脉冲串,二者之间的时延代表目标的真实距离,如图 5-10 所示。

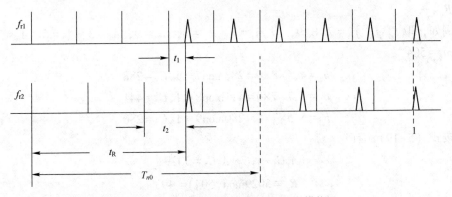

图 5-10 用双重高重复频率解距离模糊

由图 5-10 可以看出,目标的真实时延为

$$t_R = t_1 + \frac{n_1}{f_{r1}} = t_2 + \frac{n_2}{f_{r2}} \tag{5-17}$$

式中:n_1、n_2 分别为用 f_{r1} 和 f_{r2} 测距时的模糊数。

当 $a=1$ 时,n_1 和 n_2 的关系可能有两种,即 $n_1=n_2$ 或 $n_1=n_2+1$,此时可算得

$$t_R = \frac{t_1 f_{r1} - t_2 f_{r2}}{f_{r1} - f_{r2}} \quad \text{或} \quad t_R = \frac{t_1 f_{r1} - t_2 f_{r2} + 1}{f_{r1} - f_{r2}} \tag{5-18}$$

如果按式（5-17）算出 t_R 为负值，则应采用式（5-18）。

如果采用多个高脉冲重复频率测距，则能给出更大的不模糊距离，同时也可兼顾跳开发射脉冲遮蚀的灵活性。20 世纪 70 年代，在 M. I. Skolnik 主编的《雷达手册》中，最早提出了在 PD 雷达中应用"中国余数定理"解模糊。至今，解模糊的算法虽然很多变化，但基本原理仍然是中国余数定理。下面以采用三种高重复频率为例来说明多脉冲重复频率解模糊的基本原理。

取三种重复频率分别为 f_{r1}、f_{r2} 和 f_{r3}，应用中国余数定理解距离模糊的目标真实距离为

$$R_c \equiv (A_1 C_1 + A_2 C_2 + A_3 C_3) \mod (m_1 m_2 m_3) \tag{5-19}$$

式中：R_c 为括号内各项被 $m_1 m_2 m_3$ 整除后的余数，$1 \leq R_c \leq m_1 m_2 m_3$；$A_1$、$A_2$、$A_3$ 分别为用三种重复频率测量时得到的模糊距离；m_1、m_2、m_3 分别为三个重复频率对应的重复周期 T_1、T_2、T_3 的距离量化数（距离门数）。

余数定理的条件是 m_1、m_2、m_3 是互质的正整数。式（5-19）中，常数 C_1、C_2、C_3 的关系为

$$\begin{aligned} C_1 &= b_1 m_2 m_3 \equiv 1 \mod(m_1) \\ C_2 &= b_2 m_1 m_3 \equiv 1 \mod(m_2) \\ C_3 &= b_3 m_1 m_2 \equiv 1 \mod(m_3) \end{aligned} \tag{5-20}$$

式中：b_1 为一个最小的正整数，它与 $m_2 m_3$ 相乘后再被 m_1 除，所得余数为 1；b_2、b_3 的含义与此类似。

当 m_1、m_2、m_3 选定后，便可以确定 C 值，并利用探测到的模糊距离直接计算真实距离 R_c。

例如，取 $f_{r1} : f_{r2} : f_{r3} = 7 : 8 : 9$，设 $m_1 = 7$，$m_2 = 8$，$m_3 = 9$；$A_1 = 3$、$A_2 = 5$、$A_3 = 7$；则 $m_1 m_2 m_3 = 504$

$$\begin{aligned} b_1 &= 4, 4 \times 8 \times 9 = 288 \mod 7 \equiv 1, C_1 = 288 \\ b_2 &= 7, 7 \times 7 \times 9 = 411 \mod 8 \equiv 1, C_2 = 441 \\ b_3 &= 5, 5 \times 7 \times 8 = 280 \mod 9 \equiv 1, C_3 = 280 \end{aligned}$$

按式（5-19），有

$$A_1 C_1 + A_2 C_2 + A_3 C_3 = 5029$$

$$R_c \equiv 5029 \mod(504) = 493$$

即目标真实距离（或称不模糊距离）的单元数为 $R_c = 493$，不模糊距离为

$$R = R_c \frac{c\tau}{2} = \frac{493}{2} c\tau$$

式中：τ 为距离分辨单元（距离门）所对应的时宽。

由于噪声、杂波和干扰的存在，以及目标在距离门上的跨越，实际测量得到的模糊距离是有误差的，直接应用中国余数定理解出的距离可能有比较大的误差。因此，在实际雷达中一般采用许多改进的方法。

5.2.3 目标角度测量

为了确定目标的空间位置，雷达不仅要测定目标的距离，而且还要测定目标的方向，即测定目标的角坐标，其中包括目标的方位角和俯仰角。对两坐标雷达来说，雷达天线方位波束宽度很窄，而俯仰波束宽度较宽，它只能测方位角。对三坐标雷达来说，雷达天线波束为针状波束，方位和俯仰波束宽度都很窄，它能精确测量目标的方位角和俯仰角。

雷达测角的物理基础是电波在均匀介质中传播的直线性和雷达天线的方向性。雷达天线将电磁能量汇集在窄波束内，当波束对准目标时，回波信号最强，当目标偏离天线波束轴时，回波信号减弱。由于电波沿直线传播，因此，目标散射或反射电波波前到达的方向即为目标所在方向。

测角的方法可分为相位法和振幅法两大类。振幅法测角分为最大信号法和等信号法，对空情报雷达多采用最大信号法，等信号法多用在精确跟踪雷达中；相位法测角多在相控阵雷达中使用。下面主要讨论相位法和振幅法测角的基本原理，并分析测角性能。

1. 相位法测角

1）测角原理

相位法测角利用多个天线所接收回波信号之间的相位差进行测量，如图 5-11 所示。

图 5-11 中有两副天线和两个接收通道，两副天线之间的间距为 d。设在与天线法线夹角为 θ 的方向有一远区目标，则到达接收点的目标所反射的电波近似为平面波。两副天线所收到的信号由于存在波程差 $\Delta R = d\sin\theta$ 而产生一相位差为

$$\varphi = \frac{2\pi}{\lambda}\Delta R = \frac{2\pi}{\lambda}d\sin\theta \quad (5-21)$$

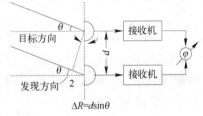

图 5-11 相位法测角的示意图

式中：λ 为雷达工作波长；d 为两天线之间的间距，均为已知量。

如果用相位比较器进行比相，测出相位差 φ，则根据式（5-32）就可以确定目标的方向 θ。由于在较低频率上容易实现比相，故通常将两天线收到的高频信号经与同一本振信号差频后，在中频进行比相。

2）测角误差与多值性问题

相位差 φ 值测量不准将产生测角误差，将式（5-21）两边取微分，则它们之间的关系为

$$d\varphi = \frac{2\pi}{\lambda}d\cos\theta \cdot d\theta$$

$$d\theta = \frac{\lambda}{2\pi d\cos\theta} \cdot d\varphi$$

(5-22)

由式（5-22）可看出，采用读数精度高（$d\varphi$ 小）的相位计，或减小 λ/d 值（或增大 d/λ），均可提高测角精度。还注意到：当 $\theta = 0°$，即目标处在天线法线方向时，测

角误差 dθ 最小。当 θ 增大时，dθ 也增大，为保证一定的测角精度，θ 的范围有一定的限制。

增大 d/λ 虽然可提高测角精度，但由式（5-21）可知，在感兴趣的 θ 范围（测角范围）内，当 d/λ 加大到一定程度时，φ 值可能超过 2π，此时 $\varphi = 2\pi N + \psi$，其中，N 为整数；$\psi < 2\pi$，而相位比较器实际读数为 ψ 值。由于 N 值未知，因而真实的 φ 值不能确定，就出现多值性（模糊）问题。只有判定出 N 值，解决多值性问题，才能确定目标方向。比较有效的办法是利用三天线测角设备，如图 5-12 所示。

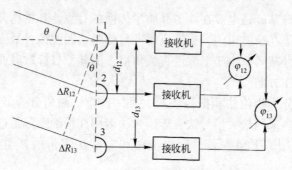

图 5-12 三天线相位法测角原理示意图

图 5-12 中，间距大的 1、3 天线用来得到高精度测量，而间距小的 1、2 天线用来解决多值性问题。设目标在 θ 方向。天线 1、2 之间的距离为 d_{12}，天线 1、3 之间的距离为 d_{13}。适当选择 d_{12}，使天线 1、2 收到的信号之间的相位差在测角范围内均满足

$$\varphi_{12} = \frac{2\pi}{\lambda} d_{12} \sin\theta < 2\pi \tag{5-23}$$

φ_{12} 由相位计 1 读出。

根据要求，选择较大的 d_{13}，则天线 1、3 收到的信号的相位差为

$$\varphi_{13} = \frac{2\pi}{\lambda} d_{13} \sin\theta = 2\pi N + \psi \tag{5-24}$$

由相位计 2 读出的是小于 2π 的 ψ 值。为了确定 N 值，可利用如下关系：

$$\frac{\varphi_{13}}{\varphi_{12}} = \frac{d_{13}}{d_{12}}, \quad \varphi_{13} = \frac{d_{13}}{d_{12}} \varphi_{12} \tag{5-25}$$

根据相位计 1 的读数 φ_{12}，可算出 φ_{13}，然后由式（5-24）确定 θ。由于 d_{13}/λ 值较大，因此保证了所要求的测角精度。

2. 振幅法测角

振幅法测角是用天线收到的回波信号幅度值来做角度测量的，该幅度值的变化规律取决于天线方向图以及天线扫描方式。

1）最大信号法

如图 5-13（a）所示，当天线波束做圆周扫描或在一定扇形范围内做匀角速扫描时，对收发共用天线的单基地脉冲雷达而言，接收机输出的脉冲串幅度值被天线双程方向图函数所调制。当天线波束扫过目标时，波束照射目标的驻留时间内（以主波束计），可收到 N 个目标回波，即

$$N = \frac{\text{方位波束宽度}(°)}{\text{方位扫描速度}(°/s)} \cdot f_r \qquad (5\text{-}26)$$

式中：f_r 为脉冲重复频率。

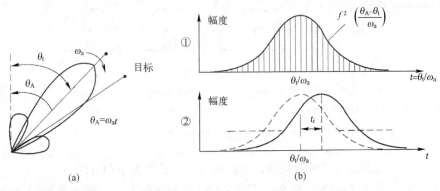

图 5-13 最大信号法测角原理示意图

雷达回波在时间顺序上从无到有，由小变大，再由大变小，然后消失。只有当波束的轴线对准目标，也就是天线法向对准目标时，回波才能达到最大。找出脉冲串的最大值（中心值），确定该时刻波束轴线指向即为目标所在方向，如图 5-13（b）中①所示。

在自动录取的雷达中，可以采用以下办法读出回波信号最大值的方向。一般情况下，天线方向图是对称的，因此回波脉冲串的中心位置就是其最大值的方向。测读时可先将回波脉冲串进行二进制量化，其振幅超过门限时取"1"，否则取"0"。如果测量时没有噪声和其他干扰，就可根据出现"1"和消失"1"的时刻，方便且精确地找出回波脉冲串"开始"和"结束"时的角度，两者的中间值就是目标的方向。通常，回波信号中总是混杂着噪声和干扰，为减弱噪声的影响，脉冲串在二进制量化前先进行积累，如图 5-13（b）中②的实线所示，积累后的输出将产生一个固定迟延（可用补偿解决），但可提高测角精度。

最大信号法测角的优点：一是简单；二是用天线方向图的最大值方向测角，此时回波最强，故信噪比最大，测角的精度也是最佳的，对检测发现目标有利。

其主要缺点是直接测量时测量精度不很高，约为波束半功率宽度的 20%。因为方向图最大值附近比较平坦，最强点不易判别，测量方法改进后可提高精度。另一缺点是不能判别目标偏离波束轴线的方向，故不能用于自动测角。最大信号法测角广泛应用于搜索、引导雷达中。

2）等信号法

等信号法测角采用两个相同且彼此部分重叠的波束，其方向图如图 5-14（a）所示。

如果目标处在两波束的交叠轴 OA 方向，则两波束收到的信号强度相等，否则一个波束收到的信号强度高于另一个，如图 5-14（b）所示。故称 OA 为等信号轴。当两个波束收到的回波信号相等时，等信号轴所指方向即为目标方向。如果目标处在 OB 方向，波束 2 的回波比波束 1 的强；处在 OC 方向时，波束 2 的回波较波束 1 的弱。因此，

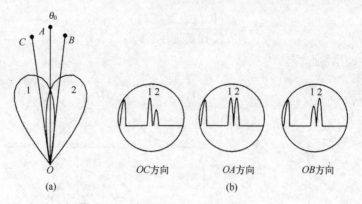

图 5-14 等信号法测角

比较两个波束回波的强弱就可以判断目标偏离等信号轴的大小和方向。

设天线电压方向性函数为 $F(\theta)$，等信号轴 OA 的指向为 θ_0，则波束 1、2 的方向性函数可分别写成

$$F_1(\theta) = F(\theta_1) = F(\theta + \theta_k - \theta_0)$$
$$F_2(\theta) = F(\theta_2) = F(\theta - \theta_k - \theta_0)$$

式中：θ_k 为 θ_0 与波束最大值方向的偏角。

用等信号法测量时，波束 1 接收到的回波信号 $u_1 = KF_1(\theta) = KF(\theta_k - \theta_t)$，波束 2 收到的回波电压值 $u_2 = KF_2(\theta) = KF(-\theta_k - \theta_t) = KF(\theta_k + \theta_t)$，式中 θ_t 为目标方向偏离等信号轴 θ_0 的角度。对 u_1 和 u_2 信号进行处理，可以获得目标方向 θ_t 的信息。

（1）比幅法。求两信号幅度的比值

$$\frac{u_1(\theta)}{u_2(\theta)} = \frac{F(\theta_k - \theta_t)}{F(\theta_k + \theta_t)} \tag{5-27}$$

根据比值的大小可以判断目标偏离 θ_0 的方向，查找预先制定的表格就可估计出目标偏离 θ_0 的数值。

（2）和差法。图 5-15 为和差法测角原理图。

由 u_1 和 u_2 可求得其差值 $\Delta(\theta_t)$ 及和值 $\Sigma(\theta_t)$，即

$$\Delta(\theta) = u_1(\theta) - u_2(\theta) = K[F(\theta_k - \theta_t) - F(\theta_k + \theta_t)]$$

在等信号轴 $\theta = \theta_0$ 附近，差值 $\Delta(\theta_t)$ 可近似表达为 $\Delta(\theta_t) \approx 2\theta_t \left.\dfrac{\mathrm{d}F(\theta)}{\mathrm{d}\theta}\right|_{\theta=\theta_0} K$，而和信号 $\Sigma(\theta_t) = u_1(\theta) + u_2(\theta) = K[F(\theta_k - \theta_t) + F(\theta_k + \theta_t)]$，在 $\theta = \theta_0$ 附近可近似表示为 $\Sigma(\theta_t) \approx 2KF(\theta_0)$，即可求得其和、差波束与 $\Delta(\theta)$，如图 5-15 所示。

归一化的和差值为 $\dfrac{\Delta}{\Sigma} = \dfrac{\theta_t}{F(\theta_0)} \left.\dfrac{\mathrm{d}F(\theta)}{\mathrm{d}\theta}\right|_{\theta=\theta_0}$，因为 Δ/Σ 正比于目标偏离 θ_0 的角度 θ_t，故可用它来判读角度 θ_t 的大小及方向。

等信号法的主要优点如下：

（1）测角精度比最大信号法高，因为等信号轴附近方向图斜率较大，目标略微偏离等信号轴时，两信号强度变化较显著。由理论分析可知，对收发共用天线的雷达，精度约为波束半功率宽度的 2%，比最大信号法高约一个量级。

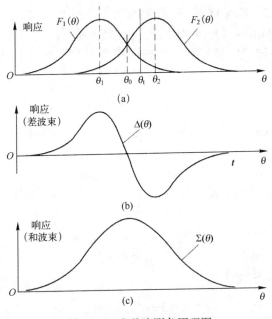

图 5-15 和差法测角原理图
(a) 两波束的方向图；(b) 差波束响应；(c) 和波束响应。

（2）根据两个波束收到信号的强弱可判别目标偏离等信号轴的方向，便于自动测角。

等信号法中，两个波束可以同时存在，若用两套相同的接收系统同时工作，则称同时波瓣法；两波束也可以交替出现，或只要其中一个波束，使它绕 OA 轴旋转，波束便按时间顺序在 1、2 位置交替出现，只要用一套接收系统工作，则称顺序波瓣法。

等信号法的主要缺点如下：

（1）测角系统较复杂。

（2）等信号轴方向不是方向图的最大值方向，故在发射功率相同的条件下，作用距离比最大信号法小些。若两波束交点选择在最大值的 0.7~0.8 处，则对收发共用天线的雷达，作用距离比最大信号法减小 20%~30%。

等信号法常用来进行自动测角，即应用于跟踪雷达中。

3. 测角精度

尽管雷达测距、测速和测角的手段是各不相同的，但是它们都使用了一个相同的概念，即发现一个输出波形的最大值。在雷达测距中，该波形代表目标的时间波形；在测径向速度（多普勒频移）中，它可以被看成是可调谐滤波器的多普勒频移输出波形；而在测角中，它可以代表扫描天线方向图的扫描输出。当信号达到最大值时，该位置就确定了目标的距离、径向速度和角度。

因此，雷达测角精度理论公式可以根据前面讨论测距精度时的类似思路来讨论。因为就数学上而言，空间域（角度）和时域（距离）是相似的。

假定天线的一维电压方向图为

$$g(\theta) = \int_{-D/2}^{D/2} A(z) e^{j\frac{2\pi}{\lambda}z\sin\theta} dz \tag{5-28}$$

式中：D 为天线的尺寸（沿 z 轴）；$A(z)$ 为天线孔径照度函数；λ 为雷达波长；θ 为目标偏离天线视线垂线的角度（即 $\theta=0°$ 时与天线视线垂直）。

式（5-28）为一傅里叶反变换，它与时间信号同其频谱构成的傅里叶变换对相似，即

$$s(t) = \int_{-\infty}^{\infty} S(f) e^{j2\pi ft} df \tag{5-29}$$

所以，如果把天线方向图 $g(\theta)$ 同时间信号 $s(t)$、孔径照度函数 $A(z)$ 同 $S(f)$ 对应起来，则这种对应关系为

$$\sin\theta \Leftrightarrow t, \quad z/\lambda \Leftrightarrow f$$

根据这种可比性，类似于式（5-11）和式（5-22），对于测角均方根误差 σ_θ 有类似的公式，即

$$\sigma_\theta = \frac{1}{\gamma\sqrt{2E/N_0}} \tag{5-30}$$

式中，等效孔径宽度 γ 定义为

$$\gamma^2 = \frac{\int_{-\infty}^{\infty} (2\pi z/\lambda)^2 |A(z)|^2 dz}{\int_{-\infty}^{\infty} |A(z)|^2 dz} \tag{5-31}$$

当孔径照度函数为均匀函数（矩形函数）时，有 $\gamma = \dfrac{\pi D}{\sqrt{3}\lambda}$，故此时的理论测角误差为

$$\sigma_\theta = \frac{\sqrt{3}\lambda}{\pi D\sqrt{2E/N_0}} \tag{5-32}$$

若定义天线波束宽度 $\theta_B = \lambda/D$，式（5-32）也可表示为天线波束宽度的函数，即

$$\sigma_\theta = \frac{\sqrt{3}}{\pi} \frac{\theta_B}{\sqrt{2E/N_0}} \tag{5-33}$$

式（5-32）和式（5-33）表明，在给定信噪比条件下，雷达的测角精度取决于天线孔径的电尺寸 $\dfrac{D}{\lambda}$，无线电尺寸越大，测角精度越高；或者说，雷达的测角精度取决于天线波束宽度，天线波束越窄，则其测角精度越高。

5.2.4 目标速度测量

有些雷达除了确定目标的位置外，还需要测定运动目标的相对速度，例如测量飞机或导弹飞行时的速度。

1. 雷达测速的基本原理

根据多普勒效应，当目标与雷达之间存在相对运动时，雷达接收到的回波信号的载频相对于发射信号的载频产生一个多普勒频移 f_d，其值为 $f_d = 2v_r/\lambda$。其中，v_r 为雷达与目标之间的径向速度，λ 为雷达载波波长。因此，只要雷达能够测量出回波信号的多普勒频移，就可以确定目标与雷达之间的相对径向速度。

由于大多数脉冲雷达中的多普勒频移是高度模糊的,所以降低了其直接测量径向速度的可用性。多普勒频移除了用作测速外,更广泛地是应用于动目标显示、脉冲多普勒雷达中,以区分运动目标回波和杂波,从而实现杂波的抑制。

径向速度也可以用距离的变化率来求得,这种方法精度不高,但不会产生模糊。无论是用距离变化率,还是用多普勒频移来测量速度,都需要时间。观察时间越长,则速度测量精度越高。

2. 测速(测频)精度

雷达测速的精度取决于雷达测量多普勒频移的精度,根据式 $f_d = 2v_r/\lambda$,测速均方根误差可表示为

$$\sigma_v = \frac{\lambda}{2}\sigma_f \tag{5-34}$$

式中:σ_f 为雷达测频的均方根误差。有研究证明,多普勒测频的均方根误差为

$$\sigma_f = \frac{1}{\alpha\sqrt{2E/N_0}} \tag{5-35}$$

其中,α 由下式得出:

$$\alpha^2 = \frac{1}{E}\int_{-\infty}^{\infty}(2\pi t)^2 s^2(t)\,dt \tag{5-36}$$

式中:$s(t)$ 为作为时间函数的输入信号;E 为信号的能量;参数 α 称为信号的有效持续时间。

注意到 σ_f 与参数 α 的关系表达式,和测距中 σ_{t_R} 与参数 β 的表达式是完全相似的。

关于测频精度可以得出以下结论:在保持相同信噪比的条件下,信号 $s(t)$ 在时间上能量越朝两端会聚,即其有效持续时间越长,频率(速度)的测量精度就越高。

容易证明,对于脉宽为 τ 的理想矩形脉冲,有 $\alpha^2 = \pi^2\tau^2/3$,因此

$$\sigma_f = \frac{\sqrt{3}}{\pi\tau\sqrt{2E/N_0}} \tag{5-37}$$

式(5-37)表明,理想矩形脉冲持续时间 τ 越长,其测频(测速)精度就越高。

3. 雷达"测不准"原理

根据式(5-9)和式(5-23)中对 β 和 α 的定义,并利用 Schwartz 不等式,可以证明有以下不等式成立,即

$$\beta\alpha \geq \pi \tag{5-38}$$

式(5-38)是时间信号同其频谱之间满足傅里叶变换关系的必然结果。它表明,雷达信号频谱越宽,信号的持续时间就越短;反之亦然。所以,时间波形和它的频谱不可能同时为任意小或任意大。

在量子物理学中,有一个定理称做 Heisenberg 测不准原理,该定理指出:一个物体(如粒子)的位置和速度不可能同时被精确测量。式(5-38)有时也称为"雷达测不准原理",但是,其意义同 Heisenberg 测不准原理正好相反。根据式(5-11)和式(5-24),有

$$\sigma_{t_R}\sigma_f = \frac{1}{\beta\alpha(2E/N_0)} \tag{5-39}$$

将不等式（5-38）代入式（5-39），得

$$\sigma_{t_R}\sigma_f \leq \frac{1}{\pi(2E/N_0)} \tag{5-40}$$

式（5-40）指出：当信噪比一定时，理论上可以通过选取 $\beta\alpha$ 值尽可能大的信号，达到对时延和频率测量的任意高的测量精度。$\beta\alpha$ 大的信号同时具有长的持续时间和大的等效带宽。

一些简单的雷达脉冲信号，其 $\beta\alpha$ 值大多在 $(1\sim1.5)\pi$（矩形脉冲为 π，上升沿为脉宽 1/2 的梯形脉冲为 1.4π）。所以，要获得大 $\beta\alpha$ 值的信号，一般需要在单个脉冲内进行频率（相位）调制，以使其等效带宽远远大于脉冲持续时间的倒数，而这正是脉冲压缩波形所能达到的。

如果把式（5-40）表示成雷达测距和测速误差，则有

$$\sigma_R\sigma_v \leq \frac{c\lambda}{4\pi(2E/N_0)} \tag{5-41}$$

式中：λ 为雷达波长；c 为雷达波传播速度。

式（5-41）表明：在同样信噪比条件下，雷达波长越短，可以同时达到的测距和测速精度越高。

根据式（5-41），在雷达同时测距和测速中，没有任何理论上的"测不准"问题，所以不要同量子物理中的"测不准"原理相混淆。在量子力学中，观测者不能对波形作任何控制。相反，雷达工程师可以通过选择信号的 $\beta\alpha$ 值、信号的能量以及在某种程度上控制噪声电平等来改善测量精度。雷达传统上的精度限制其实不是理论上的必然，而是由于受到实际系统复杂性、系统成本或现阶段的制造工艺水平等的限制。

4. 测速模糊

当雷达的脉冲重复频率比较低时，目标回波的多普勒频移就可能超过脉冲重复频率，使回波谱线与发射信号谱线的对应关系发生混乱，如图 5-16 所示。

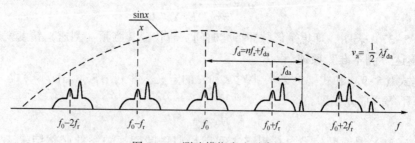

图 5-16 测速模糊产生示意图

相差 nf_r 的目标多普勒频移会被读作同样的值，测量出的一个速度可能对应几种真实速度，这种现象称为测速模糊，图 5-16 中的 v_a 称为模糊速度。因此，雷达测速的最大不模糊速度间隔为

$$v_{max} = \frac{1}{2}f_r\lambda \tag{5-42}$$

虽然对于给定的脉冲重复频率 f_r 来说，最大不模糊距离是独立于雷达载频的，但最大不模糊速度间隔 v_{max} 则同雷达频率有密切关系。在给定脉冲重复频率 f_r 条件下，载

频频率越高（波长越短），v_{max}变得越小，速度模糊越严重。

必须注意，最大不模糊多普勒频移是与雷达载频无关的，即有$f_{dmax} \leqslant \frac{1}{2}f_r$。

采用多个不同的脉冲重复频率也可以用来消除测速模糊。这时，利用多普勒滤波器组在每个重复频率下测出模糊速度，再根据余数定理，用与式（5-19）类似的公式计算目标的真实相对速度。

在某些情况下，多重 PRF 法的应用受到限制。例如，用固定点的 FFT 做多普勒滤波时，对应于不同的脉冲重复频率，FFT 的点数是不变的，因而子滤波器的带宽不同。这相当于多普勒频移的分辨单元不同，因此余数定理算法就不适用了。

另一种常用的方法是利用距离跟踪的粗略微分数据来消除测速模糊。设模糊多普勒频移f_{da}与真实目标的多普勒频移f_d相差nf_r，因此，无模糊多普勒频移为

$$f_d = nf_r + f_{da} \tag{5-43}$$

式（5-43）中的n可以用由距离跟踪回路测得的距离微分后对应的多普勒频移f_{dr}和模糊速度f_{da}算出，即

$$n = \text{int}\left[\frac{f_{dr} - f_{da}}{f_r}\right] \tag{5-44}$$

式中：int[*]是取整运算。

对应目标的无模糊相对速度为$v = \lambda f_d / 2$。

通常，由距离跟踪系统得到的f_{dr}的误差比较大，但只要f_{dr}与真实的无模糊多普勒频移f_d的误差小于$f_r/2$就可以得到正确的结果。对式（5-44）进行一些修正，可以提高算法的可靠性和计算精度。

5.3 雷达单目标跟踪

由于雷达天线通过扫描来获得较大的侦察空域，因此，雷达观察一个目标的时间是有限的。当雷达发现目标时，对目标进行连续的序贯检测，使得天线的每一次扫描对目标的探测都相关且结果具有可融合性，这就需要对目标进行跟踪。

雷达测量目标的参数（距离、方位和速度），随着时间的推移，观测出目标的运动轨迹，同时预测出下一个时间目标会出现在什么位置，是雷达的目标跟踪功能。通过提供的目标先验信息，雷达跟踪除了改善目标的探测环境，还可以提高目标距离、速度、角度测量的质量。

单目标跟踪雷达一般发射笔形波束，接收单个目标的回波，并以高数据率连续跟踪单个目标的方位、距离或多普勒频移。其分辨单元由天线波束宽度、发射脉冲宽度（或脉冲压缩后的脉宽）和多普勒频带宽度决定。分辨单元与搜索雷达的分辨单元相比通常很小，用来排除来自其他目标、杂波和干扰等不需要的回波信号。

由于单目标跟踪雷达的波束窄，因此，它常常依赖于搜索雷达或其他目标定位源的信息来捕获目标，即在开始跟踪之前，将它的波束对准目标或置于目标附近，如图 5-17 所示。

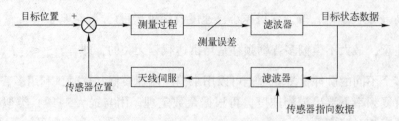

图 5-17 单目标跟踪系统示意图

在锁定目标或闭合跟踪环之前,波束可能需要在有限的角度区域内扫描,以便将目标捕获在波束之内,并使距离跟踪波门位于回波脉冲的中心。跟踪雷达由波束指向的角度和距离跟踪波门的位置,来决定目标位置。跟踪滞后是通过把来自跟踪环的跟踪滞后误差电压,转换成角度单位来度量的。为了实时校正跟踪滞后误差,通常把这个数据加到角度轴位置数据之上或从角度轴位置数据中减去此数据。

5.3.1 雷达距离跟踪

雷达的距离是由发射射频脉冲到目标回波信号之间的时间延迟来测定的,连续估计目标距离的过程称为距离跟踪,它是一个自动跟踪系统。

1. 距离自动跟踪系统

早期雷达都是通过模拟电路来实现距离跟踪的,在现代雷达中已经数字化了,可以在数据处理机中完成。由于运动目标的距离随时间变化,因此在距离跟踪雷达中,不是直接测量回波脉冲滞后于发射同步脉冲的时间延迟 t_R,而是由距离自动跟踪系统产生一个可移动的距离跟踪波门脉冲(比如采用前、后波门),将它与回波信号重合,从而测出距离跟踪波门相对于发射同步脉冲的时延 t_d。在正常跟踪时,$t_R = t_d$,即可得出目标的距离 R。

图 5-18 所示为是距离自动跟踪系统的原理框图。目标距离自动跟踪系统主要包括时间鉴别器、控制器和跟踪脉冲产生器三部分。

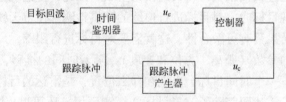

图 5-18 距离自动跟踪系统的原理框图

假设空间一目标已被雷达捕获,目标回波经接收机处理后成为具有一定幅度的视频脉冲加到时间鉴别器上,同时加到时间鉴别器上的还有来自跟踪脉冲产生器的跟踪脉冲。跟踪脉冲的延迟时间在测距范围内均匀可变。时间鉴别器的作用是将跟踪脉冲与回波脉冲在时间上加以比较,鉴别出它们之间的时间差 $\Delta t = t_R - t_d$,并将时间差转变成误差电压 u_ε,则

$$u_\varepsilon = K_1(t_R - t_d) = K_1 \Delta t \tag{5-45}$$

当跟踪脉冲与回波脉冲在时间上重合,即 $t_R = t_d$ 时,输出误差电压为 0。两者不重

合时将输出误差电压 u_ε，其大小正比于时间的差值，而其正负值就看跟踪脉冲是超前还是滞后于回波脉冲而定。控制器的作用是将误差电压 u_ε 经过适当的变换，将其输出作为控制跟踪脉冲产生器工作的信号，其结果是使跟踪脉冲的延迟时间 t_d 朝着减小 Δt 的方向变化，直到 $\Delta t=0$ 或其他稳定的工作状态。

上述自动距离跟踪系统是一个闭环控制系统，输入量是回波信号的延迟时间 t_R，输出量则是跟踪脉冲延迟时间 t_d，而 t_d 随着 t_R 的改变而自动地变化。

1）时间鉴别器

时间鉴别器用来比较回波信号与跟踪脉冲之间的延迟时间差 Δt，并将 Δt 转换为与它成比例的误差电压 u_ε（或误差电流）。

图 5-19 画出时间鉴别器的结构图和波形图。时间鉴别器采用了所谓的"前后波门"技术，又称为"波门分裂"技术。在波形图中几个符号的意义是：t_x 为前波门触发脉冲相对于发射脉冲的延迟时间，t_d 为前波门后沿（后波门前沿）相对于发射脉冲的延迟时间，τ 为回波脉冲宽度，τ_c 为波门宽度，通常取 $\tau_c=\tau$。

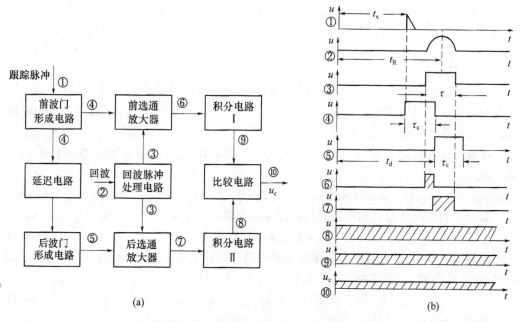

图 5-19　时间鉴别器结构和波形图
(a) 组成框图；(b) 各点波形图。

前波门触发脉冲实际上就是跟踪脉冲，其重复频率就是雷达的重复频率。跟踪脉冲触发前波门形成电路，使其产生宽度为 τ_c 的前波门并送到前选通放大器，同时经过延迟线延迟 τ_c 后，送到后波门形成电路，产生宽度为 τ_c 的后波门。后波门亦送到后选通放大器作为开关用。来自接收机的目标回波信号经过回波处理后变成一定幅度的方形脉冲，分别加至前、后选通放大器。选通放大器平时处于截止状态，只有当它的两个输入（波门和回波）在时间上相重合时才有输出。

前后波门将回波信号分割为两部分，分别由前后选通放大器输出。经过积分电路平滑送到比较电路以鉴别其大小。如果回波中心延迟 t_R 和波门延迟 t_d 相等，则前后波门与回波重叠部分相等，比较器输出误差电压 $u_\varepsilon = 0$。如果 $t_R \neq t_d$，则根据回波超前或滞后波门产生不同极性的误差电压。在一定范围内，误差电压的数值正比于时间差 Δt，它可以表示时间鉴别器输出误差电压 u_ε。图 5-20 画出了当 $\tau_c = \tau$ 时的特性曲线图。

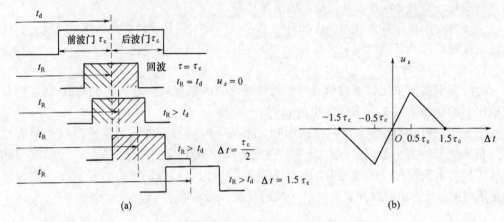

图 5-20 时间鉴别器特性曲线
(a) 特性曲线形成说明；(b) 特性曲线。

2) 控制器

控制器的作用是把误差信号 u_ε 进行加工变换后，将其输出去控制跟踪波门移动，即改变时延 t_d，使其朝减小 u_ε 的方向运动，也就是使 t_d 趋向于 t_R。下面具体讨论控制器应完成什么形式的加工变换。

设控制器的输出是电压信号 u_c，则其输入和输出之间可用下述一般函数关系表示，即

$$u_c = f(u_\varepsilon) \tag{5-46}$$

最简单的情况是输入和输出间呈线性关系，即

$$u_c = K_2 u_\varepsilon = K_2 K_1 (t_R - t_d) \tag{5-47}$$

控制器的输出 u_c 是用来改变跟踪脉冲的延迟时间 t_d 的，当用锯齿电压波法产生跟踪脉冲时，u_c 和跟踪脉冲的延迟时间 t_d 之间具有线性关系，即

$$t_d = K_3 u_c \tag{5-48}$$

将式（5-47）代入上式，得

$$t_d = K_3 K_2 K_1 (t_R - t_d) \tag{5-49}$$

由式（5-49）可知，当 $K_3 K_2 K_1$ 为常数时，不可能做到 $t_R = t_d$，因为这时代表距离的比较电压 u_c 是由误差电压 u_ε 放大得到的。这就是说，跟踪脉冲绝不可能无误差地对准目标回波，式（5-49）表示的性能是自动距离跟踪系统的位置误差，目标的距离越远（t_R 较大），跟踪系统的误差 Δt 越大。这种闭环控制系统为一阶有差系统。

如果控制器采用积分元件，则可以消除位置误差。这时候的工作情况为，输出 u_c 与输入 u_ε 之间的关系可以用积分表示

$$u_c = \frac{1}{T} \int u_\varepsilon \mathrm{d}t \tag{5-50}$$

综合式（5-45）、式（5-48）和式（5-50），可写出代表由时间鉴别器、控制器和

跟踪脉冲产生器三个部分组成的闭环系统性能为

$$t_d = \frac{K_1 K_3}{T} \int K_2 (t_R - t_d) \, dt \tag{5-51}$$

如果将目标距离 R 和跟踪脉冲所对应的距离 R' 代入式（5-51），则得

$$R' = \frac{K_1 K_3}{T} \int (R - R') \, dt, \quad 即$$
$$\frac{dR'}{dt} = \frac{K_1 K_3}{T}(R - R') = \frac{K_1 K_3}{T} \Delta R \tag{5-52}$$

从式（5-52）可以看出，对于固定目标或移动极慢的目标，$dR'/dt = 0$，这时跟踪脉冲可以对准回波脉冲 $R' = R$，保持跟踪状态而没有位置误差。

这是因为积分器具有积累作用，当时间鉴别器输出端产生误差信号后，积分器就能将这一信号保存并积累起来，并使跟踪脉冲的位置与目标回波位置相一致，这时时间鉴别器输出误差信号虽然等于 0，但由于控制器的积分作用，仍保持其输出 u_c 为一定数值。此外，由于目标反射面起伏或其他偶然因素而发生回波信号短时间消失时，虽然这时时间鉴别器输出的误差电压 $u_\varepsilon = 0$，但系统却仍然保持 $R' = R$，也就是跟踪脉冲保持在目标回波消失时所处的位置，这种作用称为"位置记忆"。

当目标以恒速 v 运动时，跟踪脉冲也以同样速度移动，此时 $dR'/dt = v$，代入式（5-52）中，得

$$\Delta R = \frac{T}{K_1 K_3} v \tag{5-53}$$

这时，跟踪脉冲与回波信号之间在位置上保持一个差值 ΔR，由于 ΔR 值的大小与速度 v 成正比，故称为速度误差。

用一次积分环节做控制器时的闭环控制系统为一阶无差系统，可以消除位置误差，且具有"位置记忆"特性，但仍有速度误差。可以证明，一个二次积分环节的控制器能够消除位置误差和速度误差，并兼有位置记忆和速度记忆能力，这时只有加速度以上的高阶误差。在需要对高速度、高机动性能的目标进行精密跟踪时，常采用具有二次积分环节的控制器来改善整个系统的跟踪性能。

3) 跟踪脉冲产生器

跟踪脉冲产生器根据控制器输出控制电压 U_c，产生所需延迟时间 t_d 的跟踪脉冲。常用的产生方法是锯齿电压法，图 5-21 是锯齿电压法产生跟踪脉冲的原理框图和波形图。

来自定时器的触发脉冲使锯齿电压产生器产生的锯齿电压 E_t 与比较电压 U_c 一同加到比较电路上，当锯齿波上升到 $E_t = U_c$ 时，比较电路就有输出送到脉冲产生器，使之产生一窄脉冲。当锯齿电压 E_t 的上升斜率确定后，跟踪脉冲产生时间就由比较电压 U_c 决定。

锯齿电压法产生跟踪脉冲的优点是设备比较简单，移动指标活动范围大且不受频率限制，其缺点是测距精度仍显不足。

2. 自动搜索和截获

距离跟踪系统在进入跟踪工作状态前，必须具有搜索和捕获目标并转入跟踪的能

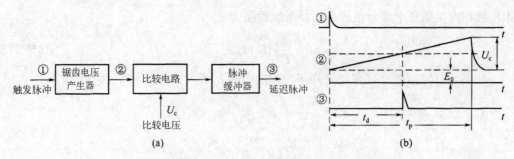

图 5-21 锯齿电压法产生跟踪脉冲的原理框图和波形图
(a) 原理框图；(b) 波形图。

力。以上的讨论，是目标已被"捕获"后的跟踪状态时的情况。在系统"捕获"目标以前或因某种原因目标脱离了跟踪脉冲，这是由于时间鉴别器不再有误差信号输出，跟踪脉冲将失去跟踪作用。因此一个完备的距离跟踪系统还应具有搜索和捕获目标的能力。

搜索或捕获目标可以是自动的也可以是人工手动的。手动方式是早期使用的一种方法。当雷达天线波束照射到目标方向时，在距离显示器上将出现目标回波。操纵员摇动距离跟踪手轮，从而控制跟踪脉冲的延迟时间 t_d，显示器画面上电瞄准标志套住目标回波的时刻，就是距离跟踪脉冲和回波相一致的时候，表明已"捕获"目标，可转入跟踪状态，这时由时间鉴别器的输出来控制整个系统的工作。由于在远距离跟踪时难以产生线性度良好的锯齿电压，因而很难适应高速、高机动目标的跟踪，目前广泛采用自动搜索和截获。

系统在自动搜索工作状态时，跟踪脉冲必须能够在目标可能出现的距离范围（最小作用距离 R_{min} 到最大作用距离 R_{max}）"寻找"目标回波，这就必须产生一个跟踪波门，其延迟时间在 $t_{min}(t_{min}=2R_{min}/c)$ 和 $t_{max}(t_{max}=2R_{max}/c)$ 范围内变化。搜索与截获的方法如图 5-22 所示。

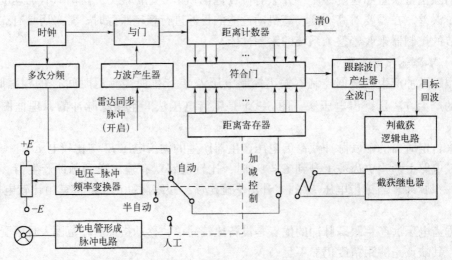

图 5-22 搜索与截获的方法

跟踪波门的延迟时间由距离寄存器的数码决定，为获得在时间轴上移动的跟踪脉冲，应不断地向距离寄存器中加数（或减数）。如果送到距离寄存器的脉冲是由计数脉冲产生器产生的，称为自动搜索；如果是人工控制一个有极性的电压，该电压用来控制脉冲的产生，即脉冲的频率（决定搜索速度）和极性（决定搜索方向）是人工控制的，则称为半自动方法；搜索速度和方向均由人工控制的方法称为人工搜索。

自动搜索时需自动加入计数脉冲，计数脉冲的频率决定搜索速度。为了保证可靠地截获目标，搜索速度应减小到当跟踪波门与所"寻找"的目标回波相遇时，能够在连续 n 个雷达重复周期 T_r 内回波脉冲均能与跟踪波门相重合。为此，送到距离寄存器的计数脉冲频率应比较低，它可由送到距离计数器的时钟脉冲经多次分频后得到。自动搜索通常用于杂波干扰较小或搜索区只有单一目标时。如果干扰较大或有多目标需要选择，宜采用半自动或人工搜索的办法。

一旦搜索到目标，判截获电路即开始工作。判截获电路的输入端加有全波门（前、后半波门的和）和从接收机来的目标回波。只有当回波与波门的重合数超过一定数量时，才能判断它是目标回波而不是干扰信号，这时判截获电路发出指令，使截获继电器工作而系统进入跟踪状态。此时距离寄存器的数码调整由时间鉴别器输出的误差脉冲提供，系统处于闭环跟踪状态。

上述的搜索和截获方法由于要保证可靠地截获目标，搜索速度慢，或者说搜索距离全程所需的时间长。而当加快搜索速度时，跟踪波门与回波的重合数减小，无把握判断所截获的究竟是目标还是干扰，可能产生错误截获。为此，可先将出现回波信号所对应的距离记录下来，然后通过以后几个重复周期来考查该距离上是真实目标还是干扰。当判别为目标时就接通截获电路，系统转入跟踪状态，这种方法可提高搜索速度，称为全距离等待截获。

5.3.2 雷达角度跟踪

在火控雷达和精密跟踪雷达中，必须快速、连续地提供单个或多个目标（飞机、导弹等）坐标的精确数值，此外在靶场测量、卫星跟踪、宇宙航行等方面应用时，雷达也应观测一个或多个目标，而且必须快速、精确地提供目标坐标的测量数据。

为了快速提供目标的精确坐标值，要采用自动测角的方法。自动测角时，天线能自动跟踪目标，同时将目标的坐标数据经数据传递系统送到计算机数据处理系统。

和自动测距需要一个时间鉴别器一样，自动测角也必须要有一个角误差鉴别器。当目标方向偏离天线轴线（即出现误差角 ε）时，就能产生一个误差电压。误差电压的大小正比于误差角，其极性随偏离方向不同而改变。此误差电压经跟踪系统变换、放大、处理后，控制天线向减小误差角的方向运动，使天线轴线对准目标。

采用等信号法测角时，在一个角平面内需要两个波束。这两个波束可以交替出现（顺序波瓣法），也可以同时存在（同时波瓣法）。前一种方法以圆锥扫描雷达最为典型，后一种方法是单脉冲雷达。

单脉冲雷达通过比较由多个天线波束所收到的回波脉冲的振幅和相位来测定目标的角位置。因此，从理论上讲，单脉冲雷达可以从一个目标回波脉冲中获取目标的位置信息，并不受回波振幅起伏的影响，具有测量精度高、获取数据快、抗干扰性能好等优点，因而发展迅速，应用广泛。导弹跟踪测量雷达、机载火控雷达、地物回避及地形跟随雷达、反辐射导弹中的跟踪雷达、脉冲多普勒雷达和相控阵雷达等都大量应用单脉冲体制雷达技术。在此主要讨论振幅和差式单脉冲雷达的基本原理。

1. 单脉冲雷达工作原理

单脉冲自动测角属于同时波瓣测角法。在一个角平面内，两个相同的波束部分重叠，其交叠方向即为等信号轴。将两个波束同时接收到的回波信号振幅进行比较，即可取得目标在该平面上的角误差信号，然后将此误差信号电压放大变换后加到驱动电机，控制天线向减小误差的方向运动。

1) 角误差信号

雷达天线在一个角平面内有两个部分重叠的波束，如图 5-23（a）所示，振幅和差式单脉冲雷达取得角误差信号的基本方法是将这两个波束同时收到的信号进行和、差处理，分别得到和信号与差信号。与和、差信号对相的和、差波束分别如图 5-23（b）、（c）所示，其中差信号即为该角平面内的角误差信号。

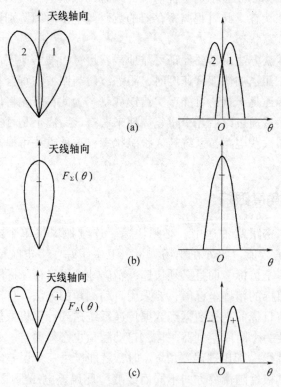

图 5-23 振幅和差式单脉冲雷达波束图
(a) 两馈源形成的波束；(b) 和波束；(c) 差波束。

由图 5-23（a）可以看出，若目标处在天线轴线方向（等信号轴），误差角 $\varepsilon = 0$，则两波束收到的回波信号振幅相同，差信号等于 0。目标偏离等信号轴而有一误差角 ε 时，差信号输出振幅与 ε 成正比，其符号（相位）由偏离的方向决定。和信号除用作目标检测和距离跟踪外，还用作角误差信号的相位基准。

2) 和差比较器与和差波束

和差比较器（和差网络）是单脉冲雷达的重要部件，用于完成回波信号的和、差处理，形成和、差波束。应用较多的是双T接头，如图5-24（a）所示，它有4个端口：Σ（和）端、Δ（差）端、1端和2端。假定4个端口都是匹配的，则从Σ端输入信号时，1端、2端便输出等幅同相信号，Δ端无输出；若从1端、2端输入同相信号，则Δ端输出两者的差信号，Σ端输出和信号。

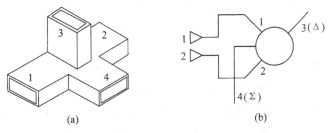

图 5-24 双T接头及和差比较器示意图
(a) 双T接头；(b) 和差比较器。

和差比较器的示意图如图5-24（b）所示，它的1端、2端与形成两个波束的两相邻馈源1和2相接。

发射时，从发射机来的信号加到和差比较器的Σ端，故1端和2端输出等幅同相信号，两个馈源被同相激励并辐射相同的功率，结果两波束在空间各点产生的场强同相相加，形成发射和波束 $F_\Sigma(\theta)$，如图5-23（b）所示。

接收时，回波脉冲同时被两个波束的馈源所接收。两波束接收到的信号振幅有差异（视目标偏离天线轴线的程度而定），但相位相同（为了实现精密跟踪，波束通常做得很窄，对处在和波束照射范围内的目标，两馈源接收到的回波的波程差可忽略不计）。这两个相位相同的信号分别加到和差比较器的1端和2端。

这时，在Σ（和）端完成两信号同相相加，输出和信号。设和信号为 E_Σ，其振幅为两信号振幅之和，相位与到达和端的两信号相位相同，且与目标偏离天线轴线的方向无关。

假定两个波束的方向性函数完全相同，设为 $F(\theta)$，两波束接收到的信号电压振幅为 E_1、E_2，并且到达和差比较器Σ端时保持不变，两波束相对天线轴线的偏角为 δ，则对于 θ 方向的目标，和信号的振幅为

$$E_\Sigma = |\vec{E}_\Sigma| = E1+E2 = kF_\Sigma(\theta)F(\delta-\theta)+kF_\Sigma(\theta)F(\delta+\theta)$$
$$= kF_\Sigma(\theta)[F(\delta-\theta)+F(\delta+\theta)]$$
$$= kF_\Sigma^2(\theta) \tag{5-54}$$

式中：$F_\Sigma(\theta)=F(\delta-\theta)+F(\delta+\theta)$ 为接收和波束方向性函数，与发射和波束的方向性函数完全相同；k 为比例系数，与雷达参数、目标距离、目标特性等因素有关。

在和差比较器的Δ（差）端，两信号反相相加，输出差信号设为 $\vec{E}_\Delta$。若到达Δ端的两信号用 $\vec{E}_1$、$\vec{E}_2$ 表示，它们的振幅仍为 E_1、E_2，但相位相反，则差信号的振幅为

$$E_\Delta = |\vec{E}_\Delta| = |\vec{E}_1 - \vec{E}_2| \tag{5-55}$$

用上述方法可求得 $\vec{E}_\Delta$ 与方向角 θ 的关系为

$$E_\Delta = kF_\Sigma(\theta)[F(\delta-\theta) - F(\delta+\theta)] = kF_\Sigma(\theta) F_\Delta(\theta) \tag{5-56}$$

式中：$F_\Delta(\theta) = F(\delta-\theta) - F(\delta+\theta)$，即和差比较器 Δ 端对应的接收方向性函数为原来两方向性函数之差，其方向图如图 5-23 (c) 所示，称为差波束。

现假定目标的误差角为 ε，则差信号振幅为 $E_\Delta = kF_\Sigma(\varepsilon) F_\Delta(\varepsilon)$。在跟踪状态，$\varepsilon$ 很小，将 $F_\Delta(\varepsilon)$ 展开成泰勒级数并忽略高次项，则

$$E_\Delta = kF_\Sigma(\varepsilon) F_\Delta'(0)\varepsilon = kF_\Sigma(\varepsilon) F_\Sigma(0) \frac{F_\Delta'(0)}{F_\Sigma(0)}\varepsilon = kF_\Sigma^2(\varepsilon) \eta\varepsilon \tag{5-57}$$

因 ε 很小，式 (5-57) 中，$F_\Sigma(\varepsilon) \approx F_\Sigma(0)$，$\eta = F_\Delta'(0)/F_\Sigma(0)$，所以，在一定的误差角范围内，差信号的振幅 E_Δ 与误差角 ε 成正比。

$\vec{E}_\Delta$ 的相位与 $\vec{E}_1$、$\vec{E}_2$ 中的强者相同。例如，若目标偏在波束 1 一侧，则 $E_1 > E_2$，此时 $\vec{E}_\Delta$ 与 $\vec{E}_1$ 同相，反之，则与 $\vec{E}_2$ 同相。由于在 Δ 端 $\vec{E}_1$、$\vec{E}_2$ 相位相反，故目标偏向不同，$\vec{E}_\Delta$ 的相位差为 180°。因此，Δ 端输出差信号的振幅大小表明了目标误差角 ε 的大小，其相位表示目标偏离天线轴线的方向。

和差比较器可以做到使和信号 $\vec{E}_\Sigma$ 的相位与 $\vec{E}_1$、$\vec{E}_2$ 之一相同。由于 $\vec{E}_\Sigma$ 的相位与目标偏向无关，所以只要用和信号 $\vec{E}_\Sigma$ 的相位为基准，与差信号 $\vec{E}_\Delta$ 的相位作比较，就可以鉴别目标的偏向。

总之，振幅和差单脉冲雷达依靠和差比较器的作用得到图 5-23 所示的和波束、差波束，差波束用于测角，和波束用于发射、观察和测距，和波束信号还用作相位比较的基准。

3) 相位检波器和角误差信号的变换

和差比较器 Δ 端输出的高频角误差信号还不能用来控制天线跟踪目标，必须把它变换成直流误差电压，其大小应与高频角误差信号的振幅成比例，而其极性应由高频角误差信号的相位来决定。这一变换作用由相位检波器完成。为此，将和、差信号通过各自的接收通道，经变频中放后一起加到相位检波器上进行相位检波，其中和信号为基准信号。相位检波器输出为

$$U = K_d U_\Delta \cos\varphi \tag{5-58}$$

式中：$U_\Delta \propto E_\Delta$ 为中频差信号振幅；φ 为和、差信号之间的相位差，这里 $\varphi = 0$ 或 $\varphi = \pi$。因此，有

$$U = \begin{cases} K_d U_\Delta, & \varphi = 0 \\ -K_d U_\Delta, & \varphi = \pi \end{cases} \tag{5-59}$$

因为加在相位检波器上的中频和、差信号均为脉冲信号，故相位检波器输出为正或负极性的视频脉冲（$\varphi = \pi$ 为负极性），其幅度与差信号的振幅即目标误差角 ε 成比例，脉冲的极性（正或负）则反映了目标偏离天线轴线的方向。把它变成相应的直流误差电压后，加到伺服系统控制天线向减小误差的方向运动。

图 5-25 所示为相位检波器输出视频脉冲幅度 U 与目标误差角 ε 的关系曲线，通常称为角鉴别特性。工作时，通常采用中间呈线性的部分。

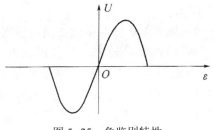

图 5-25 角鉴别特性

2. 振幅和差单脉冲雷达的组成

1) 单平面振幅和差单脉冲雷达

根据上述原理,可得到单平面振幅和差单脉冲雷达简化框图,如图 5-26 所示。

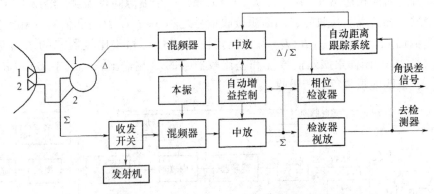

图 5-26 单平面振幅和差单脉冲雷达简化框图

系统的简单工作过程如下:发射信号加到和差比较器的 Σ 端,分别从 1 端和 2 端输出同相信号激励两个馈源。接收时,两波束的馈源接收到的信号分别加到和差比较器的 1 端和 2 端,Σ 端输出和信号,Δ 端输出差信号(高频角误差信号)。和、差两路信号分别经过各自的接收系统(称为和、差支路)中放后,差信号作为相位检波器的一个输入信号,和信号分三路,第一路经检波视放后作为测距和显示用,第二路用作和、差两支路的自动增益控制,第三路作为相位检波器的基准信号。和、差两中频信号在相位检波器进行相位检波,输出就是视频角误差信号,变成相应的直流误差电压后,加到伺服系统控制天线跟踪目标。系统在进入角跟踪之前,必须先进行距离跟踪,并由距离跟踪系统输出一距离选通波门加到差支路中放,只让被选目标的角误差信号通过。

为了消除目标回波信号振幅变化(由目标大小、距离、有效散射面积变化引起)对自动跟踪系统的影响,必须采用自动增益控制。由和支路输出的和信号产生自动增益控制电压,该电压同时控制和差支路的中放增益,这等效于用和信号对差信号进行归一化处理,同时可保持和差通道的特性一致。可以证明,由和支路信号作为自动增益控制后,和支路输出基本保持常量,而差支路输出经归一化处理后其误差电压只与误差角 ε 有关,与回波幅度变化无关。

2) 双平面振幅和差单脉冲雷达

为了对空中目标进行自动方向跟踪,必须在方位和俯仰角两个平面上进行角跟踪,因而必须获得方位和俯仰角误差信号。为此,需要用四个馈源照射一个反射体,以形成四个对称的相互部分重叠的波束。

图 5-27 为典型的双平面振幅和差单脉冲雷达的组成框图。它由单脉冲天线、和信号通道、方位差信号通道、俯仰差信号通道、方位伺服系统、俯仰伺服系统、测距系统、显示器、自动增益控制电路等组成。单脉冲天线由高频部分和控制部分组成,高频部分包括反射器、辐射器两部分,辐射器又由四个横向偏焦且偏焦距离相等的扬声器(A、B、C、D)绕天线轴组成,与四个扬声器相连的和差器又由四个波导环形桥构成。控制部分在方位、俯仰伺服电路的作用下,使天线等信号轴向着目标运动的方向跟踪。

图 5-27 中 A、B、C、D 代表四个馈源。发射机产生的高频脉冲经收发开关送往和差比较器③的 Σ 端,发射信号从其相邻的两端口同相等分输给和差比较器①、②的 Σ 端,二等分之后同相送给 A、B、C、D 四个馈源,四个馈源同相辐射,经反射器在空间形成一个发射和波束。接收时,四馈源接收信号之和 $A+B+C+D$ 为和信号(和差比较器③Σ 端的输出);$(A+C)-(B+D)$ 为方位角误差信号(和差比较器③的 Δ 端输出);$(A+B)-(C+D)$ 为俯仰角误差信号(和差比较器④的 Σ 端输出);而 $(A+D)-(B+C)$ 为无用信号,被匹配吸收负载所吸收。

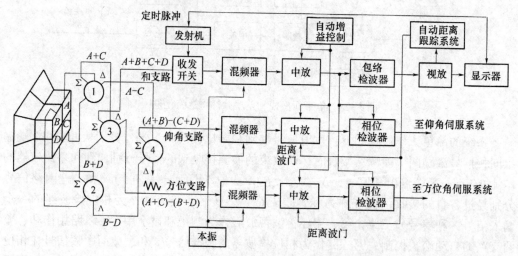

图 5-27 双平面振幅和差单脉冲雷达组成框图

我们知道,雷达接收信号功率与天线轴向增益平方成正比,在单脉冲雷达中,也就是与和波束增益平方成正比。而测角灵敏度与波束交叠处的斜率有关,通常用差波束在 $\theta=0$ 处的斜率表示。这个斜率称为差斜率。它与差波束(因而与相互交叠产生差波束的每个独立波束)的宽度和最大辐射方向的增益有关,产生差波束的各独立波束的最大增益越大,差波束的最大增益就越大,差斜率也就越大,测角越灵敏,因而测角精度就越高。这里,希望和、差波束最大辐射方向的增益都能达到最大,使测距和测角的性能都达到最佳。

另外,由于单脉冲雷达需要三个通道同时工作,这就要求三个通道工作特性严格一致,每个通道幅-相特性不一致将导致测角精度和测角灵敏度降低。为此可采用通道合并技术,以减小三路不一致带来的不良后果。

5.3.3 雷达速度跟踪

对于相参体制的脉冲多普勒雷达可以通过多普勒滤波取出目标的速度信息,当需要对单个目标测速并要求连续给出其准确速度数据时,可采用速度跟踪环路实现。速度跟踪环路根据频率敏感元件的不同可以分为锁频式和锁相式两种。

1. 锁频式速度跟踪环路

锁频式跟踪环路用鉴频器作为敏感元件,其原理框图如图 5-28 所示。

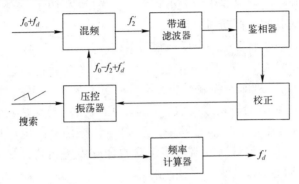

图 5-28 锁频式频率跟踪器原理框图

一般鉴频器的中心频率不是 0,而是 f_2,被跟踪信号的频率是 f_0+f_d。带通滤波器的通带由信号频率决定。在跟踪相参谱线时,带通滤波器和鉴频器的带宽对应一根谱线的宽度。压控振荡器和鉴频器的电压频率特性曲线如图 5-29 所示。

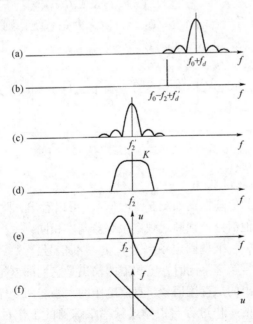

图 5-29 压控振荡器和鉴频器的电压频率特性曲线示意图
(a) 信号频谱;(b) 压控振荡器频谱;(c) 混频后频谱;(d) 带通滤波器频响;
(e) 鉴频特性;(f) 压控振荡器特性。

跟踪环路一开始可以工作在搜索状态，在压控振荡器输入端加上一个周期变化的电压，使压控振荡器频率在预期的多普勒频移范围内变化。当搜索到目标时，目标回波频率f_0+f_d与压控振荡器频率$f_0-f_2+f'_d$差拍后，得到频率为$f'_2=f_2+f_d-f'_d$的差拍信号，该信号通过窄带滤波器后进入鉴频器。此时可用附加的截获电路控制环路断开搜索，转入跟踪状态。如果此时$f'_d>f_d$，则差拍后信号谱线的中心频率$f'_2<f_2$。这时，鉴频器将输出正电压，使压控振荡器频率降低。经过这样的闭环调整，使f'_d趋近f_d。压控振荡器频偏f'_d经过频率输出电路的变换，就可以输出目标的速度数据。当目标回波的多普勒频移发生变化时，由鉴频器判断出频率变化的大小和方向，送出控制电压，使压控振荡器的频率产生相应的变化，从而实现自动频率跟踪。

频率跟踪环路对频率而言是一个反馈跟踪系统。其中混频器是一个比较环节；窄带滤波器可近似为增益为K'的放大环节；鉴频器是一个变换元件，它在线性工作范围的传递函数为$K''=\Delta u/\Delta f$，K''即为鉴频器的灵敏度（或称鉴频斜率），它的量纲是V/Hz；校正网络的传递函数为$G(s)$，由系统设计决定；压控振荡器也是放大环节，它的输入是经过校正网络的误差电压，输出是频率，K_2是压控振荡器的电压控制斜率，量纲是Hz/V。若用$K_1=K'K''$表示窄带滤波器与鉴频器的合成传递函数，则锁频式频率跟踪器的等效结构如图5-30所示。

环路的开环传递函数为

$$K_1K_2G(s) \tag{5-60}$$

闭环传递函数为

$$H(s)=\frac{H_0(s)}{1+H_0(s)}=\frac{K_1K_2G(s)}{1+K_1K_2G(s)} \tag{5-61}$$

由式（5-61）可以看出，若希望环路是一阶无静差系统，则校正网络$G(s)$必须是一个积分环节。

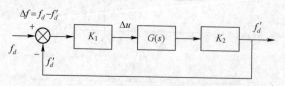

图5-30 锁频式频率跟踪器等效结构图

2. 锁相式速度跟踪环路

锁相式频率跟踪器的原理框图如图5-31所示。可以看出，除了将频率变化的敏感元件换成鉴相器外，其他部分与锁频式频率跟踪器基本相同。

鉴相器的输入信号，一个是固定频率为f_2的基准信号，另一个是经混频和滤波后的被测信号。当两个信号频率不同时，鉴相器的输出是它们的差拍信号。两个输入信号频率相同时，鉴相器输出的是直流信号，直流电压的大小与两个输入信号的相位差成比例。锁相式频率跟踪器的工作过程与锁频式频率跟踪器的工作过程很相似，因此不再重复。

当f'_d不等于f_d时，混频器输出差拍频率信号，它通过低通滤波器后对压控振荡器形成正弦调制。这样混频后的$f'_2(t)$也是正弦调频信号，它与基准信号f_2鉴相后的输出

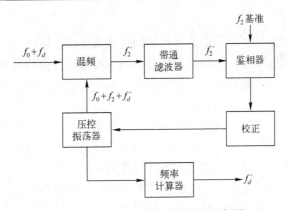

图 5-31 锁相式频率跟踪器的原理框图

就是上下不对称的非正弦信号，该信号中的直流分量会控制压控振荡器作相应的变化，结果使 f'_d 逐渐趋近 f_d。在锁相理论中，这个过程叫作频率牵引。如果锁相环的捕捉带不够宽，则还需要附加搜索与捕获电路，帮助环路进入跟踪状态。锁相式频率跟踪回路在稳态时可以有相位误差，但没有频率误差。此时，鉴相器的输出信号是一个缓慢变化的直流电压。

当输入和输出信号的相位差很小时，锁相环等效于一个线性负反馈系统。其中，混频器仍等效为比较元件。窄带滤波器只让中心频率处的一根谱线通过，仍可以看作放大环节，其传递函数是 K'。鉴相器的输出电压正比于两个输入信号的相位差，即

$$u(t) = K'' \int_0^t (f'_2 - f_2) \mathrm{d}t$$

因为 $f'_2 - f_2 = f_d - f'_d$，所以若设 $K_1 = K'K''$，综合考虑混频器、窄带滤波器和鉴相器，可以认为信号 f_d 和 f'_d 进行了一次相减运算和一次积分运算，即

$$u(t) = K_1 \int_0^t (f_d - f'_d) \mathrm{d}t$$

校正网络和压控振荡器的传递函数仍分别用 $G(s)$ 和 K_2 表示。锁相式频率跟踪器的等效结构如图 5-32 所示。

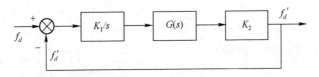

图 5-32 锁相式频率跟踪器等效结构图

环路的开环传递函数为

$$H_0(s) = \frac{K_1 K_2 G(s)}{s} \tag{5-62}$$

闭环传递函数为

$$H(s) = \frac{K_1 K_2 G(s)}{s + K_1 K_2 G(s)} \tag{5-63}$$

比较式（5-61）和式（5-63）可以看出，当校正网络的形式相同时，锁相系统比

锁频系统的无差度高一阶。

由于锁相系统用鉴相器作为敏感元件来闭合跟踪环路，因此它使内部振荡器精确地与目标运动产生的相移同步。因为回波信号的相位相应于目标的径向距离，所以锁相系统实质上构成了一个距离跟踪系统。但是由于射频相位是高度模糊的，所以实际上很难把相位信息转换成真实的距离数据。

从以上讨论可以看出，由于锁相式频率跟踪器采用鉴相器作为敏感元件，相当于引入了一个积分环节，使锁相系统比锁频系统的无差度高一阶，因此，锁相系统是测量多普勒频移的优选装置，其理论上的稳态测速误差为0。

为了保证锁相系统处于跟踪状态，压控振荡器的相位总是基本同步地跟随信号相位变化。因此，对雷达设备的稳定性提出了较高的要求。另外，要使目标机动引起的相位动态滞后不超过允许范围，锁相系统的通带应足够宽，但带宽的增大会增加由噪声引起的跟踪误差。当系统的带宽一定时，锁相系统就存在最大可跟踪目标加速度的限制，而在锁频系统中就无此限制。

以上测速系统的原理性讨论是基于模拟系统的多普勒测速技术实现，经历了从模拟系统转向模拟-数字多普勒测速系统到全数字式测速回路的发展、变化过程，且随着雷达各分系统的进一步数字化，测速功能块也将和雷达数字接收机和信息提取等单元有机地结合为一体。

5.4 典型雷达导引头

5.4.1 主动雷达导引头

1. 基本组成

典型的主动雷达导引头的基本组成如图 5-33 所示，主要由天线罩、主通道天线、位标器、微波前端、中频接收机、信号与信息处理机、频综器、发射机、电源系统等组成。

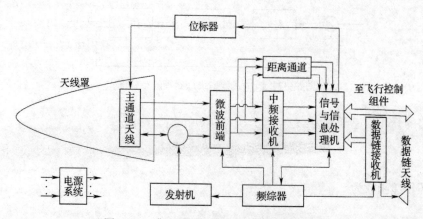

图 5-33 典型的主动雷达导引头的基本组成

天线罩是导引头天线的保护装置，它既要保证导弹的气动力特性，以适应导弹的气动加热、使用环境和机械强度的要求，又要保证发射和接收微波电磁能量时有最大的透过系数和最小的同步误差。

主通道天线是导引头收/发探测信号的关键组件，它将发射机输出的微波能量向特定的空域辐射，同时接收目标的微弱回波信号。主通道天线装置中设有自检通道，用于对导引头进行自检。

位标器是组成导引头天线空间稳定、角度指示、空域搜索和对目标进行角度跟踪的装置。

微波前端对接收到的微波信号进行处理，主要包括限幅、选通、低噪声放大、混频和前置中频放大，然后将信号送给中频接收机进行进一步处理。

中频接收机对三路中频信号进行进一步的选通和放大，然后进行 A/D 变换，将变换后的数字信号送给信号处理机进行进一步的处理。

信号处理机对接收机送来的三路数字信号进行处理，得到目标和电磁环境的有关信息，导引头工作程序根据这些信息进行分析和逻辑运算，形成控制指令，控制导引头的工作模式、工作波形、抗干扰逻辑，控制频率综合器（简称频综器）、同步器和位标器完成速度、距离和角度跟踪回路的闭合；信息处理机还接收来自修正指令接收装置的信息并进行译码，完成与导弹飞行控制组件的信息交换。

频综器以信息处理器给出的直接数字频率合成（DDS）信号为基频，产生导引头工作所需的连续波探测信号、主通道本振信号、修正通道本振信号、自检信号、调制脉冲、选通脉冲、同步脉冲等多种视频脉冲信号。频综器在信号处理机的控制下工作。

发射机对来自频综器的连续波探测信号进行调制和放大形成探测信号，并将其反馈给主动通道天线装置。

供电系统将来自导弹或载机的供电变换成导引头各分组件工作所需的、经过二次稳压的各种规格（电压和电流）的电源。

2. 典型工作时序

雷达导引系统工作时序决定了导引头的整个工作过程，规定了导引头各个阶段的工作状态、应完成的功能和完成规定功能的时间。导引系统工作的时序由导弹的使用方式和全弹工作的时序所确定。图 5-34 是一种采用复合制导体制的主动雷达导引头的典型工作时序。

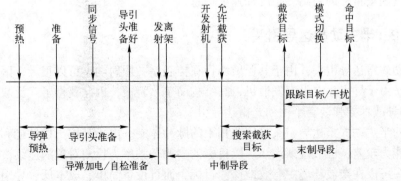

图 5-34 主动雷达导引头的典型工作时序

为了保证导引系统的正常工作，导引头位标器的机电陀螺需要提前启动，以便在工作时能够达到稳定的转速。

导引头的恒温晶振电路需要提前通电预热使之达到恒定温度，以确保晶振电路在正确的频率上稳定地振荡。一般要求在载机挂弹起飞后的适当时候给出"预热"指令，载机的供电使导弹处于通电工作状态，导引头处于"预热"状态。导引头所要求的预热时间越短越有利于导弹的使用，因此，导引系统设计时，应尽量选用快速启动陀螺和快速稳定恒温晶振，以减小导引系统的准备时间。

导引系统一般需要进行系统自检和校准补偿。自检的目的是在线自动检查导引系统各分系统的状态是否正常，自检内容一般有信号信息处理机自检和系统自检。校准和补偿的目的是保证导引系统的测量精度，减小系统误差和环境因素的影响，一般包括角跟踪通道电流放大器漂移的测量及补偿、接收系统和差通道的幅度与相位补偿等，自检正常时给出"导引头准备好"的信号。校准补偿工作则一般要持续到"开发射机"指令的到来。

在中制导段即将结束时，导引系统收到"开发射机"的指令后，结束校准补偿工作，完成导引系统初始检测门限的测量，向导弹电源组件发出"电池点火"指令。发射机电源正常供电后，发射机输出的探测信号经由环行器和天线向空间辐射。

一般情况下，发射机在加电后不能立刻达到稳定的射频输出。在时序设计时，应根据发射机所采用的功率放大器的特性预留出发射机输出稳定的时间，在发射机达到稳定输出后再开启导引系统的信号探测通道。一般可设置"允许截获"指令。在接收到导弹的"允许截获"指令后，导引系统根据来自飞行控制组件的目标多普勒频率信息和角度信息，控制天线对准目标，并进行速度搜索与截获。在导引系统完成对目标的速度和角度截获后，闭合速度跟踪回路和角跟踪回路实现对目标的跟踪，并连续测量目标的运动参数，输出给导弹飞行控制组件，实现导弹的末制导。若不能立即截获，则导引系统自动启动搜索功能。导引系统先进行速度搜索，若速度搜索不能截获目标，则同时进行角度搜索，直到截获目标。

导引系统可根据导弹的总体要求设置测距或距离分辨功能。具有此功能的导引系统可以根据导弹指令启动测距模式，亦可根据环境和抗干扰需要由导引系统软件自主控制启动测距模式。启动测距模式后，导引系统根据飞控组件传来的目标距离信息预定距离门的位置，顺序完成对目标的距离截获、速度截获，进而闭合距离、速度及角度跟踪回路，并连续测量目标的距离、角度和速度信息。

5.4.2 半主动雷达导引头

半主动式雷达导引头，由于其照射源设在控制站，照射功率可以很大，因此制导距离较远；又由于导引头上没有发射机，其结构简单、轻便，因此获得了广泛应用。目前已有 20 多种战术导弹装有半主动式雷达导引头。

早期的半主动式雷达导引头采用非相干的脉冲体制。由于其抗干扰性能和低空抗地物杂波的能力较差，已被逐渐淘汰。以目标的多普勒频率为检测对象的连续波半主动式雷达导引头可以在杂波环境中有效地探测目标，而且设备简单、成本低、导引精度也较高，因此是半主动式自动导引体制采用较多的方式，如美国的"改进霍克"、苏联的

"萨姆-6",以及意大利的"阿斯派德"导弹等都采用连续波半主动式导引头。下面主要讨论半主动式连续波雷达导引头的有关技术。

1. 半主动雷达导引头几何与频谱关系

半主动式自动导引系统工作时的几何关系如图 5-35 所示。

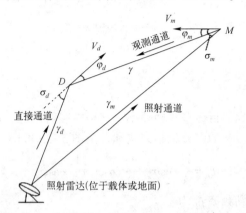

图 5-35　半主动式自动导引系统工作时的几何关系

目标 M 被其他载体（如飞机、军舰等）或地面上的雷达照射,导弹 D 接收具有多普勒频移的目标反射信号,并和直接接收的照射信号（尾部接收信号）比较,获得目标信号。目标信号的获得是利用了相干接收技术,在相干接收中,可得到一个频谱,其中目标信号的频率大致和导弹、目标的接近速度成正比。为了提取目标信号并得到制导信息,接收机中用窄带频率跟踪器连续地跟踪目标回波,以使目标信号从杂波和泄漏中分离出来。其中,杂波来自地物和背景;泄漏也叫馈通,是指从导引头天线后波瓣收到的照射功率。

半主动式自动导引中多普勒频谱可参照图 5-36 求出。

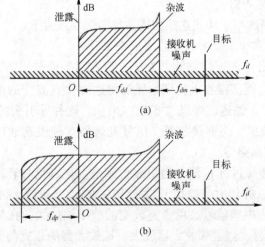

图 5-36　半主动式导引头多普勒频谱
（a）地空导弹；(b) 空空导弹。

导引头尾部天线收到的信号频率 f_b 为

$$f_b = f_0 + f_{db} \tag{5-64}$$

式中：f_0 为照射雷达发射信号的频率；f_{db} 为导弹与照射雷达间相对速度引起的多普勒频率。

$$f_{db} = -\frac{V_d}{\lambda}\cos\sigma_d \tag{5-65}$$

式中：λ 为照射信号的波长。

导引头头部天线收到的信号频率 f_a 为

$$f_a = f_0 + f_{da} \tag{5-66}$$

式中：f_{da} 是头部天线收到的目标多普勒频率，它是由照射雷达、目标间的相对速度和目标、导弹间的相对速度引起的多普勒频率之和。由图 5-35 可得

$$f_{da} = \frac{V_m}{\lambda}\cos\sigma_m + \frac{V_m}{\lambda}\cos\varphi_m + \frac{V_m}{\lambda}\cos\varphi_d \tag{5-67}$$

导引头收到的多普勒频率 f_d 为

$$f_d = f_{da} - f_{db} = \frac{V_m}{\lambda}\cos\sigma_m + \frac{V_m}{\lambda}\cos\varphi_m + \frac{V_m}{\lambda}\cos\varphi_d + \frac{V_m}{\lambda}\cos\sigma_d \tag{5-68}$$

迎头攻击时，若 $\sigma_m = \varphi_m = \varphi_d = \sigma_d = 0°$，则

$$f_d = \frac{2(V_m - V_d)}{\lambda} \tag{5-69}$$

式（5-69）表明，导引头接收到的多普勒频率 f_d 与导弹、目标间的相对速度成正比，与波长成反比。

若考虑杂波和馈通，则半主动式导引头收到的信号多普勒频谱如图 5-36 所示。图中，f_{dd} 为导弹速度引起的多普勒频率；f_{dm} 为目标速度引起的多普勒频率；f_{dp} 为载体速度引起的多普勒频率。

2. 典型半主动雷达导引头

下面讨论几种典型的半主动式连续波雷达导引头实现方案。

1）从"零频"上取出多普勒信号的连续波导引头

从"零频"上取出 f_d 的连续波导引头是"霍克"导弹采用的方案，它是用头部接收机的目标"回波"与尾部接收机收到的照射雷达的"直波"的中频信号"同频"混频方式提取多普勒信号，馈通信号以"零频"出现。这种导引头的工作原理如图 5-37 所示。它包括尾部接收机、头部接收机、信号处理器（速度选通门）及控制头部天线（带万向支架）的跟踪回路等。

尾部接收机为头部（目标）信号提供相干基准。尾部信号转换成中频后，使微波本振的 AFC 回路闭合，并作为中频相干检波器的基准。头部天线收到目标信号，经混频器 1 与 f_L 信号差拍为中频信号，由带宽较宽的前中放放大，在相干检波器（混频器 2）中变换为多普勒信号，经视频放大器放大，该放大器的带宽与可能的多普勒频率范围相匹配，再与速度门控本振信号差拍。门控本振在窄的速度门控范围内跟踪所需的信号。上述工作中的频谱关系为：

头部天线收到的回波信号频率：$f_0 + f_{da}$

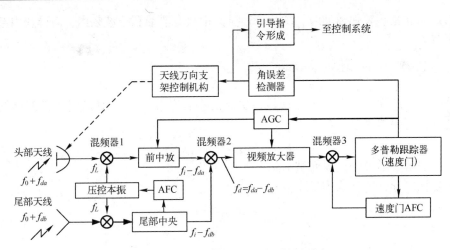

图 5-37 从"零频"上取出 f_d 的导引头

混频器 1 输出信号的频率:$f_L-(f_0+f_{da})=f_L-f_0-f_{da}=f_i-f_{da}$

尾部天线收到的直波信号频率:f_0+f_{db}

从尾部混频器输出的信号频率:$f_L-f_0-f_{db}=f_i-f_{db}$

头、尾中频信号经各自的中频放大器放大后,在混频器 2 差拍取出多普勒频率 f_d,即

$$f_i-f_{db}-(f_i-f_{da})=f_{da}-f_{db}=f_d$$

这就是从"零频"上取出的多普勒频率 f_d。

目标的发现和跟踪由速度门控本振频率的扫描和跟踪来实现。多普勒频率的跟踪原理如图 5-38 所示。

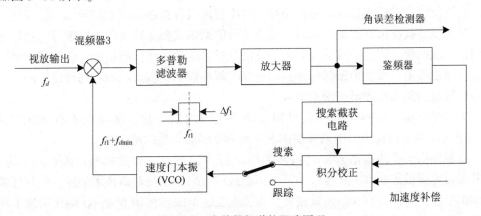

图 5-38 多普勒频谱的跟踪原理

设滤波器的中心频率为 f_{t1},通带为 Δf_1,鉴频器的中心频率为 f_{t1},带宽 $\Delta f > \Delta f_1$,速度门本振(VCO)的起始振荡频率为 $f_{t1}+f_{d\min}$。下面分三种情况说明多普勒跟踪器的工作原理。

当目标、导弹均静止时,$f_d=0$,混频器 3 输出为 0,泄漏和杂波出现在"零频"处(图 5-36),可用隔直流电容将其滤除掉。

当目标静止、导弹运动时，图 5-36（a）中只有泄漏和杂波频谱，由弹速引起的多普勒频率为

$$f_{dd} = \frac{2V_d}{\lambda} \tag{5-70}$$

该分量应滤除掉，因它不是动目标引起的多普勒频率。一般采用加速度补偿来消除，使其从混频器 3 输出：

$$(f_i + f_{dmin} + f_{dd}) - f_{dd} = f_{i1} + f_{dmin} \tag{5-71}$$

此频率落在通带外，因而被消除。

当目标、导弹速度均为最小值时，则 f_d 为

$$f_d = \frac{2(V_{mmin} + V_{dmin})}{\lambda} \tag{5-72}$$

混频器 3 输出为

$$(f_{i1} + f_{dmin}) - f_{dmin} = f_{i1} \tag{5-73}$$

此频率正好落在滤波器通带内。滤波器输出经放大分别送入鉴频器和搜索截获电路，使系统由搜索状态转入跟踪状态。而鉴频器输出为零，VCO 工作在起始状态，其振荡频率保持为 $f_{i1} + f_{dmin}$，此时系统已闭合。如目标速度增大，f_d 也增大，混频器 3 输出信号频率小于 f_{i1}，鉴频器输出负电压，经积分器后，使 VCO 输出频率增高，保证混频器 3 输出仍为 f_{i1} 频率的信号。于是，完成了对目标信号的多普勒跟踪，使预定的动目标信号输出，其他信号被滤掉。

发现目标则是通过速度门本振（VCO）的频率在整个（或部分）多普勒频带内扫描来完成的。实际上是使频谱在速度门滤波器的频带内移动来实现的。当速度滤波器输出信号超过检测门限时，搜索状态立即停止，并确定它是相干目标信号而不是噪声虚警，系统便转入对真实目标信号的跟踪，从中得出引导指令。

当天线接收波束作圆锥扫描时，接收信号的调幅成分在速度门中被恢复，然后分解为俯仰、航向两个相互垂直的万向支架轴的分量，驱动天线伺服系统，使等强信号线保持在目标视线上。天线角跟踪回路利用速率陀螺反馈来实现天线的空间稳定。因此，只有目标视线的角速度才形成误差信号。

为使误差信号在整个目标信号幅度动态范围内归一化，接收机中有 AGC 电路。AGC 电压在速度门获得，用来控制前置中放和视频放大器的增益。

这种导引头的缺点是 f_d 信号有零频的"折叠"效应，接收机噪声来自两个边带、使其灵敏度降低了 3dB。虽然 f_d 的零频折叠效应可采用镜频对消技术消除，但只能抑制 1.5dB 左右，仍有 1.5dB 的能量损失。为了克服这个缺点，20 世纪 60 年代出现了从副载频上取出 f_d 的连续波半主动式雷达导引头。

2）从副载频上取出多普勒信号的连续波导引头

所谓从副载频上取出 f_d，即采用回波与直波中频信号"异频"混频方式来提取多普勒信号 f_d。这种导引头的组成结构如图 5-39 所示，这是俄制防空导弹"萨姆-6"的导引头方案。

其工作原理和从零频上取出 f_d 的导引头不同之处是：泄漏信号和杂波不是出现在零频上，而是出现在副载频 f_M 频率处，此时混频器 3 输出信号的频率为 $f_M - f_d$，而

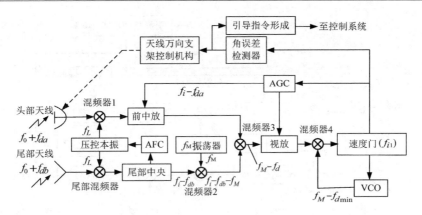

图 5-39 从副载频上取出 f_d 的导引头

泄漏信号的 $f_d=0$，故泄漏出现在 f_M 处。若 VCO 输出为 f'_M-f_{dmin}，则混频器 4 输出信号频率为

$$f_M-(f'_M-f_{dmin})=f_{i1}+f_{dmin} \tag{5-74}$$

Δf_1 为速度滤波器的通频带，由于 $f_{i1}+f_{dmin}>f+\dfrac{\Delta f_1}{2}$，所以 $f_{i1}+f_{dmin}$ 信号落入速度门之外，泄漏和杂波被消除，其余部分和图 5-37 所示的导引头工作原理相似。

从副载频上取出多普勒频率的导引头，避免了从零频取出时的折叠损耗，提高了系统的性能。但由于把混频器 2 串进了基准通道，破坏了基准通道和回波通道间的对称性。而这种对称性对保证两通道间的时间延迟一致是必要的。只有两通道延迟时间一致，才能抵消调频噪声。

3) 准倒置连续波导引头

准倒置接收型连续波导引头，不是完全的倒置型导引头。它可以看作从"副载频"上取出 f_d 的另一种变化形式，只不过其速度门跟踪环是在第二中频上闭合的。使中频的等效带宽与速度门带宽相同，从而在抗泄漏、抗杂波干扰方面优于前面提到的两种导引头。

英制"海标枪"地空导弹导引头就采用了此种方案，其组成原理如图 5-40 所示，它与图 5-39 的工作原理很相似。速度门本振在搜索状态时，VCO 的频率应能覆盖住多普勒频率范围 Δf_d。

4) 全倒置连续波导引头

所谓倒置接收是一种通带倒向配置的接收技术。普通接收机通带是一个逐渐变小的"漏斗"。即先是宽带中放，然后是一个通带较窄的视频放大器，最后一级为窄带速度选通电路。这样，直到最后一级，目标信号必须和高强度的泄漏杂波和干扰信号相对抗，接收机的每一级增益的归一化和动态范围，都取决于比目标信号大几个数量级的干扰信号。倒置接收机则将普通接收机的频带"漏斗"颠倒过来，即窄带速度门控通带位于中放部分，也就是位于能得到合适噪声系数的前级增益之后，干扰信号在信号通道的最前面便已消除掉，因而降低了对动态范围的要求，也消除了可能的畸变源。倒置接收导引头如图 5-41 所示，这是"改进霍克"的导引头方框图。

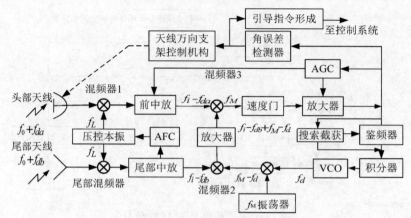

图 5-40 准倒置连续波导引头

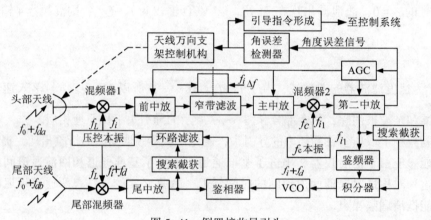

图 5-41 倒置接收导引头

其多普勒跟踪回路经微波本振而闭合,微波本振必须在要求的多普勒频率范围内调谐。于是调谐本振基本完成了普通接收机中速度门控本振的任务。

下面只说明图 5-41 中倒置接收机的工作原理。

导引头的头部天线收到目标回波频率为 f_0+f_{da},尾部天线收到直波信号的频率为 f_0+f_{db}。微波本振信号的频率为

$$f_L = f_0 + f_i + f_{da} \tag{5-75}$$

微波本振信号与尾部天线收到的信号混频,得到尾部中频信号的频率 f_{ib} 为

$$f_{ib} = f_L - f_0 - f_{db} = f_i + f_d \tag{5-76}$$

微波本振信号与头部天线收到的信号混频,得到头部中频信号的频率 f_{ia} 为

$$f_{ia} = f_L - f_0 - f_{da} = f_i \tag{5-77}$$

由式(5-77)可见,由于频率跟踪回路的作用,头部天线收到的信号多普勒频率变化时,微波本振的频率也跟踪变化,保证混频器 1 差拍出的信号频率正好是前中放中心频率 f_i,其频带很窄,则头部天线收到的目标多普勒信号就能通过窄带滤波器(一般为窄带晶体滤波器)。

由式(5-76)可见,目标多普勒频率被调制于尾部中频上,所以尾部中放的带宽必须大于可能的目标多普勒频率的总范围,即 $\Delta f_i > (f_{d\max} - f_{d\min}) = \Delta f_d$。这就要求在信号

往返时间内的瞬时频率漂移必须比目标多普勒小得多,才能保证接收机频率跟踪回路和尾部基准回路正常截获和跟踪目标多普勒信号。目标的多普勒频率越低,对频率稳定度的要求就越高。

头部中频信号经窄带滤波器和主中放后,为避免在一个频率上放大量过大并为调试方便,将 f_i 信号与固定频率 f_c 信号差拍为第二中放频率 f_{i1} 经第二中放,再经鉴频、积分后,去控制速度门本振(VCO)的频率。速度门本振信号与尾部中频信号鉴相,输出误差信号去控制微波本振的频率,使混频器 1 输出的频率保持为 f_i。

下面具体说明上述过程。

当 $V_m = V_d = 0$ 时,$f_d = 0$,则头部和尾部接收的信号频率均为 f_0。设微波本振的频率为

$$f_L = f_0 + f_i + f_{damin} \tag{5-78}$$

从混频器 1 输出信号的频率为

$$f_L - f_0 = f_i + f_{damin} \tag{5-79}$$

由于

$$f_i + f_{damin} > f_i + \frac{\Delta f}{2} \tag{5-80}$$

故窄带滤波器无输出,系统不工作,泄漏和杂波落在速度门之外。$V_m = V_{mmin}$,$V_d = V_{dmin}$ 时,$f_d = f_{dmin}$。头部天线收到的信号频率为 $f_0 + f_{damin}$,尾部天线收到的信号频率为 $f_0 + f_{dbmin}$,微波本振的频率为

$$f_L = f_0 + f_i + f_{damin}$$

混频器 1 输出信号的频率为

$$f_L - (f_0 + f_{damin}) = f_i \tag{5-81}$$

此时窄带滤波器有输出,经主中放后与 f_c 频率信号差拍,从混频器 2 输出第二中频 f_{i1} 信号,鉴频器输出信号为零。速度门本振(VCO)输出信号频率应为 $f_0 + f_{dmin}$,它和尾部中放来的 $f_i + f_{dmin}$ 频率信号都送给鉴相器,可能出现两种情况:

(1)两种信号同相,鉴相器输出为零,环路滤波器输出也为零,这就保证了微波本振的频率为 $f_L = f_0 + f_i + f_{dmin}$,使系统正常工作。

(2)两种信号有相移 $\varphi(t)$,则 $\mathrm{d}\varphi(t)/\mathrm{d}t \neq 0$,即鉴相器的两个输入有频差,但由于锁相环的作用,使 $\varphi(t) \to \varphi_0$,$\mathrm{d}\varphi_0/\mathrm{d}t = 0$,仍能保证混频器 1 输出信号的频率为 f_i。

当 $V_m = V_{md}$,$V_d = V_{dl}$ 时,$f_0 = f_{dl1}$。

头部天线收到的信号频率为 $f_0 = f_{da1}$;

尾部天线收到的信号频率为 $f_0 = f_{db1}$;

微波本振的频率为 $f_L = f_0 + f_i + f_{damin}$

混频器 1 输出信号频率为

$$f_L - (f_0 + f_{da1}) = [f_i - (f_{da1} - f_{damin})] < f_i \tag{5-82}$$

混频器 2 输出信号的频率为 f'_{i1},由于 $f'_{i1} > f_{i1}$,则鉴频器输出为正,经积分器后,使速度门本振(VCO)频率增加,微波本振的频率也增加,即从 $f_0 + f_i + f_{damin}$ 升至 $f_0 + f_i + f_{da1}$,仍保证混频器输出信号频率为 f_i。

对目标信号的截获,图 5-41 中有两套搜索、截获电路。首先直波锁相环在一定的频率范围内搜索并截获目标信号。搜索时环路滤波器断开,使微波本振频率在 $f_0 + f_i + $

Δf_{da} 范围内变化,直至尾部混频器输出频率为 f_i+f_{dmin} 为止。然后锁相环闭合转入跟踪状态。同时,速度门本振(VCO)频率也搜索,在 $f_i+\Delta f_d$ 范围内变化(积分器断开)。鉴相器有输出,经环路滤波器控制本振频率,使其为 $f_L=f_0+f_i+f_{da}$,直至混频器 1 输出为 $f_0+f_i+f_{da}-f_0-f_{da}=f_i$ 为止。第二中放输出信号频率为 f_{i1},速度跟踪回路截获,断开搜索电压,接上积分器,便完成了速度闭环跟踪。

采用锁相环路的倒置接收导引头的优点:倒置接收使导引头大为简化,将通常的连续波接收机和频率跟踪器合并起来,变频次数显著减少,对提高可靠性有利。接收机输入端通带很窄,杂波、干扰在接收通道前端就消除,降低了对接收机动态范围的要求,避免了许多可能的畸变源。

倒置接收导引头的难点是:要求微波本振源质量高、稳定度高(瞬时频率稳定度达 $10^{-9} \sim 10^{-8}$,甚至更高);要求窄带晶体滤波器能在中频上提供高性能;系统的搜索与截获技术要求较高。

20 世纪 60 年代后,由于有了高选择性的中频晶体滤波器和低噪声精确调谐固态微波源,因此倒置接收导引头被广泛地应用,如目前美国的"改进霍克""不死鸟"、英国的"天空闪光"和意大利的"阿斯派德"等导弹的导引头,都采用了倒置接收技术。

5.4.3 被动雷达导引头

反辐射导弹(Anti-Radiation Missile,ARM)是利用目标雷达的电磁辐射作为导引信号,对目标雷达及其载体进行摧毁的一种杀伤武器,主要用于打击敌方预警指挥系统、地面防空系统等。反辐射导弹导引头一般采用被动雷达导引头。

被动雷达导引头是反辐射导弹的关键部件,完成对目标雷达的捕捉和跟踪,其性能直接影响反辐射导弹的性能。反辐射导弹与其他导弹的不同,以及不同代反辐射导弹之间的差别,主要体现在被动雷达导引头。被动雷达导引头也被称作反辐射导引头或反雷达导引头。

1. 被动雷达导引头的基本组成

典型的被动雷达导引头由天线分系统、天线分系统支架、伺服系统、测向接收机、测频接收机、信号处理器、控制管理器、预置参数及指令接收组件、测试接口等组成,如图 5-42 所示。

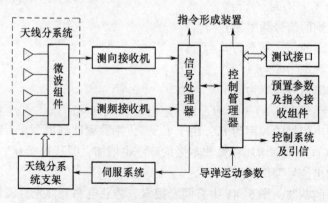

图 5-42 被动雷达导引头组成框图

天线分系统由天线和微波组件组成：天线用于接收空间雷达信号；微波组件用于形成所需的空间波束。为了测量出雷达信号到达导引头的方位角和俯仰角，一般需要4根或更多的天线组成一个天线分系统。方位角的测量至少需要方位平面内的两根天线；俯仰角的测量至少需要俯仰平面内的两根天线。

4根天线在空间形成上、下、左、右4个波束，并互相部分重叠，如图5-43所示。4个波束在与天线轴线垂直截面内的示意如图5-44所示。

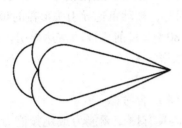
图5-43　4个波束立体示意图

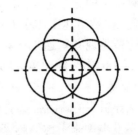
图5-44　4个波束截面示意图

测向接收机用于测量雷达信号到达导引头的方位角和俯仰角。它至少需要4个接收通道，其中两个接收通道用来处理来自方位平面两个天线的信号，并将这两个方位接收通道的信号进行比较，最终形成方位角。同理，另外两个接收通道用来处理来自俯仰平面两个天线的信号，最终形成俯仰角。

测频接收机用于雷达信号载波频率的测量和时域主要参数的测量。

从天线接收来的雷达射频信号，首先进入测频接收机和测向接收机。由测向接收机测出脉冲的到达方向，测频接收机测量出脉冲的载波频率、到达时间、脉冲宽度、脉冲幅度等参数。信号处理器根据测向接收机的输出结果和测频接收机的输出结果进行信号的分选、识别、威胁程度判别、辐射源跟踪以及目标视线角（角速度）的输出。

根据需要，既可以把控制管理器作为单独的组件，也可把它划归到信号处理器中。控制管理器由微处理器或逻辑电路组成。它根据信号处理器的判别结果和火力控制系统发来的各种信息，对导引头自身和整个导弹的工作状态进行调整和转换，以便在各种作战条件下均能使导弹有效地执行其杀伤任务。

预置参数及指令接收组件是导弹和火力控制系统交换信息的接口及传递通道。它接收火力控制系统发往导弹的各种预装参数和指令，并进行记忆、变换，发往有关执行部位。

测试接口是在地面对导弹进行各种检查测试时与外部测量系统交换信息的接口。在导引头的组成日益复杂的情况下，它虽然为一次性使用的产品，但造价极高，应具有一定的可测试和维修性。

天线分系统支架用于安装天线和微波组件，其结构形式以及在导弹上的安装方式由所采用的导引规律和测量目标的坐标系确定。

直接固定在弹体上的固定式导引头无伺服系统；活动式跟踪导引头有伺服系统。导引头伺服系统的主要作用是隔离弹体扰动，使导引头天线能够按照设计的扫描规律完成目标搜索和跟踪。

2. 被动雷达导引头的主要性能指标

被动雷达导引头实质上主要是一部宽带或超宽带雷达侦察接收机,其面临的电磁环境日益密集、复杂且多变。这就要求被动雷达导引头能够适应复杂的电磁环境,具有较宽的频率覆盖范围、较高的测角精度、大的动态范围、快速自动增益控制及复杂信号分选能力。对被动雷达导引头一般有如下的性能指标要求:

1) 频率覆盖范围

雷达在频率上的分布越来越广。在现代防空体系中,雷达的频率覆盖范围为 0.5~40GHz,而绝大多数雷达工作在 1~20GHz。因此,被动雷达导引头覆盖的频率范围也应很宽,至少应覆盖现有雷达工作频率范围的 80%。目前,被动雷达导引头的频域覆盖范围一般为 2~18GHz,能覆盖大部分的雷达频率。

2) 瞬时带宽

被动雷达导引头的瞬时带宽应从两个方面来综合考虑:

(1) 从截获概率来考虑。越来越多的雷达具有捷变频能力或跳频能力,频率变化范围一般高于 500MHz,这就要求被动雷达导引头具有不低于 500MHz 的瞬时带宽。并且,若要提高被动雷达导引头对雷达信号的截获概率,就要求其具有更宽的瞬时带宽。

(2) 从灵敏度来考虑。被动雷达导引头的瞬时带宽越窄,其灵敏度越高,成本越低,越容易设计。

综合两个方面的要求,一般被动雷达导引头的瞬时带宽选取为捷变频雷达的带宽,即为 500MHz。当对付固定频率雷达且需要较高的灵敏度时,采用二次变频方式,进一步缩小瞬时带宽,以提高灵敏度。

3) 灵敏度

一般要求被动雷达导引头既能截获雷达波束主瓣也能截获副瓣,因而要求有较高的灵敏度。目前,通常将灵敏度选取为 -70dBmW。

4) 接收脉冲信号的脉宽及脉冲重复频率

一般要求被动雷达导引头能够接收脉冲信号的脉冲宽度为 $0.2\sim30\mu s$,脉冲重复频率为 500Hz~30kHz。

5) 动态范围

根据各种因素综合考虑,被动雷达导引头动态范围一般选取为 90~110dB。

6) 快速自动增益控制

要求被动雷达导引头具有快速自动增益控制的能力,一般要求在一个脉冲重复周期中完成增益的调整。

7) 既能截获常规信号又能截获复杂信号

所谓常规信号,是指参数固定的信号,复杂信号就是参数变化的信号,如频率捷变、频率跳变、脉冲重复频率参差、脉冲重复频率变化、脉冲抖动等。

8) 既能截获跟踪脉冲波又能截获跟踪连续波

通常,防空体制中至少存在着连续波和脉冲波两种形式的信号,这就要求导引头能够自动对这两种信号作出判别,并自动地转换工作方式。

9) 具有良好的目标信号分选与选择能力

目前,战场上雷达和干扰源布防密集,信号形式复杂多样,特别是布置了许多干扰源用来干扰导弹及电子设备正常工作。这就要求导引头能够根据载频、脉宽、脉冲重复频率、到达角等的不同将不同的信号分选出来,并选择出所要攻击的目标信号。

10) 具有一定的搜索角范围和跟踪角范围

要求导引头对目标既要有一定的截获概率,又要有对单一目标跟踪的能力,这就要求有一定的搜索角范围和跟踪角范围。一般选取导引头的搜索角范围为±20°~±40°,跟踪角范围为±4°左右。

11) 具有较高的测角精度

较高的测角精度是提高导弹命中率的前提条件,只有导引头具有较高的测角精度,才能增强导弹的威力。一般选取导引头在跟踪角零值附近的均方根测角误差为1°左右。

3. 被动雷达导引头截获雷达信号的基本条件

被动雷达导引头截获雷达信号必须满足的基本条件有方向对准、频率对准、时间对准、极化对准、接收到足够强的雷达信号。

由于雷达辐射电磁波是有方向的、断续的,因此只有当被动雷达导引头天线波束指向雷达,且雷达天线波束同时指向被动雷达导引头,即被动雷达导引头与雷达天线波束指向互相对准时,被动雷达导引头才有可能截获到雷达信号。

频率对准是指被动雷达导引头与雷达的工作频率相同,或被动雷达导引头的工作频率范围包含雷达的工作频率。

时间对准是指被动雷达导引头与雷达同时处于工作状态。

极化对准是指被动雷达导引头天线与雷达天线的极化方式相同,或被动雷达导引头天线与雷达天线含有相同的极化分量。

接收到足够强的雷达信号是指被动雷达导引头截获的雷达信号功率高于被动雷达导引头的接收机灵敏度。

由于被动雷达导引头是无源工作的,一般不能测距。因此,要实现对目标雷达的定位必须要有其他条件的保证。

4. 宽带天线

天线是被动雷达导引头必不可少的组件,其功能是接收空间的电磁波。

天线的电特性与其电长度和结构形式有关。有限尺寸天线的特性不可能完全与频率无关,其频带宽度总是有限的。天线的电特性是通过方向图、输入阻抗、极化特性、增益、相位中心等参数来描述的。天线的各种参数都与频率有关。实际天线总是在一定的频带宽度内工作,在这个范围内天线参数尽管变化,但都在允许的范围内,能够保证系统正常工作。

电特性在一个较宽的频带内保持不变,或变化较小的天线称为宽带天线。若令f_h表示工作频带的上限频率,f_l表示工作频带的下限频率,则工作频带的上限频率与下限频率之比定义为倍频带宽,即

$$B_t = \frac{f_h}{f_l}$$

通常,将倍频带宽大于或等于2的天线称为宽带天线,将倍频带宽大于或等于10的天线称为超宽带天线。习惯上,将宽带和超宽带天线统称为宽带天线。

非频变天线或频率无关天线是超宽带天线的一种形式,其电特性不随频率变化。但

由于物理可实现条件的限制,天线的电特性想要在所有频率都保持恒定是不可能的。实际上,非频变天线是指在很宽的频带内,天线所有的电特性随频率变化都很微小。常将倍频带宽大于等于 10 的天线看作非频变天线。

由于天线的电特性决于其电尺寸,因此当天线的几何尺寸一定时,频率的变化导致电尺寸的变化,致使天线的电特性也将随之变化。非频变天线的导出基于相似原理。

相似原理:若天线的所有尺寸和工作波长按相同比例变化,则天线的特性保持不变。

非频变天线应同时具有以下 3 个特点:
(1) 天线结构应主要依赖于角度的变化,而不是长度的变化。
(2) 天线结构具有自互补特性。
(3) 天线具有一定的直径或厚度。

强调角度和使用较厚的金属的目的,是使天线有效辐射区上的电流随频率的变化而平滑地自动调整。

实际天线的尺寸总是有限的,与无限长天线的区别就在于它有一个终端的限制。若天线上的电流随着离开输入端距离的增大而减小,在某点以后电流可以忽略,则截掉超过此点的结构对天线的电性能不会造成显著的影响。在这种情况下,有限长天线就具有无限长天线的电性能,这种现象就是终端效应弱的表现。反之,则为终端效应强。

实际有限长天线有一工作频率范围,工作频率的下限是截断点处的电流变得可以忽略的频率,而存在频率上限是由于馈电端不能再视为一点,通常约为 1/8 高端截止波长。

非频变天线可分为两类:一类是天线的形状仅由角度确定,可在连续变化的频率上得到非频变特性,如平面螺旋天线、圆锥螺旋天线以及部分球面螺旋天线等;另一类是天线的尺寸按一个特定的比例因子变化,如对数周期天线。

平面螺旋天线具有频带宽、结构紧凑、体积小、重量轻、圆极化性能好、效率高以及可以嵌装等特点,应用范围很广。作为反辐射导弹上的天线,不仅要求天线体积小,而且要求具有良好的宽频带电气性能,所以平面螺旋天线比较适合于作为反辐射导弹被动雷达导引头天线。

平面螺旋天线分为基本形式和变形的平面螺旋天线。基本形式的平面螺旋天线分为等角螺旋天线和阿基米德螺旋天线。变形的平面螺旋天线可以分为两类:一类变形是对整个平面螺旋天线的曲线方程加以改变。普通的螺旋天线半径仅是绕角的函数,螺旋率是固定不变的;变形天线的螺旋率通常也是绕角的函数。另一类变形是在阿基米德螺旋天线的某一部分(通常是末端)加上一段别的形状的天线(如方形螺旋天线、蝶形天线、锯齿状的平面螺线等),从而改变阿基米德螺旋天线的辐射特性。双臂平面阿基米德螺旋天线的结构如图 5-45 所示。

螺旋臂 1 的外边缘 r_1 和内边缘 r_2 满足的曲线方程分别为
$$r_1 = r_0 + a\psi, \quad r_2 = r_0 + a(\psi - \delta)$$
螺旋臂 2 的外边缘 r_3 和内边缘 r_4 满足的曲线方程分别为
$$r_3 = r_0 + a(\psi - \pi), \quad r_4 = r_0 + a(\psi - \pi - \delta)$$
式中:r_0 为螺旋线起始半径;ψ 为方位角;a 为螺旋增长率,控制螺旋线的疏密程度;δ

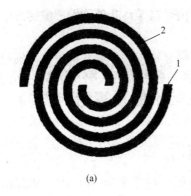 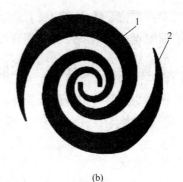

图 5-45 双臂平面螺旋天线
(a) 双臂平面阿基米德螺旋天线；(b) 双臂平面等角螺旋天线（1—螺旋臂 1；2—螺旋臂 2）

为螺旋臂的角宽度。

螺旋臂 1 的内边缘的曲线 r_2 是由外边缘 r_1 绕垂直于螺旋平面的轴旋转 δ 角所构成的，两曲线的形状尺寸完全相同。螺旋臂 2 的内边缘的曲线 r_4 也由外边缘 r_3 绕垂直于螺旋平面的轴旋转 δ 角所构成。螺旋臂 2 又可以看作由螺旋臂 1 绕垂直于螺旋平面的轴旋转 180°所得到。

双臂平面等角螺旋天线的结构如图 5-45 所示。其中，螺旋臂 1 的外边缘 r_1 和内边缘 r_2 满足的曲线方程分别为

$$r_1 = r_0 e^{a\psi}, \quad r_2 = r_0 e^{a(\psi-\delta)}$$

螺旋臂 2 的外边缘 r_3 和内边缘 r_4 满足的曲线方程分别为

$$r_3 = r_0 e^{a(\psi-\pi)}, \quad r_4 = r_0 e^{a(\psi-\pi-\delta)}$$

其中，r_0、ψ、a 及 δ 的含义与平面阿基米德螺旋天线的相同。两臂的 r_2 和 r_4 是螺旋线方程的准确描述，而 r_1 和 r_3 在其曲线的末端部分作尖削状曲线处理，这是为了实现天线的有效截断并能够减小天线臂上电流的终端反射。由于螺旋线与矢径之间的夹角处处相等，因此这种螺旋线称为等角螺旋线，也称为平面对数螺旋天线。

平面螺旋天线的螺旋臂由金属片制成，通常采用印制电路技术制作。如果平面螺旋天线的金属螺旋臂与镂空部分的形状和大小完全相同，则称为自互补结构。平面螺旋天线一般制作成自互补结构。

当两臂的始端馈电时，可以把两臂等角螺旋线看成一对变形的传输线，臂上电流沿线边传输，边辐射，边衰减。螺旋线上的每一小段都是一基本辐射片，它们的取向沿螺旋线而变化，总的辐射场就是这些元辐射场的叠加。实验表明，臂上电流在流过约一个波长后迅速衰减到 20dB 以下，终端效应很弱。因此，辐射场主要是由结构中周长约为一个波长以内的部分产生的，这个部分通常称为有效辐射区，传输行波电流。由于螺旋线不可能无限长，螺旋天线存在"电流截断效应"，超过截断点的螺旋线部分对辐射没有重大贡献，在几何上截去它们将不会对保留部分的电性能造成显著影响，因此，可以用有限尺寸的螺旋天线在相应的宽频带内实现近似的非频变特性。波长改变后，有效辐射区的几何大小将随波长成比例地变化，从而可以在一定的带宽内得到近似的与频率无关的特性。

平面螺旋天线的阻抗、方向图和极化在很宽的频带内可以保持几乎不变。螺旋线中心的馈电点、最大半径和疏密程度影响天线的性能。

平面螺旋天线的方向图是双向的，在螺旋线面的两侧分别有一个宽波束，最大辐射方向在平面两侧的法线方向上。若设θ_t为天线平面的法线与辐射（或入射）方向之间的夹角，则方向图近似为$\cos\theta_t$，半功率波瓣宽度近似为90°。

平面螺旋天线在$\theta_t \leqslant 70°$锥形范围内接近圆极化。极化旋向与螺旋线绕向有关，对于图5-45所示的平面螺旋天线，沿纸面向外的方向为右旋圆极化，沿纸面向内的方向为左旋圆极化。

对于自互补结构的平面螺旋天线，输入阻抗是纯电阻，理论值为188.5Ω，实际值大约为120~140Ω。

平面螺旋天线的带宽受其几何尺寸影响，由最小半径r_0和最外缘的半径r_{max}决定。带宽的上限频率由最小半径r_0决定；下限频率由最大半径r_{max}决定。

最小半径r_0大约是上限频率对应波长的1/4；最大半径r_{max}大约是下限频率对应波长的1/4。由此得到平面螺旋天线倍频带宽的近似关系式：

$$\frac{f_h}{f_l} = \frac{r_{max}}{r_0}$$

可见，若要增加相对带宽，必须增加螺旋线的圈数或改变其参数。

对于平面阿基米德螺旋天线，如果螺旋增长率取得小，则螺旋曲率小，在天线外半径相同条件下，螺旋线绕得越密，所对应的螺旋电长度增加，天线的方向图越光滑，相位特性也越好，终端效应得到更好地抑制。但是，如果螺旋增长率取得过小，会导致圈数增加，从而损耗也相应增大，实用中取螺旋线的圈数在20左右。

平面螺旋天线的波束是双向的，为了得到单向波束，通过在平面螺旋天线的一侧加装圆柱形反射（或吸收）腔，便构成了背腔式平面螺旋天线。为了减小背腔的引入所带来的谐振效应影响，常用吸波材料填充腔体，当然这也引入了新的损耗。

平面螺旋天线是平衡结构，它们通常用同轴电缆进行馈电，然而同轴电缆是不平衡的，因此必须通过一个巴伦（从不平衡至平衡的变换器，也称为平衡器）馈电。有一种锥削同轴宽带巴伦是将同轴电缆的外导体逐渐地削去，最终演变成一对平行双导线与平面螺旋天线两臂相连接。

一个完整的平面螺旋天线主要由螺旋辐射器、反射腔、吸波材料、巴伦及同轴电缆插座组成，如图5-46所示。螺旋辐射器是平面结构，通常由刻蚀在敷铜板上的螺旋臂构成。

以上讨论的是双臂平面螺旋天线，并且两臂等幅反相馈电的情况，成品平面螺旋天线多是这种结构。实际上，平面螺旋天线也可以做成单臂的。但是，单臂平面螺旋天线的方向图较双臂等幅反相馈电的平面螺旋天线的窄，增益也要低。双臂等幅反相馈电的平面螺旋天线的辐射模式是两个单臂螺旋天线的和模（方向图是双臂平面螺旋天线的每个臂的方向图的和波束）。如果双臂平面螺旋天线的两臂等幅同相馈电，其辐射模式是两个单臂螺旋天线的差模（方向图是双臂平面螺旋天线的每个臂的方向图的差波束）。

平面螺旋天线也可以做成四臂的，4个臂起始点均匀分布。如果相邻各臂等幅、相位依次相差90°馈电，则辐射模式是4个螺旋臂的和模（方向图是4个螺旋臂方向图的

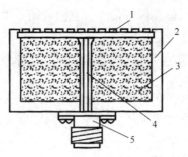

图 5-46 平面螺旋天线结构示意图

1—螺旋辐射器；2—反射腔；3—吸波材料；4—巴伦；5—同轴电缆插座。

和波束）。如果相邻各臂等幅、相位依次相差 180°馈电，则辐射模式是两个垂直方向上的差模。由此可见，要利用四臂平面螺旋天线的和模及差模，需要设计合适的馈电网络和模式形成网络。

平面螺旋天线的螺旋臂可以做成曲折臂的形式。四臂曲折臂天线如图 5-47 所示。若增加合适的硬件，它可以构成接收任意极化，即垂直、水平、右旋或左旋极化。

非频变螺旋天线除了可以做成平面螺旋天线，也可以做成圆锥形螺旋天线或部分球面螺旋天线，如图 5-48 和图 5-49 所示。圆锥形螺旋天线或部分球面螺旋天线的螺旋辐射器，既可以采用等角螺旋线，也可以采用阿基米德螺旋线。螺旋辐射器既可以采用单臂形式，也可以采用多臂形式。

图 5-47 四臂曲折臂天线

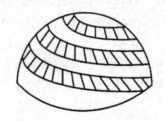

图 5-48 圆锥形螺旋天线　　图 5-49 部分球面螺旋天线

5.5 雷达目标与环境电磁特性

5.5.1 目标电磁特性

雷达的目标信息包括目标位置信息和目标特征信息两大类。目标的位置信息隐含于目标回波中，可以通过对目标回波的距离和角度的精密跟踪获取目标的位置信息。实时获取运动目标的位置信息，还可以得到目标的运动参数和运动轨迹。目标特征信息也隐含于目标回波中，从中可以获取目标的雷达散射截面及其起伏模型、目标极化散射矩阵、目标多散射中心分布和目标图像等信息，它们表征了雷达目标的固有特征。

1. 散射特性

目标的散射特性是影响主动和半主动导引头探测性能的重要因素。

1) 雷达散射截面的定义

目标的雷达散射截面（RCS）是表征目标对于照射电磁波散射能力的一个物理量。RCS 的量符号为 σ，单位为平方米（m^2）。RCS 有两种定义：一是理论定义，二是实验定义。

RCS 的理论定义由简明方程表达，即

$$\sigma = 4\pi R^2 \lim_{R \to \infty} \left| \frac{E_S}{E_0} \right|^2 \tag{5-83}$$

式中：R 为观测点至目标的距离；E_S 为观测点处的目标散射电磁场的电场强度；E_0 为目标处的入射电磁场的电场强度。当距离 R 趋向无限大，即满足远场条件时，照射目标的入射波近似为平面波，且散射场强 E_S 与 R 成反比，此时 RCS 与 R 无关。

RCS 的实验定义由雷达方程导出，雷达方程可以表达为

$$P_R = \frac{P_T G_A}{4\pi R^2} \times \frac{\sigma}{4\pi R^2} \times \frac{G_A \lambda^2}{4\pi} \tag{5-84}$$

式中：P_R 为雷达天线的接收功率；P_T 为雷达发射功率；G_A 为雷达天线增益；R 为雷达至目标的距离；σ 为目标的雷达散射截面；λ 为雷达工作波长。

式（5-84）具有明确的物理意义：第一个因子表示雷达在目标处建立的功率密度；前两个因子之积表示目标以一个等效面积 σ 俘获入射能量并各向同性地辐射的功率密度；第三个因子为雷达天线的等效孔径面积，即 $A_A = G_A \lambda^2 / (4\pi)$，三个因子之积表示天线俘获目标的二次辐射功率。

由式（5-84）可写出 RCS 的实验定义：

$$\sigma = \frac{(4\pi)^3 R^4 P_R}{P_T G_A^2 \lambda^2} \tag{5-85}$$

当探测雷达的发射功率、天线增益和工作波长确定后，根据距离和接收功率的测量统计值，可求得目标的 RCS。

2) 后向散射

主动导引头接收的反射波是导引头发射机照射目标后的后向散射，相应的目标雷达散射截面称为后向 RCS，简称 RCS。

（1）典型飞机的 RCS 统计平均值。典型飞机的 RCS 统计平均值如表 5-2 所示，对应的工作波长为 5cm。飞机类目标方位维的 RCS 随方位角呈规律性变化，最小值出现在 5°~20°（鼻锥方向为 0°），最大值出现在 90°附近。为了规范飞机类目标的 RCS，通常取方位维-45°~+45°的 RCS 统计平均值作为典型的 RCS 数值。飞机类目标俯仰维的 RCS 较大，隐身飞机的俯仰维的隐身效果也较差。对于隐身侦察强击机，俯仰角 90°方向的 RCS 比俯仰角为 0°的鼻锥方向的 RCS 增大约 40dB。

典型飞机的 RCS 统计平均值与波段的关系如表 5-3 所示。常规飞机的微波频段的 RCS 较小，RCS 的频率响应通常两端高、中间低。

在 50~400MHz 范围内，飞机类目标可能产生 RCS 谐振现象，RCS 数值明显增大。

表 5-2　典型飞机的 RCS 统计平均值

飞机类型	RCS 统计平均值 σ/m^2	
	鼻锥 -45°~+45°	正侧 -5°~+5°
远程轰炸机 B-52	100	1000
战斗机 F-15	4	400
准隐身战斗机 F-16S	0.4	10
侦察机（侦察兵）	0.2	
隐身轰炸机 B-2	0.1	
隐身侦察强击机 F-117A	0.02	0.1
隐身无人侦察机 CM-30/40	0.001	0.1

表 5-3　典型飞机的 RCS 统计平均值与波段的关系

飞机类型	不同波段的 RCS 值 σ/m^2						
	VHF 波段	UHF 波段	L 波段	S 波段	C 波段	X 波段	Ku 波段
F-16S	6~40	4~6	0.4~1.2	0.4	0.4	0.4	0.4~0.8
F-117	7~75	1~7	0.1~1.0	0.02~0.1	0.02	0.02	0.02~0.1

(2) 典型导弹的 RCS 统计平均值。表 5-4 为典型导弹的 RCS 统计平均值，它给出了三种导弹在 S、C、X、Ku 波段上，俯仰角为 0°时两种极化（水平极化或垂直极化）的方位维 RCS，其值分别为导弹的头部和正侧部 -45°~+45°的 RCS 统计平均值。

表 5-4　典型导弹的 RCS 统计平均值

导弹类型	极化方式	导弹部位	不同波段的 RCS 值 σ/m^2			
			S 波段	C 波段	X 波段	Ku 波段
"哈姆"反辐射导弹	水平极化	导弹头部	—	0.08	0.13	0.10
		正侧部	—	2.86	7.45	4.19
	垂直极化	导弹头部	—	0.05	0.06	0.12
		正侧部	—	3.10	5.31	4.78
"幼畜"空地导弹	水平极化	导弹头部	0.27	0.32	0.54	0.79
		正侧部	1.65	2.90	1.56	3.34
	垂直极化	导弹头部	0.29	0.26	0.73	1.44
		正侧部	3.11	1.62	7.14	2.87
"战斧"巡航导弹	水平极化	导弹头部	0.28	0.22	0.31	0.38
		正侧部	4.64	3.32	2.88	2.56
	垂直极化	导弹头部	0.54	0.38	0.24	0.33
		正侧部	4.35	4.83	3.35	3.80

在微波波段内，一般导弹类目标的 RCS 值应取 $0.1m^2$，侧向探测时可取 $2~4m^2$。

(3) 坦克和装甲车的 RCS 统计平均值。反坦克导弹的探测装置通常工作在 Ka 波段。坦克和装甲车的 Ka 波段 RCS 全方位统计平均值为 $23~25dBm^2$。坦克背部的 RCS

最大，可达 32dBm^2。常规坦克和装甲车的 RCS 可取 20dBm^2，隐身坦克的 RCS 可取 10dBm^2。

（4）军舰的 RCS 统计平均值。表 5-5 给出了典型导弹驱逐舰在 Ku 波段（16GHz）和 45°方位角条件下，水平极化 RCS 平均值与视线擦海角（天顶角的余角）的关系。

表 5-5 典型导弹驱逐舰水平极化 RCS 平均值与视线擦海角的关系

视线擦海角 ϕ/(°)	驱逐舰的 RCS 值 σ/dBm^2	
	无海面背景	有海面背景
10	>60.0	无明显影响
20	45.5	
30	47.2	
40	48.3	
50	48.5	
60	47.8	48.4
70	47.5	49.6
80	46.8	60.0

注：有海面背景时，大视线擦海角对应的后向散射由海面与舰艇的综合效应决定，并非仅表示目标的 RCS。

由表 5-5 可见，当视线擦海角较小时，海面影响不明显，典型导弹驱逐舰的平均 RCS 为 45dBm^2。当视线擦海角大于 55°时，海面散射影响很大，舰艇往往被淹没在海杂波之中，后向散射由舰艇和海面共同决定。

3）双站散射

半主动导引头接收的散射信号是照射器照射目标后偏离照射方向的散射，称为双站（或双基地）散射，相应的目标雷达散射截面称为双站 RCS。由目标的后向 RCS 计算双站 RCS 的经验公式为

$$\sigma_d = \sigma[1 + \exp(K_T|\alpha| - 2.4K_T - 1)] \tag{5-86}$$

式中：σ_d 为双站 RCS；σ 为目标的后向 RCS；K_T 是由目标形体决定的经验系数；α 为双站角（单位为弧度）。系数 K_T 的计算式为

$$K_T = \frac{1}{\pi - 2.4} \ln\left[\frac{4\pi A_V^2}{\lambda^2 \sigma}\right] \tag{5-87}$$

式中：A_V 为投影于波束垂直方向的目标面积；λ 为波长。

对于隐身侦察强击机，当双站基角大于 120°时，双站 RCS 值相对于后向 RCS 值将增大 10~20 倍。采用大双站角的半主动寻的系统探测隐身目标时，可改善探测效果。

2. 目标噪声

目标噪声是复杂形状的体目标相对于导引头的运动（包括轨迹变化和姿态角变化）引起的。复杂目标各部分散射回波幅度与相位的相对变化引起回波的波动，散射回波的幅度与相位是目标姿态角的函数。显然，目标噪声的统计分布不但取决于目标形状，还取决于目标与探测器的相对运动规律。此外，目标上的活动部件也是产生目标噪声的重要原因。目标噪声包括幅度噪声、角闪烁噪声、多普勒噪声与距离噪声。

1) 幅度噪声

幅度噪声是指复杂目标的各散射中心的散射子矢量之和引起的信号幅度的起伏，幅度噪声频谱分布在低频至数千赫兹范围内。合理选择单脉冲跟踪体制的自动增益控制回路的带宽，可极大地抑制幅度噪声对角跟踪精度的影响。

2) 角闪烁噪声

角闪烁噪声是由复杂体目标的多个散射中心的相位干涉导致接收天线口面处相位波前倾斜和随机摆动引起的。凡目标尺度与波长可比拟，且具有两个或两个以上等效散射中心的任何复杂目标，都会产生角闪烁噪声。角闪烁噪声用偏离目标几何中心的线偏差值表征，近距离时角闪烁噪声引起的角跟踪误差较大，这是弹载雷达导引头近距测角误差的主要误差源。

3) 多普勒噪声

多普勒噪声是指体目标回波相位变化率相对于点目标回波相位变化率的差异所产生的随机量。目标的非线性径向运动（如目标机动或加速度飞行）、目标活动部件的运动、复杂目标的附加调制等都会产生多普勒噪声。

4) 距离噪声

距离噪声是复杂目标引起的距离抖动，是影响测距精度极限值的重要因素。距离噪声功率谱密度分布与角噪声线偏差分布相似，距离噪声带宽约数赫兹，工作频率越高，距离噪声带宽越大。

3. 起伏特性

视角不同时，目标的雷达散射截面也不同。由于雷达导引头和目标的相对运动，目标回波幅度是起伏的。20 世纪 50 年代，斯威林（Swerling）提出了目标起伏的统计模型，即斯威林 Ⅰ、Ⅱ、Ⅲ、Ⅳ 模型。后来又出现了一种更通用的 RCS 起伏统计模型，即 χ^2 统计模型，它既包含了传统的斯威林模型，也适用于更多的雷达目标类型。χ^2 概率密度函数为

$$p(\sigma)=\frac{k_d}{(k_d-1)!\,\bar{\sigma}}\left(\frac{k_d\sigma}{\bar{\sigma}}\right)^{k-1}\exp\left(-\frac{k_d\sigma}{\bar{\sigma}}\right),\quad \sigma>0 \tag{5-88}$$

式中：σ 为 RCS 的随机变量；$\bar{\sigma}$ 为 RCS 平均值；k_d 为双自由度数值，称 "$2k_d$" 为 χ^2 分布的自由度。

1) 2 自由度 χ^2 分布

令 $k_d=1$，式（5-88）成为

$$p(\sigma)=\frac{1}{\bar{\sigma}}\exp\left(-\frac{\sigma}{\bar{\sigma}}\right) \tag{5-89}$$

式（5-89）为 2 自由度 χ^2 分布，即斯威林 Ⅰ 分布。

2 自由度 χ^2 分布表示由多个均匀独立散射体组成的具有慢起伏特性的复杂目标的起伏特征，其特点为一次扫描过程中脉冲间相关，而扫描间有起伏。典型目标为前向观察的小型喷气飞机等。

2) 4 自由度 χ^2 分布

令 $k_d=2$，式（5-88）成为

$$p(\sigma)=\frac{4\sigma}{(\overline{\sigma})^2}\exp\left(-\frac{2\sigma}{\overline{\sigma}}\right) \tag{5-90}$$

式（5-90）为 4 自由度 χ^2 分布，即斯威林Ⅲ分布。

4 自由度 χ^2 分布表示由一个占优势地位的大随机散射体和多个较小均匀独立散射体组成的具有慢起伏特性的复杂目标的起伏特征，其特点为一次扫描过程中脉冲间相关，而扫描间有起伏。典型目标为螺旋桨推进飞机和直升机等。

3) $2N$ 自由度 χ^2 分布

令 $k_d = N$，其中 N 为一次扫描中的脉冲积累数，式（5-88）成为

$$p(\sigma)=\frac{N}{(N-1)!\,\overline{\sigma}}\left(\frac{N\sigma}{\overline{\sigma}}\right)^{N-1}\exp\left(-\frac{N\sigma}{\overline{\sigma}}\right) \tag{5-91}$$

式（5-91）为 $2N$ 自由度 χ^2 分布，即斯威林Ⅱ分布。

$2N$ 自由度 χ^2 分布表示由多个均匀独立散射体组成的具有快起伏特性的复杂目标的起伏特征，其特点为脉冲间不相关。典型目标为喷气飞机和大型民用客机等。

4) $4N$ 自由度 χ^2 分布

令 $k_d = 2N$，其中 N 为一次扫描中的脉冲积累数，式（3-88）成为

$$p(\sigma)=\frac{2N}{(2N-1)!\,\overline{\sigma}}\left(\frac{2N\sigma}{\overline{\sigma}}\right)^{2N-1}\exp\left(-\frac{2N\sigma}{\overline{\sigma}}\right) \tag{5-92}$$

式（5-92）为 $4N$ 自由度 χ^2 分布，即斯威林Ⅳ分布。

$4N$ 自由度 χ^2 分布表示由一个占优势地位的大随机散射体和多个较小均匀独立散射体组成的具有快起伏特性的复杂目标的起伏特征，其特点为脉冲间不相关。典型目标为舰船、卫星和侧向观察的导弹等。

相对于斯威林分布而言，χ^2 分布的双自由度 k_d 值不一定是正整数。对于某一个特定目标的 RCS 起伏的概率密度分布曲线，可以用最小均方差法拟合出 χ^2 分布的 k_d 值。此外，当 $k_d = \infty$ 时，σ 变为常值，可用来表示非起伏目标，如用于定标的球体等。

4. 极化特性

飞机类目标的线极化回波的同极化分量在多数情况下强于交叉极化分量。然而某些角度上也存在交叉极化占优势的情况，有时高达 20dB，对隐身飞机尤其明显。显然，利用交叉极化分量进行探测，也是一种可能的反隐身措施。

对海照射时，若采用水平极化发射，则同极化回波比正交极化回波强 7dB。若采用垂直极化发射，则同极化回波远强于正交极化回波。例如，在二级海情 1° 投射角时，同极化回波比正交极化回波强 18dB。

尽管雷达散射截面是入射到目标上的电磁波的极化状态的函数，但它只是一个表征目标散射强度的标量。极化散射矩阵将散射场与入射场各分量联系起来，是一种对入射波和目标之间相互作用的最合理的描述。通常，散射矩阵具有复数形式，它随工作频率和目标姿态而变化，对于给定频率和目标姿态的特定取向，散射矩阵表征了目标散射特性的全部信息。

5. 多散射中心

在高频区，复杂目标的电磁散射是由目标上的多个局部散射源的电磁散射合成的，这些局部散射源称为等效多散射中心，简称多散射中心。

采用线性系统方法分析目标的散射特征时，把目标作为一个线性系统。探测装置的照射信号为该线性系统的输入，而探测装置的接收信号为该线性系统的输出，即目标可以用一个系统传输函数来描述，它是目标中各个散射中心传输函数的集合。

主动导引头可实现高分辨处理：采用宽带信号高分辨探测技术获取散射中心在径向距离上的分布；采用多普勒高分辨处理技术获取散射中心在横向距离上的分布；采用距离-多普勒成像系统实现对目标散射中心的多维高分辨成像。高分辨探测以多散射中心的宽带散射为基础，故目标的多散射中心这一特点又称为目标的宽带特性。

6. 电磁辐射

目标的电磁辐射有两种形式：有源辐射和无源辐射。

1）有源辐射

有源辐射是指目标上装载的有源设备的辐射信号，如雷达和通信设备等的发射信号。只要确知被攻击目标上的有源装置辐射信号的先验信息，被动导引头就能从接收的众多信号中分选出目标辐射源信号，进行实时跟踪并提取目标的角位置信息。习惯上称探测有源辐射的被动导引头为反辐射导引头。

2）无源辐射

不同于主动导引头、半主动导引头和反辐射雷达导引头，无源探测依赖于目标的自然辐射。本质上，无源探测属于被动探测，但习惯上称无源探测装置为辐射计。在雷达导引头范畴，通常只讨论微波和毫米波辐射计。

热发射是自然辐射的主要来源，包括太阳和地球的热发射经其他物体反射或散射的辐射。对于地面上的物体，火箭喷焰之类的辐射源与周围的温度有明显的差别。对于一般物体，被其他辐射源照射而产生的发射或反射是无源辐射的主要来源，实际的温度差是相当小的。对于黑体，发射系数和吸收系数均为1；对于全反射体，发射系数和吸收系数均为0；1与0之间的中间值对应灰体。发射率取决于材料性质与表面粗糙度。表面粗糙度与频率有关：在1GHz附近，茂密树林可视为粗糙表面；在10GHz附近，灌木林可视为粗糙表面；在35GHz附近，低矮的草皮可视为粗糙表面。这些粗糙表面足以消除其覆盖下的地面的镜面反射。

5.5.2 环境电磁特性

电波传播空间、地海背景和电磁干扰是雷达导引头的外部环境。不同应用场合和不同体制导引头，具有不同的环境效应。必须根据应用场合和导引头工作体制，有针对性地分析工作环境的影响。

在无线电寻的制导系统中，制导站、导弹和目标通过电波传播空间关联在一起。无线电寻的系统采用空间直射波传播，电波限定在视线范围内。

1. 传播效应

直射波传播方式受大气折射指数不均匀或电离层电子浓度不均匀的影响，将导致多种传播效应。

1）衰减效应

衰减效应是指无线电波在自由空间或介质中传播时能量减弱的现象。衰减效应包括地海面多径衰减、地形遮蔽衰减、大气折射和吸收衰减、电离层吸收衰减和雨雪等气象衰减。衰减效应恶化检测信噪比，影响探测距离。

2) 折射效应

电波折射效应是指大气折射指数的空间变化使探测信号在大气层中传播射线弯曲的效应。折射效应导致目标角位置、距离和多普勒频移等视在参数不同于真实参数。

3) 色散效应

大气是一种非理想介质，其折射率与频率有关，穿越介质的电信号传播时延是频率的函数，即存在色散效应。色散是影响高分辨探测装置性能的重要因素。

4) 闪烁效应

对流导致湍流和电离层不均匀体运动的变化，使无线电波产生幅度、相位、极化和到达角的变化，表现为目标信号电平的快速起伏。闪烁影响探测距离和成像精度，严重时可引起信号中断。

5) 多普勒效应

目标相对于导弹的运动，或者在电离层传播路径中电子含量的时间变化率引起回波信号频率变化，称为多普勒效应。导弹与目标的相对运动引起的多普勒效应是测速的基础，其他因素引起的多普勒效应将导致测速误差。

6) 去极化效应

去极化效应是指电波通过介质后的极化状态不同于原有极化状态的现象。去极化效应影响目标极化特征的提取和识别，也导致能量损耗。

2. 传播效应对导引头的影响

雷达导引头的探测距离和测量精度受电波传播效应的影响。为了获取雷达导引头性能的基本参数，通常把理想传播环境中的导引头探测距离和测量精度作为比较的基准，然后研究某种传播效应对导引头性能的影响，明确特定环境中的距离损失因子和精度恶化系数。因此，除非给出明确说明，资料中有关探测距离和测量精度的参数都是指理想传播环境中的导引头性能参数。所谓理想环境，就是不存在衰减效应、折射效应、色散效应、闪烁效应、多普勒效应和去极化效应的自由传播空间。

3. 杂波

杂波是指地海等背景的散射形成的杂散回波。地杂波、海杂波和气象杂波是主要的杂波形式。杂波是影响主动或半主动导引头性能的重要因素。在特定条件下，也会影响被动导引头的性能。

杂波特征由散射系数、统计特性、相关性与谱分布等表征。

1) 散射系数

图 5-50 为雷达导引头天线照射方向与地海面的几何关系图。图中，θ 为入射角，即视线擦地（海）角 ϕ 的余角。

地海面的散射截面有两种表示法：一是单位散射截面，称散射系数，记为 σ^0；二是单位投影散射截面，也称散射系数，记为 γ。两者关系为

$$\sigma^0 = \gamma \cos\theta \tag{5-93}$$

显然，$\sigma^0 A_C = \gamma A_V$，其中 A_C 为天线照射地（海）域的面积，A_V 为对应照射区的投影面积，$A_V = A_C \cos\theta$。

表 5-7 给出了 L 波段几种地形的单位投影散射系数的均值，还列出了 5%、50%、

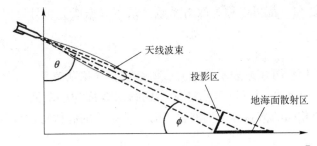

图 5-50 天线照射方向与地海面的几何关系图

95%概率所对应的 γ 值域。由表 5-6 可见，城市散射系数最强，山区与丘陵次之，平原最弱。但城市散射系数的变化范围最小，平原散射系数的变化范围最大。

表 5-6 L 波段几种地形的单位投影散射系数

地形特征	单位投影散射系数 γ/dB			
	均值	5%概率 γ 值域	50%概率 γ 值域	95%概率 γ 值域
平原	-13.780	≥-8.296	≥-16.609	≥-28.356
丘陵	-8.751	≥-3.607	≥-10.874	≥-22.558
山区	-5.247	≥-0.124	≥-7.364	≥-18.952
城市	-3.501	≥+1.495	≥-5.369	≥-16.197

表 5-7 为 Ku 波段不同海情的单位散射截面。

表 5-7 Ku 波段不同海情的单位散射截面

极化形式	海情等级	不同擦海角对应的单位散射截面 σ^0/dB							
		0.1°	0.3°	1°	3°	10°	30°	60°	90°
水平极化	0 级	-70	-67	-60	-54	-49	-50	-30	+18
	1 级	-63	-57	-45	-45	-45	-45	-28	+13
	2 级	-50	-46	-40	-41	-51	-39	-23	+9
	3 级	-42	-37	-36	-37	-34	-33	-20	+4
	4 级	-42	-38	-32	-34	-31	-32	-15	-1
	5 级	-34	-34	-26	-27	-28	-23	-9	-6
垂直极化	0 级	-61	-55	-48	-52	-45	-41	-31	+18
	1 级	-56	-51	-34	-43	-41	-37	-25	+13
	2 级	-47	-44	-41	-39	-35	-31	-21	+9
	3 级	-38	-38	-37	-36	-32	-27	-16	+4
	4 级	-41	-37	-34	-33	-30	-23	-12	-1
	5 级	-34	-32	-32	-31	-26	-20	-7	-6

只要计算出雷达导引头检测分辨元内的地（海）面区域的面积，利用地海面的单位散射截面，就可以算出分辨元内杂波的雷达截面，从而也就得到了检测元内的信杂比。

应该指出，σ^0 和 γ 都可以称为散射系数，录用数据或分析计算时，必须注意两者的区别。

2) 统计特性

一些经典统计模型可用来表示地杂波、海杂波和气象杂波。

（1）地杂波。由地面及其覆盖物散射形成的回波称为地杂波。当地杂波由天线波束内大量的、大致相同的散射体的回波合成时，地杂波的起伏特性符合高斯分布。高斯概率密度函数为

$$p(x) = \frac{1}{\sqrt{2\pi}\sigma} \exp\left[\frac{(x-\mu)^2}{2\sigma^2}\right] \tag{5-94}$$

式中：μ 为 x 的均值；σ 为 x 的方差。

当信号用复数表示时，地杂波的实部和虚部信号均为独立分布的高斯过程，其模值（幅度）符合瑞利（Rayleigh）分布。瑞利概率密度函数为

$$p_{\text{ray}}(x) = \frac{x}{b^2} \exp\left[-\frac{x^2}{2b^2}\right], \quad x \geq 0, b > 0 \tag{5-95}$$

式中：b 为瑞利系数。

当天线波束内具有一个固定不动的强散射体，且其周围集合了许多小散射体时，地杂波不再符合高斯分布，其幅度可用莱斯（Rice）分布描述，即

$$p_{\text{ric}}(x) = \frac{x}{\sigma^2} \exp\left[\frac{x^2+\mu^2}{2\sigma^2}\right] I_0\left[\frac{\mu x}{\sigma^2}\right], \quad x \geq 0 \tag{5-96}$$

式中：μ 为均值；σ 为方差；I_0 是修正贝塞尔（Bessel）函数。

（2）海杂波。由海面散射形成的回波称为海杂波。海杂波也可以用高斯分布描述，其幅度也符合瑞利分布。对于高分辨雷达导引头而言，海杂波将偏离高斯分布，其幅度应采用对数正态（Log-Normal）分布、威布尔（Weibull）分布和 K 分布等模型。这个结论也适用于高分辨雷达导引头和小擦地角的地杂波分析。

海杂波统计特性与雷达参数、入射角和海面状况有关。垂直极化、低频段、平静海面或侧风时的杂波更接近瑞利分布；散射表面均匀且雷达分辨率较低时，也接近瑞利分布；在高分辨和小擦海角条件下，更接近对数正态分布、威布尔分布和 K 分布。

（3）气象杂波。由云、雨、雪、雹散射形成的回波称为气象杂波。气象杂波是一种体杂波，它是由大量微粒散射形成的，通常符合高斯分布。

3) 相关性与谱分布

地海杂波是一种随机过程，研究其相关性是必要的。由随机过程的基本理论可知，随机过程的自相关函数 $R(\tau)$ 与功率谱密度 $p_P(f)$ 之间存在傅里叶变换关系：

$$p_P(f) = \int_{-\infty}^{+\infty} R(\tau) \exp(j2\pi f\tau) \mathrm{d}\tau \tag{5-97}$$

通常用功率谱表示杂波的相关特征。地杂波谱一般为高斯谱，其表达式为

$$p_P(f) = P_{\text{av},c} \exp\left[-\frac{(f-f_{d,c})^2}{2\sigma_f^2}\right] \tag{5-98}$$

式中：$P_{\text{av},c}$ 为地杂波平均功率；$f_{d,c}$ 为地杂波的多普勒频率；σ_f 为地杂波功率谱的标准离差。离差即差量，它反映随机变量与其数学期望的偏离程度。

地杂波的多普勒频率的计算式为

$$f_{d,c} = \frac{2v_r}{\lambda} \tag{5-99}$$

式中：v_r 为主动导引头与地杂波区中心的相对运动速度；λ 为工作波长。

地杂波功率谱的标准离差的计算式为

$$\sigma_f = \frac{2\sigma_v}{\lambda} \tag{5-100}$$

式中：σ_v 为地杂波的标准离差，与地面的植被类型和风速有关。

表 5-8 所示给出了关于地杂波、海杂波和气象杂波的标准离差的一些数据，表中还给出了作为人为杂波的箔条云的标准离差，仅供参考。

表 5-8 杂波的标准离差

杂波类型	环境特征	风速 v/kn	标准离差 σ_v/(m/s)
地杂波	稀疏树林	无风	0.017
	有树林的小山	10	0.04
	有树林的小山	20	0.22
	有树林的小山	25	0.12
	有树林的小山	40	0.32
海杂波	海面	—	0.70
	海面		0.75~1.00
	海面	8~20	0.46~1.10
	海面	大风	0.89
气象杂波	雨云	25	1.80~4.00
	雨云	大风	2.00
人为杂波	箔条云	—	0.37~0.91
	箔条云	25	1.20
	箔条云	大风	1.10

对于高分辨雷达导引头和小擦地角情况，地杂波功率谱的高频分量会明显增大，此时应采用全极型功率谱或指数型功率谱表达。海杂波功率谱不仅与弹道和弹速有关，也与海浪的轨迹有关。雷达导引头逆风、顺风或侧风观测海面时，短时功率谱的峰值频率将在中心值附近摆动，其中心频率由弹速多普勒频率决定。海杂波功率谱也可以用高斯型功率谱表示。气象杂波的功率谱也符合高斯模型，谱中包含与风向和风速有关的多普勒频移。

4. 多路径效应

雷达导引头的探测距离有限，分析地球表面引起的多路径效应时，可以不考虑地球曲率半径的影响。平坦表面的反射关系如图 5-51 所示。

图 5-51 中，R 为导弹至目标的距离；h_T 为目标高度；h_M 为导弹高度；ϕ 为射线擦地角（入射余角）。水平极化与垂直极化的复反射系数分别为

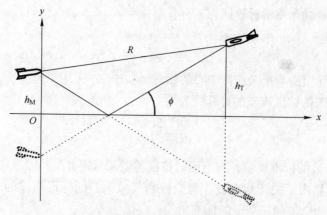

图 5-51 平坦表面的反射关系

$$\gamma_H = \frac{\sin\phi - \sqrt{\varepsilon_c - \cos^2\phi}}{\sin\phi + \sqrt{\varepsilon_c - \cos^2\phi}} \tag{5-101}$$

$$\gamma_V = \frac{\varepsilon_c \sin\phi - \sqrt{\varepsilon_c - \cos^2\phi}}{\varepsilon_c \sin\phi + \sqrt{\varepsilon_c - \cos^2\phi}} \tag{5-102}$$

式（5-101）与式（5-102）中的 ε_c 为复介电常数，其计算式为

$$\varepsilon_c = \varepsilon_r - j60\lambda\sigma_e \tag{5-103}$$

式中：ε_r 为相对介电常数；σ_e 为表面物质的传导率，单位为西门子每米（S/m）。

表 5-9 为典型表面的相对介电常数与表面物质的传导率。

表 5-9 典型表面的相对介电常数与表面物质的传导率

物 质	相对介电常数 ε_r	表面物质的传导率 σ_e/(S/m)
湿土	25	0.02
一般土	15	0.005
干土	3	0.01
雪、冰	3	0.01
淡水	65	15.00
咸水	60	15.00

水平极化反射系数值随擦地角增大（0°~90°）呈单调下降趋势。垂直极化反射系数值随擦地角增大（0°~90°）先下降后回升，在某一角度达到最小值，此角称为布鲁斯特角。在 X 波段，水面或海面的布鲁斯特角约为 7°，潮湿地面的布鲁斯特角约为 15°，干燥地面的布鲁斯特角约为 30°。

5.6 雷达导引头抗干扰技术

在现代战场环境中，雷达导引头将面临各种各样的电磁干扰。分析干扰环境，建立干扰模型，是雷达导引头抗干扰设计的前提。

雷达导引头既要搜索截获目标，又要对目标实施稳定跟踪。在搜索截获和跟踪滤波过程中，导引头将面临各种有源或无源压制性干扰和欺骗性干扰，干扰的基本分类如图 5-52 所示。压制性干扰影响雷达导引头的截获概率，降低导引头的探测距离。欺骗性干扰将产生假目标，导致雷达导引头错误截获和跟踪。

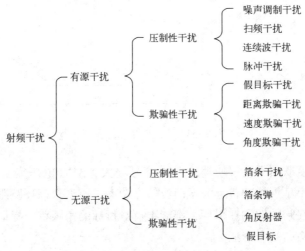

图 5-52　雷达电磁干扰的分类

5.6.1　雷达干扰

1. 压制性干扰

压制性干扰包括无源压制性干扰和有源压制性干扰。

无源压制性干扰主要指箔条干扰。目标发射的箔条弹形成的箔条云团往往在角度、距离、速度域上覆盖目标，只要具备足够的干信比，就能充分压制目标。

有源压制性干扰有噪声调制干扰、扫频干扰、连续波干扰和脉冲干扰等形式。有源压制性干扰必须出现在雷达导引头的探测域内：在空域上必须进入导引头天线波束；在频域上必须覆盖导引头的速度门；在时域上必须充斥在距离门附近。如果落入天线副瓣、速度门阻带或距离门封闭区，干扰的压制效果将大大降低。

2. 欺骗性干扰

对雷达导引头进行欺骗性干扰主要是速度欺骗干扰、距离欺骗干扰和角度欺骗干扰。

1）速度欺骗干扰

速度欺骗（或称速度拖引）干扰是针对具有速度跟踪能力的导引头的干扰。

多普勒导引头借助速度跟踪环路对目标实施跟踪，由于速度跟踪环路具有跟踪斜升频率的能力，因此扫频干扰可以破坏正常的速度跟踪。对速度跟踪环路的干扰将是对多普勒导引头的主要干扰手段之一。

速度欺骗干扰是由目标转发的干扰，也就是说，目标上的干扰设备首先接收照射信号，经放大后再辐射干扰。

为了实现速度欺骗干扰，干扰频率可按如下规律变化：瞄准期，干扰设备无频移地转发它所接收到的照射信号，干扰频率与目标反射信号频率相同；拖引期，干扰设备对接收到的照射信号按特定规律进行调频，通常使拖引频率线性变化；停拖期，干扰设备停止发射，处于静默状态。图 5-53 为干扰频率示意图。

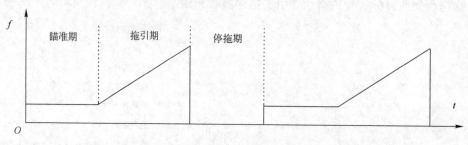

图 5-53　干扰频率示意图

在瞄准期，速度欺骗干扰仅使速度门内信号增大，AGC 电压突变，但不影响速度跟踪。在拖引期，由于干扰功率远大于回波信号功率，速度跟踪环路跟踪干扰。对于单脉冲导引头而言，在瞄准期和拖引期，都能维持对目标的角跟踪，提取目标的视线角速度信息，不失导引头的基本功能。

速度欺骗干扰的效果是在停拖期获得的，此时速度门内既无干扰也无信号，速度跟踪环路失控，当然也无法提取制导信息，失去了导引头的基本功能。

2）距离欺骗干扰

距离欺骗（或称距离拖引）干扰是针对具有距离跟踪能力的雷达导引头的干扰。距离欺骗干扰的步骤与速度欺骗干扰相似。瞄准期，目标上的干扰设备接收照射信号，实现频率与距离瞄准，然后转发干扰脉冲，使干扰脉冲落入导引头的距离波门中；拖引期，干扰设备移动干扰脉冲的位置，使导引头的距离波门偏离目标的距离位置；停拖期，干扰设备停止辐射，距离门内既无干扰也无信号，距离跟踪环路失控，导引头失效。

3）角度欺骗干扰

雷达导引头一般采用幅度和差单脉冲测角体制，对其实施角度欺骗可采用无源干扰和有源干扰两种方式。每种方式有多种实施方法：

（1）无源干扰。

① 箔条干扰，由目标飞机向前侧或后侧发射箔条弹，在飞机附近形成箔条云团，诱骗导弹上的雷达导引头跟踪箔条云团，使目标飞机脱离导引头跟踪。

② 飞行诱饵，当目标飞机发现来袭导弹时，发射具有较大雷达截面的飞行诱饵，该飞行物与目标平行飞行一段时间后做侧向机动，诱骗导弹偏离目标方向，保护目标飞机。

③ 无源拖曳式干扰，这是一种由目标飞机拖曳着的无源诱饵，拖曳距离通常为数十米，其雷达散射截面应大于目标飞机的雷达散射截面；对于具有较窄天线波束的雷达导引头，诱饵可以使天线波束偏离目标；对于具有较宽天线波束的导引头，目标与诱饵的角闪烁效应将严重影响测角性能。

(2) 有源干扰。

① 交叉极化干扰，由于单脉冲雷达导引头的单极化天线存在正交极化耦合，当目标飞机上的干扰机发射交叉极化干扰信号时，导引头天线的瞄准轴将偏离目标方向。

② 非相干干扰，在导引头波束内不同偏角处设置多个干扰源，其相位相互独立，频率也有差异，按一定规律开启或关闭某些干扰源，可使导引头天线在这些干扰源间摇摆晃动，破坏对目标的正常跟踪。

③ 相干干扰，在导引头波束内不同偏角处设置多个干扰源，其辐射频率相同，且保持一定的相位关系，使导引头产生角跟踪误差，其效果相当于角闪烁。

④ 有源拖曳式干扰，这是一种目标飞机拖曳的有源飞行诱饵，既可以进行角度欺骗，也可配置其他有源干扰装置。

在杂波和干扰环境中探测具有隐身能力的小目标，是主动与半主动导引头面临的严峻课题。反隐身、抗杂波和抗干扰（简称"一反二抗"）性能将是评估主动与半主动导引头战场环境适应性的重要内容。

5.6.2 雷达抗干扰

干扰与抗干扰之间是一场智慧和技术的博弈，没有干扰不了的雷达，也没有抗不住的干扰，一切都取决于双方采取的技术和战术对策。随着电子干扰环境的变化，抗干扰措施也相应在不断改善，新的抗干扰措施又必定带来新的干扰样式的出现。

1. 综合抗干扰措施

综合利用飞机武器系统给出的目标和环境信息，以及导弹飞行控制装置给出的导弹运动信息，可以有效辅助雷达导引系统进行干扰和目标的识别。在干扰对抗过程中，载机武器系统和导弹飞行控制装置可以在两个方面发挥重要作用：一是载机武器系统为导弹提供被攻击目标类型的特定信息——目标机动和速度特征、雷达反射特性，这些信息可被导引头用于与接收的信号进行对比以识别出干扰；导弹飞行控制装置敏感导弹自身的运动状态，形成导弹的运动数据，这些数据可用来与来自导引系统的欺骗干扰产生的假信号进行对比，从而识别出干扰。二是载机武器系统给出目标初始指示，可以减小导引系统对目标进行速度和角度搜索的范围，使所有在此多普勒频率范围和角度范围之外的信号得到抑制。同时，短的搜索时间和小的搜索区域可使敌方难以事先侦察出导引系统的发射电波频率和组织实施有效的干扰；导弹飞行控制装置对来自导引系统的目标信息（速度、角度、角速度等）进行最佳滤波，形成对目标运动参数的估值并实时地传送给导引系统，以便在导引系统受到干扰而丢失目标时能尽快地重新捕获目标。

2. 硬件措施

在硬件方面，通过增设辅助天线和辅助通道，采用旁瓣对消、旁瓣消隐技术来对抗支援式干扰；通过采用自适应极化接收和交叉极化对消技术来对抗交叉极化干扰；采用频率捷变技术和大范围跳频技术来对抗应答式干扰、交叉眼干扰和噪声干扰；采用前/后沿跟踪技术，以对抗平台外干扰；通过完善单脉冲技术、平板裂缝阵天线技术、镜频抑制技术，以提高雷达系统的固有抗干扰能力。

导引系统一般采用平面波导裂缝阵天线。这种天线具有较低的旁瓣（低于-30dB）和较窄的主波束宽度。这就使导引系统具有较强的抗支援式干扰和抗地面反射干扰的能力，因为这些干扰通常都是从天线旁瓣进入接收机的。另外，由于收发共用一个天线，低旁瓣天线降低了电波被敌方侦察到的概率。平面波导裂缝阵天线还具有很高的极化隔离度，能够比较有效地对抗交叉极化干扰。

随着支援式干扰机干扰功率的增大，-30dB 的旁瓣电平不足以抑制大功率的干扰。从导引系统天线旁瓣注入的干扰信号会在偏离目标的方向上产生一个虚假的目标信号，使导引头角跟踪通道无法锁定目标。即使是对于支援式噪声干扰导引系统的跟踪干扰源模式（HOJ）也会失去功效，因为角跟踪通道无法给出正确的目标角度信息。这就迫使雷达导引系统的设计者寻求超低旁瓣的天线。

超低旁瓣天线指的是旁瓣低于主瓣 50dB。满足这种要求的关键是提高天线的设计和加工精度，控制设计和加工过程中的系统误差和随机误差。另外，要尽可能增大天线口径与波长的比值。这是因为随机误差引起的旁瓣电平是固定的，与工作频率无关，而天线的增益和方向性与频率的平方成正比。提高工作频率便可提高天线主瓣的峰值，相对降低旁瓣的电平。然而，通常采用以上两种途径降低天线的旁瓣是昂贵的，有时甚至是不可能的。提高工作频率会带来整个射频部分的成本增大。过高的设计精度要求给加工装配带来了太大的困难以至于最终无法完成。

一种比较适用的技术是旁瓣对消技术。它通常可将通过天线旁瓣波束进来的噪声干扰电平降低 20~30dB。旁瓣对消技术要求在主天线周围加设辅助天线。对辅助天线的要求是在干扰方向上其主瓣电平应大于主天线的旁瓣电平。由于增添了辅助天线，主天线的运动自由度受到了一定的限制。要达到较佳的对消效果，辅助天线的数量应当等于主天线旁瓣的数量。当考虑到主天线交叉极化的响应时，则应增加辅助天线的数量。通常辅助天线超过 4 根时实现起来将非常困难。

导引系统的目标探测通道采用 Dicke fix 电路结构。这种电路的信号通频带按"宽带—限幅—窄带"的形式排布。在数字梳状滤波器的输入端对信号进行硬限幅，使每个频率通道对于任意频谱的噪声输入（如支援式噪声干扰、自卫式噪声干扰、间断式噪声干扰、地面反射干扰等）都有固定的最大输出噪声电平。这使得探测通道在各种干扰环境下具有固定的和足够低的检测门限。在梳状滤波器的输入端设计若干高选择性滤波器，将梳状滤波器分成若干个子频段以便在存在强干扰信号的条件下仍能够检测到微弱的目标信号。同时，设计专门的幅度检波器，对探测通道频率范围内的输入信号的包络进行分析。当发现具有明显的噪声特征时，便可启动跟踪干扰源工作逻辑。

单脉冲测角系统可以利用一个脉冲获取全部角度信息。导引头测角系统将多次的角度测量值积累起来，进行运算分析。根据这些大量测量值的离散程度，可以确定所接收的辐射点源是干扰还是目标。如果探测到两组或两组以上的角度值，便可认定是角度闪烁干扰。处理办法是将一组角度测量值选出来，将天线指向这一目标进行干扰源的自动跟踪。

在接收通道中设置鉴频器，将鉴频器的输出与来自角通道的角度信息、来自检测滤波器的频率信息和来自幅度检波器的能量信息一起进行分析处理，可以找出它们之间的相互关系，利用这个相互关系可以识别出干扰。例如，当鉴频器测量值集中在两个或两个以上的数值时，可以断定是多普勒闪烁干扰。

相比单脉冲测角方式，雷达更易受到镜像频率的干扰。两个镜频信号在中频上的相位角是相反的，如果镜频干扰的电平超过了目标信号的电平，中频信号的相位角将会反相，从而会驱动天线向着偏离目标更远的方向偏转，造成目标在角度上的丢失。可以在微波前端设置镜像抑制混频器，以抑制镜像干扰的作用。

3. 软件措施

计算机的采用使得导引系统智能化抗干扰成为可能。导引系统计算机可以对输入的测量数据进行实时的数字和逻辑分析，发现干扰，确定干扰的类型，并选择相应的抗干扰逻辑。当新干扰形式出现时，针对新干扰样式设计出的对抗方法可以落实到抗干扰程序中，通过在线加载的方式，对导引系统内的工作程序进行扩充、完善或更新，以改善和提高导弹的抗干扰性能。

导引系统抗干扰的软件措施是与硬件措施配合工作的，硬件措施是软件措施的基础。归纳起来，在导引系统抗干扰算法中一般采取以下几种抗干扰措施：

（1）通过导引系统硬件提供的有关测量，对导引系统所在的电磁环境进行分析，识别出作用在导引系统上的干扰的性质，启动相应的抗干扰算法。

（2）对来自导引系统测角和测速通道的信息与来自机载火控系统和导弹飞行控制装置的目标的速度与角度信息进行连续不断的比较，以识别和对抗假目标和欺骗式干扰。

（3）当速度通道、距离通道或角度通道的信号中断时，进行速度、距离和角度的目标位置外插，以保证快速重新截获目标信号。下面简述导引系统对抗几种典型干扰时的抗干扰算法。

对抗宽带阻塞式噪声干扰的算法：当晶体滤波器输入端由幅度检波器构成的功率指示器的输出噪声电平高于接收机内部噪声的电平时，便构成了噪声干扰存在的第一个条件。此时，导引系统计算机检查测角通道角度测量的方差，如果测角方差小于某一门限值，则构成了噪声干扰存在的第二个条件，当这两个条件都满足时，抗干扰算法便产生发现噪声干扰的标志，将干扰机的方位信息提供给飞行控制装置用于制导导弹。此方法也适用于对抗窄带瞄准式的噪声干扰。

对抗速度欺骗干扰的算法：分两个阶段，一是判别速度欺骗干扰的存在；二是甩掉干扰，重新搜索并截获目标。具体方法是，将导引系统测得的目标运动参数（速度、加速度、目标视线角速度）与飞行控制装置中计算的这些参数的估值进行比较，如果两者相差较大，则认为存在速度欺骗干扰，此时导引系统计算机便指示速度门中止对干扰信号的跟踪，重新按飞行控制装置预定的目标频率位置范围进行频率搜索。

对抗闪烁干扰的算法：在慢速闪烁时，导引系统可以依次跟踪这两个频率的信号，此时的测角回路将对干扰源进行不间断的测角。在快速闪烁时，导引系统测出频率的瞬时测量值。测角回路将频率测量值与角度测量值进行相关性分析，从中选出相关的角度测量值，并依此形成对干扰源方位的估值，同时，对已选定的多普勒频率进行频率跟踪。由于目标信号与干扰频率相差较大，导引头的信号处理器可以将目标选出并抑制干扰。

对抗无源干扰的算法：无源干扰包括箔条云、地海杂波等。此算法由飞行控制装置配合来完成。飞行控制装置根据导引头天线的方向性图、导弹的速度矢量和导弹与干扰源的相对位置，计算出这些无源干扰的多普勒频率范围，并将这一范围告知导引头计算机。导引头计算机便指示信号处理器对这一多普勒频率范围的信号进行抑制。

随着数字技术的发展和 DSP 芯片运算能力的大幅度提高，软件抗干扰方面出现了许多新技术，如神经网络技术。可以预期在不久的将来，软件抗干扰可以做成专用芯片，与传统的雷达导引头信号处理器协同工作，以提高导引系统抗干扰的智能化水平。

第 6 章　GPS/INS 组合制导原理

6.1　GPS

在现有的卫星导航系统中，GPS 是投入运行最早、一直稳定工作，而且不断创新和改进的系统，是应用技术发展最快、用户数最多、军事和民用成效最大的系统。已有的其他卫星导航系统在作改进时，新研制的卫星导航系统在作设计时，都以 GPS 作为蓝本或参照，并在尽可能的条件下与之兼用。GPS 已深入现代军事和国民经济的各个方面，成为提供位置、速度和时间基准的赋能系统，围绕 GPS 及其应用已经形成一个庞大的产业，要了解现代导航技术必须了解 GPS。

6.1.1　GPS 发展简史

1957 年，苏联成功地将世界上第一颗人造地球卫星发射到近地轨道，美国研究人员通过观测发现，在卫星通过地面接收站视野的时间内，接收机接收到的卫星信号频率和卫星发射的频率之间存在一定的频差，这就是多普勒频移。而其还发现多普勒频移曲线和地面接收机——卫星轨道的相对位置之间存在一一对应的关系。这意味着，置于地面确知位置的接收站，只要能够测得卫星通过其视野期间的多普勒频域曲线，就可以确定卫星运行的轨道；反之，若卫星轨道（位置）已知，那么，根据接收站测得的多普勒频移曲线，也能确定接收站的地理位置。这便是世界上第一个投入运行的美国海军导航卫星系统（NNSS），亦称子午仪系统的理论基础。该系统 1964 年投入使用，并于 1967 年对全球民用开放。子午仪系统的贡献在于，它开创了世界卫星导航的先河，回答了远的作用距离和高的定位精度的统一的可行性问题。但是，由于覆盖上存在着时间间隙，使用户得不到连续定位（平均每 1.5h，最长 8～12h 定位一次），而且由于用单星多点法测量多普勒频移，使每次定位时间较长（几分钟至十几分钟），加之不适于高动态用户和定位精度仍不尽如人意，促使人们寻找新的更理想的卫星导航系统。GPS 正是在这样的背景下应运而生的。

研究人员首先从原理上改进了子午仪系统，提出了用伪码测距来代替多普勒测速的构想。美国海军是试验的先驱，他们于 1967 年、1969 年和 1974 年相继发射了三颗中高度 TIMATION 卫星，用铷原子钟代替石英钟获得成功，证明了星载高稳定时钟的可行性，因此意义重大。接着，美国海军又于 1977 年发射了两颗导航技术卫星 NTS-2 和 NTS-3，实际上，后者就是 GPS 系统的第一颗卫星，星钟仍用铷原子钟，那时的系统时标准是美国海军天文台的铷原子频标组。海军还在 NOVA 卫星上试验了伪距测距技术，取得了与子午仪差不多相同的定位精度，并提高了时间同步精度。与此同时，美国空军也开始了代号为 621B 的"导航开发卫星"星座卫星导航系统的试验,先发射一颗"静止"卫星,再发射三四颗具有一定轨道倾角的准同步轨道卫星,试验获得成功。后来,美国国防部综合了两军种对导航定位的要求,吸取 TIMATION 和 621B 的优点,于 1973 年成立了 GPS 联合计划办公室,由空军牵头诸军种联合研制 GPS。原定分为三个阶段:第一阶段,1973—1979 年,系统原理、方案研究;第二阶段,系统试验阶段;第三阶段,系统应用研究。准备 1988 年投入运行。1987 年,美国"挑战者"航天飞机失事,GPS 研制工作受到重创,原定由航天飞机发射卫星的计划不得不作修改,从 1989 年才用德尔塔火箭开始发射卫星,以致 1991 年海湾战争期间加上试验卫星也只有 18 颗卫星在天上运行,其中还有带病运行的。

1993 年 12 月 GPS 达到 IOC,即 GPS 已达到规定的性能要求,那时有 24 颗 GPS 卫星(Block Ⅰ/ Block Ⅱ/ Block ⅡA)工作。1995 年美国国防部宣布 GPS 达到 FOC,卫星星座 24 颗卫星全部由 Block Ⅱ/ Block ⅡA 组成。

需要指出的是,这 24 颗额定卫星星座的方案是几经变化而来的。最初 GPS 的方案是 24 颗卫星,分布在 3 个轨道上,轨道倾角为 63°。后来,由于美国国防预算紧缩,改为 18 颗卫星,轨道面数从 3 个增加到 6 个,倾角改为 55°,但这个方案后来被否定了,因为它实在不能提供满意的 24h 全球覆盖,这说明美军当时对 GPS 的作用没有把握。大约 1986 年,在这个 18 颗卫星的方案上增加了 3 颗工作备份卫星,使星座增加到 21 颗。后来又改为 21 颗加 3 颗热备份卫星。现在再不提"备份"了,形成 24 颗卫星的额定星座[1]。

从 1996 年开始,GPS 地面部分开始实施精度改善创新和广域 GPS 提高计划,连同其他一些措施以持续改善 GPS 精度,并用 Block ⅡR 卫星陆续取代失效的工作卫星。又从 2000 年开始实施 GPS 现代化计划,这个计划中已实施和正在实施的有停止 SA 措施,发射 Block ⅡR-M 卫星。将来要后续实施的有发射 Block ⅡF 卫星和发展 GPS Ⅲ。GPS Ⅲ将对 GPS 的所有区段作重大改变,从而使 GPS 系统的军事和民用服务性能明显提高。GPS 现代化计划于此要持续到 2018 年以后。

6.1.2 GPS 的工作

卫星导航实质上是用人造卫星作为导航台,向地球方向发射关于卫星在不同时间的精确位置与时间的信息,地球表面附近的接收机根据收到的卫星信号测量出与卫星的距离,当用户具有与卫星导航时相同步的时钟时,根据这个伪距便知道它处于以这颗卫星为中心、以伪距为半径的球面上。如果能同时测量出与 3 颗卫星的伪距,那么便可以根据以这 3 颗卫星为球心、以 3 个相应伪距为半径的 3 个球面的交点,确定出自己的位置。由于用户时钟与卫星导航系统的时间不同步,因而接收机至少要测出与 4 颗卫星的伪距,从而求出并扣除用户时钟的偏差,并定出用户的位置。

在 GPS 卫星上载的都是原子钟,这种时钟稳定度都在 10^{-13}/d 以上,是相当高的,然而无论如何仍然有漂移和抖动,在卫星导航中是不可忽略的。所以卫星导航系统都有自己的系统时,在 GPS 中叫作 GPS 系统时或 GPS 时。有了 GPS 时,系统以它为基准,测量出各卫星时钟的相对误差,然后在卫星信号中告诉用户。这样,各卫星的时间便同步起来了。

第6章 GPS/INS 组合制导原理

GPS 系统中包含许多原子钟，每颗卫星上都有，地面监测站和主控站也都有，而且都不止一部，它们都很稳定，然而也都有漂移和抖动。GPS 系统时是对这些原子钟的时间作统计处理而产生的连续时间，因而是一种纸面钟。这样，GPS 时便不会仅依赖于少数原子钟产生，因而有高的可靠性和稳定度。

如何确定卫星在不同时间的准确位置（星历）呢？也许可以作这样的设想，不同高度的卫星有不同的运动速度，速度决定了轨道，可不可以直接根据这个规律来确定卫星位置呢？其实不然，这是在一定条件下的规律，许多实际发生的次要因素是简化的。它假定地球是一个质量均匀分布的球体，除了地球引力外，在卫星上再没有其他作用力，利用开普勒定律，便得到了上述结论。其实地球既非球形，质量分布也不均匀，卫星上作用有太阳光压、太阳和月亮引力，地球上还有潮汐等，这些因素都导致卫星轨道是逐渐变化的。当然现在的 GPS、GLONASS 和 Galileo 系统等都采用中轨卫星，相对周期性地变动，这就导致卫星轨道相对地球来说也有缓慢变化。然而由于它们是导航卫星，因此这些变化即便是缓慢的，也必须精确测定。

也许还可以设想，用一般的测控方法来定出卫星位置，即在地球上不同的地点设定测距站，用多个测距值不断定出卫星位置。不过这种设想也有问题，因为卫星在高速运动，要不断把对许多卫星和对每颗卫星的多个测距值送到一起处理，再把所产生的位置信息不断送到每颗卫星上，再广播出来，那么不仅设备量大，而且对每个数据传输的处理环节在反应时间方面的压力也相当大。更重要的是，由于必须连续对每颗卫星作上行注入，因此这种上行链路构成了系统脆弱性瓶颈，上行链路的中断意味着卫星服务的中断，这在军事上是不希望的。这就是说卫星要存在一定自主性。

那么，在 GPS 中究竟如何定出各颗卫星不同时间的位置和卫星钟与系统时的差值的呢？首先，为此要作出卫星运动轨道和时钟变化的模型，这是基于长期对天体运动的科学研究，包括作用在卫星上的各种力的影响的研究和对时钟行为的研究而作出的精确的模型，有了这个模型便可以对卫星位置和时钟未来状况作预报。其次，要有分布在整个地球或地球上一个较大区域内的一些监测站，这些监测站的位置是经准确测绘得到的，因而是准确已知的，而且其时钟与系统时之差也是已知的。监测站不断跟踪视界内的各颗卫星，以测量它们的伪距，接收和还原出它们所广播的电文。各监测站产生的伪距和收到的卫星广播的电文远距离输入一个处理中心，叫作主控站，在那里先把由监测站提供的如下两个距离数据相减：其中一个是伪距，另一个是由卫星广播的位置和监测站位置算出的距离。由于监测站的时间与系统时同步，因此伪距中含有关于卫星钟差的信息；又由于监测站的位置是准确已知的，因此算出的距离信息中含有有关卫星广播星历误差的信息。因而，在两者的差值中同时含有卫星钟差和星历误差的信息。而这些误差是由模型参数不准确引起的，所以下面一项工作是要对其进行处理，从监测站数据中反映出的误差导出对模型参数的调整量。这就是用卡尔曼滤波器。由于 GPS 是一个高精度的系统，要把许多影响卫星星历和时钟的因素考虑进去，又由于有 24 颗卫星，所以卡尔曼滤波器是包含有几百个状态变量的庞大的处理设施。用实际监测数据不断校正先验的模型参数，以预报时钟和卫星下一阶段的行为，便是 GPS 为保持高精度时间和星历所采用的方法。

由于卫星时钟和星历的模型比较完备，又由于时钟和卫星轨道比较稳定，卡尔曼滤波器可以根据长期的观测数据相当准确地预报出未来较长时期卫星时钟和星历并给出预报精度。GPS卫星向用户广播的时钟校正值和星历就是这种较长时间内的预报值。当然，如果预报时间太长，精度就会逐渐下降，所以在正常情况下，GPS地面控制区段要隔一定时间用最新的预报值上行注入卫星，以更新预报值。现在GPS系统对每颗卫星上行注入两三次。GPS系统的工作可以用图6-1作大概的描述。

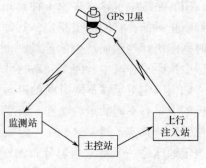

图6-1　GPS系统的工作[1]

6.1.3　GPS的构成

GPS由以下三部分（称为区段）组成：
（1）空间区段（SS）。
（2）运行与控制区段（OCS）或称控制区段（CS）。
（3）用户区段（US）。

1. 空间区段（GPS的卫星星座）

现阶段GPS的额定星座包含24颗卫星，分布在6条近圆形的轨道上，每条轨道上有4颗卫星。轨道离地面高度约为20187km，倾角为55°，如图6-2所示。

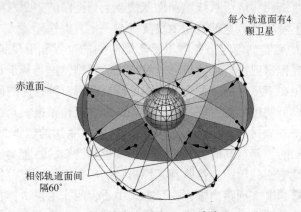

图6-2　GPS卫星星座[41]

以这样的星座，在全世界所有位置上平均可以看到8颗还多一点的卫星。看到少于6颗卫星的时间平均小于0.1%。全球各地点一般都可以看到9颗以上的卫星，最多时可看到11颗。

万一有两颗卫星坏了，星座中只有22颗卫星在工作，全世界所有地点24h平均仍可看到7颗卫星，最少时也可看到4颗。

现在的GPS实际上已有30颗卫星在工作，用户的可见卫星数比上述更多。

标识卫星的方法有两种：一种是卫星编号，即表中的SV号；另一种是PRN号，即卫星所发射的伪随机噪声的（PRN）码的编号。

到目前为止，除了试验卫星外，GPS已发射了4批运行卫星，即BlockⅡ、BlockⅡA、

Block ⅡR、Block ⅡR-M，当前面一批失效时，陆续发射下一批卫星进行补充。虽然从用户的观点看不同批次的卫星之间所提供的服务是连续的，但卫星的设计与性能一批比一批提高。其中，Block ⅡR-M 是正在陆续发射的最新一批卫星。

星载的时钟是原子钟，早先的卫星 Block Ⅱ 和 Block ⅡA 上面既有铯钟（Cs）又有铷钟（Rb），一台坏了再启动下一台。从 Block ⅡR 开始就只用铷钟了。

卫星的 6 条轨道分别记为 A、B、C、D、E 和 F。每条轨道又分为 6 段，记为 1、2、3、4、5 和 6。每段 60°，用以标记卫星位置。

卫星由多个功能系统组成，一般至少包括卫星星体，电功率系统，热控制系统，姿态和速度控制系统，导航载荷，轨道注入系统，反作用力控制系统以及遥测、跟踪和指令系统。

图 6-3 给出了 Block ⅡA 卫星的部分导航载荷，即民用的 SPS 测距信号的产生和发射过程。原子频标是卫星上唯一的频率源，经由频率合成器产生频率为 10.23MHz 的基准时钟信号，各单元据此导出自己的频率为 50Hz、1.023MHz 和 1575.42MHz 的信号。导航数据单元根据来自地面上行注入的星历与时钟数据和指令，经差错校验后，形成传输速率为 50b/s 的导航电文。导航电文送至导航基带信号单元，与该单元产生的 C/A 码作模 2 加，以完成扩频。然后送至 L 频段分系统，调制 L1 载频之后由天线发射出来。

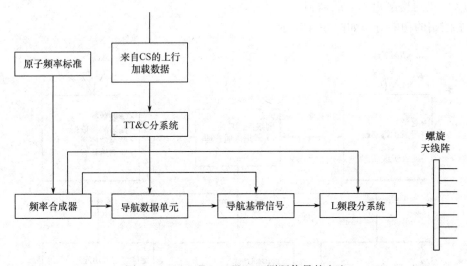

图 6-3　Block ⅡA 卫星 SPS 测距信号的产生

由于卫星距离地球表面约为 20187km，因此当卫星天线波束宽度为 2×13.84°=27.68° 时便正好覆盖地球。然而事实上卫星波束宽度大约为 28°，所以不仅能覆盖地球而且略有超出。

而如前所述，GPS 卫星还发射 L2 载频信号，而且 L1 和 L2 载频上均发射 P(Y) 码，以形成军用的 PPS 测距信号。

对于 Block ⅡR-M 卫星，除了发射上述信号之外，在 L2 频段上还发射民用的 L2C 信号，在 L1 和 L2 载频上均还要发射军用的 M 码信号，亦即使得 GPS 卫星信号从 3 种增加到 6 种。

除此之外，从以后的各批 GPS 卫星都要发射 L3 载频信号，不过这与 GPS 导航功能无关，是用以将卫星上的核爆炸检测载荷检测到的信息传向地面的。

2. 控制区段

GPS 控制区段由主控站及分布在全球的一些监测站和上行注入站（称作地面天线）以及把它们联系起来的通信网构成。

监测站对卫星的伪距和载波相位作连续跟踪与记录，对卫星发射的导航电文也作连续记录，并实时传送回主控站，在那里用于：

（1）产生每颗卫星的星历和对其时钟的校正数据。

（2）对提供给用户的服务作监测。

监测站的 GPS 接收机是双频的军用接收机，因此它实时监测的是所有 GPS 卫星的 PPS 空间信号，以保证满足 GPS 的军用性能指标，对民用的 SPS 只是作周期性的性能小结，以提供反馈意见，使之满足民用性能标准。

主控站 24h 连续运行，它负责对星座的所有指挥与控制，包括：

（1）对卫星和载荷状态作日常监测。

（2）对卫星进行维护和解决故障问题。

（3）对 GPS 卫星的服务性能进行管理，以支持所有性能标准。

（4）按照精度性能标准实施导航数据上行加载。

（5）迅速检测出服务故障和作出反应。

主控站的功能分布如图 6-4 所示。

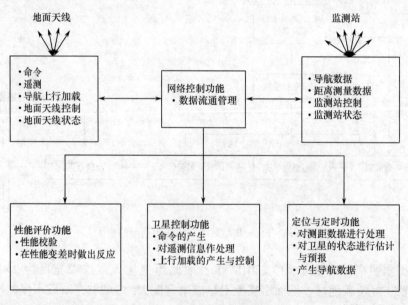

图 6-4　GPS 主控站功能分布

主控站除了与监测站和地面天线相连外，还与空军的 AFSCN、美国海军天文台（USNO）和国家地球空间情报局（NGA）作战略相连。与 AFSCN 相连是为了进行卫星交接和上行注入；与 USNO 相连是为了获取 UTC，以与 GPS 时相比对；而与 NGA 相连是为了获得地球取向数据。此外，MCS 还和喷气推进实验室（JPL）相连，以获取太阳—月亮的预测数据。

3. 地面天线

地面天线由 10m 直径的 S 频段天线和大功率发射机、接收机等组成，向卫星上行注入导航数据和命令，接收来自卫星的遥测信息。导航数据和命令来自主控站，而遥测信息则送回主控站。

6.1.4 GPS 的定位原理

GPS 用户接收机的定位过程可描述为：根据已知的卫星位置和测出的用户与数颗卫星之间的相对伪距离，用导航算法（最小二乘法或卡尔曼滤波法）解算得到用户的最可信赖位置。为此，系统首先要让用户掌握卫星的位置，并测出距卫星的伪距。

1. 卫星位置描述

在 GPS 系统中，卫星位置是作为已知值，由卫星电文广播给用户的。在卫星广播的电文中，卫星在空间的位置由卫星位置的轨道参数或开普勒参数来描述。实质上 GPS 电文中是用动态的开普勒椭圆去逼近卫星运动的实际轨道[41-42]。

作用在卫星上的力主要是地球的引力，当地球是一个理想球体时，地球对卫星的引力是指向地心的。按开普勒三条定律，卫星是在一个通过地球中心的固定平面上运动，这个平面叫作卫星运动的轨道平面；卫星在其轨道平面上的运动轨迹是一个椭圆，地球中心处于椭圆的一个焦点上。

于是，要描述卫星的位置，首先要描述卫星运动的轨道平面在卫星的位置，其次必须描述卫星在轨道平面上作椭圆运动的大小、形状和取向，最后必须描述卫星在椭圆轨道上的瞬时位置。

要确定卫星轨道平面在空间的位置，首先得找到一个可认为固定不变的参考系。虽然地球在自转，但地球的赤道平面在空间的取向可视为基本不变，这可用作参考平面。同样，地球绕太阳公转的轨道（黄道）平面在空间的取向也可认为基本不变，它也可作为一个参考平面。赤道和黄道平面都通过地球质心。现在，假想整个宇宙空间是一个以地心为中心，半径无穷大的球，叫作天球。再假想把地球的赤道平面无限延展，使它和天球相交，其交线叫作天球赤道；再假设黄道平面也无限延伸，与天球的交线叫作天球黄道（图 6-5）。天球赤道和天球黄道相交不变，所以，春分点和秋分点在天球上的位置也基本不变，因此这

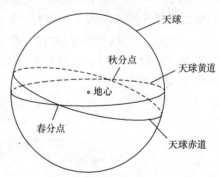

图 6-5 天球、天球赤道和天球黄道

两点可作为参考点。现在以春分点和天球赤道面作为确定卫星轨道平面在空间位置的参考系。

如图 6-6 所示，卫星轨道平面在空间的位置就可由两个轨道参数 Ω 和 i 确定。Ω 是卫星轨道面和赤道面的交线 OR 与地心和春分点连线 Or 之间的夹角。卫星自南向北运动时，其轨道面和赤道面的交点 R 称为升交点，而 Ω 角可用 Or 和 OR 之间所隔的天球

的精度来量度,因此,称 Ω 为升交点赤经。升交点赤经 Ω 决定了卫星轨道在什么位置和赤道面相交。i 角则是卫星轨道平面和地球赤道平面之间的夹角,称为轨道平面倾角。轨道平面倾角 i 决定了卫星轨道平面和地球赤道平面之间的相对取向。因此,给定了升交点赤经 Ω 和轨道面倾角 i 这两个轨道参数,便给出了卫星轨道平面在空间的位置。

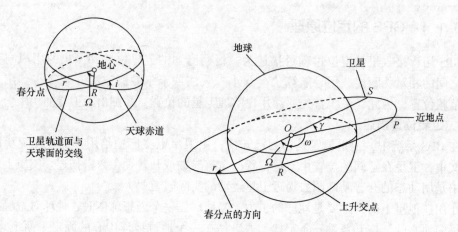

图 6-6 基本轨道参数

卫星在轨道平面上的运动轨迹是椭圆。同时,椭圆却有大有小、有扁有胖,椭圆的长短轴也可对着不同的方向,因此用三个轨道参数来确定卫星在轨道面上的轨道,它们是 ω、a 和 e。ω 是近地点角,卫星轨道最靠近地球质量中心的那一个点,叫作近地点 P,P 和地心的连线 OP 和 OR 之间的夹角称为近地点角。近地点角 ω 决定了卫星运行椭圆轨道长轴的方向。长轴方向确定后,再加上表征椭圆大小和胖瘦的半长轴 a 和偏心率 e,在轨道平面上椭圆的取向、大小和形状也就完全确定了。

确定卫星在椭圆轨道上的瞬时位置要用到真近点角 γ,它是卫星与地心连线 SO 和近地点与地心连线 PO 之间的夹角。但 GPS 卫星发射给用户的电文中并不是 γ,而是平近点角 M,M 取决于卫星通过近地点的时间 t_p 和卫星在轨道上运行的平均角速率 n。平近点角 M 是一种数学概念,只作为定义参数使用,从 M 可以求出偏近点角 E,从 E 又可求出 γ。偏近点角 E 和真近点角 γ 之间则是几何扩展的结果,M、E 和 γ 之间的关系如下:

$$\begin{cases} M = n(t - t_p) \\ M = E - e\sin E \\ \tan \dfrac{\gamma}{2} = \sqrt{\dfrac{1+e}{1-e}} \tan \dfrac{E}{2} \end{cases} \quad (6-1)$$

可见,要得到卫星在椭圆轨道上的瞬时位置 γ,需要求解上述方程,这是个迭代过程。

总结起来,描述卫星在空间位置需 6 个轨道参数,通常把它们称为开普勒参数或历书数据,如表 6-1 所列。这些参数要由卫星广播给用户。

表 6-1 开普勒轨道参数

参 数	意 义	在决定卫星空间位置中的作用
Ω	升交点赤经	确定卫星轨道平面在空间的位置
i	轨道平面倾角	
ω	近地点角	确定卫星轨道的取向、大小和形状
a	椭圆轨道的半长轴	
e	椭圆的偏心率	
M	平近点角	确定卫星在椭圆轨道上的瞬时位置

但是作用在卫星上的力除了理想地球的引力外，还有其他一些次要却不可忽略的力，正是这些力造成卫星的轨道平面、卫星轨道和卫星在轨道上的运动都在逐渐变化。为精确地描述卫星在不同时间的位置，要用时间分段法。在每个不同的时间段中用不同的轨道参数所决定的不同的轨道曲线去拟合卫星的实际轨道。进一步，为了使每一时间段内的椭圆曲线更准确地接近于实际轨道，还有一些另外的参数，用以描述椭圆曲线在这一时间段内的变动。这些参数一共 9 个，加上原来的 6 个参数，共 15 个。这 15 个轨道参数由卫星广播电文传送至用户。

2. 卫星与用户之间的相对伪距

从前面的叙述可见，知道卫星的位置之后，如果又知道用户对卫星的伪距，便可以解算出用户的位置。GPS 中伪距是借助于由卫星信号中发射的 PRN 码来测量的，PRN 码简称伪码，由此测定的称为伪码距[41-42]。

为说明伪码的概念，先简单介绍二进制随机序列的概念和特性。

取一枚硬币，规定国徽面为 1，有字面为 0，以一定方式抛掷硬币，并将每次掷出的结果排列起来，如 0101011011001011，这就是一个二进制随机序列，序列中每一位称作一个码元。这种二进制随机序列的主要特点如下：

序列是事先不能确定的非周期序列，不能事先知道和事先作出一套与之相同的序列。

序列中，码元 1 和 0 出现的概率各为 1/2。

当有了序列之后，我们在时间上将它移动一个 τ，形成一个新序列，然后把这个新序列与原序列在时间轴上对比着排列起来，逐一码元对比。序列的自相关函数 $R(\tau)$ 定义为[2]

$$R(\tau) = \frac{相同码元个数 - 相异码元个数}{相同和相异码元的总数} \quad (6-2)$$

式中：τ 表示该序列与移位序列之间的相对移位量。

t_0 是码元的宽度。当 $\tau=0$ 时，$R(\tau)=1$；$|\tau|>t_0$ 时，$R(\tau)=0$；当 $-t_0<\tau<t_0$ 时，$R(\tau)$ 与 τ 成线性关系，如图 6-7 所示。

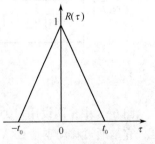

图 6-7 二进制随机序列的自相关函数

可见，二进制随机序列具有优良的自相关特性，但无周期性，不能预选复制，故不实用。如果能找到既有良好的自相关特性，又具有周期性，同时能预先确定的，因而也能复制的序列，那是最好的。把这种具有随机序列特性的非随机序列，称为伪随机序列，而把由二进制码元 0 和 1 组成的伪随机序列称为二进制伪随机码，简称伪码。

伪码具有优良的自相关特性，因此可对它进行相关积累接收；伪码具有周期性，故可用来作为测量电波传播时延的尺子；伪码具有事先可确定性，因此伪码的相位可以识别，这种可识别的伪码相位就是尺子上更细的刻度。

GPS 卫星信号中使用两种伪码：C/A 码和 P(Y) 码。码的速率为 1.023Mb/s，码长为 1023b，重复周期 1ms，1 个码位的时间大约为 1μs，相当于 300m 的距离。码速率为 10.23Mb/s，由 P 码和 W 码叠加而成，其中 P 码码长为 1.5345×10^7 bit，重复周期为 266.4d。不过每颗卫星只用其中特定的一段，长度为 7d。W 码是个专门用来加密的码。P(Y) 码的码位宽度与 P 码相同。一个码位的时间为 0.1μs，对应 30m 的距离。

实际上，用作测量电波传播时间尺子的是 1ms、20ms、6s 和 Z 计数（一周中，子帧的数目。从周六子夜开始，到下一周六子夜又重新开始。其中，每个计数值与子帧时刻对应，子帧时刻出现在下一个子帧的前沿）以及总的星期数 WN。

今以 C/A 码测距来说明伪距测距的原理，如图 6-8 所示。GPS 中的伪距测距是通过比较接收机本地产生的 C/A 码与从接收到的卫星信号再现（恢复）的卫星 C/A 码对应的标记（刻度）来实现的。

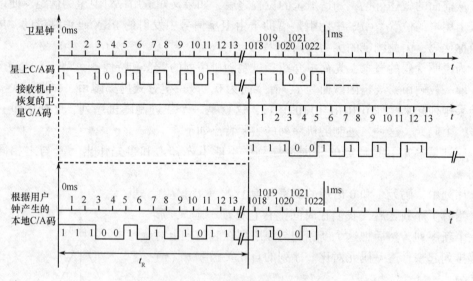

图 6-8 GPS 伪码测距原理

图 6-8 中，假设用户钟和卫星钟精确同步，是卫星发射的信号在传播路径上的时延，它是通过移动本地 C/A 码，使之与用户设备钟恢复出来的卫星信号 C/A 码相重合，由本地码的移动时间测得的。两码重合时相关函数为 1，偏差太大时相关函数为 0。图中直观看出，卫星钟和用户钟均从 0ms 启动，经过时延 t_R = 1017.4 个 C/A 码码位后传到用户，时延 t_R 乘以光速 c 就是测量距离。

当用户钟和卫星钟不同步时，本地钟的 0ms 时间便与卫星钟的 0ms 时间差一个 Δt，此时仍然用移动本地伪码使之与接收到的信号中的伪码相重合的方法测出的就是伪距。

3. GPS 接收机的位置解算

GPS 接收机只要能观测到 4 颗卫星并测出相应的伪距，便可以通过联立解 4 个方程，以解算出自己的位置。这里面有几个问题需要说明：一是仰角太低的卫星一般不用，这是因为仰角太低时，卫星信号穿过接近地面的大气层的距离很长，那里不确定因素太多，引起电波强度变化和时延变化，此外多径反射也难以控制。所以一般选用仰角 8°以上的卫星[42]。

二是几何精度因子的问题，就是在相同的星历与时间精度，相同的伪距测量精度的条件下，当相对于接收机来说，各卫星在天上的分布不同时，得到的位置和时间测量精度是不同的，这可用图 6-9 作示意性说明。由图可见，当距离测量误差范围相同是，如定位位置线的交角不一样，则所产生的位置误差范围的面积不同。

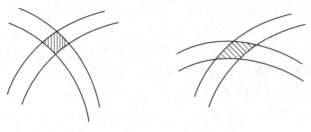

图 6-9　几何精度因子的影响

所以，早期的 GPS 接收机都是从视界内所有的卫星中选择几何分布最好的 4 颗卫星用作定位。当 1 颗卫星在天顶，其余 3 颗在 GPS 接收机四周低仰角上均匀分布，使围成的四面体体积最大时分布最好，此时，几何精度因子最小，定位和测时精度最高。后来，首先是民用 GPS 接收机设计改变了策略，它们除了要用这 4 颗卫星外，还要把视界内的其余卫星和测得的相应的伪距都用上，用其余的卫星加入最小二乘方算法，以减小定位误差。现在 GPS 军用接收机也开始用这种方法以提高精度了。

6.2　惯性导航系统

惯性导航系统简称惯导，是一种自主式导航系统，它利用惯性仪表（陀螺仪和加速度计）测量运动载体在惯性空间中的角运动和线运动，根据载体运动微分方程组实时、精确地解算出运动载体的位置、速度和姿态角（定义为载体坐标系相对于地理坐标系的方位角）。

和无线电导航系统不同，惯性导航系统既不接收外来的无线电信号，也不向外辐射电磁波，它的工作不受外部环境的影响，具有全天候、全时空工作能力和很好的隐蔽性。它有很快的响应特性，更新率很高（50～1000Hz），而且导航参数短期精度高、稳定性好。它适合于海、陆、空、水下、航天等多种环境下的运动载体精密导航和控制，在军事上具有重要意义。

惯性导航系统分为平台式惯性导航系统（INS）和捷联式惯性导航系统

(SINS)[43-44]。

（1）平台式惯性导航系统有一个由3轴陀螺稳定的物理伺服平台，伺服平台用来隔离运载体角运动对加速度测量的影响，而且伺服平台始终跟踪当地水平地理坐标系或者游动坐标系，为惯性导航系统提供导航用的物理坐标系（测量基准）；同时，为正交安装的3只加速度计在平台台面上提供准确的安装基准。加速度计输出的比力矢量经过科里奥利加速度、向心加速度和重力加速度校正之后，对时间进行二重积分，可以获得运载体在导航坐标系中的速度和位置，姿态角由稳定平台3个环架轴上安装的角度信号器测得。

（2）捷联式惯性导航系统没有物理伺服平台。3只陀螺仪和3只加速度计正交安装在一个精密加工的金属台体上，通常，陀螺仪输入轴坐标系、加速度计输入轴坐标系和台体坐标系三者重合，台体直接固连在运动载体上，且台体坐标系和载体坐标系重合（如果台体坐标系和载体坐标系不重合，加速度计输出的比力矢量需要进行杠杆臂效应校正）。陀螺仪输出的角速率矢量经过不可交换性误差校正后，对时间积分以获得加速度计在惯性空间的方位信息，基于这些方位信息解捷联矩阵微分方程可以得到捷联变换矩阵姿态角。捷联变换矩阵完成加速度计输出的比力矢量从载体坐标系到导航坐标系的转换，起到物理伺服平台的作用。习惯上，将捷联矩阵微分方程的求解过程和捷联变换矩阵的作用称为数学平台或者解析平台。导航坐标系中的比力矢量经过科里奥利加速度、向心加速度和重力加速度校正后，对时间进行二重积分，可以获得运载体在导航坐标系中的速度和位置。

通常，惯导导航系统的整个工作包括标定、初始对准、状态初始化和当前状态计算4个阶段[43]。

（1）标定是指惯性系统计入导航工作状态之前，确定加速度计敏感的比力和陀螺仪敏感的角速率与实际的比力和角速率之间的关系，提供正确表达加速度计和陀螺仪输出的系数。

（2）初始对准是指惯性系统进入导航工作状态之前，确定每个加速度计输入轴的方向或者捷联矩阵的初始值。

（3）状态初始化是指惯性系统进入导航工作状态之前，确定导航坐标系中比力二重积分的积分常数（初始速度和初始位置）。

（4）当前状态计算是指惯性系统进入导航工作状态，根据加速度计和陀螺仪输出，按照力学方程组，实时解算并提供载体的速度、位置和姿态角等导航参数信息。

惯性导航系统是一个时间积分系统，陀螺仪和加速度计误差（特别是陀螺仪误差）将导致惯性导航系统的导航参数误差随时间迅速积累。

随着航海、航空、航天技术的不断发展，人们对惯性导航系统工作精度要求越来越高。单纯采用提高惯性仪表制造精度的方法来提高惯性导航系统工作精度，将导致生产成本急剧增加，有时甚至是不可能的。

在静基座条件下，精确地标定惯性仪表参数，按照静态误差数学模型和动态误差数学模型对惯性仪表稳态输出进行补偿（或校正），可以提高惯性仪表的工作精度，进而达到提高惯性导航系统工作精度的目的。

6.2.1 惯性仪表

惯性仪表主要指陀螺仪、加速度计和陀螺仪与加速度计的组合装置，它们是惯性系统的重要组成部分。陀螺仪用来检测运动载体在惯性空间中的角运动，加速度计用来检测运动载体在惯性空间中的线运动。

惯性级的惯性仪表是指惯性仪表精度满足惯性系统最基本要求的仪表精度级别，用以区别其他方面应用的所谓常规级仪表。

随机漂移率为 $0.015(°)/h$（相当于地球自转角速率的 0.1%）的陀螺仪，其精度可满足一般惯性导航系统的要求（位置误差 1n mile/h），达到这样精度的陀螺仪称为惯性级陀螺仪。实践中，常用 $0.01(°)/h$ 来表征惯性级陀螺仪的最低精度。

惯性级加速度计的随机零位偏值应优于 $10^{-4}g$，对应的位置误差不超过 0.35n mile。

惯性仪表是惯性测量单元（IMU）的重要组成部分。

1. 陀螺仪

1）机电陀螺仪

液浮陀螺仪是最先研制成功的一种惯性级陀螺仪，转子用液体悬浮方法支承，代替了传统的轴承支承，是惯性技术发展史上的一个重要里程碑。

液浮陀螺仪包括单自由度液浮积分陀螺仪（陀螺输出的转角信号与输入角速率的积分成比例）和双自由度液浮角位置陀螺仪（不能直接用来测量运载体的角位移，不适合捷联式惯导系统应用）。液浮陀螺仪具有很高的精度、抗振强度和抗振稳定性，但是，制造工艺复杂、价格昂贵，主要应用在潜艇惯导系统和远程导弹制导系统中。

挠性陀螺仪没有传统的框架支承结构，转子采用挠性方法支承（即柔软的弹性支承），是一个双自由度角位置陀螺仪（用于测量载体角位移）。但是，挠性支承本身所固有的弹性约束，使自转轴进入锥形进动（转动），破坏了自转轴的方向稳定性（定轴性），导致陀螺仪不能正常工作。采用动力调谐法补偿支承弹性约束，保护双自由度陀螺的进动性和定轴性不受破坏，这种挠性陀螺仪称为动力调谐式挠性陀螺仪。目前，惯导系统中使用的挠性陀螺仪，绝大多数是动力调谐式挠性陀螺仪。

动力调谐式挠性陀螺仪具有中等精度、体积小、重量轻、结构简单、成本较低和可靠性高等优点，广泛应用在航空、航天和航海惯导系统中。

静电陀螺仪属于双自由度角位置陀螺仪（用于测量载体角位移），转子用静电吸力支承（或悬浮）来代替传统的机械支承，它是一种精度非常高、结构简单、可靠性高，能承受较大的加速度、震动和冲击的惯性级陀螺仪。但是，需要复杂的超精加工工艺来制造，价格最昂贵。它应用于航空、航海、潜艇的惯导系统和导弹制导系统，不仅适用于平台式惯导系统，而且特别适用于捷联式惯导系统。

20 世纪 70 年代，为了适应广大用户对陀螺仪价格和可靠性的需求，出现了基于光学萨格奈克效应的光学陀螺仪和科里奥利效应的微机械陀螺仪。

2）光学陀螺仪

法国物理学家萨格奈克于 1913 年发现光学萨格奈克效应。在环形光路中，分光镜将入射光分解为沿相反方向传播的两束相干光。当环形光路相对惯性空间静止不动时，沿着相反方向传播的两束光到达分光点的行程相等，干涉光形成的干涉条纹静止不动；

当环形光路绕着与光路平面垂直的轴以角速率 ω 相对惯性空间旋转时，由于分光镜和光路一起旋转，沿着相反方向传播的两束光到达分光点的行程不相等，干涉光形成移动的干涉条纹，且干涉条纹移动角速率正比于旋转角速率 ω，这个物理现象称光学萨格奈克效应。

微光陀螺仪和光纤陀螺仪统称光学陀螺仪，光源为某种波长的激光，主要由光学传感器和信号检测系统两部分组成。

光纤陀螺仪和激光陀螺仪相比较，光纤陀螺仪最大的优点是启动快，抗震动和冲击，没有高压，无闭锁现象等，而且价格低廉。与传统的机电陀螺仪相比，光纤陀螺仪具有灵敏度高，动态范围大，可靠性好，寿命长，重量轻，启动快，抗震动和冲击，成本低，对 g 和 g^2 不敏感等一系列优点。但是，其精度暂时不及机电陀螺仪。近些年光纤陀螺仪的发展势头很猛，以 1984 年和 1994 年为例，美国各种陀螺仪产量占总产量的百分比如表 6-2 所列。

表 6-2　美国各种陀螺仪产量占总产量的百分比

	激光陀螺仪	光纤陀螺仪	其他惯性陀螺仪
1984 年	14%	0%	86%
1994 年	16%	49%	35%

美国的霍尼韦尔公司（Honeywell）和利登公司（Litton）是世界上研制光纤陀螺仪水平最高的单位之一。霍尼韦尔公司 1996 年已销售 2000 多套干涉型光纤陀螺仪，并且将光纤陀螺仪的检测精度纪录提高到 0.0005(°)/h。

美国国防部把光纤陀螺仪列为光纤传感器在军事上应用的五大研究项目之一，光纤陀螺仪已成为发展新一代陀螺仪的主要对象。高等级精度光纤陀螺仪的研究已经取得突破性进展，并计划将来用光纤陀螺仪全面取代其他的陀螺仪。

(1) 激光陀螺仪。激光陀螺仪的工作原理如图 6-10 所示，在一个三角形的环形光路中，放置 2 个反射镜、1 个半透镜和 1 个气体激光发射器，它们形成一个光学谐振腔。激光发射器产生沿环形光路相反方向（顺时针方向和逆时针方向）传播的两束激光（初始相位相同）。为了使两束激光产生谐振，光路周长 L 应该为激光波长的整数倍，即

$$L = n\lambda \tag{6-3}$$

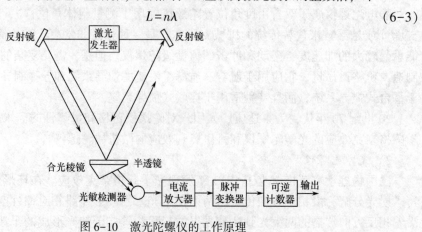

图 6-10　激光陀螺仪的工作原理

通常，整数 $n = 10^5 \sim 10^6$，周长 $L = 20 \sim 40 \text{cm}$。

相应地，激光发射器的激光谐振频率为

$$f = n \frac{c}{L} \tag{6-4}$$

式中：c 为光速。

满足上述关系式就意味光波走完环路时，光波的相移为 $2\pi\text{rad}$ 倍，即回到原点的光波相位与光波的初始相位相同。

当激光陀螺仪绕垂直光路平面的轴（称输入轴或敏感轴）以角速率 ω 转动时，沿相反方向传播的两束激光将产生一个具有符号与转动方向有关的光程差 ΔL。由萨格奈克光学效应知，光程差 ΔL 和转动角速率 ω 成正比，且

$$\Delta L = \frac{4A}{c} \omega \tag{6-5}$$

式中：A 为环形光路的面积。

在环形光路中，两束激光的行程为

$$\begin{cases} L_1 = L - \frac{1}{2}\Delta L \\ L_2 = L + \frac{1}{2}\Delta L \end{cases} \tag{6-6}$$

相应地，两束激光的振荡频率变为

$$\begin{cases} f_1 = n \frac{c}{L_1} \\ f_2 = n \frac{c}{L_2} \end{cases} \tag{6-7}$$

这样一来，光程差 ΔL 所产生的两束激光频率差为

$$\Delta f = f_1 - f_2 \approx f \frac{\Delta L}{L} \tag{6-8}$$

于是，有

$$\Delta f = \frac{4A}{\lambda L} \omega = S\omega \tag{6-9}$$

习惯上，$S = \frac{4A}{\lambda L}$ 称为激光陀螺仪比例因数；$K = \frac{1}{S}$ 称为激光陀螺仪标度因数。

式（6-9）表明，在理想情况下，频差 Δf 和转动角速率 ω 成正比。

为了测量频差 Δf，用半透镜将两束激光引出谐振腔外，再用合光棱镜使它们的传播方向重叠。这样，光波前沿互相干涉，形成明暗相同随 Δf 变化的干涉条纹，并进入光敏检测器（光电二极管）。

激光陀螺仪静止时，转动角速率 $\omega = 0$，干涉条纹以 $2\pi \cdot \Delta f$ 的角频率移动，或者干涉条纹移动角频率正比于转动角速率 ω。移动一个干涉条纹间隔就相当于相位变化 $2\pi\text{rad}$，光电检测器的输出端将产生相应的交变电流，它经过电流放大器放大并变换成脉冲信号，用可逆计数器对脉冲数进行计数就能精确地测定激光陀螺仪转过的角度。

（2）光纤陀螺仪。光纤陀螺仪的工作原理如图 6-11 所示，光纤陀螺仪由保偏光纤构成半径为 R 的环形光路。分光镜将激光源射入的激光束分解成顺时针或逆时针方向传输的两束激光。如果光纤陀螺仪不绕垂直光纤环路平面的轴（输入轴）转动（$\omega=0$），沿环形光纤传播的两束激光的行程 L_1 和 L_2 相等，光程差 $\Delta L=0$，干涉光形成的干涉条纹静止不动。如果光纤陀螺仪以角速率 ω 绕其绕入轴转动，由于分光镜随之转动，两束激光绕行一周的行程分别为

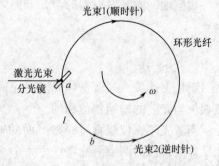

图 6-11　光纤陀螺仪的工作原理

$$\begin{cases} L_1 = 2\pi R - l \\ L_2 = 2\pi R + l \end{cases} \quad (6\text{-}10)$$

式中：l 为 a，b 两点间的长度。

相应地，光程差为

$$\Delta L = L_2 - L_1 = 2l \quad (6\text{-}11)$$

由萨格奈克光学效应知，光程差 ΔL 和转动角速率 ω 成正比，且

$$\Delta L = \frac{4A}{c}\omega \quad (6\text{-}12)$$

式中：c 为光速；A 为环形光路面积。

与光程差 ΔL 相应的时间差为

$$\Delta t = t_2 - t_1 = \frac{L_2}{c} - \frac{L_1}{c} = \frac{\Delta L}{c} = \frac{4A}{c^2}\omega \quad (6\text{-}13)$$

干涉条纹的相位差（称萨格奈克相移，单位为 rad）为

$$\varphi_s = 2\pi f \cdot \Delta t = 2\pi f \frac{4A}{c^2}\omega = 2\pi \frac{4\pi R^2}{\lambda c}\omega \quad (6\text{-}14)$$

式中：f、λ 分别为激光光源的振荡频率和激光的波长。

式（6-14）表明，忽略激光在环形光路中的传输损耗，萨格奈克相移和转动角速率 ω 成正比。

为了提高光纤陀螺仪的灵敏度，在光纤绕线骨架上绕 n 匝光纤，其长度为 L（相当于环形光路面积扩大 n 倍），于是萨格奈克相移为

$$\varphi_s = n \cdot 2\pi \frac{4\pi R^2}{\lambda c}\omega = \frac{4\pi RL}{\lambda c}\omega = K_s \omega \quad (6\text{-}15)$$

习惯上，将 $K_s = \dfrac{4\pi RL}{\lambda c}$ 称为光纤陀螺仪的萨格奈克标度因数。在其他因数相同的情况下，K_s 越大，光纤陀螺仪的偏置和随机游走噪声越小。

干涉条纹（干涉光信号）进入光敏检测器，光敏检测器输出电流（光强度）与萨格奈克相移 φ_s 之间的关系为

$$i = I_0(1+\cos\varphi_s) \quad (6\text{-}16)$$

相应的曲线如图 6-12 所示。

不难看出，通过测量光敏检测器输出电流 i 可以计算出相移 φ_s，进而得到光纤陀螺仪的转动角速率为

$$\omega = \frac{\varphi_s}{K_s} \tag{6-17}$$

由图 6-12 可知，在 $\varphi_s = 0$ 的附近，光纤陀螺仪的灵敏度很低，无法响应出小的转动角速率。另外，在 $\varphi_s = 0$ 的附近，i 变化无法反映 φ_s 的数值符号，即无法区分光纤陀螺仪绕其输入轴的转动方向。为了解决这些问题，需要采用相位偏置技术。

相位偏置技术有直流偏置和交流偏置两种。

① 直流偏置是在光纤环路中引入 $\dfrac{\pi}{2}$ 相移，将光纤陀螺仪的工作点移至 A，如图 6-13 所示。光敏检测器输出电流可表示为

$$i = I_0(1 - \sin\varphi_s) \tag{6-18}$$

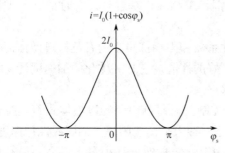
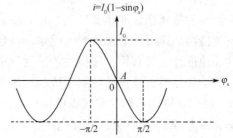

图 6-12　光敏检测器输入/输出特性　　图 6-13　直流偏置下的光敏检测器输入/输出特性

在 A 点附近，光纤陀螺仪的灵敏度最高，而且 i 随 φ_s 单调变化，达到了识别光纤陀螺仪转动方向的目的。但是，装置偏置方法要求引入的偏置相移十分稳定，而且还要对激光源发光强度的波动进行补偿，否则会产生 i 波动，影响 φ_s 的测量精度；另外，直流偏置法的 φ_s 测量范围不大，限制了光纤陀螺仪线性动态测量范围。

② 交流偏置是使环形光路内反向传播的两束激光的偏置相移作交流变化，这时光敏检测器的输出电流可表示为

$$i(t) = I_0[1 + \cos(\varphi_s + \varphi_e \sin\omega_m t)] \tag{6-19}$$

式中：φ_e 为交流偏置的幅值，ω_m 为交流角频率。

将 $i(t)$ 展开成 ω_m 的三角级数，并取一次谐波，有

$$i(t) = 2I_0 J_1(\varphi_e)\sin\varphi_s \tag{6-20}$$

式中：$J_1(\varphi_e)$ 为一阶贝塞尔函数。

正弦函数形式的输出电流使得光纤陀螺仪在零点处具有很高的灵敏度，而且能够识别 ω 的数值符号。但是，正弦函数的线性动态范围不大。这种形式的光纤陀螺仪称为开环光纤陀螺仪。

为了得到大的线性动态测量范围，在上述的萨格奈克相移开环检测电路中加入一个由伺服放大器和相位变换器组成的闭环控制电路，形成萨格奈克相移闭环检测。这种形式的光纤陀螺仪称为闭环光纤陀螺仪。

除干涉型开环光纤陀螺仪和闭环光纤陀螺仪之外，还有谐振型光纤陀螺仪。谐振型光纤陀螺仪的工作原理与激光陀螺仪的工作原理相同，由于它的激光光源放在光纤线圈形成的谐振腔外面，有时又称它为无源谐振腔式或者外腔式激光陀螺仪。相应地，将激光陀螺仪称为有源谐振腔式或者内腔式激光陀螺仪。

2. 加速度计

惯性技术常用的加速度计有液浮摆式加速度计、挠性加速度计、石英挠性加速度计等。新型的加速度计有激光加速度计、光纤加速度计、振弦加速度计、静电加速度计和微机械加速度计等。

液浮摆式加速度计也称液浮摆式力反馈加速度计或力矩平衡摆式加速度计，它是液体悬浮技术应用于摆式加速度计的成果。液浮摆式加速度计是应用于惯性导航和惯性制导系统中最早的一种加速度计，它的结构复杂、装配调试困难、温度控制精度要求高。

挠性加速度计也是一种摆式加速度计，它的摆组件用挠性方法支承（柔软的弹性支承），挠性接头使用的材料主要有铍青铜、铜钨单晶和铌基合金。有时把这一类挠性加速度计称为金属挠性加速度计。

石英挠性加速度计是采用弹性模量、挠性系数和内耗都很小的石英材料做挠性接头的挠性加速度计，具有比金属挠性加速度计更好的性能。它是一体化的加速度计，便于使用、维护和更换，是惯性导航系统的理想部件。

20 世纪 60 年代末期，美国森德斯坦数据控制公司研制出一种以整体式石英挠性摆片为基础的 Q-Flex 型石英挠性加速度计，它是一种力平衡、闭环、伺服线性加速度计。经过 30 多年的发展，石英挠性加速度计已成为惯性级加速度计中最具活力、最有代表性的一员，已经发展成几十个系列类型，可满足不同使用场合、不同精度要求的需要，实现了低成本、高性能的目标。它和光学陀螺仪一起被广泛应用于军事、国民经济建设的各个领域。

美国最具代表性的石英挠性加速度计产品是按 SDC 标准生产的惯性级加速度计 QA-3000。QA-3000 是一种高性能、低成本（为相同精度等级的其他加速度计成本的 90%）的惯性级加速度计，外形如图 6-14 所示。

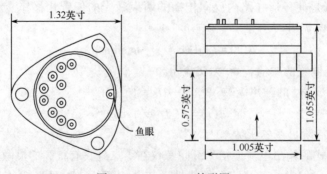

图 6-14　QA-3000 外形图

下面以 QA-3000 为例简单介绍石英挠性加速度计工作原理。

如图 6-15 所示，外加的加速度在摆式悬挂的检测质量组件上引起一个力矩，使检测质量绕其固定轴产生一个微小的位移。精密差动电容位移检测器将产生一个与位移成比例的输出电压。该电压经电压放大和伺服放大,伺服放大器输出的电流信号反馈到和检测质量组件相固连的力矩器绕组,反馈电流流过位于永久磁场内的力矩器绕组时产生一个恢复力矩,该力矩和外加加速度引起的力矩大小相等、方向相反(即电磁力正好和惯性反作用力平衡)。流经力矩器绕组的反馈电流是加速度的精确量度。将一个精密外接负载电阻串联到 QA-3000,可以得到一个和外加加速度成正比的输出电压。

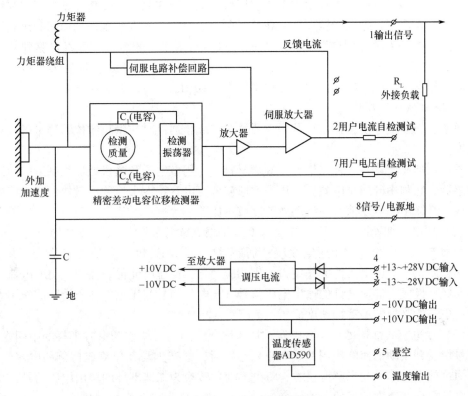

图 6-15　QA-3000 电路原理图

温度传感器输出用于对 QA-3000 标定参数进行温度补偿,提高 QA-3000 的工作精度。

3. 微机械惯性传感器

从 1979 年 Roylance 等研制出第一个微机械加速度计以来,利用集成电路工艺中的制板、光刻、腐蚀、淀积等工艺手段,对单晶硅、多晶硅和玻璃等材料进行准确的微米级加工(也称微机械加工)技术日趋成熟,已经研制出多种类型的微机械惯性传感器(微机械加速度计、微机械陀螺仪)。随着器件结构、加工工艺、读出电路和接口电路、集成及封装等技术的进步,微机械惯性传感器的性能指标在不断地提高。预计,不久将会大量涌现小型化、低成本、低耗、高性能、集成化的惯性级产品。微机械惯性传感器已经在许多领域得到应用,成为惯性仪表发展的一个重要方向。微机械加速度计、微机械陀螺和微机械加工技术已经受到世界各国广泛重视。在技术先进的欧、美和日本,基于微机械加速度计和微机械陀螺仪的微惯性测量系统正被大力发展,美国国会已经将微机械技术列为21世纪重点发展学科之一。

1) 微机械陀螺仪

高频振动的质量被基座带动以角速率 ω 相对惯性空间旋转时，会产生正比于旋转角速率 ω 的科里奥利加速度（力），这个物理现象称为科里奥利效应。利用科里奥利效应来测量载体角运动的一类陀螺仪称振动陀螺仪。

典型的微机械振动陀螺仪是微机械振动速率陀螺仪，它是一种以单晶硅为材料，采用微电子技术和微机械加工技术加工，利用科里奥利效应测量载体角速率的固态惯性传感器。当振动速率陀螺仪受激振动存在科里奥利效应时，根据驱动振动模态和感测振动模态之间有能量传送（耦合）的原理，通过检测感测振动的振幅，可以量测到载体角速率。它具有小型化、低成本、低功耗和高可靠性等一系列优点，发展势头很猛。但是，微机械振动陀螺仪精度低，其漂移率极限为 $0.01(°)/h$。

2) 微机械加速度计

通常，加速度计由悬挂系统及一个质量块组成，通过对质量块的位移测量可以获得加速度。

微机械加速度计是一种以半导体硅为材料，采用微电子和微机械加工制造的固态惯性传感器。它利用硅的压电效应、压阻效应或者变电容特性来检测质量块位移并完成机电转换，其输出的电压信号与振动加速度成正比。

（1）压电式加速度计。压电式加速度计是根据硅片受到机械变形（加应力）时会产生表面电荷的特性（称正压电效应）而制成的。当加速度计受到线阵动时，由于惯性作用，质量块对压电元件的作用力发生相应变化，使压电元件表面产生交变电荷，交变电荷经变换成为加速度计的输出电压信号，此电压信号与压电元件所受到的作用力成正比，也与所受到的振动加速度成正比。

（2）变电容式加速度计。变电容式加速度计采用质量块作为电容半桥的中间板极，当质量块受到振动加速度作用并偏离原来位置时，会产生与其位移成比例的电容变化，然后通过放大电路及同步解调技术，将电容变化转换为加速度计的输出电压信号，从而达到测量振动加速度的目的。

（3）压阻式及速度计。对一块半导体硅（锗）材料的某一晶向施加应力时，其电阻率会发生改变，这种半导体材料电阻率与应力之间的相互关系称压阻效应。压阻式加速度计是利用半导体硅材料的压阻效应来测量加速度的，为了提高硅材料的应力变化灵敏度，对硅进行固态扩散，掺入杂质，改变其电阻率。通过平衡电桥检出电阻的变化，电阻变化被转换成加速成正比的输出电压。

基于微电子机械系统（MEMS）的惯导系统将扩大惯性导航的应用领域。

6.2.2 平台式惯性导航系统

1. 基本组成

平台式惯性导航系统主要由三轴稳定平台、惯性测量仪表（陀螺仪和加速度计）、导航计算机及其接口、控制器和显示器、各种功能的电子线路好电源组成，如图6-16所示。

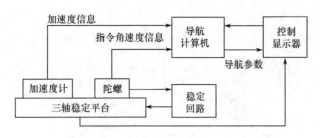

图 6-16 惯导系统各组成部分的示意图[44]

通常,加速度计、陀螺仪、稳定平台及其电子线路合称惯性测量单元(IMU)。

惯性级的四环三轴稳定平台是平台式惯导系统的核心,它确定了一个平台式坐标系 $Ox_p y_p z_p$,平台坐标系 p 用来精确模拟某一选定的导航坐标系。如果陀螺仪的控制轴不施加任何控制力矩,则平台台体将处于几何稳定状态(相对惯性空间稳定),这时,平台坐标系 p 用来模拟某一惯性坐标系;如果在陀螺仪的控制轴上施加适当的控制力矩,则平台台体将处于空间积分状态,平台坐标系 p 用来模拟某一当地水平坐标系,保证两个水平加速度计的敏感轴线所构成的基准平面始终跟踪当地水平面,Oz_p 轴与当地地理垂线相重合。

惯导系统各个部分的主要功能如下:

(1) 加速度计。用来测量载体运动的线加速度。

(2) 陀螺稳定平台。由陀螺仪及稳定回路进行稳定,模拟一个导航坐标系,该坐标系是加速度计的安装基准;从平台环架轴上安装的角信号器可获取载体的姿态信息。

(3) 导航计算机。完成导航参数计算,给出控制平台运动的指令角速率信息。

(4) 控制器。用于向计算机输入初始条件以及系统所需的其他参数。

(5) 导航参数显示器。用于显示导航参数。

(6) 电源。为各部件提供各种电源。

2. 惯导平台及其结构

由于需要 3 个加速度计才能测得任意方向的加速度,因此,在安装 3 个互相垂直的加速度计时需要有一个三轴稳定平台,如图 6-17 所示。图中的台体是环架系统的核心,其上装有被稳定对象——加速度计(图中未示出)。平台坐标系 $Ox_p y_p z_p$ 与台体固连,Ox_p 轴和 Oy_p 轴位于平台的台面上,Oz_p 轴垂直于台面。台体上安装了 3 个单自由度陀螺,其 3 个输入轴分别平行于台体的 Ox_p 轴、Oy_p 轴和 Oz_p 轴,分别称作 gX 陀螺、gY 陀螺和 gZ 陀螺。gX 和 gY 又称水平陀螺,gZ 又称方位陀螺。台体上安装的 3 个加速度计的敏感轴需分别与台体的 3 根坐标轴平行。把 3 个加速度计和陀螺仪由台体组合起来所构成的组合件,一般叫作惯性测量组件。

为了隔离基座运动对惯性测量组件的干扰,整个台体由方位环 a(用以隔离沿 Oz_p 轴的角运动)、俯仰环和横滚环(两者结合起来隔离沿 Ox_p 和 Oy_p 轴的角运动)3 个环架支撑起来。当飞机水平飞行时,方位环 a 的 Oz_p 轴和当地垂线一致,是飞机航向角的测量轴,通常方位环 a 固连着台体,和台体一起通过轴承安装在俯仰环 p_i 上。在飞机水平飞行时,俯仰环 p_i 的转轴 Ox_{p_i} 平行于飞机的横轴,是飞机俯仰角的测量轴。俯仰环通过轴承安装在横滚环 r 上。横滚环的转轴 Oy_r 平行于飞机的纵轴,是飞机横滚角的

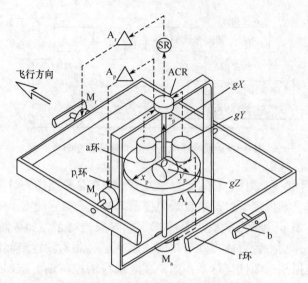

图 6-17 三轴平台的基本结构[43]

测量轴。横滚轴通过轴承安装在整个环架系统的基座 b 上。为了保证台体对干扰的卸荷并能按给定的规律运动，沿方位环轴、俯仰环轴和横滚环轴各装有方位力矩电机 M_a、俯仰力矩电机 M_p 和横滚力矩电机 M_r。在平台式惯性导航系统中，姿态和航向信息可以直接从各相应的环架上获取。为此，沿方位环轴、俯仰环轴和横滚环轴安装有输出飞机航向角、俯仰角和横滚角的角度变换器，这些变换器可以是自整角机发送器，也可以是线性旋转变压器等电磁元件。图 6-17 中的 A_r、A_p 和 A_a 分别是横滚伺服放大器、俯仰伺服放大器和方位伺服放大器。

上面所述的是三环三轴平台，它只能工作在飞机俯仰角（可用环架角 θ_p 来表示）不大于 60°的情况。当飞机俯仰角接近 90°时，就会出现环架锁定现象，因为此时 Ox_r、Oy_{p_i} 和 Oz_a 处于同一个平面内而失去稳定性。为此，应采用如图 6-18 所示的四环三轴平台，外横滚环 4 的支承轴与飞机的纵轴平行。此种结构的信号传递关系与三环三轴平台相同，不同的是两个水平陀螺的输出信号分别控制内横滚力矩电机和俯仰力矩电动机。在现今的各类飞机上几乎全部采用能够避免环架锁定的四环三轴平台。

3. 平台水平控制回路

当地水平面惯导系统有两个水平通道，它们的工作原理相同，现以一个单通道的惯导系统为例，说明其工作原理。

1) 单通道惯导系统

图 6-19 所示为一个用单自由度框架速率积分陀螺构成的单通道惯导系统。设地球为理想的球体，且无转动；载体在地球表面沿子午线等高北向航行，只有俯仰而无横滚和偏航。平台已经初始对准，Ox_p 轴水平指向东，它是平台唯一的转轴；Oy_p 轴水平指向北。平台上装有一个北向加速度计 A_N 和一个东向单自由度框架速率积分陀螺 G_E。加速度计 A_N 的输入轴沿 Ox_p 轴方向，敏感载体的角速率 ω，沿 Oy_p 方向的控制轴（施加指令力矩）和转子自转轴（H）垂直于输入轴。在航行过程中要求平台 Oy_p 轴始终水平指北。

第6章 GPS/INS 组合制导原理

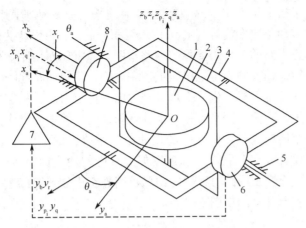

图 6-18 四环三轴平台的结构图
1—台体；2—内横滚环；3—俯仰环；4—外横滚环；5—基座；
6—信号器；7—伺服放大器；8—伺服电动机。

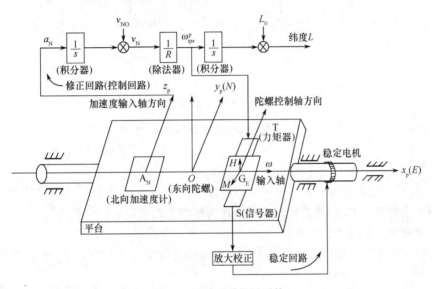

图 6-19 单通道惯导系统

加速度计 A_N、积分器、除法器（$1/R$）和陀螺控制轴（框架轴）上的力矩器（T）组成修正回路，它给陀螺控制轴提供施矩信号，使平台工作在空间积分状态，跟踪由于载体运动引起当地地理垂线的偏离运动，促使平台始终与当地地平面平行。具体地说，当载体以加速度 a_N、沿子午线向北航行时，当地地理垂线的方向以瞬时角速率（$-v_N/R$）在空间转动（因为假设地球不转动），其中 v_N 是 a_N 对时间积分得到的即时速度，R 是地球半径，负号表示角速率是绕 Ox_p 轴的负向转动。为了使平台法线 Oz_p 能够跟踪当地地理垂线 Oz_t 的变化，计算机应该向陀螺提供相同的指令角速率信息 $\omega_{ipx}^p = -(v_N/R)$，并且以电流信号的形式送给陀螺控制轴上力矩器 T（即力矩电机），产生控制力矩，力矩引起陀螺进动；接着，信号器 S 输出转角信号，该信号经过放大/校正网络，变为控制稳定电机的电流，使稳定电机产生稳定力矩，带动整个平台绕平台稳定轴 Ox_p 轴负向转动，转动角速率等于指令角速率（$-v_N/R$），从而使平台跟踪地平面转动。同时，当地地理垂线在空间的转动角速率信号（v_N/R）送至积分器，积分结果为载体的纬度。

不难看出，修正回路的工作需要稳定回路帮助。稳定回路由陀螺信号器 S、放大器及校正网络、平台转动轴上的稳定电机组成。一方面，稳定回路起隔离载体俯仰角运动的作用；另一方面，稳定电机产生沿平台转轴方向的稳定力矩，稳定力矩将抵消沿平台转轴方向的干扰力矩，从而保证平台相对惯性空间稳定，使平台工作在几何稳定状态。

修正回路是一个周期长达 84.4min 的慢速跟踪系统，稳定回路是一个快速跟踪系统，它的过渡过程仅有零点几秒。跟踪速度如此悬殊的两个回路可以认定彼此独立工作、互不影响，在研究修正回路时，稳定回路可用静态积分环节传递函数 $1/s$ 代替。这样，单通道惯导系统原理框图如图 6-20 所示。

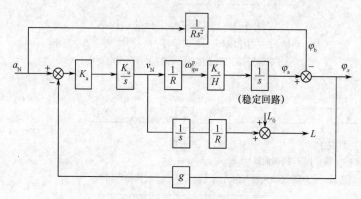

图 6-20 单通道惯导系统原理框图

图 6-30 中，K_a 为加速度计 A_N 的传递系数；K_u 为积分器 $\left(\dfrac{1}{s}\right)$ 的传递函数；$\dfrac{K_c}{H}$ 为力矩器（T）和陀螺（G_E）的总传递函数；H 为陀螺的动量矩。

2) 平台实现舒勒调谐的条件

在图 6-30 中，上面的前向支路表示载体北向加速度 a_N 引起当地地理垂线 Oz_t 在惯性空间转动的绝对转角，且 $\varphi_b(s) = -\dfrac{1}{Rs^2}$；下面的前向支路表示平台在指令信号作用下，平台法线 Oz_p 自动跟踪当地地理垂线 Oz_t 的绝对转角，且 $\varphi_a(s) = -\dfrac{K_a K_u K_c}{RHs^2}$。惯导设计时，若两条并联的前向支路传递函数满足舒勒调谐条件

$$\dfrac{K_a K_u K_c}{RHs^2} = \dfrac{1}{Rs^2} \tag{6-21}$$

亦即使 $\dfrac{K_a K_u K_c}{H} = 1$，则无论加速度 a_N 为何值，两条并联的前向支路的作用始终互相抵消，恒有 $\varphi_x = \varphi_a - \varphi_b = 0$；只要严格初始对准，使 $\varphi_{x0} = 0$，平台就不受加速度 a_N 干扰，平台将始终跟踪当地水平面，反馈回路不起作用。

实际上，由于系统有误差存在，使 $\varphi_x \neq 0$，平台误差角 φ_x 将通过重力加速度 g 反

馈到加速度计 A_N 的输入端，形成闭环负反馈。

由加速度计、积分器和陀螺仪组成的平台控制回路又称为舒勒调谐回路或舒勒回路。惯导平台有两个互相正交水平轴，这样，一个完整的惯导系统有两个舒勒回路。

4. 高度通道及其阻尼

沿平台 Oz_p 轴正向安装的加速度计 A_N 所敏感到的比力为 f_z^p，它经过科里奥利加速度和向心加速度校正后记为 f_u，纯惯性高度通道的框图如图 6-21 所示。

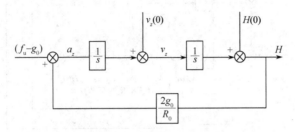

图 6-21 纯惯性高度通道的框图

图 6-21 中，g_0 是纬度为 L 的地球表面的重力加速度；R_0 是地心至纬度为 L 的地球表面的距离；a_z、v_z 和 H 分别为载体在垂直方向上的加速度、速度和离开地球表面的高度。

高度通道的特征方程的根为

$$s_1 = -\sqrt{\frac{2g_0}{R_0}}, s_2 = \sqrt{\frac{2g_0}{R_0}} \tag{6-22}$$

由常系数线性系统稳定性理论知，特征根 s_2 位于复数平面的右半平面内，这样，高度通道是不稳定的。高度通道的误差中含有按指数形式 $\exp\sqrt{2g_0/R_0}\,t$ 迅速增长的分量。

为了使高度通道稳定，必须引进外部高度信息 h_a（如气压高度或者无线电高度）进行负反馈，将高度通道的全部特征根调整到复数平面的左半平面内，达到阻尼高度通道误差的目的。

图 6-22 为高度通道二阶阻尼原理框图，它在纯惯性高度通道的基础上，利用信息 $(H-h_a)$ 对系统中的加速度 a_z 和速度 v_z 进行负反馈校正。

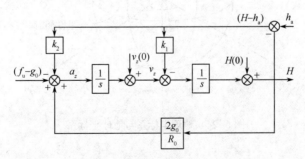

图 6-22 高度通道二阶阻尼原理框图

适当选择阻尼系数 k_1 和 k_2，当 $k_1^2 - 4(k_2 - 2g_0/R_0) \leq 0$，二阶阻尼的高度通道的特征

根 s_1 和 s_2 将位于复数平面的左半平面内，二阶阻尼的高度通道是稳定的。

为了获得更好的阻尼特性，在二阶阻尼回路的基础上，增加速率反馈和积分环节，组成三阶阻尼回路，如图 6-23 所示。

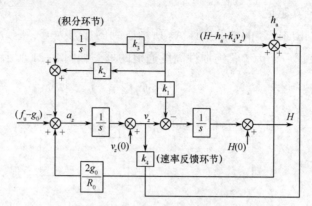

图 6-23　高度通道三阶阻尼原理框图

适当选择阻尼系数 k_1、k_2、k_3 和 k_4，让三阶阻尼高度通道的 3 个特征根 s_1、s_2 和 s_3 都位于复数平面的左半平面内，使三阶阻尼的高度通道是稳定。

三阶阻尼系统可供调整的阻尼系数比二阶阻尼系统的阻尼系数多，这样，三阶阻尼系统的阻尼特性比二阶阻尼系统的阻尼特性更好。

5. 指北方位惯导系统

指北方位惯导系统选择当地地理坐标系 $Ox_ty_tz_t$ 作为导航坐标系。平台坐标系 $Ox_py_pz_p$ 在工作过程中将始终跟踪地理坐标系。指北方位平台坐标系如图 6-24 所示，图中 L、λ 分别为地球表面 P 点的纬度和经度。

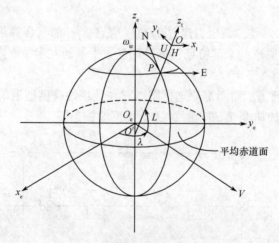

图 6-24　地理坐标系与地球坐标系

1) 平台跟踪

在地球表面附近运动的载体，当地地理坐标系 $Ox_ty_tz_t$ 相对惯性空间的转动角速率矢量为 $\boldsymbol{\omega}_{it}^t$，平台坐标系 $Ox_py_pz_p$ 欲精确跟踪当地地理坐标系，平台坐标系相对惯性空间也应该有一个转动速率矢量 $\boldsymbol{\omega}_{ip}^p$，且 $\boldsymbol{\omega}_{ip}^p = \boldsymbol{\omega}_{it}^t$。$\boldsymbol{\omega}_{ip}^p$ 称为平台的指令角速率矢量。

指北方位惯导系统的平台指令角速率矢量为

$$\boldsymbol{\omega}_{ip}^p = \begin{pmatrix} \boldsymbol{\omega}_{ipx}^p \\ \boldsymbol{\omega}_{ipy}^p \\ \boldsymbol{\omega}_{ipz}^p \end{pmatrix} = \begin{pmatrix} -v_n/(R_M+H) \\ \omega_{ie}\cos L + [v_e/(R_N+H)] \\ \omega_{ie}\sin L + [v_e \tan L/(R_N+H)] \end{pmatrix} \quad (6-23)$$

式中：R_M、R_N 分别为载体所处位置的子午曲率半径的卯酉曲率半径；H 为载体离开椭球体表面的高度；L 为载体的大地纬度；v_e、v_n 分别为载体的东向速度和北向速度分量；$\omega_{ie}\cos L$、$\omega_{ie}\sin L$ 分别为地球自转角速率 $\boldsymbol{\omega}_{it}^t$ 的北向和天向分量。

将平台指令角速率 $\boldsymbol{\omega}_{ip}^p$ 变为电流信号后加到平台相应的 3 个陀螺仪控制轴上的力矩器，使陀螺自转轴产生进动。在水平稳定回路和方位稳定回路的帮助下，陀螺进动使框架上的陀螺角信号器立即输出转角信号，转角信号经放大送到平台的稳定电机，电机的力矩带动平台转动，使平台坐标系 $Ox_p y_p z_p$ 与当地地理坐标系 $Ox_t y_t z_t$ 重合，从而实现了平台坐标系精确地跟踪当地地理坐标系。

2) 导航方程及其解

假设指北方位惯导系统的高度通道采用二阶阻尼，将矢量形式的比力方程展开，有非线性微分方程组形式的导航方程，即

$$\begin{cases} \dot{L} = v_n/(R_M+H) \\ \dot{\lambda} = v_e/[(R_N+H)\cos L] \\ \dot{H} = -k_1 H + v_u + k_1 h_a \\ \dot{v}_e = [2\omega_{ie}\sin L + v_e \tan L/(R_N+H)]v_n - [2\omega_{ie}\cos L + v_e/(R_N+H)]v_u + f_x^t \\ \dot{v}_n = [2\omega_{ie}\sin L + v_e \tan L/(R_N+H)]v_e - [v_e/(R_N+H)]v_u + f_y^t \\ \dot{v}_u = [2\omega_{ie}\cos L + v_e/(R_N+H)]v_e + [v_e/(R_N+H)]v_u + [(2g_0/R_0) - k_2]H + \\ \qquad f_z^t - g_0 + k_2 h_a \end{cases} \quad (6-24)$$

定义列矢量

$$X(t) = [L(t), \lambda(t), H(t), v_e(t), v_n(t), v_u(t)]^T \quad (6-25)$$

将导航方程记为

$$\dot{X}(t) = f(X(t), t) \quad (6-26)$$

采用四阶龙格-库塔算法或者四阶阿当姆斯预报-校正算法解导航方程，可以得到载体三维位置和三维速度的离散递推形式解。

阿当姆斯预报-校正算法解算精度高，并且得到的解稳定，能够有效抑制计算误差发散，特别适合于导航工作时间长的情况。

综上所述，可以得到以下结论：

指北方位惯导系统的主要问题不适合高纬度区域飞行。当载体在纬度 $L = 70° \sim 90°$ 高纬度区域内飞行时，使平台在方位上跟踪地球北的指令角速度随纬度增大而急剧增大，这时要求陀螺力矩器接受很大的指令电流，这对陀螺力矩器和平台回路的工作都会造成很大的困难。因此，指北方位系统不能进行全球导航。

为解决平台式惯导系统在高纬度区域工作的困难问题，提出了自由方位系统和游动方位系统。

(1) 自由方位系统。这种系统在工作过程中，只是使平台 Ox_p 和 Oy_p 轴处于地平面内，而在方位上相对惯性空间稳定。平台模拟这样的坐标系，在载体航行过程中，方位陀螺 G_z 的力矩器不加指令信号，即平台绕 Oz_p 轴没有控制指令。

如果在初始时，平台对准在地理坐标系，在航行过程中由于地球自转和载体运动，自由方位平台的 Oy_p 轴将偏离正北轴 Oy_t 轴，偏离的角速度取决于纬度的高低和东西向速度的大小，与真北所形成的夹角为自由方位角 α_f，如图 6-25 所示。

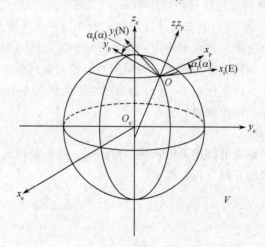

图 6-25 自由方位坐标系

$Ox_t y_t z_t$ 构成地理坐标系；$O_e x_e y_e z_e$ 构成地心坐标系。

(2) 游动方位惯导系统。这种系统是在自由方位惯导系统的基础上，只对方位陀螺 G_z 的力矩器施加与纬度有关的指令角速度，即

$$\omega_{tpz}^p = \omega_{ie} \sin L \tag{6-27}$$

因此，平台绕 z_p 轴相对惯性空间以 ω_{tpz}^p 角速率转动，Oy_p 轴与地球北向轴 Oy_t 之间有一游动方位角 α。虽然在陀螺 G_z 上加有指令，但由于指令角速率 $\omega_{tpz}^p = \omega_{ie} \sin L$ 很小，因此不会有指北方位系统中陀螺力矩器和平台在高纬区域航行时所发生的问题。在这方面，它具有与自由方位系统相同的优点；而在解算导航参数时，它又比自由方位系统简单，计算量较小。因此，现行的平台式惯性导航系统大多采用游动方位系统的方案。

6.2.3 捷联式惯性导航系统

1. 基本组成和原理

1) 基本组成

捷联式惯性导航系统主要由陀螺仪、加速度计、数学平台、导航计算机及其接口、控制器及显示器、各种功能的电子线路、用于积分定时的精密时钟和电源组成，如图 6-26 所示。

第6章 GPS/INS 组合制导原理

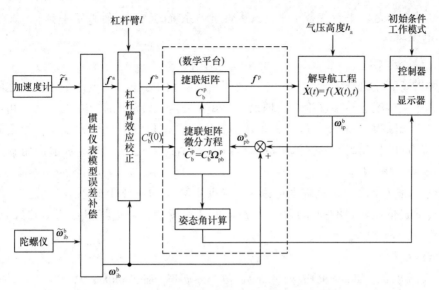

图 6-26 捷联式惯性导航系统组成和原理[44]

通常,将陀螺仪、加速度计、电子线路和金属台体合称为惯性测量装置(IMU),它是捷联式惯性导航系统的核心部件。

使用自由陀螺仪感测并输出载体角位移信号的捷联式惯性导航系统,称位置捷联式惯性导航系统。使用速率陀螺仪感测并输出载体瞬时角速率信号的捷联式惯性导航系统,称速率捷联式惯性导航系统,简称捷联惯性导航系统。光学陀螺仪和石英挠性加速度计特别适合于捷联惯性导航系统使用。

2) 工作原理

由图 6-26 可知,加速度计输出的比力矢量 $\tilde{f}^a$ 和陀螺仪输出的角速率矢量 $\tilde{\omega}_{ib}^b$,经过静态和动态模型误差补偿后记为 f^a 和 ω_{ib}^b,经杆臂效应校正的比力记为 f^b。用于捷联惯性导航系统的惯性仪表性能应该很稳定。

经补偿的陀螺仪角速率矢量 ω_{ib}^b 送至数学平台;在载体坐标系 b 中,由导航计算机计算的导航坐标系 p 相对惯性空间 i 的转动角速率矢量 ω_{ip}^b 也送至数学平台(在这里,ω_{ip}^b 相当于平台式惯性导航系统的陀螺施矩角速率信号),两者之差形成姿态角速率矢量 ω_{pb}^b,即 $\omega_{pb}^b = \omega_{ib}^b - \omega_{ip}^b$,由姿态角速率 ω_{pb}^b 可以得到它的反对称矩阵 Ω_{pb}^b;解捷联矩阵微分方程 $\dot{C}_b^p = C_b^p \Omega_{pb}^b$,可以得到捷联矩阵 $C_b^p(t)$。

经补偿和杆臂效应校正的加速度计比力矢量 f^b 通过捷联矩阵 C_b^p 变换到导航坐标系 p 中,即 $f^p = C_b^p f^b$,然后,将比力矢量 f^p 送到导航计算机,解导航方程 $\dot{X}(t) = f(X(t), t)$,可以得到导航坐标系 p 中的载体三维速度和三维位置。

捷联矩阵 C_b^p 的元素是载体运动姿态角的函数,根据捷联矩阵的某些元素可以计算出载体运动的姿态角。这样,捷联矩阵又称为姿态矩阵。

不难看出,由计算机及其软件组成的数学平台(解析平台)完成了三项功能:解捷联矩阵微分方程,得到捷联矩阵 $C_b^p(t)$;通过捷联矩阵将载体坐标系 b 中的比力矢量 f^b 变换到导航坐标系 p 中,即 $f^p = C_b^p f^b$;根据捷联矩阵的某些元素求出载体运动姿态角。在功能上，数学平台代替了平台式惯性导航系统的物理三轴稳定平台。

2. 数学平台

1）姿态矩阵 C_b^t

载体的姿态角是载体坐标系 b 相对地理坐标系 t 的方位。确定两个坐标系之间的方位是力学中刚体定点转动理论。由理论力学知，绕定点转动的刚体的角位置，可以通过依次转过 3 个欧拉（Euler）角的 3 次转动获得。欧拉角没有严格的定义，根据需要可以选用不同的欧拉角组。这里选择的欧拉角组是横滚角 γ、俯仰角 θ 和航向角 ψ，是 12 种欧拉角组中的一组。

这样，绕（东北天）地理坐标系 t（定点）转动的载体坐标系 b（刚体）的角位置，可以通过依次转过欧拉角组 γ、θ 和 ψ 的 3 次旋转变换矩阵 C_γ、C_θ、C_ψ 的连乘获得。经演算，有

$$C_b^t = C_\psi C_\theta C_\gamma = \begin{pmatrix} \cos\psi\cos\gamma-\sin\psi\sin\theta\sin\gamma & -\sin\psi\cos\theta & \cos\psi\sin\gamma+\sin\psi\sin\theta\cos\gamma \\ \sin\psi\cos\gamma+\cos\psi\sin\theta\sin\gamma & \cos\psi\cos\theta & \sin\psi\sin\gamma-\cos\psi\sin\theta\cos\gamma \\ -\sin\gamma\cos\theta & \sin\theta & \cos\theta\cos\gamma \end{pmatrix} \quad (6-28)$$

用欧拉角表示姿态矩阵 C_b^t，它的几何意义和物理意义都十分明确，而且，根据姿态矩阵 C_b^t 的元素可以求出载体运动的姿态角。

2）捷联矩阵 C_b^p

假设捷联惯性导航系统的导航坐标系选择为游动方位坐标系 p。（东北天）地理坐标系 t 绕 Oz_t 轴正向转动游动角 α，得到游动方位坐标系 p，相应的旋转变换矩阵为

$$C_t^p = \begin{pmatrix} \cos\alpha & \sin\alpha & 0 \\ -\sin\alpha & \cos\alpha & 0 \\ 0 & 0 & 1 \end{pmatrix} \quad (6-29)$$

捷联矩阵 C_b^p 可分解为两个连续变换矩阵连乘，即

$$C_b^p = C_t^p C_b^t = \begin{pmatrix} \cos\gamma\cos\psi_g-\sin\gamma\sin\theta\sin\psi_g & -\cos\theta\sin\psi_g & \sin\gamma\cos\psi_g+\cos\gamma\sin\theta\sin\psi_g \\ \cos\gamma\sin\psi_g+\sin\gamma\sin\theta\cos\psi_g & \cos\theta\cos\psi_g & \sin\gamma\sin\psi_g-\sin\theta\cos\gamma\cos\psi_g \\ -\sin\gamma\cos\theta & \sin\theta & \cos\gamma\cos\theta \end{pmatrix} \quad (6-30)$$

式中：$\psi_g = \psi - \alpha$ 为平台北航向角。

3）捷联矩阵微分方程

由于载体姿态角随时间变化，所以捷联矩阵也随时间变化，其变化规律的数学描述就是捷联矩阵微分方程。

选择导航坐标系 p 为参考（静止）坐标系，载体坐标系 b 为动坐标系，动坐标系以姿态角速率矢量 $\boldsymbol{\omega}_{pb}^b$ 相对 p 坐标系转动，根据科里奥利坐标转动定理（绝对速度等于相对速度和牵连速度的矢量和），可以推导出捷联矩阵微分方程，即

$$\dot{C}_b^p = C_b^p(t) \boldsymbol{\Omega}_{pb}^b \quad (6-31)$$

式中：$\boldsymbol{\Omega}_{pb}^b$ 是矢量 $\boldsymbol{\omega}_{pb}^b = \boldsymbol{\omega}_{ib}^b - \boldsymbol{\omega}_{ip}^b$ 的反对称矩阵，且

$$\boldsymbol{\Omega}_{\text{pb}}^{\text{b}} = \begin{pmatrix} 0 & -\omega_{\text{pbz}}^{\text{b}} & \omega_{\text{pby}}^{\text{b}} \\ \omega_{\text{pbz}}^{\text{b}} & 0 & -\omega_{\text{pbx}}^{\text{b}} \\ -\omega_{\text{pby}}^{\text{b}} & \omega_{\text{pbx}}^{\text{b}} & 0 \end{pmatrix} \tag{6-32}$$

捷联矩阵微分方程是捷联惯性导航系统的原理性基本方程之一，它是数学平台的核心。

4) 解捷联矩阵微分方程

解捷联矩阵微分方程是捷联惯性导航系统算法中最重要的一部分。

采用毕卡逼近法解捷联矩阵微分方程，有离散解

$$\boldsymbol{C}_{\text{b}}^{\text{p}}(t_k) = \boldsymbol{C}_{\text{b}}^{\text{p}}(t_{k-1}) \exp\left(\int_{t_{k-1}}^{t_k} \boldsymbol{\Omega}_{\text{pb}}^{\text{b}}(\tau) \mathrm{d}\tau \right) \tag{6-33}$$

式中

$$\int_{t_{k-1}}^{t_k} \boldsymbol{\Omega}_{\text{pb}}^{\text{b}}(\tau) \mathrm{d}\tau = \int_{t_{k-1}}^{t_k} \begin{pmatrix} 0 & -\omega_{\text{pbz}}^{\text{b}}(\tau) & \omega_{\text{pby}}^{\text{b}}(\tau) \\ \omega_{\text{pbz}}^{\text{b}}(\tau) & 0 & -\omega_{\text{pbx}}^{\text{b}}(\tau) \\ -\omega_{\text{pby}}^{\text{b}}(\tau) & \omega_{\text{pbx}}^{\text{b}}(\tau) & 0 \end{pmatrix} \mathrm{d}\tau \tag{6-34}$$

惯性角速率矢量 $\boldsymbol{\omega}_{\text{ip}}^{\text{b}} = \boldsymbol{\omega}_{\text{ie}}^{\text{b}} + \boldsymbol{\omega}_{\text{ep}}^{\text{b}}$，由于地球自转角速率矢量 $\boldsymbol{\omega}_{\text{ie}}^{\text{b}}$ 和位置速率矢量 $\boldsymbol{\omega}_{\text{ep}}^{\text{b}}$ 本身很小，而且变化缓慢，在很小的积分间隔 $\Delta t = t_k - t_{k-1}$ 内，可以近似地认为惯性角速率矢量 $\boldsymbol{\omega}_{\text{ip}}^{\text{b}}$ 是不旋转的，空间方位是静止的。在间隔 Δt 内，对 $\boldsymbol{\omega}_{\text{ip}}^{\text{b}}$ 进行积分没有意义。

在一个姿态计算周期内，惯性角速率矢量 $\boldsymbol{\omega}_{\text{ip}}^{\text{b}}$ 对时间的积分为

$$\boldsymbol{\beta}(t_k) = \int_{t_{k-1}}^{t_k} \boldsymbol{\omega}_{\text{ip}}^{\text{b}}(\tau) \mathrm{d}\tau \approx \frac{1}{2} [3\boldsymbol{\omega}_{\text{ip}}^{\text{b}}(t_k) - \boldsymbol{\omega}_{\text{ip}}^{\text{b}}(t_{k-1})] \times \Delta t \quad (k = 1, 2, 3, \cdots) \tag{6-35}$$

载体角速率矢量 $\boldsymbol{\omega}_{\text{ib}}^{\text{b}}$ 变化很快，自身也旋转，空间方位随时间变化。对一个空间方位随时间变化的角速率矢量 $\boldsymbol{\omega}_{\text{ib}}^{\text{b}}$ 进行积分是没有意义的，即使在很小的积分间隔内对它进行积分，也存在转动的不可交换性误差。因为，3 只陀螺仪输出的载体角速率分量 $\omega_{\text{ibx}}^{\text{b}}$、$\omega_{\text{iby}}^{\text{b}}$ 和 $\omega_{\text{ibz}}^{\text{b}}$ 是对载体有限转动的采样（转角增量是有限量），采样顺序与实际的载体转动顺序并不相同，而载体转动顺序是不可交换的。转动的不可交换性误差是产生陀螺算法圆锥运动误差、降低平台精度并引起捷联惯性导航系统导航精度下降的一个非常重要原因。为了扣除转动的不可交换性误差，需要引入等效转动矢量的概念。

5) 等效转动矢量

刚体定点转动可用动坐标系相对参考坐标系转动的等效转轴和转角来描述，等效转动矢量的方向表示等效转轴的方向，矢量的模表示转角的大小。

假设动坐标系 b（载体坐标系）以角速率 $\boldsymbol{\omega}_{\text{ib}}^{\text{b}}$ 相对惯性空间 i 转动的等效转动矢量为 $\boldsymbol{\alpha}$，则 $\boldsymbol{\alpha}$ 满足 Bortz 微分方程

$$\frac{\mathrm{d}\boldsymbol{\alpha}(t)}{\mathrm{d}t} \approx \boldsymbol{\omega}_{\text{ib}}^{\text{b}}(t) + \frac{1}{2} \boldsymbol{\alpha}(t) \times \boldsymbol{\omega}_{\text{ib}}^{\text{b}}(t) \tag{6-36}$$

积分 $\frac{1}{2} \int_0^t (\boldsymbol{\alpha}(\tau) \times \boldsymbol{\omega}_{\text{ib}}^{\text{b}}(\tau)) \mathrm{d}\tau$ 称转动的不可交换性误差校正。

根据姿态计算周期内对陀螺仪输出的采样次数和 $\boldsymbol{\omega}_{\text{ib}}^{\text{b}}(t)$ 的解析式不同，等效转动矢

量有许多种计算方法。

在一个姿态计算周期内，若 $\boldsymbol{\omega}_{ib}^b(t)$ 是时间 t 的线性函数，且对 $\boldsymbol{\omega}_{ib}^b(t)$ 采样两次，根据采样值 $\boldsymbol{\omega}_{ib}^b(t_{k-1}+\Delta t/2)$ 和 $\boldsymbol{\omega}_{ib}^b(t_k)$，则有等效转动矢量 $\boldsymbol{\alpha}$ 的离散解

$$\boldsymbol{\alpha}(t_k) = (\boldsymbol{\alpha}_1 + \boldsymbol{\alpha}_2) + \frac{2}{3}\boldsymbol{\alpha}_1 \times \boldsymbol{\alpha}_2 \quad (k=1,2,3,\cdots) \tag{6-37}$$

式中

$$\begin{cases} \boldsymbol{\alpha}_1 \approx \frac{1}{2}\left[3\boldsymbol{\omega}_{ib}^b\left(t_{k-1}+\frac{\Delta t}{2}\right) - \boldsymbol{\omega}_{ib}^b(t_{k-1})\right] \times \frac{\Delta t}{2} \\ \boldsymbol{\alpha}_2 \approx \frac{1}{2}\left[3\boldsymbol{\omega}_{ib}^b(t_k) - \boldsymbol{\omega}_{ib}^b\left(t_{k-1}+\frac{\Delta t}{2}\right)\right] \times \frac{\Delta t}{2} \end{cases} \tag{6-38}$$

这样，动坐标系 b（载体坐标系）以角速率 $\boldsymbol{\omega}_{pb}^b$ 相对惯性空间 p（导航坐标系）转动的等效转动矢量为 $\boldsymbol{\varphi}(t_k) = \boldsymbol{\alpha}(t_k) - \boldsymbol{\beta}(t_k)$ $(k=1,2,3,\cdots)$。

于是，经转动的不可交换性误差校正后，捷联矩阵微分方程离散解为

$$\boldsymbol{C}_b^p(k) = \boldsymbol{C}_b^p(k-1)\left\{\boldsymbol{I} + \frac{\sin\varphi(k)}{\varphi(k)}\boldsymbol{\Phi}(k) + \frac{1-\cos\varphi(k)}{\varphi^2(k)}[\boldsymbol{\Phi}(k)]^2\right\} \quad (k=1,2,3,\cdots) \tag{6-39}$$

式中：$\varphi(k)$ 为等效转动矢量 $\boldsymbol{\varphi}(k)$ 的模，即

$$\varphi(k) = \sqrt{\varphi_x^2(k) + \varphi_y^2(k) + \varphi_z^2(k)} \tag{6-40}$$

$\boldsymbol{\Phi}(k)$ 为等效转动矢量 $\boldsymbol{\varphi}(k)$ 的反对称矩阵，且

$$\boldsymbol{\Phi}(k) = \begin{bmatrix} 0 & -\varphi_z(k) & \varphi_y(k) \\ \varphi_z(k) & 0 & -\varphi_x(k) \\ -\varphi_y(k) & \varphi_x(k) & 0 \end{bmatrix} \tag{6-41}$$

$\boldsymbol{I}$ 是三阶单位矩阵，即

$$\boldsymbol{I} = \begin{bmatrix} 1 & 0 & 0 \\ 0 & 1 & 0 \\ 0 & 0 & 1 \end{bmatrix} \tag{6-42}$$

初始条件：$\boldsymbol{C}_b^p(0)$ 由初始对准确定。

6）捷联矩阵的正交化

对于平台式惯性导航系统，平台坐标系的3个轴互相正交是依靠平台与加速度计的加工、装配、调试工艺来保证的。对于捷联式惯性导航系统，数学平台的正交性是依靠捷联矩阵的正交性来保证的。

由于截断误差、舍入误差和转动的不可交换性误差校正的残差影响，使得计算出来的捷联矩阵失去正交性，导致数学平台不正交，引起导航坐标系中的比力 f^p 在大小和方向两个方面都出现误差，必须周期地进行捷联矩阵正交化处理。

正交化就是寻找一个最接近计算的捷联矩阵的正交矩阵，但正交矩阵与计算的捷联矩阵之差的范数最小（欧几里德空间距离最短），然后用正交矩阵代替计算的捷联矩阵。捷联矩阵正交化技术并不复杂，由正交化软件来完成，这就为降低捷联惯导系统的成本创造了条件。

捷联矩阵正交化的方法有许多种，比较简单、实用、有效的一种方法是矩阵迭代法。

3. 地球坐标系捷联式惯性导航系统

地球坐标系捷联式惯性导航系统采用的导航坐标系是地球坐标系 e。

比力 f^e 满足比力方程

$$f^e = \dot{v}^e + 2\omega_{ie}^e \times v^e - g^e \tag{6-43}$$

捷联矩阵

$$\dot{C}_b^e = C_b^e \Omega_{eb}^b = C_b^e(\Omega_{ib}^b - \Omega_{ie}^b) \tag{6-44}$$

式中：$f^e = C_b^e f^b$；$\dot{v}^e$ 为 e 系中运载体相对地球的加速度矢量；$2\omega_{ie}^e \times v^e$ 为 e 系中运载体相对地球的速度 v^e 与牵连角速率 ω_{ie}^e 相互影响所形成的科里奥利加速度矢量；g^e 为 e 系中地球正常重力；Ω_{ib}^b 为载体角速率 ω_{ib}^b 的反对称矩阵；Ω_{ie}^b 为地球自转角速率 $\omega_{ie}^b = C_e^b \omega_{ie}^e$ 的反对称矩阵。

与指北方位、自由方位和游动方位捷联惯性导航系统的比力方程和捷联矩阵微分方程相比，地球坐标系 e 不随载体运动而转动，不需要附加许多其他的计算工作来补偿由于导航坐标系随载体运动而转动所带来的影响，因而整个导航参数的计算速度快。

地球坐标系 e 中的比力方程和捷联矩阵微分方程之间，没有由于位置角速率 ω_{ep}^b 存在所带来的交叉耦合，捷联矩阵微分方程与比力方程独立，速度解算误差不会影响捷联矩阵微分方程的解算，这样，捷联矩阵的计算精度高；平台精度高使得由 f^b 获得的 f^e 精度高，进而比力方程的解算精度高。总之，地球坐标系 e 的导航参数计算精度高，而且数值稳定。

虽然正常重力 g^e 的计算方法较为复杂，但是，地球坐标系捷联惯性导航系统的导航参数计算速度总体上还是比指北方位、自由方位和游动方位捷联惯性导航系统快。

全球定位系统的导航坐标系是地球坐标系 e，捷联惯性导航系统选择地球坐标系 e 作导航坐标系，特别适合于卫星/SINS 组合导航应用领域。

1) 系统的稳定性

令载体在地球坐标系 e 中的位置矢量 $r^e = (x_e, y_e, z_e)^T$，地球正常重力为

$$g^e \approx -\begin{bmatrix} \omega_s^2 - \omega_{ie}^2 & 0 & 0 \\ 0 & \omega_s^2 - \omega_{ie}^2 & 0 \\ 0 & 0 & \omega_s^2 \end{bmatrix} r^e = -\Omega^2 r^e \tag{6-45}$$

于是，有分块矩阵形式的导航方程

$$\begin{bmatrix} \dot{r}^e \\ \dot{v}^e \end{bmatrix} = \begin{bmatrix} 0_{3\times 3} & I_{3\times 3} \\ -\Omega^2 & -2\Omega_{ie}^e \end{bmatrix} \begin{bmatrix} \dot{r}^e \\ \dot{v}^e \end{bmatrix} + \begin{bmatrix} 0_{3\times 1} \\ C_b^e f^b \end{bmatrix} \tag{6-46}$$

这是一个非齐次常系数线性微分方程组，系统矩阵 $A = \begin{bmatrix} 0_{3\times 3} & I_{3\times 3} \\ -\Omega^2 & -2\Omega_{ie}^e \end{bmatrix}$

常系数线性系统的特征方程为

$$\Delta = |sI - A| = [s^2 + (\omega_s + \omega_{ie})^2][s^2 + (\omega_s - \omega_{ie})^2](s^2 + \omega_s^2) \tag{6-47}$$

系统的特征根为

$$\begin{cases} s_{1,2} = \pm j(\omega_s + \omega_{ie}) \\ s_{3,4} = \pm j(\omega_s - \omega_{ie}) \\ s_{5,6} = \pm j\omega_s \end{cases} \quad (6-48)$$

常系数线性系统稳定的充分必要条件是系统所有的特征根都具有负实部，或所有的特征根都位于复数平面的左半平面内（位于虚轴左边）。如果特征根的实部大于零，那么系统不稳定；如果特征根的实部等于零，那么系统临近稳定。

当系数特征方程的复数根的实部为零时（即特征方程具有纯虚数根），微分方程的通解为等幅振荡。由于系统参数的变化以及扰动的不可避免，等幅振荡不能维持，系统总会由于某些因素导致不稳定，出现增幅振荡。从人工实践角度来说，临界稳定的系统也属于不稳定系统。

通常，将复数平面左半平面内的特征根离开虚轴的距离称为稳定度。如果一个系统特征根的负实部紧靠虚轴，尽管该系统满足稳定条件，由于系统内部参数的稍微变化，也会使特征根转移到复数平面的右半平面内，导致系统不稳定。

地球坐标系捷联惯性导航系统存在 3 对共轭虚根，处于临界稳定状态，初始速度误差和初始位置误差是有界的等幅舒勒振荡或者振幅被振荡调制的舒勒振荡。实际上，系统是不稳定的，初始速度误差和初始位置误差是发散的。因为正常重力 g^e 随位置矢量 r^e 变化，位置矢量 r^e 中包含有高度，纯惯导系统的高度通道是不稳定的。

2) 速度自阻尼

在惯性导航发展早期，通常引入速度自阻尼来改善导航系统性能。引入速度自阻尼的导航方程的系统矩阵为

$$A = \begin{bmatrix} 0_{3\times 3} & I_{3\times 3} \\ -\Omega^2 & -2(\Omega_{ie}^e + Ik_v) \end{bmatrix} \quad (6-49)$$

常系数线性系统的特征方程为

$$\Delta = |sI - A| \approx (s^2 + k_v s + \omega_s^2)^3 = 0 \quad (6-50)$$

不难看出，当 $k_v > 0$ 且 $k_v^2 - 4\omega_s^2 < 0$ 时，特征方程有 3 重共轭复根，且位于复数平面的左半平面内，从而使地球坐标系捷联惯性导航系统达到稳定。

k_v 的典型值为 $\sqrt{2}\omega_s$，于是有

$$s = \frac{-k_v \pm \sqrt{k_v^2 - 4\omega_s^2}}{2} = (-0.707 \pm j0.707)\omega_s \quad (6-51)$$

在阻尼系数为 0.707 的情况下，不到 2h 的时间就消除了初始状态（速度、位置）误差。

要想获得更好的阻尼效果，应该引入外部信息，并设计专门的阻尼网络，调制系统的特征根，使其位于复数平面的左半平面内（具有负实部），从而达到使系统稳定的目的。

4. 捷联式惯性导航系统的初始对准

由于捷联矩阵 C_b^n 起到平台的作用，所以捷联惯性导航系统在进入导航工作模式之前，必须要进行平台初始对准，使"数学平台"尽可能与理想平台重合。

捷联惯性导航系统初始对准是指在静基座条件下，确定捷联矩阵的初始值 $C_b^n(0)$。

与平台式惯性导航系统一样，捷联惯性导航系统初始对准过程包括粗对准和精对准两个阶段。粗对准的目的是加快初始对准的过程，缩短对准时间；精对准的目的是提高初始对准的精度。

捷联惯性导航系统虽然没有平台，但是，系统的初始对准误差也以舒勒周期在捷联惯导系统中传播，对捷联惯性导航系统的工作造成难以消除的影响，应该努力地提高初始对准精度。

游动坐标系 p 的初始捷联矩阵可分解为

$$\boldsymbol{C}_b^p(0) = \boldsymbol{C}_t^p(0)\boldsymbol{C}_b^t(0) \tag{6-52}$$

且

$$\boldsymbol{C}_t^p(0) = \begin{bmatrix} \cos\alpha_0 & \sin\alpha_0 & 0 \\ -\sin\alpha_0 & \cos\alpha_0 & 0 \\ 0 & 0 & 1 \end{bmatrix} \tag{6-53}$$

由于游动方位角 α 的初始值 α_0 是任意的，可以取 $\alpha_0=0$，于是，有 $\boldsymbol{C}_t^p(0)=\boldsymbol{I}_{3\times 3}$。这样，初始对准时刻游动方位捷联惯性导航系统的坐标系和指北方位捷联惯性导航系统的（东北天）地理坐标系重合，它们的初始对准矩阵相同，即

$$\boldsymbol{C}_b^p(0) = \boldsymbol{C}_b^t(0) \tag{6-54}$$

地球坐标系的初始捷联矩阵可分解为

$$\boldsymbol{C}_b^e(0) = \boldsymbol{C}_t^e(0)\boldsymbol{C}_b^t(0) \tag{6-55}$$

且 $\boldsymbol{C}_t^e(0) = \begin{bmatrix} -\sin\lambda_0 & -\sin L_0\cos\lambda_0 & \cos L_0\cos\lambda_0 \\ \cos\lambda_0 & -\sin L_0\sin\lambda_0 & \cos L_0\sin\lambda_0 \\ 0 & \cos L_0 & \sin L_0 \end{bmatrix}$。

由于位置矩阵 $\boldsymbol{C}_t^e(0)$ 可以根据对准点的纬度 L_0 和经度 λ_0 来计算，它是已知矩阵，这样，只要完成地理坐标系 t 中的姿态矩阵初始对准，就可以实现地球坐标系捷联惯性导航系统的初始对准。

惯性坐标系捷联惯性导航系统的初始捷联矩阵可分解为

$$\boldsymbol{C}_b^i(0) = \boldsymbol{C}_t^i(0)\boldsymbol{C}_b^t(0) = \boldsymbol{C}_e^i(0)\boldsymbol{C}_t^e(0)\boldsymbol{C}_b^t(0) \tag{6-56}$$

且

$$\boldsymbol{C}_t^p(0) = \begin{bmatrix} \cos f_0 & -\sin f_0 & 0 \\ \sin f_0 & \cos f_0 & 0 \\ 0 & 0 & 1 \end{bmatrix} \tag{6-57}$$

式中：f_0 为初始对准时刻平均格林尼治子午圈的赤经，它可以根据天文参数和地球自转角速率 $\boldsymbol{\omega}_{ie}$ 来计算。

指北方位捷联惯性导航系统的初始对准具有普遍意义。这里只介绍（东北天）地理坐标系 t 的自主对准，它不依靠外部设备，只利用惯性仪表输出的经模型误差补偿的载体角速率 $\boldsymbol{\omega}_{ib}^b$ 和比力 $\boldsymbol{f}^b$ 来实现初始对准，它们成为初始对准的基础。

在地理位置和重力矢量精确已知的地面上进行初始对准时，可以忽略位置误差和重力加速度误差的影响；捷联惯性导航系统几乎处于静止状态，这样，科里奥利力的影响可以忽略。

在地理坐标系 t 中，水平通道和垂直通道之间的耦合微弱，在初始对准时，可以忽略垂直通道的影响。

1) 解析粗对准

解析粗对准是利用载体系 b 中重力矢量 $\boldsymbol{g}^b$ 的测量值 $\boldsymbol{f}^b$、地球自转角速率矢量 $\boldsymbol{\omega}_{ie}^b$ 的测量值 $\boldsymbol{\omega}_{ib}^b$，直接地估算出载体坐标系 b 到（东北天）地理坐标系 t 的变换矩阵粗略值 $\boldsymbol{C}_b^{t'}(0)$。有时，将计算机计算出的地理坐标系 t' 称为指示坐标系。

测量值 $\boldsymbol{f}^b$ 和 $\boldsymbol{\omega}_{ib}^b$ 可表示为

$$\begin{cases} \boldsymbol{f}^b = -\boldsymbol{g}^b + \boldsymbol{a}_d^b + \boldsymbol{\nabla}^b \\ \boldsymbol{\omega}_{ib}^b = \boldsymbol{\omega}_{ie}^b + \boldsymbol{\omega}_d^b + \boldsymbol{\varepsilon}^b \end{cases} \tag{6-58}$$

式中：$\boldsymbol{a}_d^b$ 为载体（基座）干扰晃动引起的干扰加速度；$\boldsymbol{\nabla}^b$ 为加速度计的随机零位偏值误差；$\boldsymbol{\omega}_d^b$ 为载体（基座）干扰晃动引起的干扰角速率；$\boldsymbol{\varepsilon}^b$ 为陀螺仪的随机漂移误差。

加速度计和陀螺仪直接固连在载体上，载体干扰晃动（阵风、装载、人员上下等干扰作用）引起的干扰加速度和干扰角速率，对捷联惯性导航系统初始对准精度的影响比平台式惯性导航系统严重得多。

为了提高解析粗对准的精度，应该用 $\boldsymbol{f}^b$ 的平均值 $\bar{\boldsymbol{f}}_j^b$ 和 $\boldsymbol{\omega}_{ib}^b$ 的平均值 $\bar{\boldsymbol{\omega}}_{iby}^b (j=x,y,z)$ 代入对准方程，即

$$\boldsymbol{C}_b^{t'}(0) = \begin{bmatrix} 0 & 0 & \dfrac{1}{g\omega_{ie}\cos L_0} \\ \dfrac{\tan L_0}{g} & \dfrac{1}{\omega_{ie}\cos L_0} & 0 \\ -\dfrac{1}{g} & 0 & 0 \end{bmatrix}$$

$$\begin{bmatrix} -\bar{f}_x^b & -\bar{f}_y^b & -\bar{f}_z^b \\ \bar{\omega}_{ibx}^b & \bar{\omega}_{iby}^b & \bar{\omega}_{ibz}^b \\ \bar{\omega}_{iby}^b \bar{f}_z^b - \bar{\omega}_{ibz}^b \bar{f}_y^b & \bar{\omega}_{ibz}^b \bar{f}_x^b - \bar{\omega}_{ibx}^b \bar{f}_z^b & \bar{\omega}_{ibx}^b \bar{f}_y^b - \bar{\omega}_{iby}^b \bar{f}_x^b \end{bmatrix} \tag{6-59}$$

2) 精对准

精对准是通过计算机处理 $\boldsymbol{\omega}_{ib}^b$ 和 $\boldsymbol{f}^b$ 的瞬时值，估计出指示坐标系 t' 和真实地理坐标系 t 之间的平台失准角矢量 $\boldsymbol{\varphi}=(\varphi_x,\varphi_y,\varphi_z)^T$，然后，用 $\boldsymbol{\varphi}$ 修正解析粗对准 $\boldsymbol{C}_b^{t'}(0)$，进而得到精确的姿态矩阵初始值 $\boldsymbol{C}_b^t(0)$。

姿态矩阵可分解为

$$\boldsymbol{C}_b^t(0) = \boldsymbol{C}_{t'}^t(0) \boldsymbol{C}_b^{t'}(0) \tag{6-60}$$

式中：$\boldsymbol{C}_{t'}^t(0)$ 为初始对准时指示坐标系 t' 和真实地理坐标系 t 的旋转变换矩阵，且

$$\boldsymbol{C}_{t'}^t(0) = \begin{bmatrix} 1 & -\varphi_z & \varphi_y \\ \varphi_z & 1 & -\varphi_x \\ -\varphi_y & \varphi_x & 1 \end{bmatrix} \tag{6-61}$$

不难看出，提高姿态矩阵精度的关键是提高平台失准角 $\boldsymbol{\varphi}$ 的估计精度。应用卡尔曼滤波技术估计平台失准角 $\boldsymbol{\varphi}$ 是一种最佳的方法，不但对准精度高，而且对准时间短。

5. 捷联式惯性导航系统与平台式惯性导航系统的比较

捷联式惯性导航系统与平台式惯性导航系统的最大区别是捷联式惯性导航系统没有三轴伺服稳定平台，惯性仪表直接固连在载体上。

捷联式惯性导航系统具有下述特点：

（1）捷联式系统比平台式系统的体积小、重量轻、成本低。

（2）捷联式系统的惯性仪表工作环境恶劣，它要求惯性仪表不但能够在振动、冲击、温度变化范围大等条件下精确工作，而且要求惯性仪表的参数和性能都非常稳定、可靠。

（3）载体角运动引起的惯性仪表动态误差是捷联式系统导航参数误差的重要误差源，必须采取有效措施进行补偿。

（4）捷联式系统的"数学平台"要求高性能计算机支持。

（5）捷联式系统提供的信息全部是数字信息，特别适用于数字飞行控制系统。

（6）捷联式系统易于应用余度技术将多个仪表组成余度惯性组件，从而提高了捷联式系统的可靠性和精度。

（7）捷联式系统的初始对准过程简单，而且对准时间短（一般不超过 10min）。

（8）捷联式系统的维护、维修简单，维护费用低。

（9）捷联式系统的平均故障间隔时间（MTBF）比平台式系统要长，可靠性高。

目前，捷联式系统的误差比平台式系统要大一些，在要求精度高的场合多数采用平台式惯性导航系统。随着计算机、计算技术和惯性仪表的飞速发展，捷联式惯性导航系统的误差将越来越小，应用范围将越来越广泛。惯性导航技术发展的趋势是捷联式惯性导航系统将取代平台式惯性导航系统，以惯性导航系统为公共子系统的组合导航系统将取代纯惯性导航系统。

6.3 GPS/INS 组合导航系统

组合导航，是指把两种或两种以上不同导航系统以适当的方式综合在一起，使其性能互补、取长补短，以获得比单独使用任一导航系统时更高的导航性能。组合导航系统有两大主要类型：以 GPS/罗兰-C 为代表的无线电导航系统之间的组合以及以惯导/卫星导航为代表的惯性导航系统与无线电导航系统之间的组合。

GPS/罗兰-C 在一定程度上存在着可用性和完好性问题，它们的单独使用都没有被认定为终端和本土航路导航的主用导航系统。两者组合后，通过 GPS 的时间传递，可同步不同台链的罗兰-C 发射机，使用户能够用不同台链罗兰-C 发射的信号进行定位，从而提高了可用性。此外，将 GPS 伪距与罗兰-C 的时差相结合，还能提高定位的完好性以及自主故障检测和隔离能力。当 GPS 出现短暂性能降低时，组合效果尤为明显。不过这种组合的应用还未得到推广。

当今，倍受世界瞩目的是惯性导航/卫星导航，这不仅因为两者都是全球、全天候、全时间的导航系统，而且因为它们都能提供多种导航信息。两者优势互补并能消除各自的缺点，使惯性/卫星导航系统的应用越来越广泛。

随着应用领域的拓展和使用要求的提高，现在和将来的不少应用场合两种系统的组合显得不够，于是就出现了多于两种导航设备相组合的多传感器组合导航系统。

6.3.1 惯性导航与卫星导航之间良好的性能互补特性

惯性导航（简称"惯导"）系统是一种既不依赖外部信息又不发射能量的自主式、可全球运行的系统，隐蔽性好、不怕干扰。惯导所提供的导航数据十分完全，它除能提供载体的位置和速度外，还能给出航向、姿态和航迹角；而且，它又具有数据更新率高、短期精度好和噪声小的优点。这些使得惯导在军事和民用导航领域发挥着越来越大的作用。然而，惯导并非十全十美，当其单独使用时，定位误差随时间而积累，每次使用之前初始对准时间较长，这些对执行任务时间较长或要求有快速反应能力的应用来说，无疑是严重的缺点[45]。

现有的卫星导航系统主要包括美国的 GPS 和俄罗斯的全球导航卫星系统（GLO-NASS），欧盟的伽利略（Galileo）系统正在筹建中。下面以 GPS 为例介绍卫星导航系统的特点。GPS 能为世界上陆、海、空、天的用户，全天候、全时间、连续地提供精确的三维位置、三维速度以及时间信息。在没有 SA 情况下，目前 GPS 系统向全世界用户开放的 L1 C/A 码提供的水平定位精度高达 13m（95%），垂直定位精度为 22m（95%），授时精度 40ns（95%）；GPS 军用的精度优于 10m。但是，与惯导相比，GPS 存在易受电子干扰影响、信号可能被遮挡的缺点。

将 GPS 长期高精度性能特性和惯导的短期高性能特性有机地结合起来，可使组合后的导航性能比任一系统单独使用时有较大提高。当要求的输出速率高于 GPS 用户设备所能给出的速率时，可使用惯导数据在 GPS 相继两次更新之间进行内插；在因干扰使 GPS 不工作时，惯导的解则能根据 GPS 最新有效解进行外推。经 GPS 校准的惯导在 GPS 信号中断期间的误差增长率显然要比没有校准、自由状态下惯导的误差增长率低。GPS 数据对惯导的辅助可使惯导在运动中进行初始对准（在飞机上叫做空中对准），提高了快速反应能力。当机动、干扰或遮挡使 GPS 信号丢失时，还可使 GPS 接收机跟踪环路的带宽取得很窄，这很好地解决了动态与干扰这一对矛盾。当接收机的带宽取得很宽时，其动态响应能力固然很好，但抗干扰性能很差；若带宽取得很窄，抗干扰性能提高了，而动态响应能力却变差了。所以，用惯导的速度数据对 GPS 进行辅助是解决这一对矛盾的好方法。

可见，惯导与 GPS 的组合确实起到了优势互补的作用。然而，组合效果的优劣却与组合结构和算法有关，这就是下节要讨论的问题。

6.3.2 组合结构与算法

组合导航方案可以根据不同的任务要求采用不同的组合结构和算法。

1. 组合结构

图 6-27~图 6-29 给出了 GPS/惯导组合的 3 种功能结构。其中在图 6-28 和图 6-29 的结构中，GPS 接收机和惯导都是独立的导航系统，GPS 给出位置、速度、时间(p,v,t)解，惯导给出位置、速度、姿态(p,v,θ)解。图的结构则不同，该结构中，GPS 接收机和惯导不是独立的导航系统，而仅仅当作传感器用，它们分别给出伪距、伪距率$(\rho,$

$\dot{\rho}$)和加速度、角速率($\dot{v},\dot{\theta}$)。这 3 种结构分别叫作非耦合方式、松耦合方式和紧耦合方式。

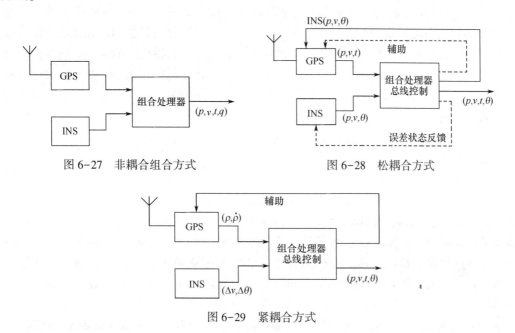

图 6-27 非耦合组合方式　　图 6-28 松耦合方式

图 6-29 紧耦合方式

1) 非耦合方式

如图 6-27 所示,在这种组合模式中,GPS 系统和惯导系统各自输出相互独立的导航解,两系统独立工作,功能互不耦合,数据单向流动,没有反馈,组合导航解由外部组合处理器产生。外部处理器可以像一个选择开关那样简单,也可以用多工作模式卡尔曼滤波器来实现。一般情况下,在 GPS 停止工作时,惯导数据在原 GPS 输出数据基础上进行推算,即将 GPS 停止工作瞬时的位置和速度信息作为惯导系统的初始值。这种模式的特点是基于 GPS 与惯导功能的独立性。这种组合方式有以下的主要优点:

(1) 在惯导和 GPS 均可用时,这是最易实现、最快捷和最经济的组合方式。

(2) 有系统的冗余度,对故障有一定的承受能力。

(3) 采用简单选择算法实现的处理器,能在航路导航中提供不低于惯导的精度。

2) 松耦合模式

图 6-28 所示为松耦合方式组合结构。与非耦合方式不同,松组合模式中组合处理器与 GPS 及惯导设备之间存在着多种反馈。

(1) 系统导航解至 GPS 设备的反馈。直接将组合系统导航解反馈至 GPS 接收机,可以给出更精确的基准导航解。基于这个反馈,GPS 接收机内的导航滤波器能够用 GPS 测量值来校正系统导航解。

(2) 对 GPS 跟踪环路的惯性辅助。这种惯性辅助能够减小用户设备的码环和载波环所跟踪的载体动态,大大提高了 GPS 导航解的可用性。此时,允许码环及载波环的带宽取得较窄,以保证有足够动态特性下的抗干扰能力。

(3) 惯导的误差状态反馈。一般情况下,惯性导航系统均可以接受外部输入,用以重调其位置和速度解以及对稳定平台进行对准调整。在捷联式惯导系统中,这种调整利用数学校正方式完成。

3) 紧耦合方式

图 6-29 所示为紧耦合组合方式。与松组合不同之处在于，GPS 接收机和惯导不是以独立的导航系统实现，而是仅仅作为一个传感器，它们分别提供伪距和伪距率以及加速度和角速度信息。两种传感器的输出是在由高阶组合滤波器构成的导航处理器内进行组合的。在这种组合方式中，只有从导航处理器向 GPS 跟踪环路进行速率辅助这一种反馈。松组合结构中出现的其余反馈在此并不需要，原因是涉及导航处理的所有计算都已在处理器内部完成。

紧组合方式具有结构紧凑的特点，GPS 和惯导可共用一个机箱，从结构上看，特别适合于弹上使用。

2. 组合算法

有选择算法和滤波算法两种基本的组合算法。

（1）选择算法。在采用选择算法的情况下，只要 GPS 用户设备得出的导航解在可接受的精度范围内，就选取 GPS 的输出作为导航解。当要求的输出数据率高于 GPS 用户设备所能提供的数据率时，可在相继两次 GPS 数据更新之间，以惯导的输出作为其插值，进行内插。在 GPS 信号中断期间，惯导的解自 GPS 最近一次有效解起始，进行外推。

（2）滤波算法。一般采用的是卡尔曼滤波算法。即利用上一时刻的估计及实时得到的测量值进行实时估计，它以线性递推的方式估计组合导航系统的状态，便于计算机实现。

状态通常不能直接测得，但可以从有关的可测得的量值中推算出来。这些测量值可以在一串离散时间点连续得到，也可以时序得到，滤波器是对测量的统计特性进行综合。最常用的修正算法是线性滤波器，在这种滤波器中，修正的状态是当前的测量值和先前状态值的线性加权和。

位置和速度是滤波器中常选的状态，通常称为全值滤波状态。对于全值位置和速度状态而言，传播方程也就是飞机的运动方程。为了使全值滤波器传播方程能较好地反映实际情况，还应加上加速度状态。例如，GPS 指示的位置和速度是观测量，它们要通过全值状态的组合滤波器进行处理。在极端情况下，组合滤波器可能仅仅给出 GPS 接收机的位置数据，并将它当作组合后的位置。这种简化的情形就是上面提到的选择方式。在这种方式下，状态传播方程任何其他的观测量都不予考虑。对简化的情形，GPS 用户设备位置的权值等于 1，传播状态的权值等于 0。通常把测量的权值叫作滤波器增益。

另一种选择的状态是惯导指示的位置和速度误差（称误差状态）。对于状态为惯导误差的滤波器，传播方程的精确表达式及线性近似式都是已知的。如同全值状态那样，为了使传播方程能更好地模拟实际情况，在滤波器中，还可加上惯导的一些误差状态（如方位/倾斜误差、加速度偏值和陀螺漂移等）。当然，需反映实际情况的准确程度与要求的估计精度有关。

在以惯导误差状态实现的 GPS/惯导组合滤波器中，观测量实际上就是 GPS 位置与惯导组合位置之差以及 GPS 速度与惯导速度之差。如同全值状态的情形那样，当计算状态更新时，须确定测量的增益和传播状态的权值[46]。

（1）非时变增益滤波算法。在卡尔曼滤波器中滤波增益采用常值矩阵，即按原先确定的增益将传播的估计与新的测量数据相融合。非时变增益的含义是将这些增益事先存入计算机存储器中，滤波器则从不长的增益表中选取增益，而不必重新计算。不同的传感器状态和不同的工作状态，可选用不同的增益值。这反映了传播解和测量中的不确定因素。一般来说，非时变增益滤波器的增益可取任何值，但增益值至少要正确地反映测量与状态之间的关系。非时变增益滤波器的优点是可大大减少计算量和实现滤波所需的存储容量。

（2）时变增益滤波算法。在时变卡尔曼滤波器中，只要测量有效，就得计算新的增益值。卡尔曼滤波器实际上是以递推的方式实现最小方差估计的算法方程。其最小方差的含义是，它能使被估计状态的动态不确定性（过程噪声）、测量不确定性（测量噪声）和各状态的可观性（灵敏度）取得正确的平衡。在当前实现的卡尔曼滤波器中，用 M 个测量更新 N 个状态要涉及大量的矩阵运算、差分方程的传播以及存储矩阵的存储器。就目前的技术水平而言，在一个性能价格比合适的处理器中以每秒数次的更新速率可处理大约 20 个状态。因为有多达 100 误差源会影响 GPS/惯导组合，所以，既要把这些误差因素全都考虑进去，又要实时的组合效果，目前尚不可能。每个组合系统的设计师必须进行周密的设计研究，以确定最少数目的状态和最低允许的更新率，从而通过可利用的处理器以可接受的设计余度达到所允许的导航精度。

6.4 GPS/INS 武器精确制导

6.4.1 GPS/INS 精确制导的特点

在 2003 年美、英联军发动的伊拉克战争中，美军大量使用了精确打击武器。据统计，美军一共从 26 艘水面舰艇和 8 艘潜艇发射了 802 枚"战斧"式巡航导弹，数量远远超过了 1990—1991 年海湾战争时的 268 枚，1998 年沙漠之狐行动的 330 枚，1999 年科索沃战争的 160 枚和 2002 年阿富汗战争的 74 枚。此外，还从飞机上发射了 153 枚 AGM-86 C/D 常规空射巡航导弹。

美国空军投放的精确制导炸弹有 19948 枚，占弹药投放总数的 68%，而在海湾战争中只占 7.7%，科索沃战争中为 29.8 枚，阿富汗战争中则达到 60.4 枚。其中最重要的是 GBU-35 投放了 5086 枚和 GBU-27 投放了 7114 枚。GBU-35 是一种 450kg 的联合直接攻击弹药（JDAM），而 GBU-27 是一种 900kg 的"铺路者"Ⅱ（PAVEWAY Ⅱ）激光制导炸弹。海湾战争中，美军只有不到 10% 的飞机能够投放精确制导炸弹，而这次伊拉克战争中，全部作战飞机都已能够投放精确制导炸弹。精确打击武器已成为现代战争的主要攻击手段。

武器的毁伤力是命中精度的 3/2 次幂函数，是爆炸当量的大约 1/2 次幂函数。这样，武器命中精度提高一倍，几乎等效于弹药当量增加到 8 倍。因此，精确打击武器可以以很小的弹头达到以前要大得多的弹药量和多次攻击才能达到的作战目的。这就使作战人员所冒的风险下降,弹药消耗成本降低,后勤支持负担减轻,以及附带毁伤减少。

精确打击武器有多种,在海湾战争直到伊拉克战争 10 多年的历次高技术局部战争中用得最多,战果也最明显的是"战斧"式巡航导弹和精确制导炸弹 JDAM。

精确打击武器离不开精确制导,从 20 世纪 70 年代起,精确制导炸弹先后采取了激光制导和 GPS/INS 制导,还有纯惯性制导和电视制导。其中,激光制导炸弹和电视制导炸弹在 1991 年海湾战争期间是飞机最主要的精确打击手段,这种炸弹在总投弹量中虽然所占比例不大,但那时主要的伊军设施大多是由它们摧毁的。此后,GPS/INS 制导逐渐投入使用,通过战争的考验,联合直接攻击弹药这样的 GPS/INS 制导炸弹所占比例不断上升,许多激光制导炸弹,如 PAVEWAY II 和 PAVEWAY III 也加装了 GPS/INS 制导能力。在伊拉克战争中,GPS/INS 制导方式的炸弹已经逐渐占据主要的地位。"战斧"式巡航导弹一直采用中段制导加末制导的方式。1993 年以前"战斧"式巡航导弹的中段制导采用地形辅助系统,1993 年以后加入了 GPS,在科索沃战争以前 GPS 和地形辅助共同使用,而在阿富汗战争和伊拉克战争中已不用地形辅助,而只用 GPS/INS 中段制导。

由上可见,GPS/INS 在所有目前使用的精确制导方式中虽然出现最晚,经过 10 年左右的发展,它已逐渐成为主要的精确制导方式。

1. 以高的精度、低廉的代价实现武器的精确与自主制导

GPS 军用信号的精度是大家常常讨论的问题。美国 1999 年的官方文件公布的最低性能要求是,精密定位服务(PPS)空间信号的精度为水平 22m、垂直 27.7m,UTC 定时 200ns(均指 95%概率)。由于规定的是 GPS 空间信号精度,实际使用时还考虑多路径误差和接收机误差,因而精度还要稍低一些。自此以后,GPS 精度不断提高,而美国官方文件不再公布 PPS 的精度,不过估计现阶段 GPS PPS 精度高于 10m(95%)是比较合理的。然而激光制导炸弹早就达到了这样的精度。这说明 GPS PPS 精度的提高是 GPS/INS 逐渐进入精确制导领域而且用得越来越多的条件之一。

GPS 接收机价格低廉,导致 GPS/INS 制导价格也低廉。例如,JDAM 是由从 20 世纪 60 年代越南战争以来的一些老式普通炸弹改装而成的,这种炸弹在美国分布全球的仓库中成千上万,只需加一套附加组件便可改装成 JDAM,而这套附加组件价格还不到 20000 美元。用 JDAM 组件改装一枚炸弹只需要 30min,10 个技术员用 4h 便可以为等待在那里的 B-2 飞机加载好 16 枚 JDAM。与之相比,激光制导炸弹是专门制造的,而且价格要贵许多。

由于 GPS 是一种全球覆盖的系统,用户设备无源工作,这就使由 GPS/INS 制导的炸弹成为一种"投放后不管"的自主飞行武器,只需要装定好目标坐标等参数,飞机投放炸弹后即可离开,而且一架飞机可以同时投放多枚这种炸弹,以攻击不同的目标。例如,B-2 飞机最多可同时投放 16 枚炸弹。

在激光制导时,飞机上需要装备有激光目标指示器,在炸弹下落过程中始终照射目标,靠目标的激光回波引导炸弹飞向目标,因此没有"投放后不管"和同时攻击多个目标的能力。

当飞机高度超过 5000m 时,激光制导的精度明显下降,而 GPS/INS 制导没有这一现象,飞机可以在很高的高度投弹,因此明显减少了投弹风险。

这样，GPS/INS 精确制导更适合于美军现在所使用的战术，即在人员最少伤亡的条件下，用大规模的空袭以摧毁敌方的各种政府建筑、军事设施和民用设施，达到震慑敌方和削弱对方作战与指挥能力，最终使之屈服的效果。

2. GPS/INS 制导不受气象和能见度影响

在 1991 年的海湾战争中，多国部队在用激光和电视制导炸弹摧毁伊拉克的装甲部队时，沙尘暴和烟雾曾带来不少麻烦。在 1995 年美国干涉南斯拉夫内战时，飞机主要攻击的是弹药库和桥梁这样一些静止目标，那时主要还是用激光和电视制导炸弹，经常笼罩在波斯尼亚上空的云层常常使精确打击不得不取消。1999 年科索沃战争，美军虽然仍有许多激光制导炸弹，但同时也已经有了足够的由 GPS/INS 制导的 JDAM。那时的主要轰炸目标是南斯拉夫的民用设施，包括广播设施、汽车制造厂、炼油厂、变电站、桥梁和米洛舍维奇的官邸等。有人认为空袭并未使南斯拉夫地面部队受到多大损失，而让南斯拉夫屈服的原因主要是对其经济活动的打击，造成了社会的动摇。由于意大利南部、波斯尼亚和南斯拉夫上空在 4~5 月常常覆盖着浓密的云层，美军不得不上百次取消了由激光和电视制导炸弹执行的任务，因此这些目标大多是由 GPS/INS 制导的武器摧毁的。有时 B-2 飞机一次便投下 6 枚 2000 磅的 JDAM（GBU-32）。此时，轰炸机飞机员并不在意他是否看到了云层下面的目标，因为他是按目标的地理坐标执行轰炸的，这就是非接触战争。科索沃战争结束后，美国空军副参谋长说，科索沃空袭所选择的武器是由 GPS 辅助的武器，在下次战争中将会 100% 地使用这种武器。

实际上，在科索沃战争结束后，美军发展了其他类似 JDAM 的炸弹，而且将一部分激光制导炸弹（如 GBU-27 和 GBU-28）改成了同时由 GPS/INS 制导。所以那时激光制导并非不用，只是已降到第二位而已。除了激光制导外，电视制导炸弹 GAM-130 在此前的巴尔干和伊拉克军事行动中也用得不少，它同样受气象影响，夜间和雨天也不好用，科索沃战争之后，美军不再采购它。在 2003 年的伊拉克战争中，沙尘暴曾经使美、英联军的行动不得不推迟，主要是地面部队受到影响，然而空袭并未因天气的原因而停止，这与大量使用 GPS/INS 制导有关。另外，伊拉克军队在巴格达城外四周挖掘壕堑，灌上石油，点燃大的烟火，也是为了对付激光和电视制导的。

3. GPS/INS 制导的操作灵活

JDAM 由于是一种自主飞行的炸弹，其投放方式十分灵活。它可以在低空或高空投放，也可以俯冲投放、抛掷或高抛投放。在直线平飞投放时，可以对轴投放，也可以偏轴投放。因此，它可以适应因不同地形、地物条件而采用的不同投放方式，这些显然也是激光制导方法做不到的。

至于"战斧"式巡航导弹，它一开始不是用 GPS/INS，而是用地形辅助导航系统作中段制导的，然而用地形辅助的结果造成任务规划时间长达一星期，因此操作使用太不灵便。另外，在用地形辅助系统制导时，导弹必须低空飞行，易为敌方摧毁。

基于上述原因，在伊拉克战争之后，不但大大扩展了 GPS/INS 制导的应用范围，而且新研制的精确制导武器几乎都采用了包括 GPS/INS 在内的制导方式。

GPS/INS 制导也有一些局限性，主要是攻击活动目标的能力低下和 GPS 易于受到干扰。

GPS/INS 制导的精确打击武器攻击固定目标的能力很强，只要能事先精确地确定目标的位置，GPS/INS 制导的精确打击武器命中率便很高。便于 GPS 覆盖全球，无论是用远程导弹，还是用轰炸机长途奔袭都可以对目标进行精确打击，距离的远近已不再能对目标起到保护作用。但是到目前为止，无论是 JDAM，还是"战斧"式巡航导弹，如果因目标移动而使其坐标不断变化，这些武器便几乎失去了效力。在科索沃战争中，尽管美军出动了 E-8A 联合监视目标攻击雷达系统（J-STARS），持续监视南斯拉夫的移动目标，但由于南斯拉夫的陆军和特种警察分散成小股运动，从而使北约的飞机没有对他们造成大的损害。

活动目标分为两类：一类是可搬动的，如移动雷达站、机动指挥所、地空导弹和地地导弹发射装置等，它们可从一个地点搬动到另一个地点，架设起来工作，一段时间后又收撤离开；另一类是边移动边工作的，如坦克、战车和舰艇等。在 2003 年之后，精确制导武器的发展，一个重要方向是攻击机动目标。例如，发展超高声速巡航导弹，以及在"战斧"式导弹和 JDAM 上加装数据链，还打算在小直径（SDB）和"神剑"炮弹上也加装数据链等，数据链使它们能够待机攻击或根据传感器的信息不断更新目标位置数据。不过这些方法对付可搬动目标会比较有效；而对移动目标而言，要实现精确打击似乎要困难一些。此时需要机载合成孔径雷达，不但能够探测这样的地面目标，而且还要以高的精度和可靠性建立和预测目标轨迹。即使这一条要求实现了，还要克服目标数据的等待延迟（Latency）。如果目标是沿可预测的路径行驶，例如，沿着一条直线或一条数字地图上的道路行驶，那么还可以用航迹滤波和预测算法，以克服数据等待延迟的影响。但如果目标在开阔地上实施躲闪机动，问题解决难度就大了，这就要求实时频繁地更新目标的坐标。

GPS 抗干扰能力弱，这是它最大的弱点，为此美军在一些武器上采用了抗干扰措施，不过，对于一次性武器来说，由于成本或体积的限制，不大可能采用需要体积大而又昂贵的一些手段。因此，要用 GPS/INS 和复合制导方式来解决。

与 GPS/INS 制导方法相比，激光制导抗电磁干扰和对付机动目标的能力更强一些，还有一种对付机动目标的方法是加上末端寻的。

6.4.2 GPS/INS 精确制导的发展

美国将 GPS/INS 用于武器制导的研制和试验早就开始了，它是随着 GPS 的发展而进行的。例如，1986 年美国军方与波音公司签订合同，把原先用地形辅助系统制导的空射巡航导弹（ALCM）改为由 GPS/INS 制导，并更名为 CALCM。这种导弹在海湾战争中一共发射了 35 枚，直到伊拉克战争还在使用。

又如，1989 年美国海军对防区外发射的空地攻击导弹（SLAM）开始试验，这种导弹用 GPS/INS 制导，在导弹撞击目标前 1min，导弹上的"白星眼"数据链开始向 F/A-18 战斗机飞行员传送图像，飞行员用操纵杆选定具体弹着点并目视锁定目标。SLAM 在波黑战争得到了使用。美国海军现在又发展了增程 SLAM（SLAM-ER），使射程增加到 278km，还具有了攻击机动目标的能力。

以上是 GPS 用于精确制导的早期阶段，此后重点发展了由 GPS/INS 制导的 JDAM、"战斧"式导弹以及联合防区外空地导弹（JASSM），其中前两者在美军发动的各次战争中战果显著。

联合防区外武器（JSOW）曾经是美军重点发展的一种由 GPS/INS 制导的滑翔炸弹，不过一段时间它受到为降低成本而要重新设计的困扰。

在 2003 年伊拉克战争之后，GPS/INS 精确打击武器技术进一步发展，其中除了在巡航导弹和精确制导炸弹方面继续发展之外，2006 年雷神公司再次演示了在反辐射导弹（HARM）上加装 GPS/INS 精确制导的效果，它使得即使敌对方雷达不发射信号时，HARM 也能攻击指定的目标。此外，装备或加装 GPS/INS 制导的还有重型空爆炸弹（MOAB）和风修正弹药布撒器（WCMD）[47]。

6.4.3 GPS/INS 精确制导巡航导弹

1. 联合防区外空地导弹（JASSM）

从近年来的历次战争中，人们已经熟知了美军空袭的战术，即在战争开始时，主要利用"战斧"式巡航导弹的远距离打击能力、低空突防能力和突然性，攻击敌方的重要军事目标，在削弱敌方的反击和防空能力后，转而主要依靠由飞机实施轰炸。

1994 年，美国空军和海军开始联合研制 JASSM，用以在战争一开始时用飞机在防空区外攻击敌方严密设防的 C^4ISR 系统节点，以及导弹发射器、发电厂、重要桥梁和高价值工业目标。2005 年美国海军退出 JASSM 项目，JASSM 项目成为美国空军单独的项目。JASSM 是一种巡航导弹，可以从空军、海军的 F-16、F-16C/D、F-15E、F-117、B-52H、B-1B、B-2、F-14、F/A-18、F/A-18E/F、P-3C、S-3B 共 12 种飞机上发射，JASSM 的单价只有 41.2 万美元，不到"战斧"式巡航导弹的一半。

JASSM 如图 6-30 所示，弹长为 4.26m，射程为 370km，巡航速度为 1040km/h（Ma 为 0.85），采用 GPS/INS 中段制导和红外成像末制导，命中精度 2.4m（CEP）。

图 6-30 JASSM

JASSM 有如下特点：

（1）隐身能力强。它采用隐身外形设计和隐身材料，使敌方雷达和红外探测器难于发现，易于突破敌对方防空系统的拦截。

（2）采用硬目标灵巧引信和侵彻杀伤双功能战斗部，以有效打击机场、指挥所和掩体等坚固目标和地下目标。

（3）JASSM 是首批采用通用装备接口（UAI）的武器之一。UAI 是一个联合倡议，它允许在不需对飞机软件做大改动的情况下，将精确制导弹药加装到飞机上。F-16 飞机可携带 2 枚 JASSM，B-1B、B-2 和 B-52H 等轰炸机可分别携带 24 枚、16 枚和 12 枚 JASSM。

（4）比"战斧"式巡航导弹转弯速度更快，机动能力强。

JASSM 的合同承包商是洛克希德·马丁公司。2004 年开始全速生产，计划生产 4900 枚，型号为 AGM-158。

JASSM 虽然具有许多特点，然而还不能满足 21 世纪防区外精确打击的需要。首先是射程不够。例如，俄罗斯的 S-400 "凯旋"防空系统其最大射程已达 400km，这就使射程 370km 的 JASSM 变成了防区内武器。因此，美空军 2002 年与洛克希德·马丁公司签订了研制增程 JASSM（JASSM-ER）的合同，JASSM-ER 其余方面均与 JASSM 相同，主要用推力更大的涡扇发动机取代了原来的窝喷发动机和能携带更多燃油，使射程增加到大于 930km。JASSM-ER 计划于 2008 年开始交付，美空军打算在 2018 年前采购 2500 枚。

此外，洛克希德·马丁公司还在自筹资金发展如下的变型：一是超远程 JASSM（JASSM-XR），射程达 1853km；二是缩小型 JASSM（JASSM-SR），它除了体积、重量减小，以便用于 F/A-22 和 F-35 飞机外，整体性能不但没有降低，而且由于加装了合成孔径雷达导引头和数据链，从而增强了在恶劣战场环境下识别伪装和识别目标的能力，以及巡逻待机以打击可移动目标的能力；三是在 JASSM 基础上研制的小型监视攻击巡航导弹（SMACM），SMACM 弹长只有 1.65m，弹径为 18cm，射程为 460km，滞空时间为 1h，是一种真正意义的微小型巡航导弹，也装有双向数据链，可实施巡航待机攻击，而价格只有 JASSM 的 20%。

2. 高超声速巡航导弹

现行的巡航导弹都在亚声速飞行，而未来的快速反应要求巡航导弹具有远程快速精确打击的能力，例如，当巡航导弹飞行速度达到 Ma 为 8 时，8min 便能飞行 1200km，而一般敌方机动战略导弹发射架在 8min 之内不能完成收撤。因此一旦敌方战略导弹发射，只要根据升空导弹的发射地点，就可以用这种高超声速巡航导弹对战略导弹的发射装置加以攻击，以消除其第二次打击能力。有鉴于此，美国、俄罗斯、英国、法国、德国，甚至连印度都在发展高超声速巡航导弹。

美国的高超声速巡航导弹速度为 $Ma = 5 \sim 8$，飞行高度为 27000m，射程为 800～1200km。用 GPS/INS 制导，命中精度为 15m，估计 2010 年开始装备部队。

6.4.4 GPS/INS 精确制导炸弹

1. 炸弹精确制导技术的发展

20 世纪 70 年代初，在美国研制 GPS 基地的墙上张贴的口号如下：
（1）将 5 枚炸弹投到一个坑内。
（2）建造廉价的导航设备（低于 10000 美元）。

可见，在研制 GPS 时，美国的目的一开始就是十分明确的，就是提高武器的命中精度和取代日益增多的导航设备种类。

美国在利用 GPS 提高炸弹的命中精度方面，曾有过几个发展阶段。

在炸弹精确投放方面，20 世纪 70 年代设想的是用 GPS 帮助飞机实施"常规炸弹"投放，以提高其目标命中精度。所谓"常规炸弹"即传统的炸弹，本身没有任何制导装置。那时使用的方法是，在投弹的飞机上装备与 INS 相组合的 GPS 接收机，将这种组合装置的导航功能和飞机的武器投放功能合并在一部计算机中实现，并使这两种功能相互同步。导航功能产生对各种飞行参数，例如，对飞机的位置、速度、航向姿态以及风速、风向等的实时最佳估值。武器投放功能则基于这些参数以精确地预测炸弹的弹着点[48-49]。

武器投放功能用一套火控软件来实现，这套软件体现着当时已成熟的一套完整的算法。它基于外推的飞机位置与速度，不断计算出不同时刻的投放点和相应的弹着点。将这种计算出的弹着点与所希望的弹着点相比较，以求出弹着点误差。再将这种误差分解为沿飞机航迹方向的分量和相对于航迹的横向分量。横向分量驱动驾驶舱中的偏差显示器，飞行员按照它的显示调整飞机的地面航迹角，制导偏差显示变到零为止。与此同时，沿飞机航迹方向的误差分量也显示在驾驶舱里，使飞行员能判断出飞机距正确的投放点还有多远。当飞机接近正确投放点时，飞行员启动自动投放机制，一旦沿航迹弹着点误差变为零，计算机就自动发出投放指令，炸弹投放出飞机。

这种投弹方式能提高命中精度的原因，在于 GPS 的定位与测速精度高。为借助 GPS 实施"盲投"，当然目标位置要提前准确已知才行。在 GPS 早期研制过程中，对装备 GPS 的飞机执行"盲投"任务的性能做了试验。那时，在能见度很差的条件下执行"盲投"的主要方式是借助于机载下视雷达。机载雷达能测量出地面目标的方位与距离，从而指导飞机的炸弹投放。图 6-31 对用 GPS/INS 和用雷达执行"盲投"的试验结果作了比较，由于命中概率与弹着点径向偏差平方成反比，可见，相对于雷达来说，用 GPS/INS 执行"盲投"的效果有明显的改善。

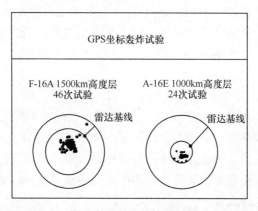

图 6-31　用 GPS 执行盲目轰炸的结果与用雷达轰炸的比较

虽然 GPS 早期的武器投放试验是相当成功的，但是由图 6-31 可见，弹着点仍然有明显的分布，这主要是由风造成的。即虽然飞机可以正确测定投放点的风速与风向，但在炸弹下落过程中风速和风向可能改变,对于这种改变,"常规炸弹"投放方式是无能为力的。另外,各颗炸弹的空气动力学性能和质量也相互有一些差异,将每颗炸弹的这些值输入到武器投放软件中进行相应计算是不现实的,预测弹着点的算法不得不用它们的平均值,这自然也会造成命中误差。

顺便要指出的是,在投放"常规炸弹"时,弹着点误差对飞机本身的速度测量误差十分敏感,飞机高度越高,这种敏感度越大,在30000英尺的高度上,飞机若有1英尺/秒的测速误差则会造成大约45英尺的弹着点误差。对于其他非制导武器来说,命中偏差常常也对投放平台本身的速度测量误差十分敏感。美国官方公布的文件,例如,联邦无线电导航规划(FRP),只承认GPS民用的SPS服务是一种定位与授时服务,而不包含测速的服务内容。而美军的SPS则是定位、测速与授时服务。这样,当敌对方利用GPS SPS与美国对抗时,美军方有可能降低SPS提供的速度测量精度,以降低敌对方武器投放的精度,而又保持着美国对SPS的承诺[48-49]。

1) 最初的智能炸弹

"常规炸弹"试验的结果清楚地表明,为了进一步改善武器投放的精度,必须对炸弹实施智能化,即要将"常规炸弹"改变为"灵巧"武器。将"常规炸弹"改为"灵巧"制导武器的方法是在炸弹上加上惯导,即用1部惯导和1个尾翼调节机构一起构成的尾部组件,以取代常规炸弹的尾部。之所以只用惯导(低精度廉价的),是因为那时GPS接收机太大,装不进尾部组件中。这样做的思路是,虽然惯导只能测量从某一出发点开始的位置移动,而且必须在使用前对惯导进行初始对准才行,然而惯导在炸弹下落的短时间内(约40s)能提供较高的精度。如果利用飞机上的GPS/INS组合系统对炸弹上的INS进行精度很高的初始化(包括初始对准和初始位置装订),那么由于炸弹在空中飞行的时间很短,其INS便能从投放到命中这段时间内维持良好的导航精度,把炸弹引向目标。

此时飞机导航系统必须装有GPS接收机,如果没有GPS接收机,飞机上的惯导即使质量较好也会积累较大的定位误差,这种误差在飞机对炸弹惯导进行初始化时会传递给炸弹。当然飞机上只装GPS接收机也不行,它虽然定位精度高,但提供不了对炸弹上的INS进行初始化的全部信息。另外,GPS接收机输出数据的更新率也不够。试验和使用结果证明,这种将"常规炸弹"改成"灵巧"炸弹的方法,效果良好,改善了炸弹命中精度。

2) GPS/INS精确制导炸弹

用惯导使"常规炸弹"变为"灵巧"武器的方法也有不足之处。随着防空武器的发展,军事目标的防区范围日益增大,为了减小飞机在对目标发动攻击时所冒的风险,常常要在防区外高空投弹,使炸弹的飞行时间逐渐加长。由于飞行时间加长,炸弹惯导的积累误差也就增大,使命中精度降低。即用纯惯导制导的方法比较适合于较近距离的投弹,而不适合于防区外武器。

随着微电子技术的发展,GPS接收机的体积、重量、能耗与价格不断下降,在智能炸弹的尾部组件中加入GPS接收机的条件成熟了,即在尾部组件中采用卫星GPS/INS组合系统,而不再只是INS。这样,GPS消除了炸弹惯导的积累误差,因此炸弹飞行时间加长再也不是问题。在这种制导方式条件下,主要命中误差源已不再由制导系统本身引起,而是取决于对目标坐标定位的精度。图6-32示出了联合直接攻击弹药(JDAM)的构成,即用一种尾部组件可把多种常规炸弹改造成多种智能炸弹。GPS/INS制导的JDAM种类和基本组成如图6-33所示。

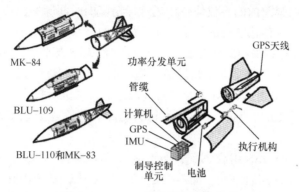

图6-32 JDAM的种类和基本组成

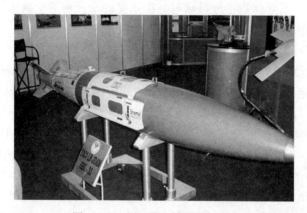

图6-33 GPS/INS制导的JDAM

随之而来的飞机投放技术也要发生变化。首先,在炸弹中加入GPS接收机之后,飞机在投放时便不仅要对炸弹的惯导进行初始化,还要为炸弹的GPS接收机提供初始化信息。这是因为在投放之前炸弹在飞机的弹舱(架)内,其GPS接收机的天线接收不到GPS卫星的信号,因此必须在投放时对GPS进行初始化,使其在投放之后很短的时间内便能开始工作,以达到精确制导的目的。这对于飞行时间较短的炸弹尤为重要,炸弹GPS接收机必须远在着地之前提供定位信息以校正INS的积累误差,典型情况下要求炸弹GPS接收机在投放之后的几秒内捕获和跟踪GPS卫星信号。由飞机提供的GPS初始化信息有初始位置、时间和速度,以及GPS卫星的星历。

老式的炸弹GPS接收机,其工作方式是,首先捕获GPS卫星的C/A码信号,然后转换到军用P(Y)码工作。其实,20世纪90年代末期以前的军用GPS接收机都是用这种方式工作的。虽然这是一种截获P(Y)最容易的方法,但是由于C/A码比P(Y)码的抗干扰能力低10dB,在投弹时很可能受到敌方的干扰。因此现在的炸弹GPS接收机已经或正在转换成采用直接捕获P(Y)码。

为实现直接P(Y)码捕获,关键是要为炸弹GPS接收机提供精确的时间信息。也许有人会设想，如果飞机的 GPS/INS 能以 $10\mu s$ 左右的精度向炸弹 GPS 提供初始化时间信息，制导炸弹即使用的是老式 GPS 接收机，而且，其 C/A 码被干扰掉了，炸弹的 GPS 接收机也能快速捕获 P(Y) 码。不过这种方式只是理论上可行，实际实现时有一定困难。这是因为为了向弹舱内的各枚炸弹传送这样精度的时间脉冲，飞机必须有带宽很宽的传输线路，实现这种传输线路的代价是相当昂贵的。

因此，现代制导炸弹采用的是直接捕获 P(Y) 码的 GPS 接收机。为了快速捕获 P(Y) 码，接收机要有并行的多相关器（如每颗卫星 1023 个），这种并行相关器是由专用的 ASIC 芯片实现的。在采用这种 GPS 接收机的条件下，飞机所提供的初始化信息的精度只需几毫秒，而不是 $10\mu s$，通过飞机的飞行管理和武器管理分系统便能容易地达到这样精度的时间传递。

在飞机上要装 GPS/INS 组合系统，而不能只装 INS 或 GPS，理由如上所述。在炸弹中也要装备 GPS/INS 组合系统，而不只是 GPS 接收机，其原因在于这样可以提高制导信息的连续性、更新率和抗干扰能力。由于组合的结果，抗干扰能力会高于单纯的 GPS 接收机。另外，当炸弹越接近目标时，所承受的干扰可能会越强，最后可能使 GPS 停止工作，在这种情况发生时，惯导还可以继续完成制导。

3) 用系统工程的方法提高 GPS/INS 的制导精度

一般来说，武器的命中误差是目标定位误差与武器制导误差的 RSS（均方根平方和的开方）。当目标定位与武器制导在不同时间，甚至用不同手段完成时，这个算法是正确的。但是，如果目标定位和武器制导都基于 GPS/INS 组合系统，而且在相隔时间很短（10~20min）完成时，情况便不一样了。美国载有 GATS/JDAM 的 B-2 轰炸机便是这样的例子。B-2 飞机上的作为导航的 GPS/INS 组合系统除了为 GPS 精确制导炸弹 JDAM 提供完成初始化所必要的信息之外，还为确定目标位置的用 GPS 辅助的目标定位系统（GATS）提供必要的信息支持。GATS 包含有机载合成孔径雷达，由机载 GPS/INS 所提供的高精度速度信息，首先使合成孔径雷达具有高的分辨力。同时，在雷达测量出地面目标的距离与方位坐标之后，GATS 以机载 GPS/INS 所提供的关于飞机的实时位置、速度、航向姿态与时间信息为基础，将目标的方位与距离转换到 WGS-84 GPS 坐标系中，并传送至武器投放系统。然后飞机便开始了利用 JDAM 对目标的精确打击过程。由此可见，B-2 轰炸机的目标定位与武器制导均借助 GPS，而且两个步骤是可以比较连贯的。对于这样的 GPS 应用方式，便可以采用系统工程的方法，使炸弹命中精度得到进一步提高，即此时炸弹命中精度不再服从 RSS 的规律。

系统工程的方法，是把它们集成起来形成一个统一的系统，把整个系统设计成最佳，所产生分别设计所达不到的效果，而不是把 GATS 和 JDAM 两个分系统单独设计成最佳。众所周知，GPS 系统的定位误差取决于所观测卫星的几何布局和伪距测量误差，几何布局取决于所选用的卫星。而伪距测量误差源有星历误差、卫星时钟误差和电离层传播误差等。按理，对于军用 GPS 接收机来说，由于可以利用卫星的 L1 和 L2 两个载频信号，从而把电离层误差校正掉 99% 以上。但是，为了节省成本，有时炸弹上的军用 GPS 接收机可以是单频工作的，此时电离层误差只能用接收机中的校正模型来减小，这样的效果当然比不上用双频，即还保留着相当一部分电离层误差（40%~50%），这种误差因所观测的卫星不同而不同（因电波穿越电离层的位置与倾斜角变化了），还随时间缓慢变化（由卫星运动、用户运动、电离层变化引起），电离层误差校正结果也与所用的误差校正模型有关。卫星的星历误差和时钟误差也随所观测的卫星不同而不同，且随时间缓慢变化。因此如果2部GPS接收机位置相差不远，在相距不长的时刻（如20min以内），选用相同的4颗卫星来定位，在接收机内采用相同的电离层校正模型，结果2部GPS接收机的定位误差的偏移方向与大小都会有相应的一致性，这就是GPS定位误差的时间与空间相关性。由于GPS卫星距地球表面20200km，每12h才绕地球1周，一段时期电离层经历的主要是周日变化，卫星的运动也比较稳定，卫星上用的是原子钟，因此在精确制导炸弹投放时，在空间和时间上均有条件把这种误差相关性利用起来，达到两个差错加起来就是一个正确的效果。这样，一些精确制导炸弹（如B-2的GATS/JDAM），可以利用机载GPS和炸弹GPS的误差相关性，使JDAM的命中精度高于GPS系统本身的定位精度。

当然，GPS现代化的最终目标之一是要把GPS的精度提高到1m以内，如果能实现，那时利用这种相对导航关系便不再必要了。

4）联合直接攻击弹药研制过程

联合直接攻击弹药（JDAM）是美国空军和海军从1994年4月开始联合研制的。在1991年的沙漠风暴行动中，虽然美军的激光制导和电视制导炸弹取得了重大战果，但也遇到了一些问题。首先，伊拉克地区的沙尘暴、战场上的烟雾和扬起的灰尘时不时造成遮蔽，使这些弹药无法投放。其次，伊拉克军队常常在坦克阵地附近用油桶燃起烟火，而且密集的由雷达控制的防空火炮迫使美军飞机不敢低飞。当飞机高度在15000英尺以上时，激光和电视制导炸弹的命中精度大为降低。JDAM便是在海湾战争的这种经验教训的基础上开始研制的。JDAM的目标是要提供一种消费得起、可高空投放、精确和全天候的制导组件，用以把常规的炸弹改造成"灵巧"炸弹。为研制JDAM，麦道公司和洛克希德·马丁公司展开了竞争，经过第一阶段的工程和制导研制，在第二阶段军方选中了麦道公司。1997年麦道公司与波音公司合并，因而现在JDAM由波音公司供应。

JDAM的制导是由GPS/INS组合系统完成的，GPS接收机由罗克韦尔柯林斯公司提供，惯导由霍尼韦尔公司提供，采用紧耦合方式，惯导是三轴的。制导有两种模式：一是GPS/INS组合模型，精度规定为13m（CEP）；另一种是纯惯导模式，精度为30m（CEP）。之所以设置纯惯导制导模式，是为了防止在炸弹投放出飞机后，发生炸弹GPS被干扰掉的情况。GPS干扰技术的发展，促使美国采取这种防备措施。1996年的使用试验一共投放了22枚JDAM，包括云遮和雪盖目标的情况，结果达到的精度为10.3m。JDAM可以离目标15mile，在35000ft或更高的高度上投放而不降低命中精度。在1999年的科索沃战争中，美军一共投放了650枚JDAM，不管那时巴尔干地区常见雨、雾、雪，其中只有两次失败，原因是飞机上接线发生了差错，从此JDAM名声大噪。以色列和北约18个国家争相订购JDAM。

1997年4月30日，美国空军宣布开始JDAM的初期低速生产，第一批生产937套组件，麦道公司于1998年5月2日开始交货。1999年4月2日空军追加50521788美元的初期低速生产费用，一共生产2527套组件。美国空军原先估计每套JDAM组件价格为40000美元，实际的结果是每套价格仅为14000美元。JDAM之所以价格如此低，是美国国防部采用了新的采购政策,用商用产品取代了符合国防部规定材料的结果。例如,用于在飞行中稳定炸弹的侧滑板是由一家制作剪草机外壳的公司做的。在 GPS 接收机和惯导中使用的不是陶瓷材料,而是加固塑料,这种塑料能承受发动机舱室的热量。结果 GPS 接收机价格仅为 1500 美元,惯导价格 6500 美元。计算机所用的芯片是摩托罗拉公司克隆的老式苹果机的设计,它以 24MHz 的速率运行,虽然低,但够用,结果计算机价格仅为 2000 美元。用于控制炸弹尾翼的电机价格也只有 3000 美元。JDAM 的正式生产合同一共生产 87496 套尾部组件,每套的固定价格为 14000 美元。考虑到通货膨胀,1999 年价格增加到了每套 19000 美元,JDAM 的尾部组件如图 6-32 所示。

用 JDAM 组件改装的常规炸弹有多种。例如,对 1000 磅的 MK-83 加以改装,成为 GBU-35JDAM "灵巧" 炸弹,2000 磅的 MK-84 改装成了 GBU-32,500 磅的 MK-81 改装成了 GBU-38。还将 2000 磅和 1000 磅的钻地炸弹 BLU-109 和 BLU-110 改成了 JDAM。在科索沃战争中,JDAM 还有石墨炸弹。几乎所有美军飞机都能投放 JDAM,包括 B-52H、B-1B、B-2A、F-22A、F-16C/D、F-15E、F-117A、F-14A/B/D、F/A-18C/D/E/C、AV-8B、P-3 和 S-3 飞机,还将 GBU-38 装到了 "捕食者" -B 无人机上。

这些飞机使用 JDAM 的程序是,在起飞之前将任务计划加载到飞机上,其中包括目标坐标、投放包迹和武器终端参数等。在炸弹控装飞机弹舱(架)和飞机武器系统加电后,炸弹便开始初始化过程,包括自检,从飞机自动下载目标位置数据,将其 INS 与飞机 INS 对准等。当飞机飞到位于可发射区(LAR)中的投放点时,投放出武器,也可以在飞行中对 JDAM 炸弹装定目标坐标。

2. 伊拉克战争之后炸弹 GPS/INS 精确制导技术的发展

1) 激光炸弹

由于激光制导炸弹精度高,可以攻击突然出现或有规律运动的目标,抗干扰能力强,所以伊拉克战争之后把激光炸弹 PAVEWAY Ⅱ 和 PAVEWAY Ⅲ 都加上了 GPS/INS 制导,型号从 GBU-27 和 GBU-28 改为 EGBU-27 和 EGBU-28。波音公司也在试验把 500 磅的 JDAMGBU-38 改为激光联合直接攻击弹药(LJDAM)。

2) 小直径炸弹

伊拉克战争之后,精确炸弹制导技术的另一个主要发展方向是发展小直径炸弹(SDB),主要是为了减小炸弹体积,使飞机一次可携带更多的炸弹,如图6-34所示。还有一个是在炸弹上加装数据链,目的是要对付活动目标。

海湾战争期间,一架 F-117 隐身战斗机一次只能携带 2 枚 908kg 的激光制导炸弹,攻击两个目标。美军深感像 F-117 这样的隐身飞机,由于只有内弹舱而无外挂弹架而对地攻击能力太低,为此提出要研制一种尺寸小而威力大,且质量只有 113kg 的小型炸弹,这样,F-117 飞机便可以装载 12 枚,以攻击 12 个目标。

经过多种方案的试验和竞争,2003 年美国空军选定了波音公司以 JDAM 为基础的小直径炸弹方案,签订了研制与生产合同。计划在 2006—2018 年采购 24000 枚 SDB 和 2000 套弹架,首先装备 F-15E 飞机,然后装备 F/A-22 飞机、F-35 飞机、联合无人作战航空系统(J-UCAS)和其他飞机。

第 6 章 GPS/INS 组合制导原理

图 6-34 小直径炸弹外形图

SDB 第 1 种型号的炸弹是 GBU-39，质量为 113kg，直径为 0.19m，长为 1.8m，最大滑翔距离为 74km，侵彻深度钢筋混凝土 1.83m，深度 3m（CEP）。弹架系统型号为 BRU-61A，这是一种"灵巧"弹架，其中包含有航空电子设备和 4 个气动武器弹射器，一个弹架可装载 4 枚 SDB。弹架的航空电子设备用于弹舱管理，从而简化了与不同飞机集成的难度，而且可以在飞行中制定作战计划。装填 4 枚 SDB 之后，弹架质量为 664kg，长为 3.6m，宽和高都为 0.40m。GBU-39 已于 2006 年 9 月开始装备 F-15E 飞机。

SDB 采用连续 GPS/INS 制导，但 GPS 中加入抗干扰技术。除此之外，还加了激光雷达寻的头，使 SDB 命中精度提高到 1～3m（CEP）。还配有可在座舱内选择的电子引信，用以攻击硬目标。另外，SDB 采用"菱形"背弹翼和格栅翼技术，使 SDB 滑翔距离可达 92.6km。

SDB 共有 3 种型号，GBU-39 算是第一种，即 SDB1。第二种型号上装有能够自动识别目标导引头，导引头可在目标附近有限区域内搜索，保证炸弹飞向正确目标。这种 SDB 适用于对付可搬动目标，如地空导弹或地地导弹发射装置，预计于 2009 年装备部队。第三种型号上装有双向数据链和导引头，使之具有巡航待机能力，也能自主寻找目标。数据链用以向操作员反馈炸弹的位置及姿态信息，操作员可以通过数据链终止炸弹的自主活动，转而由操作员控制炸弹飞向目标。

攻击固定目标的 SDB 价格约 6.4 万美元，攻击可移动目标的 SDB 价格约 10.7 万美元。

从 2005 年开始，美军还在开发如下一些用于改进 SDB 的技术，即低成本增程技术、低成本激光雷达末制导技术、微型化抗干扰 GPS/INS 技术、更小更廉价的引信技术、先进的战斗部技术和多平台运载技术。

3) 在 JDAM 上加装数据链

为使 JDAM 能够攻击活动目标，除了将 GPS/INS 制导与激光制导或导引头联合使用之外，便是加装数据链。这种数据链是"经济并可对付地面移动目标"（AMSTE）系统的一部分。

AMSTE 是从 20 世纪 90 年代由诺斯罗普格鲁曼公司在 DARPA 支持下开始研制的。由于是对付活动目标，这就要求对目标保持持续跟踪和有高的定位精度，为了减小弹头，定位精度要在 10m 以内。

利用 E-8 JSTARS 的对地监视雷达能连续跟踪地面目标。然而，虽然其测距精度很高，测角却由于原理上的关系，不能给出所要求的定位精度。所以为产生这样的精度，需要 2 架以上的 E-8 飞机对同一目标进行跟踪，如图 6-35 所示，实际上目标定位用的是测距原理。

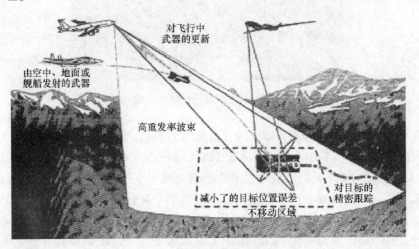

图 6-35　AMSTE 概念

AMSTE 的工作过程如图 6-36 所示。在 E-8 飞机检测并认定了要攻击的目标，即在监视跟踪阶段之后，向瞄准系统发出提示。瞄准系统一方面提供目标跟踪功能，同时对交战进行规划。在图 6-36 中的保持跟踪阶段，一方面保持对目标的肯定识别，另一方面让各种武器准备好用于交战。在这个阶段中，长时间预测算法还向规划系统提供对目标位置的预测数据，以帮助制订交战计划。在武器投放之后还有 3 个阶段，即武器引导、末段寻的和维持跟踪，每一个阶段都必须向武器提供快速更新的目标位置才能保证所要求的精度。为此，自始至终对地面目标连续保持跟踪是成功的关键，因此 AMSTE 必须有先进的跟踪算法。

在 AMSTE 中，由于通信和处理需要时间，很容易使系统产生多达数秒的时延，因而跟踪器通过数据链向武器提供的必须是一种预测位置，即跟踪器算法向武器提供的是在武器发生碰撞时对目标位置的估计。为使跟踪算法能估计出武器与目标发生碰撞时的目标位置，需要有发生碰撞的时间。而且这个时间要精确，因为它的误差会导致命中误差。AMSTE 的设计者认为，由武器本身能更好地估计碰撞时间，然后这个时间可通过数据链报告给跟踪器，而跟踪器则向武器提供目标预测位置，这就要求在跟踪器和武器之间建立起双向数据链。也可以采用只从跟踪器到武器的单向数据链，此时跟踪器向武器提供其在估计的碰撞时间的目标位置与速度，而让武器动态地预测其瞄准点。无论是双向还是单向数据链，其带宽均不会高于每秒数千比特。

需要注意的是，在 AMSTE 系统中，JSTARS 飞机用 GPS/INS 给出其实时位置和航向姿态角信息，以此为基础把由多部机载用测距-测距方式产生的目标数据换算到 GPS

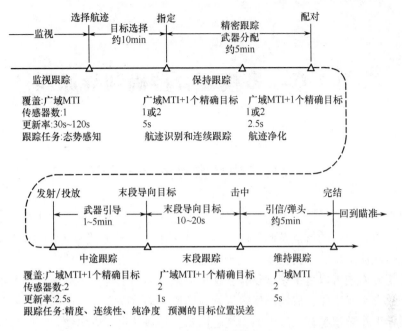

图 6-36 AMSTE 工作过程

所用的坐标系中,处理后用于给 JDAM 制导。

美国空军于 2006 年 8 月向波音公司授予了为 JDAM 炸弹加装数据链的合同,主要是质量为 908kg 的 GBU-32,因为 454kg 和 227kg 级的炸弹体积太小,加改装数据链困难。与此同时,2007 年 1 月美国空军与诺斯罗普格鲁曼公司签订合同,要其对 E-8C JSTARS 飞机作升级改造,使之能够提供 AMSTE 能力。这两项合同都是为使美空军具有海上活动目标的能力。这些都说明,JDAM 炸弹加装数据链的工程接近进入试用。

不过,由上面的叙述可见,这样的系统用起来是不灵便的,它要求 2 架或 3 架 JSTARS 飞机持续跟踪目标,所以据报道,美国 2007 年已取消了这项计划。

第7章　多模复合精确制导原理

7.1　多模复合寻的制导概述

多模复合寻的制导是指采用不同工作模式或体制的探测传感器，共同完成导弹寻的制导任务。根据导弹的特点及制导的要求，选用不同制导方式复合，以获得最佳性能，有效地提高武器系统的打击精度、抗干扰能力、生存能力和可靠性[51]。

多模复合方式可以是多频谱复合，也可以是多体制复合。多频谱复合主要考虑目标的特性、敌方干扰手段、战场环境等因素在频谱、谱宽等方面进行选择。一般来说，复合寻的制导工作频谱越宽，敌方的干扰越困难，导弹的生存概率越大，但其自身的设计也越复杂，电磁兼容要求也越高。

在体制上的复合主要有被动/主动复合、半主动/主动复合等形式，一般来说不同的体制同时工作的可能性不大，这主要由于导引头体积、电磁兼容、制导控制等方面的限制，体制上的复合可增加作用距离、提高命中精度、降低武器系统的整体复杂度。

多模寻的复合制导利用了同一目标的两种以上的目标特性，信息量充分，便于发挥各自优势，其主要特点如下：

(1) 有效地保证了制导作用距离。
(2) 提高了目标识别和捕获能力。
(3) 提高了导弹战术使用的灵活性。
(4) 增加了抗干扰手段。
(5) 提高了对复杂战场环境的适应能力。
(6) 提高了可靠性。
(7) 增强了反隐身能力。

综上所述，多模复合制导可以有效地提高机载导弹的作战效能，但也存在技术复杂度高、技术成熟性差等问题，需要加以解决。

7.1.1　复合制导体制选择原则

复合的根本原则：只要单一制导体制能够实现导弹武器系统的战术技术性能指标，应尽量不选用复合制导体制，因为它会使系统复杂而造价高。一旦决定选择复合制导，就必须参照目前可能采用的多种复合制导体制的优缺点，权衡利弊，作出优化选择[52]。

选择中，为了合理地利用单一制导系统的良好特性，达到精确控制导弹杀伤目标的目的，建议掌握下列原则。

1. 初段制导选择原则

初段制导即发射段制导,是从发射导弹瞬时至导弹达到一定的速度,进入中制导前的制导。通常,发射段弹道散布很大,为了保证射程,使导弹准确地进入中制导段,多采用程序或惯性等自主式制导方式。但是,如果能保证初始段结束时导弹进入中制导作用范围,可不使用初制导。

2. 中制导选择原则

中制导是从初制导结束至末制导开始前的制导段,这是导弹弹道的主要制导段,一般制导时间和航程较长,因此很重要。中制导系统是导弹的主要制导系统,其任务是控制导弹弹道,将导弹引向目标,使其处于有利位置,以便使末制导系统能够"发现并锁住"目标。也就是说,中制导一般不以脱靶量作为性能指标,而根本任务在于把导弹制导至导引头能够"发现并锁住"目标在要求的"栏框"内,因此,它没有很准确的终点位置。

应该指出,中制导结束时的制导精度可决定导弹接近目标时是否还需要采用末制导。当不再采用末制导时,通常称为全程中制导。中制导一般采用自主式制导或遥控制导、捷联惯性制导和指令修正制导。这是机载中距空地导弹普遍采用的中制导方式。

3. 末制导选择原则

末制导是在中制导结束后,置于目标遭遇或在目标附近爆炸时的制导段。末制导的任务是保证导弹最终制导精度,使导弹以最小脱靶量来杀伤目标要害部位。因此,末制导常采用作用距离不远但制导精度很高的制导方式。

是否采用末制导,取决于中制导误差是否能保证命中目标的要求。

末制导通常采用寻的制导或相关制导,且越来越多地采用红外成像制导、毫米波成像制导或电视自动寻的制导等。

7.1.2 多模制导的主要复合模式

目前,在武器上应用的或正在发展的多模复合导引头,主要是采用双模、三模复合形式。表 7-1 所列为多模导引头研制概况。

表 7-1 多模导引头研制概况[53]

弹型	类别	复合方式	国家和地区
哈姆 Block VI	反辐射	被动雷达/主动毫米波	美国
哈姆 Block VII	反辐射	被动雷达/红外	美国
小牛	反辐射	雷达/电视	美国
鱼叉改进型 ACM-84E	空地	主动微波/红外成像+GPS	美国
萨达姆灵巧弹药	反装甲	毫米波/红外	美国
BAT 智能反装甲子弹药	反装甲	双色红外+声响双模式	美国
战斧 Block IV	空地	红外成像/GPS+INS	美国
联合防区外武器	空地	红外成像/GPS+INS	美国
响尾蛇-2 型末制导炮弹	制导炮弹	红外成像/激光	美国

(续)

弹型	类别	复合方式	国家和地区
斯拉姆	反辐射	雷达/红外成像	北约
AAM	空空	半主动微波/主动微波+惯导	俄罗斯
飞鱼 Block Ⅲ	空地	雷达/红外	法国
SMART-155	制导炮弹	毫米波/红外	德国
ARAMIGER	空地	主动雷达/红外	德国
ZEPL	制导炮弹	毫米波/红外	德国
EPHRAM	制导炮弹	毫米波/红外	德国
RARMTS	反辐射	被动雷达/红外	德、法联合
HARM 改进型 Block 4/3B	空地	被动微波/红外	美、德联合
S225X	空空	微波雷达/红外	英国
ARAMIS	空地	被动微波/红外	德、法联合

1. 双模复合制导模式

归纳起来，目前有以下几种复合模式[50]。

1) 双模（双色）光学复合导引头

为了克服老式红外导引头易受红外诱饵和背景的干扰，易丢失目标的缺点，目前许多近程或超近程导弹都采用双模（双色）光学导引头。比较典型的产品有美国的"POST-尾刺"、法国的"西北风"、苏联的 SA-13 等。

"尾刺"便携式地空导弹采用紫外/红外双模导引头和玫瑰花瓣形扫描技术。紫外元件是 CdS 探测器，工作波长 $0.3\mu m$，主要用于探测白天飞机头部铝合金蒙皮反射阳光中的紫外光，它的光谱辐射亮度比晴空背景高出 1~4 个数量级，这样不仅容易将目标从天空背景中分辨出来，而且也增加作用距离和提高全向攻击能力。

另一个探测元件采用 InSb 红外探测器，工作在 $3\sim 5\mu m$ 波段，用来探测和跟踪目标的红外辐射。两种探测器用夹层叠置方式粘合为一，所获得的信号将分别送入两台微处理机，通过比较两种目标信号就可以分析出干扰源和真实目标。该导弹虽然能够采用紫外和红外两种方式进行跟踪和制导，但红外是主要制导模式。它在最初的目标搜索和制导采用紫外方式，待导弹充分接近目标、获得足够的红外特征后，系统便自动切换到红外方式工作。

红外双色识别技术已得到普遍应用。苏联的 SA-13 导弹，采用了双色技术改进原弹型，提高了抗干扰能力，而且低空作战能力强、作战距离可达 7.5km。法国近程 SA-DRAL 导弹采用了双红外波段的红外自动导引头，可抗击距舰 300~600m、高度 3050m 以下、$Ma<1.2$ 的飞机目标（含直升机和反舰导弹）。

2) 微波/红外双模导引头

微波雷达导引头的突出优点是作用距离较远，具有全天候作战能力，缺陷是抗干扰能力弱，分辨力较低，制导精度不高。为了弥补其弱点，它与光学导引头复合是较好的形式。

反辐射导弹一般都采用被动雷达寻的，近年来有采用双模导引头的趋势。这种复合制导方案的优点是利用辐射寻的实施远距离攻击，利用高分辨力的光学导引头进行精确制导。美国的 AGM-88C 反辐射导弹采用微波雷达/红外成像双模导引头。

3) 毫米波/红外双模导头

该种双模复合导引头是当前发展较快的复合形式。它具有全天候作战能力较强、制导精度和抗电子干扰能力较强的特点。比较典型的代表有美国的"萨达姆"遥感反装甲炮弹、法国的 TACED 制导炮弹等。

随着微电子技术的发展，以砷化镓材料为主的单片集成电路使毫米波制导体制可与红外制导技术一样发展为成像制导。该导引头的主要技术包括[53]：

(1) 成像共孔径双模导引头关键技术。
(2) 双模头罩的材料技术。
(3) 毫米波集能器件和固态功率发生器技术。
(4) 先进红外成像探测器技术。
(5) 信息处理和数据融合技术。

2. 三模复合寻的模式

1) 毫米波+红外+电视三模复合导引头

这种三模复合导引头可以有两种复合方法：一种是分别由 3 种传感器独立作出判别，再进行综合；另一种则是由毫米波雷达提供距离信息，用红外和电视两路信息进行图像相关处理得到判别结果。

(1) 单模判别、系统综合复合方法。在这种三模复合制导系统中，数据融合采用的是决策层融合，在融合之前，每种传感器的处理部件已独立完成了决策任务，数据融合的工作实质是按一定的准则以及每个传感器决策的可信度作出全局最优的决策。这种最高级别的数据融合实时性好，能更好地克服各个传感器的不足，并且当系统中有一些传感器失效时，系统仍然能够通过适当的融合规则做出正确的决策，因此具有较好的容错性。

(2) 距离选定、图像相关复合方法。三模复合制导系统采用距离选定、图像相关复合方法，当目标和导弹的距离大于一定数值时，红外和电视成像传感器将不能有效工作，这时采用单一模式的毫米波雷达对目标实施方位搜索和跟踪，并将信号送至驾驶仪以实现自动导引；当距离越来越近，目标在红外成像传感器和电视成像传感器上产生的像素越来越多时，在探测区间内各种目标又都可以成像了。利用毫米波雷达提供的距离信息进行目标距离选择，利用在选择距离内的红外、电视的图像进行相关处理，来完成对目标的捕获与跟踪。这种复合寻的制导方式除具有目标识别能力外，还具有很强的抗干扰能力，除遇到复合干扰方式（毫米波有源干扰+红外干扰+烟幕干扰）不能正常工作外，其他干扰方式都能收到很好的抗干扰效果。

2) 被动雷达+红外传感器+捷联惯导的三模两级复合导引头

采用被动雷达寻的加红外传感器加捷联惯导的复合制导方案作为某型导弹末制导方案，以对抗雷达关机。即弹上共装有三套共两级制导装置：第一级是被动雷达寻的加红外传感器，第二级是一套捷联惯导系统。在雷达关机以前导弹采用被动雷达加红外传感器寻的，雷达提供目标的距离和方位角，红外传感器提供目标的方位角和俯仰角；二者的测量信息在检测级融合中心进行融合，并进行时空校准；若雷达关机，则导弹根据二者数据融合后向导引头所提供的测角信息建立一条指向雷达的惯导轴，转入惯导系统工作并输出控制信号制导导弹沿所建立的惯导轴飞行直至命中目标，以此达到对抗雷达关机的目的。惯导控制信号的形成主要由弹载计算机完成。三模复合制导原理如图7-1所示。

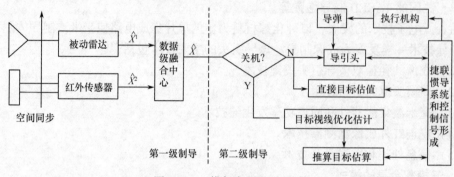

图7-1 三模复合制导原理图

3) GPS/SINS/MMW 复合制导[54]

卫星制导的优势在于制导精度的长期稳定性好，但其抗干扰性能差。惯导的优势在于自主导航能力强、抗外界干扰能力强、短期精度高，但制导精度的长期稳定性差，两者的组合精度高于单一的系统且长期精度和稳定性都较高MMW（毫米波）的频谱介于微波和光波之间，因此，毫米波探测系统既具有微波的全天候的特点，又具有光学探测系统的精度高的特点，在雷达、导弹制导等领域具有广阔的应用前景。毫米波元器件的尺寸小，使得毫米波雷达系统的体积和质量小，特别适合于弹载应用。毫米波波长短，容易得到窄的雷达波束，可以提高毫米波雷达的探测精度和分辨力，与激光和红外制导武器相比，毫米波制导武器在其传输窗口的大气衰减和损耗小，穿透云层、雾、尘埃和战场烟雾能力强，可以在恶劣的气象和战场环境中正常工作，其不足之处在于毫米波制导距离近，捕捉目标困难，这就要求毫米波制导必须和中制导配合起来，以达到高精度、远距离命中目标的要求。

GPS/SINS/MMW 复合制导系统的优点主要体现在：增加制导系统的精度，加装MMW 导引头可打击慢速移动目标，整个系统的抗干扰能力强，降低中制导传感器的硬件要求，即GPS/SINS 中制导精度高，有利于毫米波导引头捕捉到目标，弥补 MMW 导引头探测距离近的不足，可打击远程要害目标，提高发射载体的生存概率。

GPS/SINS/MMW 复合制导系统是攻击移动目标的重要串并联制导方式，在未来的巡航导弹的研制中必将受到重视。

从光学上构成红外和毫米波复合的方法有以下两种：

（1）分孔径复合。分孔径复合方式也称为共瞄准线式或平行并列结构式，它的特点是把两个传感器的视线（场）分开，瞄准线保持平行，这种结构制作比较容易。在信息处理上，这种复合方式是将红外光学系统和毫米波天线独立获取的红外和毫米波信息在数据处理部分进行复合处理。这种分孔径复合具有下列特点。

① 由于光学系统和天线安装位置不同，红外和毫米波相互不影响。

② 红外和毫米波系统各需要一套扫描机构，并且结构复杂。

③ 在探测同一目标时，红外和毫米波系统各有一套坐标系统，在统一两种信息参数时，需要校准，存在校准误差。

④ 体积大和质量大、成本高。毫米波和红外传感器都拥有各自的扫描结构和稳定结构，其结构的体积尺寸比较大，只能适用于弹径较大的导弹。

（2）共孔径复合。毫米波/红外共孔径复合是将红外光学系统和毫米波天线设计成共口径的统一体。它发射电磁能量，同时兼接收红外和毫米波能量，并把红外和毫米波能量分离，然后分别传输至红外探测器和毫米波接收机。这种复合方式具有下列显著的特点。

① 探测精度高。在红外/毫米波复合传感器中，光轴与电轴重合，当复合系统探测同一目标时，两个系统坐标一致，无需校准，避免了校准误差，从而提高了精度。

② 体积和质量小、成本低，是未来精确制导武器复合寻的制导技术的重要发展方向。

③ 制作难度较大，尤其是头罩要能透过两个特定的波带。

4）主被动雷达复合导引头[55]

在主被动雷达多模导引系统中，从功能上看存在主动雷达与被动雷达两个分系统。对于常规的单模制导系统，在进行系统设计时只需考虑对于单一雷达系统的优化。对于在有限的空间内进行多模制导系统的设计，需要对两个分系统的设计进行折中，设计的关键是两个雷达分系统的一体化设计。根据主动、被动两个雷达系统的工作特点，部分电路可以进行融合设计，在这种设计模式下，主被动雷达多模导引头的组成如图7-2所示。

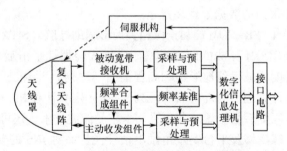

图7-2 主被动雷达多模导引头组成框图

在这种多模导引头中，为了满足对于空间尺寸的严格限制，必须对主、被动两个雷达分系统一些组件进行融合设计，包括复合天线、频率合成组件、数字化处理组件等。其中，复合天线的设计方案将直接影响导引头的弹径，因而必须对其重点关注。

被动雷达由于是单程接收，雷达的截获距离在一定条件下相对较远，同时，由于被动雷达本身不辐射信号，对方的导弹告警装置无法侦察，攻击具有隐蔽性，但被动雷达由于带宽相对较宽，制导精度较差。主动雷达由于发射机输出功率的限制，截获距离较近，同时发射机开机后对方的导弹告警装置即可侦察到导弹攻击而采取机动或释放干扰。

根据上面分析的两个雷达系统的工作特点与技术特点,被动分系统在主动分系统之前开始工作,接收包括目标雷达在内的多种雷达的辐射脉冲,经过接收处理电路的处理形成接收脉冲的载频、脉宽、到达时间、脉冲幅度等参数,根据加载的目标信息由信息处理电路进行目标分选。一般利用载频、脉宽、到达时间(重复频率)进行分选。完成目标分选后进行重频跟踪,在此基础上进行目标角度的测量,根据测量的角度数据闭合目标跟踪回路。

在进入主动雷达分系统的截获距离后,主动雷达发射机开机,主动接收与处理电路在被动分系统所跟踪的方位上对目标进行速度(距离)搜索。截获目标后,导引头可以有两种工作模式:一是主动雷达分系统稳定截获以后导引头由被动跟踪转入主动跟踪;二是主动、被动两个分系统同时工作,导引头进入融合跟踪模式。由于融合跟踪模式可以利用两个雷达系统的测量信息改进跟踪性能与抗干扰性能,因此,多模导引头应以融合跟踪模式为主。

5) 惯性/图像复合制导技术[56]

地形辅助导航(TAN)技术近几年得到了迅速发展。TAN系统的种类很多,但基本上可以分为两大类:一类以地形标高剖面图为基础;另一类以从数字地图导出的地形斜率为基础。它们都包含有地形特征传感设备、推算导航设备、数字地图存储装置和数据处理装置四部分。地形特征传感设备(如雷达高度表、气压表和大气数据计算机)测量出导弹下方的地形剖面或其他特征,推算导航设备(如INS、多普勒导航雷达)估算出地形特征位置,再以这个估算位置为基础,在数字地图存储装置中搜索出能与测得的地形特征拟合最好的地形特征,该地形特征在数字地图中所处的位置便是导弹的精确位置。然后进行迭代,就能使导弹连续不断获得任意时刻的精确位置。拟合是一种相关处理过程,用精确位置去修正推算导航系统也要借助于卡尔曼滤波处理技术,因此,TAN系统需要有功能很强的数据处理装置。

地形等高线匹配(TER-COM)和景像相关地形辅助导航(SITAN)是TAN技术中的两种典型算法。TERCOM算法的原理是气压高度表经惯性平滑后所得绝对高度和雷达高度表实测相对高度相减得到地形实际高程剖面(序列),与根据INS位置信息和地形高程数据库所得的计算地形高程剖面(序列),按一定算法作相关分析,所得相关极值点对应的位置就是匹配后的位置。若再采用卡尔曼滤波技术,还可利用位置误差的观测量对速度误差、陀螺漂移及平台误差角做出估计,从而对INS的导航状态作出修正,得到最优导航状态。景像相关是另一种相关分析法,又称为地表二维图像相关。它可以通过一个数字景像匹配区域相关器将导弹飞越区域的景像与预存在计算机中有关地区的数字景像进行匹配,从而获得很高的导航精度。由于地形高度相关特别适合于山丘地形,而景像相关则特别适用于平坦地形,且具有更高的定位精度(可达到几米),因此将两者结合起来可获得最佳的匹配效果。

SITAN算法是美国桑地亚实验室研制开发的桑地亚惯性地形辅助导航算法,它不同于相关分析法,采用了广义递推卡尔曼滤波算法,具有更好的实时性。INS输出的位置可在数字地图上找到地形高程,而INS输出的绝对高度与地形高程之差为飞行器相对高度的估计值,它与雷达高度表实测相对高度之差就是卡尔曼滤波的测量值。由于地形的非线性特性导致了测量方程的非线性,采用地形随机线性化算法可实时获得地形斜率,得到线性化的测量方程；结合 INS 的误差状态方程，经卡尔曼滤波递推算法可得导航误差状态的最优估值，采用输出校正可修正 INS 的导航状态，从而获得最优导航状态。美国的核战斧巡航导弹采用了惯导+地形匹配系统。常规战斧巡航导弹除了采用惯导+地形匹配系统外，还加入了下视景像匹配系统。

6) 惯性/天文复合制导技术

惯性/天文导航系统主要由平台式惯导和星光探测器构成。与只能在夜晚观测星体的六分仪相比，采用电荷耦合器件（CCD）的星光探测器具有在白天和黑夜都能观测星体的优点。安装于当地水平稳定平台上的星光探测器，借助于环架结构，在方位和仰角上有两个自由度。星光探测器只有极小的视界范围，通过环架驱动指令使其能对准于恒星，故也把它称作恒星跟踪器。在云层条件合适的情况下，该跟踪器在白天和夜晚都具有跟踪恒星的能力。设备安装时需在飞机的顶部开一个观察孔，以便于星光探测器观察；星光探测器惯性平台组件就直接装于观察孔之下。定位时所需的恒星星历是指恒星所在的位置和恒星亮度等级。这些参数以及星光探测器的校准系数都存储在导航计算机内。在给出精确的时间数据后，便能计算出恒星指向数据，并得到计算视角与测量视角之差。在导航滤波器中，这些角度之差当作惯性姿态基准误差进行处理。滤波器的输出既被用来修正导航系统的输出，也被用于修正惯性仪表校准系数。

7) 惯性/多普勒雷达复合制导技术

多普勒制导系统的精度较高，并且昼夜、云上、云下均可使用，但容易受到无线电干扰。为了发挥其优点，可将多普勒制导和惯性制导结合使用。它不仅可利用多普勒系统的速度信号，修正平台的水平跟踪和提高惯性制导系统的精度，而且也可利用多普勒系统的速度信号，修正平台的漂移，进一步提高惯性制导系统的精度。

惯性/多普勒制导系统的工作原理：导弹在飞行中，平台上的加速度计不断地测出导弹飞行的加速度，加速度信号经一次积分后计算得到速度信号。同时，由多普勒测速系统精确地测出导弹速度。再将这两个速度信号输入速度比较器进行比较，若出现误差信号，立即将误差信号送入一次积分器，以校正由于陀螺仪进动或加速度精度不高而造成的误差。另外，为提高系统的抗干扰能力，可使多普勒测速装置间歇工作，即每隔一定时间，测速装置工作一次，对惯性制导系统测算的数据修正一次。

7.2 单一模式寻的性能分析

目前各种单一模式的导引头都有各自的特点，有其长处，也有其不足。各种单一模式寻的导引头的性能见表 7-2。

表 7-2 单一模式寻的性能分析

模式	探测特点	缺陷与使用局限性
主动雷达寻的	(1) 全天候探测； (2) 有距离信息，作用距离远； (3) 可全向攻击	(1) 易受电子干扰； (2) 易受电子欺骗

(续)

模 式	探 测 特 点	缺陷与使用局限性
被动雷达寻的	(1) 全天候探测； (2) 作用距离远； (3) 隐蔽工作，全向攻击	无距离信息
红外（点源）寻的	(1) 角精度高； (2) 隐蔽探测； (3) 抗电子干扰	(1) 无距离信息； (2) 不能全天候工作； (3) 易受红外诱饵欺骗
电视寻的	同红外（点源）寻的	同红外（点源）寻的
激光寻的	(1) 角精度高； (2) 主动式可测距； (3) 抗电子干扰	(1) 大气衰减大，探测距离近； (2) 易受烟雾干扰
毫米波寻的	(1) 角精度高，可测距； (2) 全天候探测，抗干扰能力强； (3) 有目标成像和识别能力	(1) 只有四个频率窗口可用； (2) 作用距离较近
红外成像寻的	(1) 角精度高； (2) 有目标成像和识别； (3) 抗电子干扰	(1) 无距离信息； (2) 不能全天候工作； (3) 距离较近

从表可看出，任何一种模式的寻的装置都有其缺陷与使用局限性。若把两种或两种以上模式的寻的技术复合起来，取长补短，就可以取得寻的系统的综合优势，使精确制导武器的制导系统能适应不断恶化的战场环境和目标的变化，提高精确制导武器的突防能力。

7.3 多模复合制导系统的分类

复合制导按组合方式的不同，可分为串联复合制导、并联复合制导及串并联复合制导三种。在一种复合制导系统中，一般都包括供每一种制导方式单独使用的设备、供几种制导方式共用的设备和实现制导方式转换的设备[34]。

1. 串联复合制导

串联复合制导是在导弹飞行轨迹的不同阶段，采用相互衔接的不同制导方式的复合制导。

串联复合制导的过程：在导弹发射后的飞行初段或中段，采用一种制导方式；当导弹进入飞行中段或末段时，因制导精度降低，或前一种制导方式已完成制导任务，则由制导方式转换设备发出指令，使制导方式转换到另一种可以保证导弹制导精度的制导方式上，引导导弹最终飞向目标。

串联复合制导在各类导弹中都有应用，特别是在射程较远的巡航导弹中应用最为广泛。如英国的"海蛇"空舰导弹和挪威的 AGM-119A "企鹅"Ⅲ空舰导弹等（图7-3）。其中，英国20世纪50年代末研制的"海蛇"空舰导弹采用雷达波束制导和末段半主动寻的制导的复合制导。

图 7-3　采用串联复合制导的挪威 AGM-119A "企鹅" Ⅲ 空舰导弹

串联复合制导可以增大制导距离，实现飞行过程的全程制导。在较长时间内和较远距离上采用串联复合制导时，制导系统的工作具有明显的阶段性，因此必须解决好制导方式转换时所遇到的问题，如弹道的衔接问题。一般是在前一种制导方式达不到要求的制导精度时，才转为下一种制导方式。必要时，需要以多种制导方式交替工作。随着微电子技术、数字传输技术的发展，制导系统中的导引控制设备和制导控制技术也有了较大的发展，在弹道的衔接上既可由人工控制也可由弹上设备自行控制。如果导弹的末制导采用寻的制导，还必须考虑目标的再截获问题。为解决上述问题，可以在弹道末段采用并联复合制导，以保证导弹在多种复杂条件下仍能命中目标。

2. 并联复合制导

并联复合制导是在导弹的整个飞行过程中或在弹道的某一阶段，同时或交替采用两种或两种以上制导方式的复合制导。

并联复合制导常见的有以下四种复合方式：
（1）将几种制导方法复合在一起，成为一种新的制导体制。
（2）利用不同的制导方式控制导弹的不同运动参数。
（3）有一种制导方式起主导作用，其他制导方式起辅助和校正作用。
（4）采用两个导引头并行工作。

采用并联复合制导时，导弹在某一个飞行阶段或整个飞行过程中，同时采用几种制导方式，各种方式相互补充，可以利用多种信息源实施制导，提高了制导的可靠性和制导精度。并联制导可根据作战环境选择合适的制导方式，特别是多模复合寻的制导中不同波段的制导方式的并联运用，可以充分利用已有的探测技术，在解决数据融合与信息并行处理等问题的基础上，可以有效地提高制导系统的智能化水平和抗干扰能力。但并联复合制导系统的设备比较复杂，体积大，成本比较高，限制了其应用与发展。为实现各种制导方式在探测能力和抗干扰功能上的互补，使复合应用的几种制导设备都能同时工作，不同制导信息的合成要由弹载计算机系统完成，其技术关键是算法模块的设计和目标识别数据库的建立。

3. 串并联复合制导

串并联复合制导是在导弹制导过程中，在不同的飞行阶段采用不同的制导方式，又在同一飞行阶段采用两种或两种以上的制导方式的复合制导。

串并联复合制导出现在 20 世纪 80 年代，并应用在第二代战术导弹上。它的产生基于无线电、红外、电视、激光等多种制导技术。开始是各种制导方式简单的串联,继而产生了各种制导方式的并联,在 80 年代形成了串并联复合制导。

这种复合制导技术不仅具有几种制导方式串联运用的特点,还具有将一些制导方式并联运用的特点。串并联复合制导的主要类型有自主制导或遥控制导与半主动式或被动式制导的结合,自主制导或遥控制导与主动式或半主动式制导的结合。

串并联复合制导的优点是实现了导弹的全程制导,增大了制导距离,提高了制导精度。在串并联复合制导中,不同阶段的串联制导可以提高整个制导系统的精度,保证整个制导过程的平稳过渡;同一阶段的并联制导可以提高制导系统的抗干扰能力,使其具有全天候、多方位的可靠制导。但串并联复合制导的系统设备比较复杂,制导设备研制生产成本比单一制导设备的高,同时它对系统的可靠程度要求也比较高,各种制导方式的相互转换、信号的综合合成技术都还有待进一步研究发展。串并联复合制导将是导弹制导方式发展的主流,有着广阔的应用前景。

7.4 多模复合制导系统的信息处理及融合

7.4.1 多模制导的复合原则

各种模式复合的首要前提要考虑作战目标和电子、光电干扰的状态,根据作战对象选择、优化模式的复合方案。除模块化寻的装置、可更换器件和弹体结构外,从技术角度出发,优化多模复合方案还应有一些复合原则。

粗略分析有以下五项原则可供遵循[57-58]:

(1) 各模式的工作频率,在电磁频谱上相距越远越好。多模复合是一种多频谱复合探测。使用什么频率、占据多宽频谱,主要依据探测目标的特征信息和抗电子、光电干扰的性能决定。参与复合的寻的模式工作频率在频谱上距离越大,敌方的干扰手段欲占领这么宽的频谱就越困难,否则,就逼迫敌方的干扰降低干扰电平。同时,探测的目标特征信息越明显。当然,在考虑频率分布时,还应考虑它们的电磁兼容性。单一模式寻的技术使用的频谱,可从图 7-4 看出。从图可知,合理的复合有微波雷达(主动或被动辐射计)/红外、紫外的复合,毫米波雷达(主动或被动)/红外复合,微波雷达/毫米波雷达的复合等。

(2) 参与复合的模式制导方式应尽量不同,尤其当探测的能量为一种形式时,更应注意选用不同制导方式进行复合,如主动/被动复合、主动/半主动复合、被动/半主动复合等。

(3) 参与复合模式的探测器口径应能兼容,便于实现共孔径复合结构。这是从导弹的空间、体积、重量限制角度出发的。目前,经研究可实现的有毫米波/红外复合寻的制导系统,这是一种高级的新型导引头,它利用不同波段的目标信息进行综合探测,探测信息经提取目标特征量、应用目标识别算法和判断理论、确定逻辑选择条件,实现模式的转换、识别真假目标等。它们的共孔径复合结构可以有四种。

① 卡塞格伦光学系统/抛物面天线复合系统;

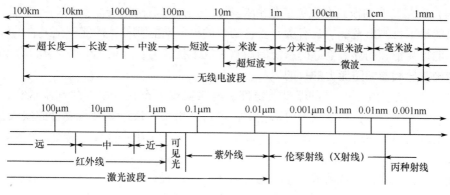

图 7-4 单一模式寻的技术使用的频谱分布

② 卡塞格伦光学系统/卡塞格伦天线复合系统;
③ 卡塞格伦光学系统/单脉冲阵列天线复合系统;
④ 卡塞格伦光学系统/相控阵天线复合系统。

具体结构如图 7-5 所示。

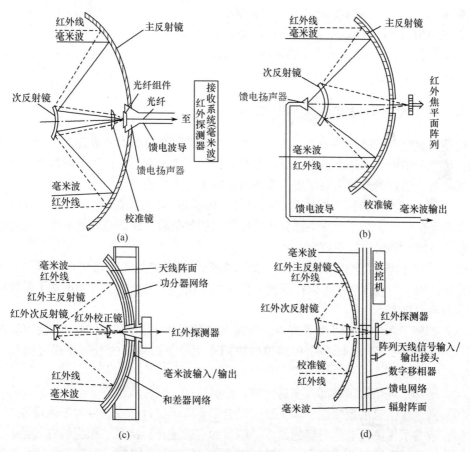

图 7-5 毫米波/红外复合寻的制导系统的结构
(a) 卡塞格伦光学系统/抛物面天线复合系统;(b) 卡塞格伦光学系统/卡塞格伦天线复合系统;
(c) 卡塞格伦光学系统/单脉冲阵列天线复合系统;(d) 卡塞格伦光学系统/相控阵天线复合系统。

(4) 参与复合的模式在探测功能和抗干扰功能上应互补。这是从多模复合寻的制导提出的根本目的出发的。只有参与复合的寻的模式功能互补，才能产生复合的综合效益，才能提高精确制导武器寻的系统的探测和抗干扰能力，才能达到在恶劣作战环境中提高精确制导武器突防能力的目的。

(5) 参与复合的各模式的器件、组件、电路实现固态化、小型化和集成化，满足复合后导弹空间、体积和重量的要求。从这个角度出发，最适宜参与复合的模式有 $\lambda=2cm$ 的主、被动寻的雷达，毫米波主、被动寻的雷达，红外导引头，激光和紫外光探测系统等。

经研究、试验，在被动雷达参与复合的体制中，最适宜的结构体系是相位干涉仪。因为它的天线可以安装在导弹的头部的边壁上，不占用导弹头部的中心部位，能为第二、第三模式留有最好的探测头安装位置，这是其他模式所不具有的。所以在导弹的多模复合寻的中，多用相位干涉仪作为被动雷达。若保证导弹在飞行中的旋转，可以有效地消除干涉仪角数据的模糊性。

采用相位干涉仪实现多模复合寻的方案如下：

被动相位干涉仪/红外、紫外双色复合导引头；

被动相位干涉仪/毫米波主动雷达导引头；

半主动相位干涉仪/红外寻的导引头；

半主动相位干涉仪/毫米波主动雷达导引头；

被动相位干涉仪/红外成像导引头。

7.4.2 多传感器处理及融合方法

所谓信息融合，就是将来自多个传感器或多源的信息进行综合处理，从而得出更为准确、可靠的结论。多传感器信息融合在解决探测、跟踪和目标识别等问题上，具有许多性能裨益。信息融合的重要作用主要体现在以下几个方面[59]：

(1) 增加了系统的抗干扰能力。在有若干传感器不能利用或受到干扰，或某个目标不在覆盖范围时，总还会有一部分传感器可以提供信息，使系统能够不受干扰连续运行、弱化故障，并增加检测概率。

(2) 扩展了系统的空间覆盖范围。通过多个交叠覆盖的传感器作用区域，扩大了空间覆盖范围，一些传感器可以探测其他传感器无法探测的地方，进而增加了系统的监视能力和检测概率。

(3) 扩展了系统的时间覆盖范围。当某些传感器不能探测时，另一些传感器可以检测、测量目标或事件，即多个传感器的协同作用可提高系统的时间监视范围和检测概率。

(4) 增加了可信度。一部或多部传感器能确认同一目标或事件。

(5) 减少了信息的模糊性。多传感器联合信息降低了目标或事件的不确定性。

(6) 改善了探测性能。对目标的多种测量的有效融合，提高了探测的有效性。

(7) 提高了空间的分辨能力。多传感器孔径可以获得比任何单一传感器更高的分辨力，并用改善的目标位置数据支持防御反应能力和攻击方向的选择。

(8) 改善了系统的可靠性。多传感器相互配合使用具有内在的冗余度。

(9) 增加了测量空间的维数。使用不同的传感器来测量电磁频谱的各个频段的系统，从而不易受到敌方行动或自然现象的破坏。

多传感器系统的信息具有多样性和复杂性，因此信息融合的方法应具有鲁棒性、并行处理能力、高运算速度和精度，以及与前续预处理和后续信息识别系统的接口性能、与不同技术和方法的协调能力、对信息样本的要求等。信息融合作为一个在军事指挥和控制方面迅速发展的技术领域，实际上是许多传统科学和新兴工程的结合与应用。信息融合的发展依赖于这些学科和领域的高度发展与相互渗透。这样的学科特点也就决定了信息融合方法具有多样性与多元化。

进行信息融合的方法和工具有很多，涉及数学、计算机科学、电子技术、自动控制、信息论、控制论、系统工程等科学领域。主要理论涉及数据库理论、知识表示、推理理论、黑板结构、人工神经网络、贝叶斯规则、Dempster-Shafe（D-S）证据理论、模糊集理论、统计理论、聚类（Clustering）技术、Figure of Merit（FOM）技术、熵（Entropy）理论、估计理论等。

信息融合根据实际应用领域可分为同类多源信息融合和不同类多源信息融合。实现方法又可分为数值处理方法和符号处理方法。同类多源信息融合的应用场合如多站定位、多传感器检测、多传感器目标跟踪等，其特点是所需实现的功能单一、多源信息用途一致，所用方法是以各种算法为主的数值处理方法，其相应的研究为检测融合、估计融合等。不同类多源信息融合的应用场合如目标的多属性识别、威胁估计，其特点是多源信息从不同的侧面描述目标事件，通过推理能获得更深刻完整的环境信息，所用方法以专家系统为主。

目前，比较通用的信息融合方法有以下几种。

1. 基于估计理论的信息融合

估计理论包括如下技术：极大似然估计、卡尔曼滤波、加权最小二乘法和贝叶斯估计等。这些技术能够得到噪声观测条件下的最佳状态估计值。其中，卡尔曼滤波用于实时融合动态的低层次冗余数据。该技术用测量模型的统计特性，递推决定统计意义下是最优的信息融合估计。如果系统具有线性的动力学模型，且系统噪声和测量噪声是高斯分布的白噪声模型，那么卡尔曼滤波为融合数据提供唯一统计意义下的最优估计。卡尔曼滤波的递推特性使系统数据处理不需要大量的数据存储和计算。如果数据处理不稳定或系统模型线性程度的假设对融合过程产生影响时，可采用扩展的卡尔曼滤波代替常规的卡尔曼滤波。采用分散卡尔曼滤波实现信息融合完全分散化，每个节点单独进行预处理和估计，任何一个节点失效不会导致整个系统失效，因而分散式的结构对信息处理单元的失效具有鲁棒性和容错性。1988年，Carlson提出了联邦卡尔曼滤波器的信息融合算法，它采用信息分配原理将系统动态信息分配到每一个局部滤波器中，得到全局最优或次优估计。联邦卡尔曼滤波主要有四种实现结构：无反馈式、融合反馈式、零复位式和变比例式。贝叶斯估计是融合静态环境中低层信息的一种常用方法，其信息描述为概率分布。Durrant-Whyte提出了信息融合的多贝叶斯估计方法，即把单个节点当作一个贝叶斯估计器，利用多贝叶斯方法，将与相应对象有关的概率分布组合成一个联合后验分布函数，然后将此联合分布的似然函数极大化，算出融合信息。

目前，估计理论是应用最广泛的一种方法，现在的大部分融合技术都基于估计理论，这也是在实际中证明是最可行的方法之一。

2. 基于推理的信息融合

经典推理方法是计算一个先验假设条件下测量值的概率，从而推理描述这个假设条件下观察到的事件概率。经典推理完全依赖于数学理论，运用它需要先验概率分布知识，因此，该方法实际应用具有局限性。贝叶斯推理技术解决了经典推理方法的某些困难。贝叶斯推理在给定一个预先似然估计和附加证据（观察）条件下，能够更新一个假设的似然函数，并允许使用主观概率。

3. 基于 D-S 证据推理理论的信息融合

D-S 证据推理理论是贝叶斯方法的扩展。在贝叶斯方法中，所有没有或缺乏信息的特征都赋予相同的先验概率，当传感器得到额外的信息，并且位置特征的个数大于已知特征的个数时，概率会变得不稳定。而 D-S 证据推理对未知的特征不赋予先验概率，而赋予它们新的度量——"未知度"，等有了肯定的支持信息时，才赋予这些未知特征相应的概率值，逐步减小这种不可知性。该方法根据人的推理模式，采用了概率区间和不确定区间来确定多证据下假设的似然函数，通过 D-S 证据理论构筑鉴别框架。样本的各个特征参数成为该框架中的证据，得到相应的基本概率值，对所有预证命题给定一可信度从而构成一个证据体，利用 D-S 组成规则将各个证据体融合为一个新的证据体。D-S 证据理论需要完备的证据信息群，同时还需要专家知识，得到充足的证据和基本概率值。

4. 基于小波变换的多传感器信息融合

小波变换又称为多分辨力分析。小波变换的多尺度和多分辨力特性可在信息融合中起到特征提取的作用，它能将各种交织在一起的不同频率组成的混合信号分解成不同频率的块信号。应用广义的时频概念，小波变换能够有效地应用于如信号分离、编码解码、检测边缘、压缩数据、识别模式、非线性问题线性化、非平稳问题平稳化、信息融合等问题。

5. 基于模糊集合理论和神经网络的多传感器信息融合

模糊逻辑是典型的多值逻辑，应用广义的集合理论以确定指定集合所具有的隶属关系。它通过指定一个 0~1 的实数表示真实度，允许将信息融合过程中的不确定性直接表示在推理过程中。模糊逻辑可用于对象识别和景像分析中的信息融合。各信息源所提供的环境信息都具有一定程度的不确定性，对这些不确定性信息的融合过程实际是一个不确定性推理过程。神经网络可根据当前系统接受到的样本的相似性，确定分类标准。这种确定方法主要表现在网络的权值分布上，同时可用神经网络的学习算法来获取知识，得到不确定性推理机制。由于模糊集理论适应于处理复杂的问题，另外又由于神经网络具有大规模并行处理、分布式信息存储、良好的自适应和自组织性、很强的学习、联想和容错功能等特征，因此，可以应用模糊集理论与神经网络相结合来解决多传感器各个层次中的信息融合问题。神经网络有学习型和自适应型两种主要模式，学习型神经网络模式中应用最广的是 BP 网络，常见的自适应神经网络有自适应共振理论（ART）网络模型。

6. 基于信息熵理论的多传感器信息融合

信息熵理论适用于处理信息的不确定性问题,它可从理论上说明多源信息融合在缩小系统不确定性方面所具有的优势。

7. 基于专家系统的信息融合

专家系统是一组计算机程序,该方法模拟专家对专业问题进行决策和推理的能力。专家系统或知识库系统对于实现较高水平的推理,例如威胁识别、态势估计、武器使用及通常由军事分析员所完成的其他任务。专家系统的理论基础是产生式规则,产生式规则可用符号形式表示物体特征和相应的传感器信息之间的关系。当涉及的同一对象的两条或多条规则在逻辑推理过程中被合成为同一规则时,即完成了信息的融合。

在信息的组合和推理中,专家系统是一个必不可少的工具。对于复杂的信息融合系统,可以使用分布式专家系统。各专家系统都是某种专业知识的专家,它接受用户、外部系统和其他专家系统的信息,根据自己的专业知识进行判断和综合,得到对环境和姿态的描述,最后利用各种综合与推理的方法,形成一个统一的认识。

8. 基于等价关系的模糊聚类信息融合

聚类是按照一定标准对用一组参数表示的样本群进行分类的过程。一个正确的分类应满足自反性、对称性和传递性。然而实际问题往往伴随着模糊性,从而产生了模糊聚类。聚类分析方法有基于模糊等价关系的动态聚类法和基于模糊划分的方法等。

7.4.3 多模制导中多传感器信息融合的分类及应用

1. 多模制导中多传感器信息融合的分类

多模制导系统的信息融合按相互融合的信息来源大体可分为以下几类[60]:

(1) 导引头与导引头间的信息融合。多模导引头必然存在各导引头之间的信息融合问题。通过信息融合技术,使各导引头发挥自己的长处,达到互相取长补短、提高导弹整体性能的目的。

(2) 导引头与弹上其他测量元件的信息融合。多模制导中除了导引头间的信息融合外,还可能与其他元件的信息相融合。例如,中远程导弹采用导引头导引+惯导修正的中制导方式,此时,就存在导引头信息与惯导信息的融合问题。

(3) 导引头与修正指令的信息融合。复合制导中,还存在导引头导引+修正指令(例如无线电指令)的复合模式,此时,就存在导引头信息与修正指令信息间的信息融合。

(4) 导引头与引信的信息融合。这就是许多文献所提的引制一体化技术,它利用导引头所提供的信息来控制引信的起爆时间、起爆方位等,从而最大限度地杀伤目标,实现战斗部的智能化。

2. 多传感器数据融合技术在多模复合制导中的应用

1) 信息融合技术在增程问题上的应用

单一导引头的作用距离有限,而多传感器的信息融合能增加导弹的攻击距离。例如,目前国外研制的防区外发射导弹,中制导采用 GPS/INS 导航系统加地形匹配,这样通过信息融合技术将 GPS 系统和 INS 系统整合在一起,利用地形匹配实现远程防区外打击，如美国空军/海军的联合空面防区外导弹（JASSM）的中制导就采用 GPS 辅助的 INS，并采用新的抗干扰性能好的 GPS 零信号控制天线系统保护。

2）信息融合技术在抗干扰问题上的应用

因为多模导引头它工作的频段范围不唯一，因此敌方难以实现完全干扰。当某一频段受干扰时，复合导引头可以切换到未受干扰的频段工作。

以雷达/红外导引头为例，它们既能工作在雷达的频率范围内，又能工作在红外波段内。在红外干扰环境中，雷达系统可以正常工作，并通过信息融合使红外系统也能正常工作；当存在雷达干扰时，红外系统可以正常工作，并通过信息融合使雷达系统也能正常工作。所以，双模导引头的抗干扰性能远优于通常的单一传感器探测系统。

多传感器信息融合技术是一种有发展前途的抗干扰技术，它综合利用多种探测手段，融合处理目标的多种信息，使各种抗干扰系统性能互补，从而较大地提高了武器系统的抗干扰能力。

3）信息融合技术对全天候作战能力的提高

以雷达导引头和红外导引头为例，雷达头具有全天候探测、有距离信息、作用距离远、可全向攻击的特点，但它易受电子干扰和电子欺骗；而红外导引头则相反，抗电子干扰，角精度高，却无距离信息，也不能全天候工作。因此，将这两种导引头结合起来，通过合适的信息融合算法，可以使导弹不仅具有雷达导引头的优点，还具有红外导引头的优点，既可以全天候工作，作用距离远，而且有一定的抗干扰能力，如美国、德国等国家联合研制的被动雷达/红外拉姆导弹、美国的西埃姆雷达/红外导弹等。

4）信息融合技术对制导精度的提高

除了多模导引头提高导弹的制导精度外，导引头与惯导的信息融合也大大提高了导弹的制导精度。一个明显的例子就是反辐射导弹在制导末段遇到雷达关机时，也可以根据惯导提供的信息，推算出目标的位置，从而击中目标。例如，"哈姆"反辐射导弹是直接攻击型中近程反辐射导弹的典型代表，它是美国海军、空军在"百舌鸟"和"标准"反辐射导弹的基础上联合研制成功的，是迄今世界上现役中最先进的反辐射武器之一。导弹采用了很多先进技术，包括被动雷达寻的+捷联式惯性制导的复合制导方式，提高了抗关机和抗干扰能力。在战术使用上，"哈姆"十分灵活，有自卫、随机、预编程、已知/未知距离四种作战方式。

此外，制导与引信一体化也是一个发展趋势，它采用信息融合技术将制导系统提供的信息与引信相结合，将飞行控制和引信起爆同时考虑，从而大大提高了导弹的毁伤率。1981 年研制的美 AIM-120 先进中距空空导弹就采用多普勒主动近炸引信和高能炸药预制破片定向战斗部。

7.4.4 红外成像/毫米波复合制导目标识别的信息融合实现

近年来，红外成像/毫米波（IR/MMW）双模寻的制导技术逐渐受到重视，已成为各国研制的热点。IR/MMW 双模寻的制导技术是红外和毫米波雷达复合为一体的光电双模寻的制导系统。单一的红外成像制导定位精度高，且不易受干扰，但无法在雾天工作，搜索范围有限；而单一的毫米波制导有不受天气干扰，可在大范围内搜索等优点，但较易受假源的干扰。红外成像制导与毫米波制导性能比较见表 7-3。

表 7-3 红外成像制导与毫米波制导性能比较

红 外 成 像	毫 米 波
探测物体表面的热辐射	探测物体反射的无线电波
跟踪时具有高角分辨力	以中等扫描速度可搜索较大的范围
在雨和干扰箔条下具有较好的性能	在雾和悬浮粒子天气中也有较好的性能
对火焰、燃油、阳光等具有分辨力	具有距离分辨力和动目标分辨力
不理会雷达角反射器	不理会光及燃油
探测能力与目标大小无关	探测目标受方位角的影响

红外成像/毫米波双模复合制导系统光电互补，克服了各自的不足，综合了光电制导的优点。红外成像/毫米波复合制导的优点有以下几点：

(1) 战场适应性强。
(2) 缩短武器系统对目标进行精确定位的时间。
(3) 提高制导系统对目标识别、分类的能力。
(4) 增强抗干扰反隐身的能力。

1. 红外成像制导信息处理

红外成像制导是利用红外探测器探测目标的红外辐射，以捕获目标红外图像的制导技术，其图像质量与电视相近，但却可在电视制导系统难以工作的夜间和低能见度下工作。红外成像制导技术已成为制导技术的一个主要发展方向。

红外成像制导系统的目标识别跟踪包括图像预处理、图像分割、特征提取、目标识别及目标跟踪等，其过程如图 7-6 所示。

图 7-6 红外成像识别跟踪系统功能框图

1) 图像处理与分割

红外成像制导的特性与红外图像处理算法息息相关，红外图像的处理决定了红外制导导弹作战使用过程的系统分析和优化。一幅原始的红外成像器形成的图像，一方面不可避免地带有各种噪声，另一方面目标处于不同复杂程度的背景之中，特别当目标信号微弱而背景复杂时，如何提高图像信噪比，突出目标、压制背景以便于后续工作更完满进行，这就需要选择最优的预处理方案。

图像处理就是对给定的图像进行某些变换，从而得到清晰图像的过程。对于有噪声的图像，要除去噪声、滤去干扰，提高信噪比；对信息微弱的图像要进行灰度变换等增强处理；对已经退化的模糊图像要进行各种复原的处理；对失真的图像进行几何校正等变换。一般来说，图像处理包括图像编码、图像增强、图像压缩、图像复原、图像分割等内容。除此之外，图像的合成、图像传输等技术也属于图像处理的内容。

图像分割是图像识别与跟踪的基础，只有在分割完成后，才能对分割出来的目标进行识别、分类、定位和测量。当前研究的分割方法主要有阈值分割、边缘检测分割、多尺度分割、统计学分割以及区域边界相结合的分割方法。

2) 特征提取与识别

将图像与背景分割开来以后，系统仍需要对其进行识别运算，以判断提取的目标是否为要跟踪的目标，如是要跟踪的目标，就输出目标的位置、速度等参数；否则，就输出目标的预测参数；如长时间不能发现"真目标"，就要向系统报警，请求再次引导。图像识别是人不在回路的红外成像制导技术的重要环节，也称为自动目标识别（ATR）技术。

图像识别首先要提取图像的特征矢量，如几何参数、统计参数等。如果目标区域内有一块图像是该目标所特有的，系统就可以搜索并记忆这块图像，并以此为模板对后续各帧图像进行匹配识别。

3) 目标跟踪

成像跟踪是红外成像制导系统的最后一环，预处理和目标识别研究都是为了导弹能够精确地跟踪并最后击中目标。目标跟踪的任务是充分利用传感器所提供的信息，形成目标航迹，得到监视区域内所关心目标的一些信息，如目标的数目、每个目标的状态（包括位移、速度、加速度等信息）以及目标的其他特征信息。在图像目标受遮挡等因素的影响而瞬间丢失时，系统需要输出目标的预测参数，以便跟踪，同时也为再次捕获目标打下坚实的基础。

目标跟踪模式可以分为两大类：波门跟踪模式和图像匹配模式。其中波门跟踪模式包括形心跟踪、质心跟踪、双边缘跟踪、区域平衡跟踪等。通常这些跟踪模式需设置波门套住目标，以消除波门外的无关信息及噪声，并减少计算量。图像匹配模式包括模板匹配、特征匹配等相关跟踪。一般情况下相关跟踪可对较复杂背景下的目标进行可靠跟踪，但计算量相对较大。由于成像跟踪系统所需处理的信息量大，要求的实时性强且体积受限，因此在现有的成像跟踪器中多采用波门跟踪模式。

2. 毫米波制导信息处理

毫米波制导技术是精确制导技术的重要组成部分。毫米波雷达体积小、质量轻、波束窄、抗干扰能力强，环境适应性好，可穿透雨、雾、战场浓烟、尘埃等进行目标探测。

毫米波雷达通过发射和接收宽带信号，用一定的信号处理方法从目标回波信号中提取信息，并以此信息判断不同目标之间的差异性，从而识别出感兴趣的目标。在毫米波体制下的目标识别途径中，最有效的目标识别方法是利用毫米波雷达的宽带高分辨特性，对目标进行成像。雷达成像有距离维（一维）成像、二维成像和三维成像三种。雷达的二维成像已经成功地应用于合成孔径雷达（SAR）目标识别，但由于多维成像有许多理论和技术难题需要解决，目前条件下，还难以在导引头上获得成功应用。一维高分辨成像由于不受目标到雷达的距离、目标与雷达之间的相对转角等因素的限制，且计算量小，在毫米波雷达精确制导中已经有成功的应用。一维高分辨距离成像，主要是把雷达目标上的强散射点沿视线方向投影，形成反映目标结构的时间（距离）—幅度关系。

实现雷达自动目标识别一般需经历以下流程：检测、鉴别、预分类、分类、识别和辨识（图7-7）。其中包含以下两个基本问题：

（1）检测问题，确定传感器接收到的信号内是否有感兴趣的目标存在。

（2）识别问题，感兴趣的目标信号是否能从其他目标信号中区分开并判定其属性或形体部位。识别问题还包括从杂波信号和其他非目标信号中有效地区分离出目标信号。

图7-7 雷达自动目标识别系统功能框图

近年来，以小波变换、分形、模糊集理论、神经网络等为代表的现代信息处理理论与方法蓬勃发展，极大地拓展了信息处理的手段，在目标识别领域也得到了一些成功应用。

3. 红外成像/毫米波复合制导信息融合

多传感器信息融合系统需包含以下功能模块：多传感器及其信息的协调管理、多传感器信息优化合成等。

多传感器信息融合根据信息表征的层次，其基本方法可分为三类：数据层融合、特征层融合、决策层融合。

数据层融合通常用于多源图像复合、图像分析与理解及同类型（同质）雷达波形的直接合成。特征层融合可划分为目标状态信息融合和目标特性融合。目标状态信息融合主要应用多传感器目标跟踪领域，常用方法包括卡尔曼滤波和扩展卡尔曼滤波。目标特性融合即特征层联合识别，具体实现技术包括参量模板法、特征压缩和聚类算法、K阶最近邻、神经网络、模糊积分、基于知识的推理技术等。决策层融合的基本概念是不同类型的传感器观察同一个目标，每个传感器在本地完成处理，其中包括预处理、特征抽取、识别或判决，以建立对所观察目标的初步结论。然后通过关联处理、决策层融合判决，最终获得联合推断结果。决策层融合所采用的主要方法有贝叶斯推断、D-S证据理论、模糊集专家系统。

对于目前绝大多数雷达寻的系统来说，其在数据层的信息可认为是目标的多普勒信号，红外成像传感器在数据层的信息表示为其响应波段内目标的灰度数据序列，所以，雷达与红外成像这两种传感器在数据层所得到的信息不具备互补性和可比性信息融合处理的基本条件，因而不能进行数据层上的融合处理，只在特征层和决策层上满足信息融合处理的互补性和可比性基本条件。其融合模型如图7-8所示。

特征层融合的作用：利用雷达目标的特征信息来帮助红外成像目标的识别和跟踪，提高红外成像模块的点目标识别能力，简化红外目标识别跟踪模块的实现难度和计算量，从而降低对弹载计算机的速度和存储容量的要求，降低对红外成像质量和偏转稳定的要求，确定更佳的攻击点；利用红外成像目标的特征信息来帮助雷达目标的识别和跟踪，从而提高双模寻的系统的目标检测概率和降低虚警概率。

决策层融合的作用：在距离目标相对较远时，根据雷达模块的跟踪决策信息来引导红外传感器的伺服控制系统跟踪目标，使目标落在红外传感器的视角内，以便当接近目标时红外传感器能通过成像分析来自行识别和跟踪目标,从而弥补红外成像传感器作用距离近的不足,发挥红外成像传感器在接近目标时跟踪决策信息精度高的优势。当因干扰等原因其中一个传感器模块失去跟踪目标能力或跟踪目标能力差时,可根据另一传感器模块的跟踪决策信息来矫正该受干扰的传感器模块的目标跟踪能力,从而提高双模导引头系统的抗干扰性,同时提高整个目标识别跟踪系统的可靠性,一旦因软件或硬件故障使其中某一传感器失去了目标识别和跟踪能力,融合决策控制器仍能根据另一传感器的目标识别和跟踪决策信号正确跟踪目标。

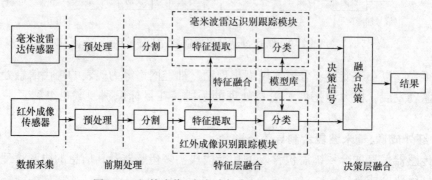

图 7-8 红外成像/毫米波复合制导信息融合过程

信息融合作为一种数据综合和处理技术,是许多传统学科和新技术的集成和应用,包括通信、模式识别、决策论、不确定性理论、信号处理、估计理论、最优化技术、计算机科学、人工智能和神经网络等。未来信息融合技术的发展将更加智能化,同时,信息融合技术也将成为智能信息处理和控制系统的关键技术。人工智能-神经网络-模糊推理融合将是信息融合技术的重要发展方向。

未来战争将是作战体系间的综合对抗,很大程度上表现为信息战的形式,如何夺取和利用信息是取得战争胜利的关键。因此,关于多传感器信息融合和状态估计的理论和技术的研究对于我国国防建设具有重要的战略意义。

7.5 多模复合寻的制导的信号合成

多模寻的装置的复合方式有以下两种[61]:

(1) 同控式。两种或两种以上的导引头同时控制一个受控对象,完成导弹的自动导引。

(2) 转换式。两种或两种以上的导引头轮换工作,当一种导引头受干扰、出现故障或受局限时,自动转换到另一种导引方式工作。

7.5.1 同控式多模导引头的信息融合

就广义而言,具有 n 个模式的导引头的信息融合方式,可有下述四种。

(1) 取各模输出之和(图 7-9(a)):

$$S_1 = u_1 + u_2 + \cdots + u_n = \sum_{i=1}^{n} u_i \tag{7-1}$$

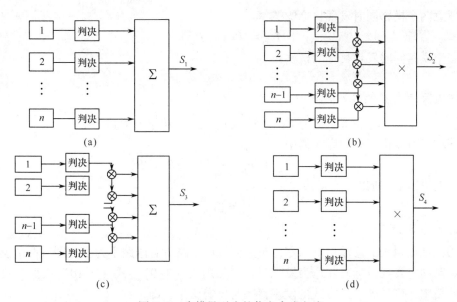

图 7-9 多模导引头的信息合成方式

(a) 求和方式；(b) 和乘方式；(c) 乘积方式；(d) 乘和方式。

(2) 取两模输出和之积（图 7-9 (b)）：
$$S_2 = (u_1+u_2)(u_2+u_3)\cdots(u_{n-1}+u_n)(u_n+u_1) \tag{7-2}$$

(3) 取两模输出积之和（图 7-7 (c)）：
$$S_3 = u_1u_2 + u_2u_3 + \cdots + u_{n-1}u_n + u_nu_1 \tag{7-3}$$

(4) 取所有模输出之积（图 7-7 (d)）：
$$S_4 = u_1u_2\cdots u_n = \prod_{i=1}^n u_i \tag{7-4}$$

各模路信号进行融合之前，应先对信号进行量化，提取特征信息，对目标进行判决，最简单的办法是将信号（或干扰）与一阈值比较，超过阈值者输出为"1"，未超过阈值时输出为"0"。

很显然在未受干扰时，就对目标的发现特性而言，S_1 方式最佳，S_2、S_3 次之，S_4 最差。在有干扰时，从抗干扰角度出发，S_1 方式抗干扰最差，因为只要有一个模受干扰，整个导引头系统就受干扰了。当一个模式受干扰时，可采用 S_2 或 S_3 方式。假设第一模式受干扰而其他模式未受干扰，则 1、2 两模及 1，n 两模之积为零，其他两模干扰之积更为零。故整个系统仍可不受干扰。若有两个模式同时受干扰时，就采用 S_4 方式。

下面分析四种方式的发现概率和虚警概率，为分析简单假设有三个模路，且三个模路的信噪比及受干扰时的发现概率与虚警概率相同，分别表示为 P_{Di}、P_{fi}。各模路信号与干扰不相关。

1. S_1 融合方式

仅一个模路发现目标的发现概率：
$$P_{Da} = 3P_{Di}(1-P_{Di})^2 \tag{7-5}$$

任意两个模路同时发现目标的概率：

$$P_{Db} = 3P_{Di}^2(1-P_{Di}) \tag{7-6}$$

三个模路同时发现目标的概率：

$$P_{Dc} = P_{Di}^3 \tag{7-7}$$

所以 S_1 方式总的发现概率为

$$P_{DS_1} = P_{Da} + P_{Db} + P_{DS_1} = 3P_{Di}(1-P_{Di})^2 + 3P_{Di}^2(1-P_{Di}) + P_{Di}^3 \tag{7-8}$$

同理，可以推出总的虚警概率为

$$P_{fS_1} = 3P_{fi}(1-P_{fi})^2 + 3P_{fi}^2(1-P_{fi}) + P_{fi}^3 \tag{7-9}$$

因为一般 $P_{fi} = 1$，所以

$$P_{fS_1} \approx 3P_{fi} \tag{7-10}$$

2. S_2、S_3 方式

为保证导引头的总输出不为零，至少应保证三路中有两路不为零，即有两个模路或三个模路同时发现目标时才作为发现目标，利用式（7-9）、式（7-10）去掉一路发现目标的概率，可得 S_2、S_3 方式的发现概率与虚警概率，即

$$P_{DS_{2,3}} = 3P_{Di}^2(1-P_{Di}) + P_{Di}^3 \tag{7-11}$$

$$P_{fS_{2,3}} = 3P_{fi} \tag{7-12}$$

3. S_4 方式

很显然只有 u_1、u_2、u_3 均不为零时输出才不为零，即只有三个模路同时发现目标时系统才算作发现目标，故此时的发现概率与虚警概率为

$$P_{DS_4} = P_{Di}^3 \tag{7-13}$$

$$P_{fS_4} = P_{fi}^3 \tag{7-14}$$

图7-10画出了各种不同融合方式时，系统总的发现概率与单个模路发现概率间的关系曲线。

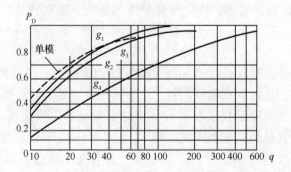

图7-10 多模导引头的系统发现概率与单模发现概率的比较（$P_f = 10^{-5}$时）

7.5.2 转换式多模寻的制导指令形成

所谓转换式多模导引头，系指导弹的末端制导只靠一种模式，当一种模式受干扰或出现故障时，自动转换到另一种模式工作。现以"雷达/电视"复合为例。雷达/电视双模导引头的系统框图如图7-11所示。

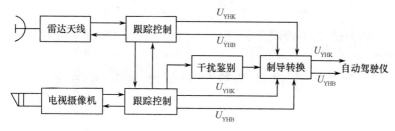

图 7-11 雷达/电视双模导引头组成框图
YHK—开锁；YHB—闭锁。

该系统的电视摄像机俯仰指向与雷达天线的俯仰指向一致，航向上摄像机与雷达天线交链。当雷达末制导装置发出开锁指令 Z_k 时，雷达与电视同时开锁工作。末制导雷达天线在方位上搜索目标，电视摄像机也同步搜索，直到捕捉、跟踪目标为止。

末制导雷达捕捉跟踪目标后，未受干扰，导弹就始终由末制导雷达完成自动导引使命。

当末制导雷达受到电子干扰后，干扰鉴别电路发出干扰报警指令 Z_{P1}，继而发出雷达报警指令 Z_B，此时若电视导引头已套住目标，并发出捕捉指令 Z_D，则导弹自动由雷达导引转换至电视导引。若在末制导雷达发出报警指令 Z_B 时，电视导引头未捕捉到目标时，经过 t_2 时刻的延迟后，自动发出电视导引头搜索指令，使电视头自动在方位上搜索目标。

若雷达工作过程中发生故障，雷达可以发出故障报警指令 Z_{P2}，接着发出报警指令 Z_B，令其自动转换成电视导引。

这种制导转换的逻辑关系如图 7-12 所示。

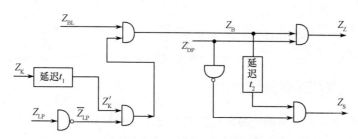

图 7-12 雷达/电视双模转换的逻辑关系

设雷达受干扰报警指令为 Z_{BL}，末制导雷达开锁指令为 Z'_K，此指令经延时 t_1 时刻后为 Z_K；雷达未捕捉住目标的指令为 Z_{LP}，则雷达的故障报警指令为

$$Z_{Bz} = Z'_K \cdot \overline{Z}_{LP} \quad (7-15)$$

雷达的报警指令为

$$Z_B = Z_{BL} + Z_{Bz} = Z_{BL} + Z'_K \cdot \overline{Z}_{LP} \quad (7-16)$$

制导转换指令为

$$Z_z = Z_B \cdot Z_{DP} = (Z_{BL} + Z'_K \overline{Z}_{LP}) \cdot Z_{DP} \quad (7-17)$$

式中：Z_{DP} 电视导引头的捕捉指令。

电视导引头的搜索指令为

$$Z_s = Z'_B \cdot \overline{Z}_{DP} \tag{7-18}$$

式中：Z'_B 为 Z_B 指令经 t_2 时间延迟后的指令；$\overline{Z}_{DP}$ 为电视导引头未捕捉到目标的指令。

7.6 多模复合寻的导引头的关键技术

7.6.1 总体设计技术

多模复合寻的制导技术增加了系统的复杂性，提高了成本，总体设计的核心问题是要确保所花费的代价能有效地增强作战效能。应综合考虑战术导弹的作战使命、弹体结构、导弹尺寸、目标特性及效费等因素来确定方案，如选择导引头模式、确定工作频段、复合方式、技术参数等。

7.6.2 多模传感器技术

多模传感器是多模导引头的关键部件。它的结构形式主要有三种：第1种结构形式是分离式结构，即每个通道采用单独的光学天线系统和探测器；第2种结构形式是共孔径结构，即采用一个共用的光学天线系统和分开设置的探测器；第3种结构形式是采用单孔径光学系统和夹层结构的双色探测器。这三种结构形式各有优缺点，但综合比较，第2种和第3种结构形式更适合导引头小型化和高性能的要求[57]。

多模导引头的关键技术之一是多探测器的信息融合、数据的优化和实时处理等。为了提高数据合成的效果，对多传感器的数据合成有以下两点要求：

（1）各制导系统必须以统一的参照系进行校准。

（2）各制导系统彼此独立并行工作，这样就不会因某一制导系统的失误而影响全系统的信息提取。

7.6.3 信号和图像处理技术

多模复合导引头要对不同波段的传感器提供的大量目标信息进行综合分析并提取目标特征量，应用目标识别算法区分真假目标，要建立判决理论，确定逻辑选择条件，以实现模式转移等。先进导引头的共同特点是信号处理和图像处理方面需要极高的吞吐率和巨大的计算量。提高弹载计算机性能是关键。目前，提高计算机性能一般有两种途径：一是发展高密度、高速度的大规模集成线路技术；二是在系统结构上采用并行处理技术，以提高系统的整体处理能力。

7.6.4 相位干涉仪技术

经研究，在被动雷达参与复合的体制中，最适宜的结构体系是相位干涉仪。因为它的天线可以安装在导弹的头部的边壁上，不占用导弹头部的中心部位，能为第2种和第3种结构形式留有最好的探测头安装位置，这是其他结构形式所不具有的，且电路较简单等。设计相位干涉仪时要重点考虑以下几个关键技术：角度模糊、$\cos\beta$ 增益、机械校准、弹体刚度要求、容错要求和宽波束低增益天线等[57]。

（1）相位干涉仪是一种反辐射制导技术，且易实现全波段工作，用它可以组装成各种反辐射导引头：

① 空地反辐射导引头。用它攻击地（舰）面各型防空导弹。

② 反舰导弹导引头。用它捕获舰面雷达，实现攻击水面舰艇的目的。

③ 空空反辐射导引头。由载机发射反辐射导弹，对付预警机和带有机载雷达的战斗机、战斗轰炸机、攻击机或轰炸机等。

（2）采用相位干涉仪能实现的多模导引头有以下几种：

① 相位干涉仪+红外、紫外双色光学导引头。

② 相位干涉仪+毫米波主动雷达寻的导引头。

③ 半主动相位干涉仪+红外光学导引头。

④ 半主动相位干涉仪+毫米波主动雷达寻的导引头。

⑤ 相位干涉仪+红外光学导引头。

⑥ 相位干涉仪+半主动雷达寻的导引头。

7.6.5 多模头罩材料及设计技术

不同频谱的探测器对导弹头罩材料特性的要求不同。例如，微波头罩不易用金属材料制作，而红外头罩一般都用含有金属成分的材料来成形。因此，材料的研究对多模复合制导来说是一个难点。虽然某些合成材料可以满足电气性能要求，如蓝宝石，但是在生产成本、材料强度等方面存在较多问题，此外，由头罩引起的视线角偏斜、探测距离衰减、导弹弹头形线限制、高速导弹气动加热等问题都需要通过头罩设计来研究解决[51]。

7.6.6 智能导引头技术

智能导引头采用多模或复合成像传感器，融合多传感器获取的信息，应用人工智能技术，自适应地进行自动目标探测和识别，实现精确地命中目标。智能导引头的反应速度快、制导精度高、抗干扰能力强、效费比高，很适应于未来高技术的复杂作战环境。美、俄等国家都很重视和致力于这方面的研究。当今世界精确制导武器的一个发展趋势是制导过程的全自动化和智能化，这就要求智能导引头应在不同程度上具有以下一些功能和技术要求[61]：

（1）智能探测。智能导引头一般采用多模或复合传感器和成像探测法来获取丰富的目标与环境信息。

（2）智能化搜索目标和识别目标。导引头要根据作战环境智能地决定搜索目标方式，包括搜索视场范围、搜索速度及波门等，以及实施自动重新搜索，来获得最高的目标搜索率和低的虚警概率，实现可靠的目标识别与选择。

（3）智能化目标跟踪。要求导引头根据各自可信度值进行优先加权后实行多模的智能跟踪。包括多模式跟踪算法的数据融合及智能管理，多目标跟踪及智能加权，目标丢失或被遮挡时进行智能决策。

(4) 智能命中与控制。导引头根据跟踪信息,智能地判断和选择目标的要害点,优化导引规律,实现最优制导控制,以期精确命中目标要害部位。

高分辨力成像传感器和高速大容量信息数据处理器或弹上计算机在智能导引头中模拟人的耳目和大脑的功能,是两个基础部件和关键技术。应用人工智能技术及其各种算法模拟人脑的思维和判断过程,这是智能导引头关键技术的核心。可用于智能导引头的成像传感器有毫米波雷达、微波合成孔径雷达、红外成像前视仪、激光成像雷达和可见光电视摄像头等。而当前欧美各国为解决成像跟踪、自动识别目标处理以及导引头信息处理仿真与数字场景产生器中的高速运算,都成立了并行处理研究中心,大力发展并行处理技术和专用神经网络计算机,研制出的处理器系统的运行速度可达640兆次浮点运算,适合用于制导图像信息处理。

7.6.7 导引头隐身技术

导引头作为导弹武器系统的一部分,特别是导引头中的天线是发出探测脉冲和接收目标散射返回能量的关键部件,天线隐身效果如何直接影响着导引头以至整个导弹系统的隐身性能。对主动雷达导引头制导导弹来说,在导弹突防过程中,一旦雷达导引头开机,目标舰就可能收到来袭的信号,从而可开始进行拦截准备。因此,提高末制导雷达的性能,尽可能在接近目标时才打开导引头,是导引头隐身的措施之一。

7.7 多模复合寻的制导发展趋势

由于高新技术的大量涌现及其在精确制导技术中的广泛应用,如成像制导技术、GPS技术等的广泛采用,将不断提高精确制导武器的信息化含量和智能化水平,从而带动多模复合制导技术向以下几个方向发展[51]:

1. 加强多模复合导引头设计、研制、生产

目前,单模导引头的设计、研制和生产技术已经成熟,但是在多模复合导引头方面还没有一套完善的研制方法,同时在技术综合性人才方面、系统工程的综合应用方面过于薄弱,需要进一步加强。

此外,多种模式的导引头生产加工工艺差异较大,测试方法迥异,产品配套、安装和调试方法也是有待进一步研究的一个主要方面。

2. 继续发展导引头与 GPS+INS 复合制导

一体化的 GPS/INS 组合制导系统体积和质量小,具有良好的抗干扰性能,可以使导弹在大多数情况下按预定弹道运动,但是其所产生的制导偏差是不可避免的。

GPS+INS 提供的制导信息有相对精度高的特点,充分利用制导信息来完善和提高导引头的工作性能是一项有利可图的工程,在技术成熟度上更甚于多模式导引头复合技术,有较现实的应用前景。

GPS/INS 复合制导技术在武器中的应用及发展:

(1) 提高 GPS 接收机性能。研制高效、低成本的器件和集成电路,组装出性能优良的 GPS 接收机。提高 GPS 的抗干扰能力,一是在 GPS 接收机中加上时间、频率和幅度域的自适应滤波器以滤除干扰信号,这类滤波器主要靠集成电路和软件实现,成本较低,但这种方法只能对付结构性的干扰信号,如连续波和脉冲波干扰,而不能对付宽带干扰;二是改进 GPS 接收机的天线,采用自适应调零天线,通过天线的波束指向和波束形成抑制干扰,这种方法可以同时对付窄带干扰和宽带干扰。美军正在研制的抗干扰接收机有空间分集型接收机、调零型接收机和波束成形型接收机等。

(2) 提高 GPS/INS 抗干扰能力。美国计划通过增强卫星发射信号的功率、增强星上处理能力、改进星上原子钟的星历外推算法等,提高 GPS 抗干扰能力。具体内容包括:采用新的信号结构,发射高功率点波束军用 M 码;军民信号分开,提高发射机的功率和效率;采用新的锥形 L 波段天线;改进卫星上的电路设计和散热能力;发展新一代 GPS 卫星。美国国防部在发展 GPS 的同时,对在轨 GPS 卫星全部实施选择可用性技术,使非允许用户的实时导航定位精度下降。为了削弱这种影响,可采用动态载波相位差分 GPS,即在一个已知位置点设置一个多通道 GPS 接收机,采用差转校正项修正测量伪距,提高定位精度。

(3) 研制新型 INS 系统。INS 系统的机制目前已经发展出激光陀螺、光纤陀螺、半球谐振陀螺、微固态惯性仪表等多种方式。激光陀螺定位精度高、随机漂移小,并能快速进入作战状态,目前,国外正在致力于固体环形激光陀螺仪的研究。而光纤陀螺除了具有激光陀螺所有的优点外,还具有不需要精加工、光学谐振腔易于密封和容易制备等特点,但目前还存在着会出现角度随机游动、零偏不稳定等问题需克服。光学陀螺捷联惯性系统正在成为空射导弹的主要制导方式,并将成为今后一段时期内主要发展趋势。半球谐振陀螺结构简单,具有较低的热灵敏度、振动灵敏度及可忽略不计的磁灵敏度,环境适应性强,反映时间短,而且可靠性较高。与光纤陀螺、激光陀螺相比,技术上更具有竞争力,它将是捷联导航系统和高精度测角装置的理想元件。另外随着微机电系统技术的快速发展,近年来硅微陀螺和硅加速度计的研制工作已取得重大进展,美国已开始小批量生产由硅微陀螺和硅加速度计构成的微型惯性测量装置,其有着成本低、功耗低、体积小、质量小等特点,很适合战术应用,如用于战术导弹和无人机等。

(4) 重视光学制导技术对微波制导技术缺陷的补偿。光学制导技术的优势在于能够对目标成像,相对来说雷达成像技术难以应用到导引头中,即使要应用在目前的弹道设计、信号处理能力、信息融合技术等方面都存在较大的问题。光学成像技术以其探测器轻巧的结构,可以较容易地加装到雷达导引头上,实现光学和微波制导复合。

(5) 拓展制导技术的新领域。随着高新技术领域的拓展和进步,新的制导技术将不断涌现,如发达国家已经开始进行光学制导技术新频段红外多光谱、超长波红外、亚毫米波等方面的研究,并取得一定进展。这些技术将在多模复合制导技术中得到新的突破和应用。

第 8 章　其他制导方式

8.1　方　案　制　导

所谓方案，就是根据导弹飞向目标的既定航迹拟制的一种飞行计划。方案制导系统则能导引导弹按这种预先拟制好的计划飞行。导弹在飞行中不可避免地要产生实际参量值与给定值之间的偏差，导弹舵的位移量就取决于这一偏差量，偏差量越大，舵对中立位置的偏移量就越大。方案制导系统实际上是一个程序控制系统。所以方案制导系统也称程序控制系统。

方案制导系统一般由方案机构和弹上控制系统两个基本部分组成，如图 8-1 所示。方案制导的核心是方案机构，它有传感器和方案元件组成。传感器是一种测量元件，可以是测量导弹飞行时间的计时机构，或测量导弹飞行高度的高度表等，它按一定规律控制方案元件运动。方案元件可以是机械的、电气的、电磁的和电子的，方案元件的输出信号可以代表俯仰角随飞行时间变化的预定规律，或代表导弹倾斜角随导弹飞行高度的预定规律等。在制导中，方案机构按一定程序产生控制信号，送入弹上控制系统。弹上控制系统还有俯仰、偏航、滚转三个通道的测量元件（陀螺仪）不断测出导弹的俯仰角、偏航角和滚转角。当导弹受到外界干扰处于不正确姿态时，相应通道的测量元件就产生稳定信号，并和控制信号综合后，操纵相应的舵面偏转，使导弹按预定方案确定的弹道稳定飞行。

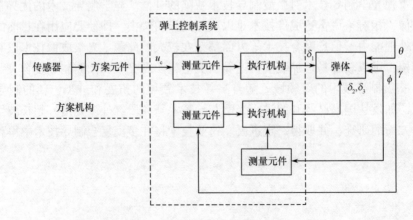

图 8-1　方案制导系统简化框图

8.2 天文制导

天文导航是根据导弹、地球、星体三者之间的运动关系来确定导弹的运动参量，将导弹引向目标的一种自主制导技术。

8.2.1 天文导航观测装置

导弹天文导航的观测装置是六分仪，根据其工作时所依据的物理效应不同分为两种：一种叫光电六分仪，另一种叫无线电六分仪，它们都借助于观测天空中的星体来确定导弹的物理位置。下面以光电六分仪为例介绍天文导航观测装置的工作原理。

光电六分仪一般由天文望远镜、稳定平台、传感器、放大器、方位电动机和俯仰电动机等部分组成，如图 8-2 所示。

发射导弹前，预先选定一个星体，将光电六分仪的天文望远镜对准选定星体。制导中，光电六分仪不断观测和跟踪选定的星体。

8.2.2 天文导航系统原理

天文导航系统有两种：一种是由一套天文导航观测装置跟踪一个星体，引导导弹飞向目标；另一种是由两套天文导航观测装置分别观测两个星体，确定导弹的位置，导引导弹飞向目标。下面着重讨论一套天文导航观测装置跟踪一个星体的天文导航系统。

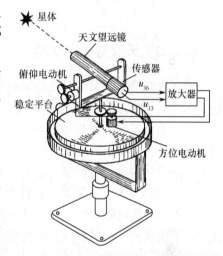

图 8-2 光电六分仪原理图

跟踪一个星体的天文导航系统，由一部光电六分仪（或无线电六分仪）、高度表、计时机构、弹上控制系统等部分组成，其原理如图 8-3 所示。由于星体的地理位置由东向西等速运动，每一个星体的地理位置及其运动轨迹都可在天文资料中查到，因此，可利用光电六分仪跟踪较亮的恒星或行星来制导导弹飞向目标。制导中，光电六分仪的望远镜自动跟踪并对准所选用的星体，当望远镜轴线偏离星体时，光电六分仪就向弹上控制系统输送控制信号。弹上控制系统在控制信号的作用下，修正导弹的飞行方向，使导弹沿着预定弹道飞行。导弹的飞行高度由高度表输出的信号控制。当导弹在预定时间飞到目标上空时，计时机构便输出俯冲信号，使导弹进行俯冲或终端制导。

导弹天文导航系统完全自动化、精确度高，而且导航误差不随导弹射程的增大而增大，但导航系统的工作受气象条件的影响较大，当有云、雾时，观测不到选定的星体，则不能实施导航。另外由于导弹的发射时间不同，星体与地球间的关系也不同，因此，天文导航对导弹的发射时间要求比较严格。为了有效地发挥天文导航的优点，该系统可与惯性导航系统组合使用，组成天文惯性导航系统。天文惯性导航是利用六分仪测定导弹的地理位置，矫正惯性导航仪所测得的导弹地理位置的误差。例如，在制导中，六分仪由于气象条件不良或其他原因不能工作时，惯性导航系统仍能单独进行工作。

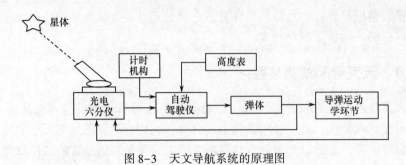

图 8-3 天文导航系统的原理图

8.2.3 天文导航的优点

天文导航建立在天体惯性系框架基础之上，具有直接、自然、可靠、精确等优点，拥有无线电导航无法比拟的独特优越性[62]。

（1）自主性强，无误差积累。天文导航以天体作为导航基准，被动地接收天体自身辐射信号，进而获取导航信息，是一种完全自主的导航方式，而且其定位误差和航向误差不随时间的增加而积累，也不会因航行距离的增大而增大。

（2）隐蔽性好，可靠性高。作为天文导航基准的天体，其空间运动规律不受人为破坏，不怕外界电磁波的干扰，具有安全、隐蔽、生命力强等特点，从根本上保证了天文导航系统最完备的可靠性。现代战争对制信息权的争夺，使战场电磁环境十分复杂，当敌方实施强力无线电干扰，使卫星导航等无线电导航系统无法正常工作时，启用天文导航，对于保证己方的战略核打击威力及战斗优势具有重要意义。

（3）适用范围大，发展空间广。天文导航不受地域、空域和时域的限制，是一种在整个宇宙内处处适用的导航技术，发展空间极其广阔。技术成熟后可实现全球、昼夜、全天候、全自动天文导航。

（4）设备简单，便于推广应用。天文导航不需要设立陆基台站，更不必向空中发射轨道运行体，设备简单，工作可靠，不受别人制约，便于建成独立自主的导航体制。在战争情况下将是一种难得的精确导航定位与校准手段。

（5）导航过程时间短，定向精度最高。天文导航完成一次定位、定向过程只需 1~2min，当采用光电自动瞄准定向时，只需 15s，而且天文导航在所有导航系统中定向精度最高。

8.3 地图匹配制导

地图匹配制导是在航天技术、微型计算机、空载雷达、制导、数字图像处理和模式识别的基础上发展起来的一门综合性的技术。从 20 世纪 70 年代人们就进行了大量的研究，理论日趋成熟，国外把这项技术已成功地运用到巡航式导弹和弹道式导弹等制导系统中，大大改善了这些武器的命中精度。

所谓地图匹配制导，就是利用地图信息进行制导的一种自主式制导技术。目前使用的地图匹配制导有两种：一种是地形匹配制导，它是利用地形信息来进行制导的一种系统，有时也称地形等高线匹配（TRCOM）制导；另一种是景像匹配区域相关器（SMAC）制导，它是利用景像信息来进行制导的一种系统，简称景像匹配制导。它们的基本原理相同，都是利用弹上计算机（相关处理机）预存的地形图或景像图（基准图），与导弹飞行到预定位置时携带的传感器测出的地形图或景像图（实时图）进行相关处理，确定出导弹当前位置偏离预定位置侧纵向和横向偏差，形成制导指令，将导弹引向预定的区域或目标。地图匹配制导系统原理框图如图 8-4 所示。

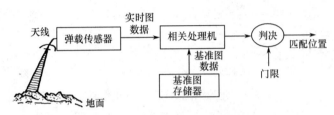

图 8-4　地图匹配制导系统示意图

8.3.1　地形匹配制导

地球表面一般是起伏不平的，某个地方的地理位置，可用周围地形等高线确定。地形等高线匹配，就是将测得的地形剖面与存储的地形剖面比较，用最佳匹配方法确定测得地形剖面的地理位置。利用地形匹配制导来确定导弹的地理位置，并将导弹引向预定区域或目标的制导系统，称为地形匹配制导系统。

地形匹配制导系统由以下几个部分组成：雷达高度表、气压高度表、数字计算机及地形数据存储器等。其简化框图如图 8-5 所示。其中气压高度表测量导弹相对海平面的高度，雷达高度表测量导弹离地面的高度，数字计算机提供地形匹配计算和制导信息，地形数据存储器提供某一已知地区的地形特征数据。

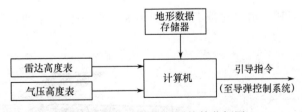

图 8-5　地形匹配制导系统简化框图

地形匹配制导系统的工作原理如图 8-6 所示。用飞机或侦察卫星对目标区域和导弹航线下的区域进行立体摄影，就得到一张立体地图。根据地形高度情况，制成数字地图，并把它存在导弹计算机的存储器中。同时，把攻击的目标所需的航线编成程序，也存在导弹计算机的存储器中。导弹飞行时，不断从雷达高度表得到实际航迹下某区域的一串测高数据。导弹上的气压高度表提供了该区域内导弹的海拔高度数据——基准高度。上述两个高度相减，即得导弹实际航迹下某区域的地形高度数据。由于导弹存储器中存有预定航迹下所有区域的地形高度数据（该数据为一数据阵列）。这样，将实测地形高度数据串与导弹计算机存储的矩阵数据逐次一列一列地比较（相关），通过计算机计算，便可得到测量数据与预存数据的最佳匹配。因此，只要知道导弹在预存数字地形图中的位置，将它和程序规定位置比较，得到位置误差就可形成导引指令，修正导弹的航向。

图 8-6　地形匹配制导系统的工作原理图

可见，实现地形匹配制导要求导弹上的数字计算机必须有足有的容量，以存放庞大的地形高度数据阵列。而且，要以极高的速度对这些数据进行扫描，快速取出数据阵列，以便和实测的地形高度数据进行实时相关处理，才能找出匹配位置。

如果航迹下的地形比较平坦，地形高度全部或大部分相等，这种地形匹配方法就不能应用了，此时可采用景像匹配方法。

8.3.2　景像匹配制导

景像匹配制导，是利用导弹上传感器获得目标周围景物图像或导弹飞向目标沿途景物图像（实时图），与预存的基准数据阵列（基准图）在计算机上进行配准比较，得到导弹相对目标或预定弹道的纵向横向偏差，将导弹引向目标的一种地图匹配制导技术。目前使用的有模拟式和数字式两种，下面主要介绍数字式景像匹配制导系统。

数字式景像匹配制导制导的基本原理如图 8-7 所示，它是通过实时图和基准图的比较来实现的。

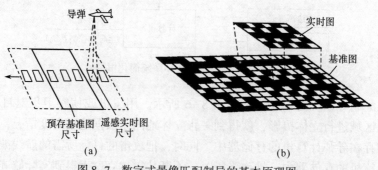

图 8-7　数字式景像匹配制导的基本原理图
（a）基本原理；（b）相关处理。

规划任务是由计算机模拟确定航向（纵向）、横向制导误差，对预定航线下的某些确定景物都准备一个基准地图，其横向尺寸要能接纳制导误差加上导弹运动的容限。遥感实时图比基准图小，存储的沿航迹方向的数据量，应足以保证拍摄一个与基准图区重叠的遥感实时图。当进行数字式景像匹配制导时，弹上垂直敏感器在低空对景物遥感，制导系统通过串行数据总线发出离散指令控制其工作周期，并使遥感实时图与预存的基准图进行相关处理，从而实现景像匹配制导。

如前所述，景像匹配制导是通过实时图和基准图的比较来实现的。图 8-8 给出了景像匹配制导系统的简要组成，它主要由计算机、相关处理机、敏感器（传感器）等部分组成。

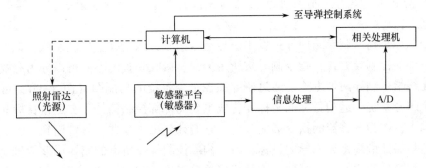

图 8-8　景像匹配制导系统的简要组成

一般来说，影响景像匹配制导精度的因素主要包括以下几种[63]：

（1）制导图的可匹配性。如果制导图中包含信息量太少，如沙漠、平原等，则容易产生误匹配。同时，制导图因受各种干扰影响而产生畸变也是降低匹配精度的主要原因。因而，在制导图资源保障的任务规划时，应尽量保证制导图包含有充分的特征信息且无失真，即具有较高的可匹配性。这就涉及航迹规划、景像匹配区的选定以及制导图的预处理等问题。

（2）匹配参数的设定。与匹配有关的参数主要包括基准图大小、实时图大小、像素点大小等参数。在匹配制导系统允许条件下，实时图越大，基准图越小，匹配概率越高。

（3）实时图的获取及预处理误差。实时图由弹载摄像机实时拍摄，由于受拍摄手段及环境条件的限制，实时图存在一定的灰度畸变、几何畸变及噪声干扰。因此，在匹配前必须对这些畸变进行校正处理。与此同时，弹上处理器的性能直接决定了匹配的速度和精度。

（4）匹配算法的性能。常用的基于灰度的匹配算法，如绝对差算法、平均绝对差算法、归一化积相关算法等，其优点是抗噪能力强、匹配精度高。缺点是匹配速度慢、抗灰度及几何畸变能力较弱。因为图像的灰度特性依赖于许多不可依赖的因素，尤其是不同传感器图像之间进行匹配时，仅利用一般意义下的灰度匹配，很难达到满意的结果。最好的办法是将灰度匹配算法与特征匹配算法结合。

研究和试验表明，数字式景像匹配制导系统比地形匹配制导系统的精度约高一个数量级，命中目标的精度在圆概率误差含义下能达到 3m 量级。

8.4 遥控制导

8.4.1 遥控制导系统组成原理

遥控制导是指在远距离上向导弹发出导引指令，将导弹引向目标或预定区域的一种导引技术。目前，遥控制导分两大类，一类是遥控指令制导，另一类是驾束制导。遥控制导系统的主要组成部分是目标（导弹）观测跟踪装置、导引指令形成装置（计算机）、弹上控制系统（自动驾驶仪）和导引指令发射装置（驾束制导不设该装置）。

指令制导是指从制导站向导弹发出引导指令信号，送给弹上控制系统，把导弹引向目标的一种遥控制导方式，指令制导按所用传输、接收装置的不同可以分为有线电指令制导和无线指令制导两种方式。通过研究遥控指令系统的功能图（图 8-9），可以看出它是一个闭合系统。运动目标的坐标变化成主要的外部控制信号。在测量目标和导弹坐标的基础上，作为解算器的指令形成装置，它们计算出指令并将其传输到弹上。因为制导的目的是保证最终将导弹导向目标，所以构成控制指令所需的制导误差信号应以导弹相对于计算弹道的线偏差为基础。这种线偏差等于导弹和制导站之间的距离与角偏差的乘积，因而按线偏差控制情况下的指令产生装置，应当包含有角偏差折算为线偏差的装置。

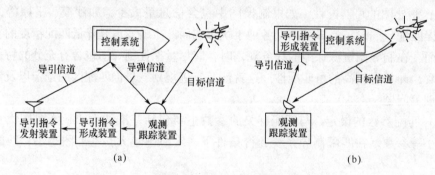

图 8-9 遥控制导示意图
(a) 遥控指令制导；(b) 驾束制导。

驾束制导是制导站发出导引波束，导弹在导引波束中飞行，当导弹偏离导引波束光轴（中心线）时，靠弹上的制导设备根据导弹偏离光轴的大小和方向，形成导引指令，导引导弹飞向导引波束的光轴，直至命中目标的一种遥控制导技术。驾束制导有无线电（雷达）驾束制导和光学（激光）驾束制导。制导站的光学设备或制导雷达在空间形成激光波束或无线电波束，并且不断跟踪目标。弹上接收设备随时判断导弹是否处于波束中心线上。当导弹偏离波束中心线时，位于导弹尾部或弹翼上的接收器探测到能反映弹体偏离的信号，弹上计算机根据探测到的信号算得导弹偏离中心线的距离和相位，形成误差信号传输给自动驾驶仪，控制导弹回到波束中心线上飞行，直至命中目标。驾束制导系统包括指挥站发射电磁波波束的装置，弹上的敏感装置，放大和形成制导指令的装置，以及控制执行装置。驾束制导多采用无线电波束，也有采用激光波束的。在后一种情况下，一般用光学系统（如瞄准镜等）瞄准跟踪目标，而用指挥站发出的激光波束来导引导弹。驾束制导主要用于对活动目标进行攻击的导弹，如地空导弹、舰空导弹、空空导弹和空地导弹[64]。

驾束制导的主要优点是设备简单，易于实现；缺点是飞行的导弹必须始终与指挥站和目标保持在一条直线上，因而使制导规律受到约束。即使目标做水平直飞，导弹的飞行轨迹也是弯曲的，这就要求导弹具有相应的机动（拐弯）能力。如果导弹的机动能力差，就会造成脱靶，降低制导精度。另外，在整个作战过程中，指挥站的波束必须指向目标。当指挥站设于活动载体上时，载体自身的活动就会受到限制。此外，驾束制导的制导精度随射程的增加而降低。

在弹上进行驾束制导时，弹上接受设备输出端形成导弹与波束轴线偏差成正比的信号。为保证在不同的控制距离上形成具有相同的线偏差信号波束，必须测量制导站到导弹之间的距离，当距离变化规律基本与制导条件和目标运动无关时，可以利用程序机构引入距离参量，并将其看成给定时间的函数。

以某种形式确定导弹与计算弹道的误差之后，在指令形成装置中形成控制指令。控制指令可用控制理论中的各种方法综合起来。指令控制规律的选择与制导系统的质量和精度要求有关，以改善系统动力学特性为其最终目的。

设计遥控制导系统时，首先给出几个不同的设计方案，然后通过分析优选出最佳设计方案，而评估的主要依据就是系统精度分析结果。目前制导系统精度分析主要有两种方法：

（1）解析分析法。常用于系统设计时方案的选择。

（2）仿真分析法。常用于系统性能评定。

系统精度的解析分析方法是一种近似分析方法，它建立在系统数学模型线性化和参数固化的假设之上。遥控系统的动力学特性决定了这些假设不会带来很大的误差。正因如此，在分析遥控系统时广泛采用了线性自动控制理论。

8.4.2 制导误差信号的形成

为了建立遥控系统的结构图，必须首先研究制导误差信号的形成方法。下面讨论几种常用的遥控制导导弹误差信号的形成方法。

由飞行力学知，三点法是一种最简单的遥控方法。这种方法由条件 $\varepsilon_M = \varepsilon_D$ 确定，那么，自然地将 $\Delta\varepsilon = \varepsilon_M - \varepsilon_D$ 作为制导误差。这种误差信号的形成仅需测量目标和导弹角坐标的装置。图 8-10 给出了三点法制导误差信号示意图。然而，归根到底制导精度由导弹与目标的最小距离——脱靶量表征，那么目标的制导误差应根据导弹与所需运动力学弹道的线性偏差确定。在这里，这个偏差为

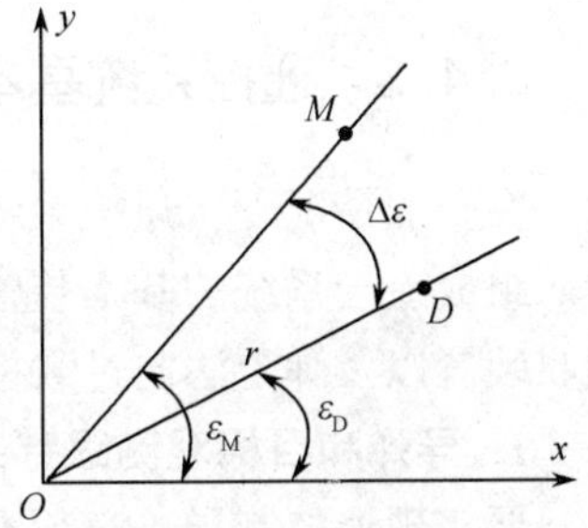

$$h_\varepsilon = r(\varepsilon_M - \varepsilon_D) \tag{8-1}$$

式中：r 为导弹到制导站之间的距离。

图 8-10 三点法制导误差示意图

这个误差表达式要求测量导弹距离。在电子对抗环境或简化的制导系统形成示意图中常根据下式确定制导线性偏差：

$$h_\varepsilon = R(t)(\varepsilon_M - \varepsilon_D) \tag{8-2}$$

式中：$R(t)$ 为预先给定的时间函数，与至导弹的距离近似对应。

当进行前置制导时，首先必须计算前置角 $\Delta\varepsilon_q$ 的现时值，然后按式（8-3）计算运动学弹道的角度坐标：

$$\varepsilon_D = \varepsilon_M + \Delta\varepsilon_q \tag{8-3}$$

在这种情况下，制导角偏差为

$$\Delta\varepsilon = \varepsilon_M - \varepsilon_D + \Delta\varepsilon_q \tag{8-4}$$

可见，为了形成制导角度误差，除了确定差值 $\varepsilon_M - \varepsilon_D$ 以外，还要计算前置角。前置角通常需要目标和导弹的坐标以及这些坐标的导数。图 8-11 给出了前置法制导误差信号形成示意图。

当按驾束制导时，制导角误差 $\Delta\varepsilon = \varepsilon_M - \varepsilon_D + \Delta\varepsilon_q$，直接在弹上测量，它表明导弹与波束轴的角偏差。为了确定线偏差 $h_\varepsilon = r\Delta\varepsilon$，角误差信号乘以由制导站到导弹的距离即可获得。为了避免测量 $r(t)$，引入一已知时间函数 $R(t)$。因此，当驾束制导时，为了形成误差信号，除了弹上接收设备之外不需其他测量装置。当然，为了确定给定导弹运动学弹道的波束方向，需要测量目标坐标；如采用前置波束导引，还需测量导弹坐标，只是这些坐标的测量结果不直接用来确定制导误差。图 8-12 为驾束制导误差信号形成示意图。

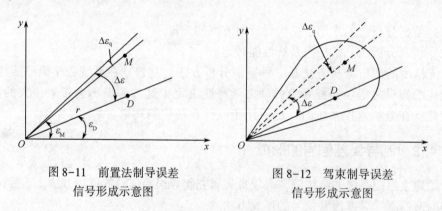

图 8-11　前置法制导误差信号形成示意图

图 8-12　驾束制导误差信号形成示意图

8.4.3　遥控系统基本元件及其动力学特性

在一般情况下，遥控系统由若干功能块组成。其中每一个方块代表复杂的自动装置。组成遥控系统的基本装置是导弹及目标测量装置、指令形成装置、指令发送装置和接收装置以及弹上法向过载控制和稳定系统等，下面分别加以介绍。

1. 导弹和目标观测跟踪装置

要实现遥控制导，必须准确地测得导弹、目标相对于控制站的位置。这一任务，由制导设备中的观测跟踪装置完成。对观测跟踪装置的一般要求如下：

（1）观测跟踪距离应满足要求。

(2) 获取的信息量应足够多，速率要快。
(3) 跟踪精度高，分辨能力强。
(4) 有良好的抗干扰能力。
(5) 设备要轻便、灵活。

根据获取的能量形式不同，观测跟踪装置分为雷达观测跟踪器、光电跟踪器（即光学、电视、红外、激光跟踪器）。下面只讨论雷达观测跟踪器的原理，其他类型的观测跟踪器具有类似的工作原理。

现代雷达跟踪器的简要框图如图 8-13 所示。由计算机给出发射信号的调制形式，经调制器、发射机和收发开关，以射频电磁波向空间定向发射。当天线光轴基本对准目标时，目标反射信号经天线、收发开关至接收机。接收机输出目标视频信号，经处理送给计算机。计算机还接受天线角度运动信号和人工操作指令，输出目标的图形（信号）给显示记录装置，以便于操纵人员观察。计算机还输出天线角度运动指令，经伺服装置，控制天线光轴对准目标，完成对目标的跟踪。

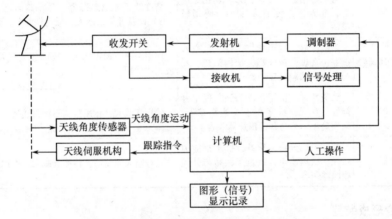

图 8-13 雷达观测跟踪简要框图（脉冲式）

利用无线电测量的手段可以直接测出导弹和目标的球坐标，坐标点由斜距 r，高低角 ε 和方位角来表征，如图 8-14 所示。

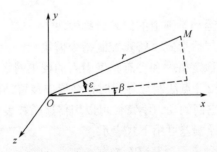

图 8-14 确定目标在空间中位置的坐标

根据被测坐标的特性，无线电测量设备应由测角系统和测距系统组成。测角系统和测距系统的动力学特性主要取决于其跟踪系统的动力学特性。这种动力学特性可以以足够的精度写成如下形式的传递函数（测角系统）：

$$\varphi(s) = \frac{K(\tau s+1)}{(T_1^2 s^2 + 2\xi_1 T_1 s + 1)(T_2 s + 1)} \tag{8-5}$$

这里假定将目标角坐标作为输入量,雷达天线旋转的角度作为输出量。一组典型的参数是:$K=1$;$\tau \approx 0.3s$;$T_1 \approx 0.12s$;$\xi_1 \approx 0.70$;$T_1 \approx 0.07s$。

导弹和目标雷达测量坐标装置的输出信号中混有噪声,这种噪声可以非常明显地影响导弹的制导精度,所以在精度分析时必须考虑它的影响。为了提高导弹的坐标确定精度,可在弹上安装专门的应答机。在这种情况下,可以忽略噪声对确定导弹坐标精度的影响,因为应答机的信号具有远大于目标反射信号的功率。

不同类型的观测跟踪器由于系统对它的要求和工作模式不同,应用范围和性能特点也有所不同。表8-1列出了不同观测跟踪器的性能比较。

表8-1 不同观测跟踪器的性能比较

类别	优点	缺点
雷达跟踪器	有三维信息(r、ε、β),作用距离远,全天候,传播衰减小,使用较灵活	精度低于光电跟踪器,易暴露自己,易受干扰,(海)面及环境杂波大,低空性能差,体积较大
光学、电视跟踪器	隐蔽性好,抗干扰能力强,低空性能好,直观,精度高,结构简单,易与其他跟踪器兼容	作用距离不如雷达远,夜间或天气差时性能降低或无法使用
红外跟踪器	隐蔽性好,抗干扰能力强,低空性能好,直观,精度高于雷达跟踪器,结构简单,易与其他跟踪器兼容	传播衰减大,作用距离不如雷达远
激光跟踪器	精度高,分辨力很好,抗干扰能力极强,结构简单,质量小,易与其他跟踪器兼容	只有晴天能使用,传播衰减大,作用距离受限制

2. 指令形成装置

指令形成装置是一种解算仪器,它在输入目标和导弹坐标数据的基础上,计算出直接控制导弹运动的指令(指令制导)或者是制导波束运动指令(驾束制导)。

指令形成装置的结构图与所采用的制导方法密切相关。指令形成装置由如下几个功能模块组成:

(1)导弹相对计算的运动学弹道的偏差解算模块。

(2)利用使用的制导规律形式,解算控制指令模块。

(3)为保证制导系统稳定裕度和动态精度引入的校正网络解算模块。

作为例子,我们研究按三点法制导导弹时指令形成装置结构图。假定仪器的基本元件可以按线性研究,因此它们的动力学特性可以用传递函数表示。

导弹与需用弹道的制导偏差可用下式表示:

$$h = R(t)(\varepsilon_M - \varepsilon_D) \tag{8-6}$$

式中:$R(t)$近似等于导弹距离$r(t)$的预先给定函数。

通常为了改善制导系统的动力学特性,提高系统的稳定裕度,在制导信号中引入一阶误差的导数。在这种情况下,制导指令信号可以用下列关系式确定:

$$U_c = K_c(h + T\dot{h}) \tag{8-7}$$

为了形成这种信号，不得不微分被噪声污染的误差信号 h，这样必须将微分运算与平滑运算相结合。

连续作用的指令形成装置具有如图 8-15 所示形式的结构图（单通道）。显然，在此装置的输入端，加上了导弹和目标坐标仪器测量信号 ε_D 和 ε_M。这些信号由导弹和目标坐标测量装置输出端获得。

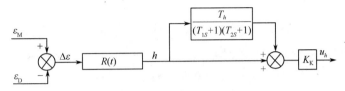

图 8-15　指令形成装置结构图

当导弹采用前置法制导时，指令形成装置的结构图变得复杂化了。在这种情况下，除了引入目标和导弹坐标外，还须引入从制导站至导弹和目标的距离信号。

3. 无线电遥控装置

在遥控系统中，为了确定目标和导弹的坐标，以及为了控制指令的传递，常利用无线电指令发射和接受装置，该装置的简化框图如图 8-16 所示。

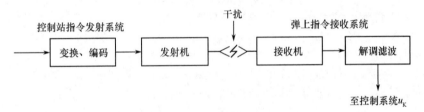

图 8-16　无线电指令发射和接受装置简化框图

通常无线电遥控装置的动力学特性可以用传递函数描述，这些特性由下列传递函数形式足够精确地表示：

$$W(s) = \frac{K e^{-\tau s}}{T s + 1} \tag{8-8}$$

当按驾束制导时，弹上接收装置的特性可以利用类似的传递函数。

8.4.4　运动学环节、方程及传递函数

导弹和目标运动的几何关系如图 8-17 所示。

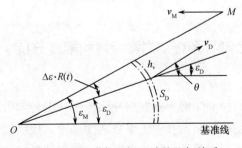

图 8-17　导弹与目标运动的几何关系

导弹速度矢量 $\boldsymbol{\varepsilon}_D$ 与基准线之间的夹角为 θ，制导站到导弹的距离为 $R(t)$，导弹和目标的高、低角分别为 ε_D、ε_M，导弹按三点法导引时的运动方程式为

$$\frac{dR(t)}{dt} = v_D \cos(\theta - \varepsilon_D) \tag{8-9}$$

$$\frac{d\varepsilon_D}{dt} = \frac{v_D \sin(\theta - \varepsilon_D)}{R(t)} \tag{8-10}$$

因为 $\theta - \varepsilon_D$ 很小，一般小于 20°，所以近似地有 $\sin(\theta - \varepsilon_D) \approx \theta - \varepsilon_D$，$\cos(\theta - \varepsilon_D) \approx 1$，式 (8-9) 和式 (8-10) 可近似写成

$$\dot{R}(t) = v_D \tag{8-11}$$

$$\dot{\varepsilon}_D = \frac{v_D(\theta - \varepsilon_D)}{R(t)} \tag{8-12}$$

由式 (8-11) 和式 (8-12) 得

$$R(t)\dot{\varepsilon}_D + \dot{R}(t)\varepsilon_D = v_D \theta \tag{8-13}$$

即

$$\frac{d(R(t)\varepsilon_D)}{dt} = v_D \theta \tag{8-14}$$

假定 v_D 为常数，对式 (8-14) 两边求导数，得

$$\frac{d^2(R(t)\varepsilon_D)}{dt^2} = v_D \dot{\theta} \tag{8-15}$$

令 $R\varepsilon_D = S_D$，导弹法向加速度 $a_y = v_D \dot{\theta}$，因而有

$$\frac{d^2 S_D}{dt^2} = a_y \tag{8-16}$$

对式 (8-16) 进行拉普拉斯变换，则

$$W_{sa}(s) = \frac{S_D(s)}{a_y(s)} = \frac{1}{s^2} \tag{8-17}$$

式 (8-17) 即是运动学环节的传递函数。根据 S_D 与 ε_D 的相互关系可最终获得 ε_D 与 a_y 之间的关系，如图 8-18 所示。

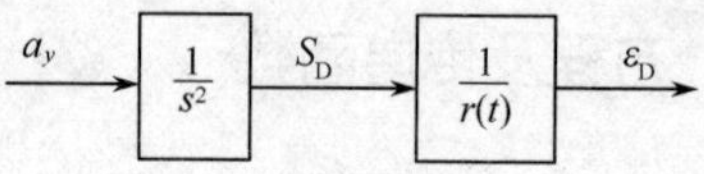

图 8-18　ε_D 与 a_y 的相互关系

8.4.5　遥控指令制导系统动力学特性和精度分析

1. 制导系统结构图

遥控指令制导是指从控制站向导弹发出导引指令，把导弹引向目标的一种遥控制导技术。其制导设备通常包括控制站和弹上设备两大部分。控制站可能在地面，也可能在空中；可能是固定的，也可能是运动的。控制站一般包括目标和导弹观测跟踪装置、指

令形成装置、指令发射装置等。弹上设备一般有指令接收装置和弹上控制系统（自动驾驶仪）。

图 8-19 为三点法制导的防空导弹制导系统结构图。导弹和目标相应的角坐标差值代表制导系统的误差。在工程中为求取这种角坐标差值存在两条途径：一条途径是利用一种瞄准器（如雷达站）直接测出角偏差；另一条途径是分别测量目标和导弹的角位置，角偏差信号在指令形成装置中解算求得，这里建立的系统结构图采用后一条技术途径获得角偏差信号。

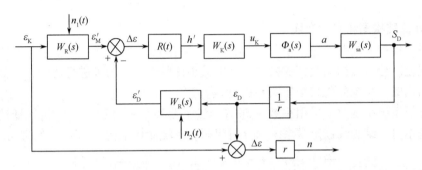

图 8-19 三点法制导指令遥控系统结构图

$W_R(s)$—雷达测量系统；$W_K(s)$—指令形成装置；$\phi_n(s)$—稳定系统；$W_{sa}(s)$—运动学环节。

应当注意，当采用三点法制导时，指令形成装置被引入闭环制导回路；在采用更复杂的制导律情况下，导弹制导误差不再是导弹角坐标和目标角坐标差值，而是和相应的运动学弹道角坐标的差值，这种运动学弹道角坐标在指令形成装置中预先计算出来。这时的指令形成装置结构见图 8-20。

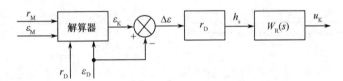

图 8-20 指令形成装置结构图

引起制导误差的主要原因是目标角坐标的改变以及目标和导弹测量装置引入的随机扰动。在结构图上用 $n_1(t)$ 和 $n_2(t)$ 的形式表示这些干扰。通常在导弹上安装有应答器或自动无线电发射装置，这时随机噪声对导弹坐标测量精度的影响大大弱于噪声对目标测量精度的影响。因此当研究遥控系统精度时，只考虑作用在目标测量装置输出端的噪声就可以了。

系统的不稳定性是所研究的制导回路的特点。这个特点对系统特性给出了本质的影响。前面已指出，运动学环节是具有变参数的环节。除此之外，导弹的运动学特性在飞行过程中可能有本质的变化，而这些变化往往得不到稳定系统的平衡。但是，因为导弹和运动学环节参数的变化相对缓慢，这样允许采用系数"冻结"法，此时必须讨论某些不同的弹道以及弹道特征点处的系统特性。特征点是指在导弹最小和最大速压头处、起飞助推器抛掉瞬时以及主要发动机的点火和熄火点。

当设计制导系统时，系统主要元件和校正网络参数的选择是为了保证导弹制导回路在所有弹道特征点都具有一定的稳定裕度。另外，在设计时还必须研究导弹的制导精度，因为系统元件参数的选择最终是为了完成基本任务——保证在给定杀伤区域范围内具有规定的制导精度，由于系统精度要求与系统的稳定性要求是相互矛盾的，所以系统基本元件参数选择应折中考虑这些相互矛盾的要求。

制导系统的设计可以广泛利用自动控制理论的各种方法，特别是在进行制导系统精度的初步分析阶段。这是因为在初步设计阶段制导系统可以作为线性定常系统来研究。

2. 计算结构图和它的变换

当研究遥控系统时，应用系数"冻结"法是有充分理由的，尽管它会给计算带来一定的误差。分析结构图及其变换时，可以减小这些误差。为了进行比较，下面将建立系统的结构图。系统简化结构如图 8-21 所示。

当分析系统精度时，采用系数"冻结"法，变参数 $r(t)$ 和 $1/r(t)$ 相互抵消，并且这时研究本身归结为线性定常系统的分析问题。系统简化结构图如图 8-22 所示。

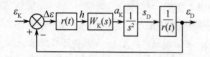
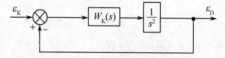

图 8-21　遥控系统简化结构图　　图 8-22　引入系数"冻结"法系统简化结构图

为了减小系数"冻结"法引入的误差，可以重新变换图 8-22 所示的系统结构图。图 8-23 指出了结构图必要的变换，在这里将导弹与所需运动学弹道的线偏差 $h(t)$ 作为输出量来研究，因为制导系统精度就是由这个量来描述。

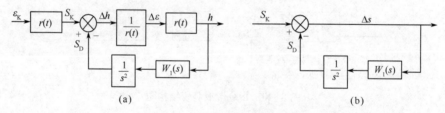

图 8-23　遥控系统结构图的变换
(a) 初步变换；(b) 变换结果。

当导弹按照运动学弹道精确运动时，导弹的法向加速度就具有如下形式：

$$S_K(t) = \frac{1}{s^2} = a_K \qquad (8-18)$$

对图 8-22 再进一步变换可以得到最后的结构图，如图 8-24 所示。

当以计算弹道法向加速度作为指令制导系统闭合回路的输入量，以导弹相对运动学弹道线偏差 $h(t)$ 作为输出量时，闭合回路系统可以用线性定常系统理论来研究。

3. 动态误差的计算

利用变换结构图 8-23，并考虑到 $W_1(s)/s^2$ 实质上是制导开环回路的传递函数，在这个传递函数中允许因数 $r(t)$ 和 $1/r(t)$ 省略，可以写为

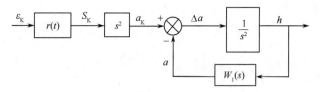

图 8-24 遥控系统的变换结构图

$$h(s) = \frac{W_{sa}(s)}{1+G(s)} a_K(s) \tag{8-19}$$

式中：$G(s) = W_1(s) W_{sa}(s)$。

式（8-19）把制导误差 h 与导弹按照运动学弹道运动时的加速度 a_K 联系起来，并且对任何制导方法都是正确的。必须注意，a_K 由目标运动规律和所采用的制导方法确定。而在系统设计的初步阶段就要计算导弹按运动学弹道飞行的法向加速度，所以在分析系统精度时加速度值 a_K 是已知的。

下面研究当输入信号 a_K 是时间的缓变函数时，利用误差系数的概念来计算动态制导误差。将式（8-19）写成下列形式：

$$h(s) = (C_0 + C_1 s + \cdots) a_K(s) \tag{8-20}$$

在时域内有

$$h(t) = C_0 a_K(t) + C_1 \dot{a}_K(t) + \cdots \tag{8-21}$$

误差系数 C_0，C_1，C_2 … 按下列传递函数确定：

$$\varphi(s) = \frac{W_{sa}(s)}{1+G(s)} \tag{8-22}$$

$$C_0 = \varphi(s) \bigg|_{s=0} \tag{8-23}$$

$$C_1 = \frac{d\varphi(s)}{ds} \bigg|_{s=0} \tag{8-24}$$

当利用误差系数计算动态制导误差时，应当记住这种计算方法只计算系统动态过程结束后动态误差稳态值。此外，如果在所研究系统过渡过程时间间隔内，输入信号没有明显变化（变化小于20%），这种计算方法也是可行的。通常，导弹法向加速度沿运动学弹道运动时变化缓慢，目标不作机动飞行时更是如此。这时在研究动态制导误差时，只考虑级数的第一项就足够了，即

$$h(t) \approx C_0 a_K(t) \tag{8-25}$$

因为

$$\varphi(s) = \frac{W_{sa}(s)}{1+G(s)} = \frac{1}{s^2 + W_1(s)} \tag{8-26}$$

所以

$$C_0 = 1/W_1(0) \tag{8-27}$$

在一般情况下，传递函数 $W_1(s)$ 不包含积分环节，若 $W_1(s)$ 的稳态增益为 K_0，有

$$W_1(0) = K_0 \tag{8-28}$$

因此

$$C_0 = 1/K_0 \tag{8-29}$$

并且
$$h(t) \approx a_K(t)/K_0 \tag{8-30}$$

即系统对输入信号 $a_K(t)$ 是有静差的。

从前面的推导可以推断出，在指令形成规律中引入积分环节，这时传递函数 $W_1(s)$ 可以写为

$$W_1(s) = \frac{W_1'(s)}{s} \tag{8-31}$$

系统将是对 $a_K(t)$ 无静差系统。

4. 制导指令的形成及动态误差的减小方法

由前面的论述可知，制导回路无静差阶次的提高，可以促使制导系统动态误差大大减小。然而，这个方法在实际中没有得到应用，这是因为制导回路无静差阶次的提高使系统的稳定问题变得复杂和困难了。实际上，即使制导回路指令形成规律内没有引入积分，而仅保持对应于运动学环节的二次积分环节，这样已经使稳定性条件的实现复杂化了。

由于这个原因，为减小误差系数 C_0 去选择足够大的传递函数 K_0，不总是可行的。

当然，为了减小动态制导误差，可以采用保证具有不大曲率弹道，即具有不大的需用过载的制导方法，这要求更复杂的制导设备。补偿动态误差的一种简单方法是在系统中引入前馈信号，下面讨论其补偿原理。

为了分析所研究的动态误差补偿方法，利用图 8-23 所示的结构图。前面已经指出，研究制导系统的动态误差时，可以方便地将运动学弹道的法向加速度 $a_K(t)$ 作为输入信号，而将导弹与运动学弹道的线偏差 h 作为输出量。后一个量是制导系统的基本误差信号。借助于这个误差信号变换求得制导指令。为了补偿动态误差，将经过加速度信号 $a_K(t)$（或信号 $\varepsilon_K(t)$）变换后附加到信号 $h(t)$ 中去。假定信号变换通过传递函数 $W_0(s)$ 实现。由此获得具有动态误差补偿的制导系统结构图，如图 8-25 所示。

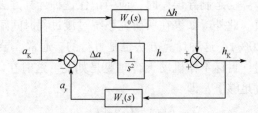

图 8-25 具有动态误差补偿的制导系统结构图

考虑补偿环节的影响，线偏差 h 与加速度 a_K 的关系为

$$h(s) = \frac{1 - W_0(s)W_1(s)}{s^2 + W_1(s)} a_K(s) \tag{8-32}$$

不难看出，对于动态误差完全补偿来说，必须满足下列关系式：

$$W_0(s) = 1/W_1(s) \tag{8-33}$$

为了借助于指令形成装置中不复杂的组件实现传递函数 $W_0(s)$，可以不力求完全的动态误差补偿，而仅仅补偿动态误差的基本分量。当目标不作机动飞行时，动态制导误

差的基本分量由相应级数的第一项确定，即

$$h(t) = a_K(t)/K_0 \tag{8-34}$$

可见，如果为了提高制导精度，仅仅补偿这个分量就足够了。取

$$W_0(s) = 1/K_0 \tag{8-35}$$

显然，为了得到补偿信号，必须在指令形成装置中引入计算法向加速度 $a_K(t)$ 的组件。当采用三点法制导时，这种加速度由目标和导弹坐标来确定。如果目标机动法向加速度很小，可用下式近似计算法向加速度 $a_K(t)$：

$$a_K(t) \approx F(t)\dot{\varepsilon}_m \tag{8-36}$$

式中

$$F(t) = 2\dot{r}_D - r_D \dot{v}_D/v_D$$

因此，根据下列近似关系式可计算动态制导误差信号基本分量的补偿信号：

$$\Delta h = \frac{F(t)}{K_0}\dot{\varepsilon}_m \tag{8-37}$$

为了实现这个关系式，必须确定目标角坐标 ε_m 的一阶导数，并且引入变系数 $F(t)$。更准确地补偿动态误差需要目标角坐标的高阶导数，建立相应复杂的补偿信号计算装置将十分必要。

实际上，为了确定目标角坐标的导数，需要微分噪声污染的信号，这样就自然增大制导指令形成电路中的噪声电平，从而使制导的随机误差增大。所以当设计这些系统时，必须找到保证动态和随机误差可以接受的折中解决方法。这个问题可以在随机控制理论中加以解决。

5. 重力对动态制导误差的影响

在某些情况下，评价制导精度时，必须考虑重力的影响，重力是力图使导弹偏离需要的运动弹道的外力的一种，所以，为了补偿它的影响，需要对应附加的法向过载来消除重力对导弹的影响，它由相应的升降舵偏产生。

前面已指出，遥控制导系统对以法向加速度形式输入的信号将产生相对给定弹道的静态线偏差。因而重力加速度将引起相对给定弹道的附加线偏差，为了计算重力对制导精度的影响，将这种力作为作用在弹上的附加干扰来研究。在这里我们不加推导地给出以重力为输入、以导弹坐标为输出的传递函数：

$$W_g^{\dot{\theta}}(s) = \frac{K_g^{\dot{\theta}}}{T_d^2 s^2 + 2\xi_d T_d s + 1} \tag{8-38}$$

$$W_g^{\dot{\theta}}(s) = \frac{K_g^{\dot{\theta}}(\tau^2 s^2 + 2\xi\tau s + 1)}{T_d^2 s^2 + 2\xi_d T_d s + 1} \tag{8-39}$$

如果在稳定系统的组成中加入了测量角速度的传感器以及测量法向加速度 a 的加速度计，那么分析重力对稳定系统动力学制导精度的影响时，利用图 8-26 是十分方便的。

6. 随机制导误差

计算由目标坐标测量的起伏误差所引起的随机制导误差时，通常在系统定常假设下研究问题，这可以在很大程度上简化分析和计算工作。因此，建立在定常随机过程理论

基础上的随机制导误差计算方法应当作为一次近似方法来研究。考虑随机过程的非定常性、非线性的影响和控制通道相互作用等因素时，只能借助于仿真技术去完成。

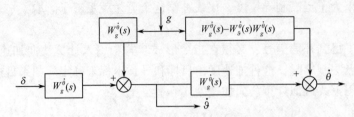

图 8-26　说明重力对制导精度影响计算方法的结构图

利用制导回路计算结构图（图 8-19），可以比较简单地计算制导误差随机分量的均方值。

由结构图得到，制导误差 $h(t)$ 与随机输入 $n_1(t)$ 的关系为

$$\frac{h(t)}{n_1(t)} = r\frac{G(s)}{1+G(s)} \tag{8-40}$$

式中：$G(s)$ 为制导回路开环传递函数。

如果输入 $n_1(t)$ 为定常随机函数，频谱密度为 $S_n(\omega)$，制导误差的频谱密度由下式确定：

$$S_h(\omega) = S_n(\omega)r^2\left|\frac{G(j\omega)}{1+G(j\omega)}\right|^2 \tag{8-41}$$

常常可以将目标角坐标测量装置的输入端上的随机效应看做是"白色"噪声，其特征是频谱密度以常值表征 $S_n(\omega) = C^2$，这时，式（8-41）被简化了。

知道了频谱密度 $S_h(\omega)$，可以容易地计算制导误差 $h(t)$ 的方差，即

$$\sigma_h^2(t) = \frac{1}{2\pi}\int_{-\infty}^{+\infty}S_h(\omega)\mathrm{d}\omega \tag{8-42}$$

8.4.6　驾束制导系统动力学特性和精度分析

1. 计算结构图

驾束制导时，控制站与导弹之间没有指令线，由控制站发出导引波束，导弹在导引波束中飞行，靠弹上制导系统感受其在波束中的位置并形成导引指令，最终将导弹引向目标的一种遥控制导技术。

驾束制导系统与指令制导系统的主要区别在于信号形成装置的位置，在指令系统中，制导信号的形成是在制导站上实现的。这种信号利用无线电遥控装置传送到弹上。因此，指令形成装置位于闭合制导回路内。当采用驾束制导系统时，指令形成装置仅仅执行运动学弹道角坐标的计算，并利用这种计算结果导引波束，在这种情况下，指令形成装置在制导回路之外。

在驾束制导系统中，误差信号直接在弹上形成，它表征导弹相对波束轴的角偏差（或线偏差）。因此，在指令制导系统中由指令形成装置完成的回路校正功能，在驾束制导系统中是由导弹弹上仪器完成的。

上述驾束制导系统的特点清楚地表现在结构图上（图8-27）。图中$W_{BG}(s)$是驾束制导装置，这种装置在最简单的情况下，可以使指令形成装置的信号变换为波束的转动角的普通跟踪系统。为了确定导弹与波束轴之间的角偏差，在弹上装有传递函数为$W_{\Delta\varepsilon}(s)$的信号处理部件。为获得导弹相对运动学弹道的线偏差，与指令系统类似，引入一时间函数$R(t)$代替实际的$r(t)$，有

$$h = R(t)\Delta\varepsilon \tag{8-43}$$

这种运算可以利用最简单的解算装置完成。

图8-27所示结构图可用于采用任意制导方法的情况，这时利用目标和导弹的角坐标和倾斜距离计算运动学弹道。

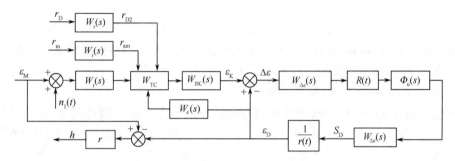

图8-27 驾束制导系统的结构图

图8-27中：$W_r(s)$为导弹及目标测距装置；$W_\varepsilon(s)$为导弹及目标出角装置；$W_{TC}(s)$为运动学弹道解算装置；$W_{\Delta\varepsilon}(s)$为信号处理部件。

在没有动态误差补偿的情况下，采用三点法导引可以没有指令形成装置，因为运动学弹道的角坐标与目标重合。在这种情况下，制导波束可以利用测量目标角坐标的雷达站波束，此时得到的制导系统被称为单波束系统。图8-28为三点法单驾束制导系统的部分结构图。

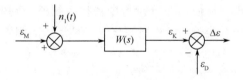

图8-28 三点法单驾束制导系统部分结构图

2. 动力学特性校正

在指令制导系统中，必要的制导回路校正可以应用指令形成装置中的校正网络来实现。这个校正网络是制导站的元件之一，也是闭合制导回路的组成部分。然而在驾束制导系统中，制导站的元件以及指令形成装置不包含在闭合制导回路内。所以为了校正闭合制导回路的动力学特性，尤其是为了保证系统具有足够的稳定裕度，只能在弹上装置中引入必要的校正网络。

形成制导回路的各个环节，如二阶积分运动学环节、稳定系统等都产生负相移，引入校正网络的目的是引入正相移，保证制导回路的稳定。

对制导回路进行校正的一条途径是用串联校正装置，即在偏差信号接收装置的输出端引入一超前校正网络。但是，这样做会得到非常不好的结果，因为接收装置的输出信号通常被噪声污染，超前校正网络呈现的微分特性会大大地增加噪声电平。这种"强化"的噪声，可以剧烈地破坏制导系统的正常工作，并且大大地使制导精度变坏。所以此时最好在稳定系统反馈通道上引入并联校正装置。

并联校正装置一般接在微分陀螺或线加速度计的输出端。为了得到前向通道相位超前效应，应当在反馈通道中引入引起相位延迟的滞后滤波器。典型做法是在加速度计之后引入如下形式的校正网络：

$$W_\varphi = \frac{T_0 s}{(T_0 s+1)(T_1 s+1)(T_2 s+1)} \tag{8-44}$$

由此可见，在驾束制导中，利用稳定系统的校正网络来实现对制导回路动力学特性的辅助校正，使制导回路进行串联校正时选取具有较小微分效应的网络成为可能，这样大大改善了系统的制导精度。

3. 动态制导误差和随机制导误差

和指令制导系统一样，利用计算结构图，可以研究动态和随机制导误差的计算方法。分析任意制导方法情况下的制导误差是一个十分复杂的工作。这里我们只讨论三点法制导情况下制导误差的计算方法。

采用三点法制导时，线性制导误差由下式确定：

$$h = r(t)(\varepsilon_M - \varepsilon_D) \tag{8-45}$$

当导弹斜距与目标斜距相等时，这个公式确定了脱靶量。

根据图 8-27 和图 8-28，计算出单波束系统制导误差的传递函数（忽略目标坐标测量装置惯性）为

$$\frac{h(s)}{\varepsilon_M(s)} = \frac{r}{1+G(s)} \tag{8-46}$$

式中：$G(s)$ 为制导系统开环传递函数。

在这种情况下，关于允许使用在分析指令遥控系统所得到的系数"冻结"法的一切结论仍然有效。与指令系统类似，也可写出另一种形式的制导误差形式，即

$$h(s) = \frac{W_{sa}(s)}{1+G(s)} a_K(s) \tag{8-47}$$

计算动态制导误差的方法与指令制导系统完全相同。

计算随机制导误差时，如果认为随机干扰 $n_1(t)$ 附加在控制信号 $\varepsilon_K(t)$ 同一点上，则应当利用以下的传递函数：

$$\frac{h(s)}{n_1(s)} = r\ W_\varepsilon(s) \frac{G(s)}{1+G(s)} \tag{8-48}$$

利用这个传递函数，可以确定制导误差的频谱密度 $S_h(\omega)$，并计算出此误差的均方差值。

第 9 章　新概念武器

9.1　碳纤维武器

9.1.1　概述

碳纤维武器属于软杀伤新概念武器的范畴。所谓软杀伤，是指使敌方作战能力削弱，而一般不会产生人员死亡、设备损坏和生态环境破坏的毁伤方式，有时也称为非致命性杀伤。国外把软杀伤武器定义为：专门用于使人员或装备失能，同时使死亡和附带破坏最小的武器。软杀伤武器一般分为两类：一是非致命武器，主要用于对付人员目标；二是失能武器，主要用于对付基础设施和武器装备。软杀伤的实质是利用光、电、声、化学和生物等方面的某些技术或研究成果，与武器系统结合，以较小的能量和功能材料效应，使敌方的武器装备系统性能降低甚至失效、使人员暂时丧失战斗能力。

美国把碳纤维弹称为"Blackout Bomb"，可直译为"灯火管制炸弹"。美国在1999年海湾战争中，在"战斧"巡航导弹上首次使用碳纤维战斗部，由于其装填物和毁伤元素是丝束状的碳纤维，国内将其称为碳纤维弹。在1999年科索沃战争中，尽管美国在风力修正布撒器（Wind Corrected Munitions Dispenser，WCMD）上使用的是装填丝束状镀铝玻璃纤维的子弹药，但人们习惯上仍称其为"碳纤维"弹。由于碳纤维和镀铝玻璃纤维从本质上说均是一种导电纤维，所以国内又将碳纤维弹称为导电纤维弹。另外，国内也有人将这样一类弹药称为石墨炸弹（称谓并不完全确切）。通常，国内把采用丝束状碳纤维或其他导电纤维为弹药装填物和毁伤元素，利用高压引弧效应造成架空线路短路，最终造成电力系统破坏的软杀伤弹药统称为碳纤维弹。

碳纤维弹的最突出特点是以长的丝束状导电纤维为弹药装填物和毁伤元素，弹用碳纤维或导电纤维丝束一般由数十到上百根直径为 $10\mu m$ 量级的纤维丝编制而成，长度一般为数十米，纤维丝束按一定方式缠绕成丝团或线轴状装填于战斗部中。战斗部在目标上空抛撒出纤维丝团或线轴，纤维丝束在空中展开，当其搭接到高压线路上，造成引弧放电和短路，从而启动系统保护装置动作致使供电终止。碳纤维弹是一种面杀伤武器，一般采用子母式战斗部结构。碳纤维弹原理可应用于多种武器平台，应用于战术导弹则成为碳纤维战斗部，应用于航弹则成为航空碳纤维弹或碳纤维航空炸弹。

根据碳纤维弹的破坏机理，该类型弹主要用于打击电力系统的变电站和输配电线路，其导电纤维丝破坏了电力系统的安全绝缘度，使高压电网产生引弧放电，形成巨大的瞬间短路电流，导致自动重合闸保护器跳闸，使电力系统局部供电中断；或者破坏输电枢纽、变电站、输电主干线等设施，使电力系统运行失衡而崩溃。该类型武器的战术目的是通过破坏发电厂、变电站及输配电线路的正常供电，致使敌方用电系统如C1等系统的供电中断，实现打击外围，毁伤核心，瘫痪系统的意图，继而瓦解敌方战斗意志、削弱其作战能力，为我方赢得战机。此外，碳纤维弹对电子设备、电子器件也具有干扰和软杀伤效应，能够造成设备故障和失能。

使用碳纤维武器攻击敌电力系统，不但可以避免大量人员伤亡和环境污染，将附带毁伤减至最低，而且会对敌方构成强大的心理压力和生理痛苦，达到瓦解敌方战斗意志、削弱作战能力的战术效果，适应了新时期软杀伤战争规则，对于打击特定对象和特殊目标具有十分重要的现实意义，必将是未来战争中广泛使用的重要武器和打击手段。

9.1.2 发展情况

1985年，美国受圣地亚哥一次供电事故造成电网短路故障的启发，秘密开始有关碳纤维弹技术研究。

在1991年的海湾战争中，以美国为首的多国部队首次采用携带有KIT-2型碳纤维战斗部的"战斧"式巡航导弹，袭击了伊拉克巴格达地区的电厂、变电站、配电站等能源设施目标。碳纤维战斗部使用后的数小时内，巴格达发电厂停止了供电，伊拉克85%的供电能力受到限制，伊军的防空作战系统等被迫处于瘫痪状态，从而达到了破坏军事指挥、通信联络的目的，使伊拉克的有效军事行动受限，处于被动局面。由于作战效果显著，海湾战争后美国重点发展了各种类型的纤维软杀伤武器，纤维也发展了两种形式，一是长镀铝玻璃纤维丝束，二是短镀铝玻璃纤维丝束和石墨粉的混合物，它们大多被装填于子母型战斗部的子弹药内。这些武器在科索沃战争中都得到了大量应用。

在1999年科索沃战争中，CBU-94碳纤维炸弹大展身手。5月2日，以美国为首的北约使用F-117A"夜鹰"隐身战斗机携带CBU-94碳纤维炸弹对南联盟电力系统进行了第一次打击，造成南联盟70%的电力系统处于瘫痪状态，南斯拉夫的贝尔格莱德的大部分地区数小时停电，南联盟的指挥控制系统和防空系统不同程度地受到了损害，获得了极佳的作战效果。5月7日夜间，北约又一次使用这种炸弹攻击贝尔格莱德地区，使全市陷入一片黑暗。其神奇的表现使北约狂妄地声称"掌握了南联盟的电力开关"，也使世界各国的武器专家更为关注CBU-94碳纤维炸弹，该炸弹重454kg，长2330mm，弹径396mm，母弹头部是开舱引信，中间是三片壳体组成的圆柱形容器，内装202颗子弹药，尾部是折叠尾翼。

该型碳纤维炸弹由非制导的SUU-66/B战术弹药布撒器（TMD）和202颗装填碳纤维的BLU-114/B子弹构成，BLU-114/B碳纤维子弹重约1kg，长169mm，弹径64mm。

简言之，在国外，主要是美国（其他国家在碳纤维弹技术领域的研究和应用情况未见报道），碳纤维弹技术已相当成熟，用于实战后战果显著。令人遗憾的是，由于其军事应用背景，国外这方面的技术研究情况基本上处于保密状况。值得注意的是，美国在21世纪初的两次战争中均使用了碳（导电）纤维弹，但技术状态有所不同。首先是武器载体不同，其次是毁伤元素不同。在海湾战争中使用的武器载体是巡航导弹，而在科索沃战争中使用的是航空风力修正布撒器；前者装填的是碳纤维丝束，而后者装填的是镀铝玻璃纤维丝束，且每束包含的单丝数量也少得多。碳纤维材料成本相对较高，而镀铝玻璃纤维的成本大致只相当于碳纤维的 $1/10 \sim 1/8$。另外，镀铝玻璃纤维丝束抛撒展开性能也优于碳纤维丝束，在相同的装填条件下相当于增加了毁伤元素数量，从而提高了毁伤威力。

从战术使用来看，碳纤维弹一般在战争或战役开始时使用，用来破坏敌方的供电系统，造成用电系统的瘫痪，从而起到抑制敌方指挥、通信、防空、情报等系统正常运转，并能造成作战人员的恐慌，起到心理威慑作用。因此，碳纤维弹的武器平台首选是远程、空中精确打击武器，如战术导弹、防区外投放的航空布撒器等。从碳纤维弹攻击的目标来看，电厂、大型枢纽变电站等一般位于战略纵深地带，且具有典型的"面"目标特征，所以所需的武器平台也同样是远程、空中精确打击武器，且适宜采用子母式战斗部类型。从碳纤维弹的终点作用原理来看，显而易见，子母式战斗部结构几乎是唯一的可选技术方案。一般说来，巡航导弹、战术地地导弹、空地导弹、航空布撒器、航空炸弹、无人机、超远程大口径火箭弹等都可以成为碳纤维弹的载体或平台。由此可以看出，碳纤维弹技术的发展趋势体现在如下 3 个方面：

(1) 降低成本。
(2) 提高毁伤效能。
(3) 适用多种载体和平台。

9.1.3 工作原理

在描述碳纤维武器工作原理时，必须先对电力系统构成及稳定工作的条件等因素进行分析，再根据碳纤维武器对电力系统的破坏机理，详细说明其具体工作过程和原理。

电力系统由发电厂、输电线路、配电系统及负荷组成，覆盖的地域广阔。发电厂将原始能源转换为电能，经过输电线路送至配电系统，再由配电线路分配给负荷，这一整体称为电力系统。在电力系统和发电厂的原动机部分合并则称为动力系统。在电力系统中，输配电线路及由它连接的各类变电所构成了电力网络，简称电网，即电网是由输电、变电、配电组成的一个整体。电网按其范围大小和电压高低分为地方电网、区域电网及超高压远距离输电网络三种类型。电力系统构成闭环结构，以保证系统的稳定运行，以及供电的可靠性、高质量和经济性。电力系统的最主要特点是电能的生产和消费是在同一时间实现的，也就是说电能是不能储存的，每时每刻系统的发电量取决于同一时刻的用电量。从电能不能储存的这个特点来看，在运行时就要求经常保持电源和负荷之间的功率平衡；再者，发电和用电同时实现，使电力系统的各个环节之间具有十分紧密的相互依赖关系，不论是变换能量的原动机或发电机，输送、分配电能的变压器，还是输配电线路以及用电设备，只要其中的任何一个部分出现故障，就会影响电力系统的正常工作。在电力系统正常运行情况下，大量发电机并联同步运行，原动机与发电机的功率是平衡的，发电机输出功率与负荷需求也是平衡的。但是这种平衡是相对的、暂时的。由于电力系统的负荷随时都在变化，发电机组和输电线路还可能有偶发事故出现，因此这种平衡将不断被打破。电力系统正是在这种功率的平衡不断遭到破坏，同时又不断恢复的对立统一过程中运行的。如果系统在遭受外部扰动后，各发电机组在经历一定变化过程后能重新恢复到原来的平衡状态，或者过渡到一个新的平衡状态下同步运行，且这时系统的电压、频率等运行指标虽发生某些变化但仍处于允许的范围内，则系统是稳定的。反之，如果系统在遭受外部扰动后，各发电机组间产生自发性振荡或转角剧烈的相对运动以致机组间失去同步，或者系统的运行指标变化很大以致不能保证对负荷的正常供电而造成大量用户停电，则系统是不稳定的。电力系统的稳定性包括两方面的内容：静态稳定和暂态稳定。所谓静态稳定是指系统受到小扰动（如负荷波动引起的扰动）后的稳定性；暂态稳定是指系统受到的大的扰动（发电机或输电线路突然故障）后的稳定性。

通常在稳定运行条件下，电力系统发电功率应与负荷功率相平衡。当发电功率大于负荷功率时，系统的电压与频率升高；当发电功率小于负荷功率时，系统的电压与频率降低。为了防备短路可能造成的严重后果，大多数电力系统都具有自动保护功能，当短路发生时，发电功率与负荷功率出现长时间的不平衡，系统的调速保护装置将启动，调整各发电机组的输出功率，以求达到发电功率与负荷功率达到平衡，此时若功率损失在15%以内调整是有效的。如果这种不平衡故障通过上述调整保护不奏效，也就是说功率损失在20%以上，那么这种不平衡导致多种参量的振荡（如频率、电压、相位等）持续10s以上，系统会启动解裂装置，甩掉负荷或发电机组，以断电的方式使系统恢复平衡，保护电力系统。对于偶然原因造成的短路，自动保护开关会在跳闸断电后很短时间内自动合闸，使电力系统恢复正常运行；如果在多次重复自动合闸的尝试中，电力系统仍处于短路状态，则系统将自行判断为不可恢复性故障，开关将不再合闸，直至短路故障被彻底清除。几次反复，将造成电力系统失去平衡而使全面供电中断或瘫痪。

9.2　电磁脉冲炸弹

9.2.1　概述

现代高度工业化的国家依赖计算机和通信网络系统的程度与日俱增，而计算机和通信网络系统则是由现代化高密度的半导体元件所组成的，因此设计用来破坏或损毁半导体元件的武器，成为使用半导体设备的致命威胁。随着科技的日益成熟，全球信息战发展的趋势，以及比传统毁灭性原子武器经济的考量，建造这种破坏电子系统装备的武器已渐受重视，这些武器称为电磁脉冲武器。

所谓电磁脉冲武器，是利用强烈的电磁脉冲辐射来破坏敌方的雷达、通信、计算机、动力等与电磁有关的设备，以夺取战场优势的一种武器系统，在国外称为电磁脉冲（Electron-Magnetic Pulse，EMP）武器。EMP武器的作战对象主要是敌方的电子信息系统，它能够对较大范围内的敌方各种电子信息设备的内部关键组件同时实施压制性和摧毁性的硬杀伤。所以，EMP 武器是一种性能独特、威力强大的硬杀伤性信息武器。美国从 1970 年开始研制核电磁脉冲武器，苏联自 1974 年以来也在积极进行电磁脉冲武器的试验。由于核电磁脉冲武器不像核武器那样以杀伤有生力量为目的，而专以敌方的电子信息武器系统和电力系统为杀伤对象，以瘫痪指挥控制为目的，因此在现代信息战时代中，它具有比普通核武器更大的作战威力。据国外专家预测，随着新技术、新材料的不断发展，电磁武器在军事领域将有广泛的应用前景。特别是电磁发射技术研究的突破性进展，将使高技术化战场上各种武器打击的精度、速度和威力有极大的提高，届时的战场情况将会更复杂、激烈和残酷，核战的危险也将进一步增大。

9.2.2 基本概念

在现有研制中的 EMP 武器中，最主要的便是电磁脉冲炸弹（Electromagnetic BombE-bomb）的发展。运用对人体与建筑没有损害的电磁脉冲炸弹，制造瞬间巨大电流烧毁计算机硬件，破坏通信与计算机网络。随着计算机元件本身趋于微小化，干扰破坏所需的电磁能量也越来越少。电磁脉冲炸弹是利用大功率微波束的能量，直接杀伤破坏目标或使目标丧失作战效能的武器，也称为微波武器。这种武器由飞机或导弹在空中发射并爆炸后，其强大的脉冲功率可将敌方防备的电子灵敏元件甚至整个电子设备烧毁。这种武器的破坏目标通常不是指某一种电子设备，而是对某一地区内几乎所有的电子设备。例如，俄罗斯研制的电磁脉冲炸弹可将爆炸能转变成电能的强烈脉冲，一次释放能量 100MJ，对北约的雷达和 C1 系统威胁极大。英国研制的微波炸弹能烧毁某一区域内的计算机电路和电话线。电磁脉冲炸弹爆炸时释放出的大功率电磁脉冲，还能扰乱敌人的大脑神经系统，使人暂时失去知觉。美国应用其已成熟的高能电磁脉冲产生科技（High Power Electromagnetic Pulse Gen-eration Techniques）及高能微波技术（High Power Microwave Technology），使得 E-bomb 的开发变得具体可行，并可同时应用于战略与战术信息战中。E-bomb 的效益取决于其电磁脉冲效应，EMP 效应是在早期测试高空核爆炸时被发现的，此效应的特色是产生非常短却很强烈的电磁脉冲，这些波会带着强大的能量，依电磁波理论由源点传至远处。电磁脉冲实际上是电磁震波的形式（引爆 EMP 武器将导致高压电子脉冲沿着任何暴露在外的导线传输，此高压脉冲可使半导体产生毁损，甚至对传导材料产生热毁效应）。

9.3 粒子束武器

9.3.1 概述

粒子束武器毁伤目标机理：利用高能粒子束把大量的能量在不到 1s 内传递给目标，把粒子束能量沉积到目标结构或深入装备器件，利用这些高能粒子与目标物质发生的强相互作用来达到毁伤目标的目的。

9.3.2 基本概念

本章所指的"粒子",在物理学上是指空间尺度小于 10^{-7} cm 的微小物质颗粒,即微观粒子。微观粒子通常包括分子、原子以及被称为"基本粒子"的电子、质子、中子、离子等。

粒子束武器是通过特定的方法将电子、质子、原子、离子等粒子加速到接近光速聚集成密集的束流射向目标,以束流的动能或其他效能杀伤破坏目标的一种定向能器。粒子束武器一般分为带电粒子束武器和中性粒子束武器。带电粒子束武器主要用于在大气层内防空、反巡航导弹和损坏敌方的武器装备等,中性粒子束武器主要用于外层空间对付导弹或天基武器。

要使微观粒子成为一种毁伤性武器,并用它去摧毁像洲际导弹那样的大目标,那就必须创造一个前提条件——使粒子具有非常大的能量。物理学告诉我们:运动物体的能量(动能)与它的质量和运动速度两个因素有关,而且能量(动能)等于其质量与速度平方的乘积。一个微观粒子的质量虽然很小,但如果能使其运动速度达到或接近光速(3×10^8 m/s),那么其能量也可以达到相当可观的程度。另外,一个粒子的能量固然有限,但要把大量的粒子聚合在一起,其能量就会很大。这和激光的情况相似。比如,X 射线中的每个光子的能量是微不足道的,但把它们聚合成 X 光束即 X 射线之后,其能量就大到足以摧毁空中飞行的导弹。在这里,假如每个被加速的粒子的能量达到 109eV,那么,由 6.25×10^4 个电子所构成的一束电子流所具有的能量就达 10MJ。当电子束的脉冲时间为 10×10^{-9} s 时,只要 10 个这样的电子脉冲,其能量就足以摧毁 1km 远处的洲际导弹。

9.3.3 分类

由于作战需要和其特点不同,划分粒子束武器种类的方法也有多种。

(1)按武器系统所在的位置不同,可将正在研制的粒子束武器分为三种,即陆基、舰载和空间粒子束武器。陆基粒子束武器,是设置在地面的粒子束武器,主要用于拦截进入大气层的洲际弹道导弹等目标,担负保护战略导弹基地等重要战略目标的任务。舰载粒子束武器,是设置在大型舰船上的粒子束武器,主要用于保卫舰船,使之免受反舰导弹的袭击。空间粒子束武器,是设置在空间飞行器上的粒子束武器,主要用于对在大气层外飞行的导弹或其他空间飞行器进行拦截。

(2)按粒子束的性质,可将粒子束武器分为带电粒子束武器和中性粒子束武器两类。带电粒子束包括电子束、质子束和离子束等,它们适合于在大气层内使用。中性粒子束是各种不带电的粒子束,如中子束等,它与带电粒子束相反,只能在大气层外使用。

(3)按射程的大小,可将粒子束武器划分为近程粒子束武器、中程粒子束武器、远程粒子束武器和超远程粒子束武器。近程粒子束武器,其射程约 1km,在稠密大气层内使用,对武器系统的要求是体积小、重量轻、反应速度快,主要任务是自卫防空。中程粒子束武器,其射程约为 5km,要求粒子束聚焦好,并有较精密的瞄准和跟踪系统,主要用于区域性防卫。远程粒子束武器，其射程约 10km，对这种武器的要求是束流强，具有更精确的瞄准和跟踪系统，其任务也是用于区域性防卫。超远程粒子束武器，其射程为 100km 以上，要求具有极其强大的功率和非常精密的瞄准与跟踪系统，其主要任务是用于大气层外的空间作战，以摧毁洲际导弹和各种航天器，是一种太空武器。

粒子束武器还有其他的分类方法，例如，可按所使用的加速器类型来划分，还可按其能源类型来划分等，这里不一一列举。

9.3.4 特点

粒子束武器与一般射束武器相比，具有以下几方面特点：一是穿透能力强，高能粒子束能穿透各种不同结构和材料支撑的来袭导弹，比激光武器的破坏力还要大。二是反应快，因为它能以接近光的速度传播，所以能对敌目标进行突然袭击，几乎不需要预警时间，也不用考虑提前量。从发射到命中目标，不超过 100ms。三是粒子射束可以穿过雨、雪、云、雾等，因而其威力不受恶劣气候条件的影响，是一种全天候作战武器。这一点也比激光武器优越。四是拦截目标的距离短，高度低。它的缺点是，粒子带电时易受地球磁场影响。粒子束武器是一种崭新的武器系统，它具有能量高度集中、束流穿透力强、反应速度快、具有全天候作战能力等突出特点。

1. 能量高度集中

粒子束武器通过聚焦的办法使得单位面积上通过的能量达到相当大。高能加速器每秒大约能发射 600 万亿个粒子，这些高速运动的粒子通过聚焦后所形成的粒子束射向目标，其威力与 1lb（453.6g）高能炸药直接在目标上爆炸所具有的威力相当。大功率的粒子束武器能够击毁洲际导弹、卫星和宇宙飞船等。普通炸弹或核弹爆炸后，其能量是从爆心向四面八方传播，不能将巨大的能量集中到一个方向上，因此只能作为一种杀伤面状目标的武器。而粒子束武器是将巨大的能量以狭窄的束流形式高度集中到一小块面积上。因此，粒子束武器是一种杀伤点状目标的武器。高能粒子和目标材料的分子发生猛烈碰撞，所产生的高温和热应力就会使目标材料熔化、损坏，从而导致弹体断裂。另外，当高能粒子击穿飞行器的金属蒙皮后，还能继续破坏其内部的机件和电子设备，使导弹失去控制。此外也可以引起导弹战斗部提前起爆。

2. 效能高

一般的常规武器，是在其弹丸爆炸后再通过飞速运动的碎片去毁伤目标。而粒子束武器是以电子脉冲的形式在极短的时间内发射出来，并与目标直接发生作用（这一点与激光武器是一样的），它除了像激光武器那样以热爆炸波来毁伤目标外，还由于粒子束与目标材料直接作用时其"精合系数"较高而对目标具有更大的毁伤作用。例如，要烧穿 5mm 厚的银合金材料，在使用激光武器时每平方厘米需要输入 1MJ 的激光能量，而使用粒子束武器每平方厘米只需要输入 0.03MJ 的能量。

3. 束流穿透力强

粒子束比激光武器更具穿透力，高能粒子束是通过极高动能的粒子直接撞击来破坏目标的，可以深穿到目标体内，很难对其采取有效的加固防护措施。例如，要抵御能量在 100~400MeV 的氨原子束的轰击，需要 4~41cm 厚的铝屏蔽层。

4. 反应速度快

粒子束武器与激光武器一样，基本无惯性，通过"磁镜"（即利用磁场来使带电粒子改变运动方向的装置）可以随时改变粒子束的发射方向，使用起来极为方便灵活。可以多次、灵活、方便地改变发射方向，能在极短的时间内对付多批目标的大规模袭击，这在对付敌方的大规模袭击时尤为有利。另外，粒子束的运动速度接近光速（3×10^8m/s），而洲际导弹的速度为7km/s左右，因此在用粒子束武器"反导"时，不但无须考虑"提前量"，而且有更多的富裕时间来对真假目标进行识别并实施多次拦截，这样就能在防御上做到万无一失。使用粒子束武器可以在不到1s内摧毁1000km以外的目标。粒子束武器是非常理想的反导弹反卫星武器。

5. 具有全天候作战能力

粒子束在穿过大气时，会产生三种效应：①电离效应。在粒子束通过的路径上，空气会产生电离，于是在紧挨粒子束的周围形成一个相反的电荷圈，这样一来就可以使带电粒子之间的排斥力减小。空气电离后就变成了导电的气体，这样就在大气中打开了一条"通道"，于是所有与带电粒子束带有相同电荷的粒子，都能够畅行无阻地沿着这条"通道"射向目标。因此粒子束武器不受天气条件的影响，具有穿云透雾的能力。②升温效应。使"通道"上空气温度急剧上升，形成一个"亚真空通道"。这样一来下一个电子脉冲通过时损失的能量就比较少。③磁效应。带电粒子流自身所产生的磁场可以克服粒子之间的部分排斥力。这也是粒子束武器不受天气条件影响的原因之一。

基于以上原因，粒子束武器基本不受气象条件的影响，从而具备了全天候作战的能力，不论在什么天气情况下，粒子束武器都可以对付大气层中的各种飞行器。上述特点使得粒子束武器成为打击空间飞行器、洲际导弹和其他高速运动点状目标的理想武器。由于粒子束武器系统都必须由坚固的部件构成，比如用来聚焦的磁铁和加速器，相对而言不易被摧毁，也不易受到高强度辐射的影响，在单位立体弧度内，粒子束向目标输送的能量比激光大，而且粒子束能穿透到目标深处。从长远来讲，粒子束武器比激光武器更为优越。

9.4 机载激光武器

机载激光武器是将激光器装在飞机上，主要用于从远距离（达600km）对处于助推段的战区弹道导弹进行拦截，从而使核、生、化弹头的碎片落在敌方区域，迫使攻击者放弃自己的行动，起到有效的遏制作用。

机载激光武器计划是美国目前美国最为雄心勃勃的一项硬杀伤激光武器研制计划，由美国空军主持实施，目标是研制装在波音747-400F飞机上的高能激光武器。

机载激光武器系统主要由以下几个组成部分组成：飞机平台、传感器系统、高能激光器系统、瞄准与跟踪系统、作战管理与指挥系统。

下面以美国设计的机载激光武器系统为例具体来看一下。

(1) 飞机平台为改进的747-400F飞机，它是安装机载激光武器系统的作战平台。

(2) 传感器系统，由安装在飞机头部、尾部和机身两侧的6个红外探测器组成，用于全方位搜索弹道导弹的火箭发动机所喷出的明亮尾焰。

（3）高能激光武器系统为高功率、连续波氧碘化学激光器，用于产生拦截目标的高能激光。

（4）瞄准与跟踪系统，由安装在飞机头部的激光炮塔、二氧化碳主动测距激光器、跟踪照射激光器、信标照射激光器和自适应光学系统等组成，用于目标测距、瞄准、大气补偿，以及调整和发射高能激光等。

（5）作战管理与指挥系统，负责作战任务规划和指挥、控制、通信等。

1. 机载激光武器系统的作战过程

（1）机载激光武器将以拉长的8字形在可疑的导弹发射基地上空盘旋，侦测范围达数百平方千米。当卫星侦测到导弹发射台上有点火动作时，就会传送坐标给机载激光武器。

（2）机身上的红外探测器随即扫描导弹发动机喷出的炽热尾焰。一旦发现导弹，驾驶舱上方的激光器就会锁定导弹，判断距离。

（3）跟踪照射激光在导弹上方挑选一个瞄准点，信标照射激光辨识出导弹的尺寸和型号。

（4）高能激光发射，击穿导弹上的氧化剂或燃料舱，引爆炸弹。

2. 机载激光武器系统的优势

机载激光武器的杀伤机理与我们熟悉的炮弹和导弹有着质的不同，它不是靠炸药的化学能或弹丸的动能实现杀伤，而是靠热烧蚀和热爆炸实现杀伤。当攻击导弹时，高能激光束不是将弹道导弹打碎或打偏，而是照射导弹的燃料仓，将舱壁烧坏，造成高压燃料泄漏，引起导弹爆炸。即使不爆炸，导弹也会因偏航或耗尽燃料而无法达到预定弹道。与常规武器相比，机载高能激光武器具有以下优点。

（1）速度快，准备时间短。激光束以光速（$3×10^5$km/s）射向目标，它比普通枪弹107km/s 的速度快40万倍，比一般弹道导弹速度快10万倍，所以目前一切的军事目标，包括几百至上千千米高空的卫星，相对光速来说都是静止目标，因此射击时不需要提前量，就能把高度集中的光束以光速直接射向目标。此外，激光发射也不需要加注燃料，可快速投入战斗。这都是传统武器无法比拟的，在反导弹和反卫星方面更有着不可替代的作用。

（2）机动灵活，再生能力强。激光束很轻，而且机载激光武器发射激光束时没有后坐力，因此机动灵活且射击频度高。由于激光束再生能力强且易于迅速的变换射击方向，所以能够在短时间内拦截多个来袭目标。

（3）精度高，方向性好。激光是方向性最好的光，其发射角极小，几乎为零，相当于世界最先进的探照灯光束发射角的1%。其方向性高，可将聚集的狭窄光束精确对准某一方向，选择攻击目标群中的某一目标，甚至击中目标上的某一脆弱部分，如弹道导弹上的燃料舱。

（4）污染小，附带伤亡小。高能激光武器是一种理想的"干净武器"。这是因为：①高能激光武器属于非核杀伤，不像核武器那样，除有冲击波、热辐射等严重破坏外，还存在长期的放射性污染，造成大规模的区域污染，因此，激光武器无论对地面还是对空间都无放射性污染；②高能激光武器主要对地方实施精确打击，可以最大限度地减少平民的附带伤亡。

（5）效费比高，不受电磁干扰。虽然激光武器研制、生产成本高，但由于可长期的使用，且每次发射的费用很低，仍具有相当高的效费比。兆瓦级氧碘化学激光器每发射一次仅耗资 1000~2000 美元，与此相比，一枚"战斧"巡航导弹的造价是 100 万美元，"联合直接攻击弹药"（JDAM）单价也在 2 万美元左右，因此，从作战角度看，激光武器具有较高的效费比。另外，激光传输不受外界电磁波的干扰。因此，目标难以利用电磁干扰手段来避开激光武器的攻击。

此外，机载激光武器也有其局限性。随着射程的增大，照射到目标上的激光束功率密度也随之降低，毁伤力减弱，使有效作用距离受到限制。此外，使用时还会受到环境的影响。例如在稠密的大气层中使用时，大气会耗散激光束的能量，并使其发生抖动、拓展和偏移。恶劣天气（雨、雪、雾）和战场烟尘、人造烟幕对其影响更大。因此，根据机载激光武器的上述特点，其在反导弹、反卫星以及光电对抗等方面均能发挥独特的作用。但是，机载激光武器不能完全取代现有的武器，而是与它们配合使用。

参 考 文 献

[1] 钱杏芳,林瑞雄,赵亚男. 导弹飞行力学 [M]. 北京:北京理工大学出版社,2000.
[2] 祁载康. 制导弹药技术 [M]. 北京:北京理工大学出版社,2002.
[3] 郭修煌. 精确制导技术 [M]. 北京:国防工业出版社,1999.
[4] 张宗麟. 惯性导航与组合导航 [M]. 北京:航空工业出版社,2000.
[5] 黄长强. 制导武器军械装置 [M]. 西安:空军工程大学工程学院,2002.
[6] 李尊民. 电视图像自动跟踪的基本原理 [M]. 北京:国防工业出版社,1998.
[7] 邓仁亮. 光学制导技术 [M]. 北京:国防工业出版社,1994.
[8] 刘隆合,王灿林,李相平. 无线电制导 [M]. 北京:国防工业出版社,1995.
[9] 刘隆合. 多模复合寻的制导技术 [M]. 北京:国防工业出版社,1998.
[10] 娄受春. 导弹制导技术 [M]. 北京:宇航出版社,1989.
[11] 程云龙. 防空导弹自动驾驶仪设计 [M]. 北京:宇航出版社,1996.
[12] 陈玻若. 红外系统 [M]. 北京:国防工业出版社,1995.
[13] 刘永坦. 无线电制导技术 [M]. 长沙:国防科技大学出版社,1988.
[14] 胡寿松. 自动控制原理 [M]. 北京:国防工业出版社,1994.
[15] 程国采. 战术导弹导引方法 [M]. 北京:国防工业出版社,1996.
[16] 杨军,杨晨. 现代导弹制导控制系统设计 [M]. 北京:航空工业出版社,2005.
[17] 胡小平. 自主导航理论及应用 [M]. 长沙:国防科技大学出版社,2002.
[18] 周荻. 寻的导弹新型导引规律 [M]. 北京:国防工业出版社,2002.
[19] 杨卫丽,王祖典. 航空武器的发展历程 [M]. 北京:航空工业出版社,2007.
[20] 向敬成,张明友. 毫米波雷达及其应用 [M]. 北京:国防工业出版社,2005.
[21] 徐南荣,卞南华. 红外辐射与制导 [M]. 北京:国防工业出版社,1997.
[22] 哈得逊. 红外系统原理 [M]. 北京:国防工业出版社,1975.
[23] 穆虹. 防空导弹雷达导引头设计 [M]. 北京:宇航出版社,1996.
[24] SKOLNIK M I. 雷达系统导论 [M]. 左群声,徐国良,马林,等译. 北京:电子工业出版社,2006.
[25] RICHARDS M A. 雷达信号处理基础 [M]. 邢孟道,王彤,李真芳,等译. 北京:电子工业出版社,2008.
[26] 何友,修建娟,张晶炜,等. 雷达数据处理及应用 [M]. 北京:电子工业出版社,2006.
[27] 肖占中,宋效军. 制导武器精确战 [M]. 北京:海潮出版社,2003.
[28] 刘隆和. 多模复合寻的制导技术 [M]. 北京:国防工业出版社,1998.
[29] 黄建伟. 精确制导技术 [M]. 北京:中国大百科全书出版社,2007.
[30] 袁信,俞济祥,陈哲. 导航系统 [M]. 北京:航空工业出版社,1992.
[31] 于国强. 导航与定位:现代战争的北斗星 [M]. 北京:国防工业出版社,2000.
[32] BROTTING K R. Inertial Navigation Systems Analysis [M]. New York:John Wiley & Sons,1997.
[33] 黄德鸣,等. 惯性导航系统 [M]. 北京:国防工业出版社,1986.
[34] LARRY W,et al. Global Positioning Systems:Inertial Navigation,and Integration [M]. NewYork:

John Wiley & Sons, 2007.

[35] DRAPER C S. Origins of Inertial Navigation [J]. Journal of Guidance and Control, 1981, 25 (4): 449-463.

[36] FARRELL J A, BARTH M. The Global Positioning System & Inertial Navigation [M]. New York: McGraw-Hill, 1998.

[37] 张宗麟. 惯性导航与组合导航 [M]. 北京: 航空工业出版社, 2000.

[38] LEFEVRE H C. 光纤陀螺仪 [M]. 张桂才, 王巍, 译. 北京: 国防工业出版社, 2002.

[39] GREENSPAN R L. Inertial Navigation Technology from 1970-1995 [J]. Navigation, 1995, 42 (1): 165-185.

[40] 陈小明. 高精度GPS动态定位的理论和实践 [D]. 武汉: 武汉测绘科技大学, 1997.

[41] 段志勇. GPS航姿系统及多天线GPS惯性组合技术研究 [D]. 南京: 南京航空航天大学, 2000.

[42] 刘基余. GPS卫星导航定位原理与方法 [M]. 北京: 科学出版社, 2003.

[43] 王惠南. GPS卫星原理与应用 [M]. 北京: 科学出版社, 2003.

[44] LOGSDON T. The NAVSTAR Global Positioning System [M]. New York: Van Nostrand Reinhold, 1992.

[45] 刘基余, 李征航, 王跃虎, 等. 全球定位系统及其应用 [M]. 北京: 测绘出版社, 1992.

[46] 高星伟. GPS/GLONASS网络RTK的算法研究与程序实现 [D]. 武汉: 武汉大学, 2002.

[47] 柳响林. 精密GPS动态定位的质量控制与随机模型精化 [D]. 武汉: 武汉大学, 2002.

[48] TSUI J B. Fundamentals of Global Positioning System [M]. 2nd ed. New York: Wiley, 2005.

[49] SEEBER G. Satellite Geodesy: Foundation, Methods, and Applications [M]. Berlin: Walter de Gruyter, 1993.

[50] RODDY D. Satellite Communications [M]. 2nd ed. New York: McGraw-Hill, 1989.

[51] 秦永元. 卡尔曼滤波与组合导航原理 [M]. 西安: 西北工业大学出版社, 1998.

[52] 耿延睿. GPS/SINS组合系统算法与工程设计研究 [D]. 北京: 北京航空航天大学, 2001.

[53] 董绪荣, 张守信, 华仲春. GPS/INS组合导航定位及其应用 [M]. 长沙: 国防科技大学出版社, 1998.

[54] 何秀凤. GPS/INS组合导航系统抗差滤波器设计 [J]. 测绘学报, 1998, 27 (2): 177-184.

[55] BUECHLER D, et al. Integration of GPS and Strap Down Inertial Subsystems into Single Unit Navigation [J]. Journal of the Institution of Navigation, 1987, 34 (2): 140-159.

[56] WEI M, et al. Testing a Decentralized Filter for GPS/INS Integration [C]. Proceedings of IEEE PLANS' 90, 1990, 429-439.

[57] WAGER J F. Aspect of Combining Satellite Navigation and Low-cost Inertial Sensors [M]. Stuttgart: Symposium Gyro Technology, 1996.

[58] 卢晓东. 导弹制导系统原理 [M]. 北京: 国防工业出版社, 2015.

[59] 葛致磊. 导弹导引系统原理 [M]. 北京: 国防工业出版社, 2016.

[60] 李洪儒. 导弹制导与控制原理 [M]. 北京: 科学出版社, 2016.

[61] 高烽. 雷达导引头概论 [M]. 北京: 电子工业出版社, 2010.

[62] 孟秀云. 导弹制导与控制系统原理 [M]. 北京: 北京理工大学出版社, 2003.

[63] 雷虎民. 导弹制导与控制原理 [M]. 北京: 国防工业出版社, 2006.

[64] 宋凯. 红外制导系统 [M]. 西安: 空军工程大学工程学院, 2000.

[65] 刘兴堂. 导弹制导控制系统分析、设计与仿真 [M]. 西安: 西北工业大学出版社, 2006.

[66] 陈佳实. 导弹制导和控制系统的分析与设计 [M]. 北京: 宇航出版社, 1989.

参考文献

[67] 赵育善,吴斌. 导弹引论[M]. 西安:西北工业大学出版社,2000.
[68] 秦永元. 惯性导航[M]. 北京:科学出版社,2006.
[69] 徐德民. 鱼雷自动控制系统[M]. 西安:西北工业大学出版社,2006.
[70] 何爱民. 红外导弹制导系统[M]. 西安:空军工程学院,1982.
[71] 徐南荣. 导弹制导系统(上册)[M]. 北京:北京航空学院,1983.
[72] 王汉清. 导弹制导系统(下册)[M]. 北京:北京航空学院,1984.
[73] 郑志伟. 空空导弹红外导引系统设计[M]. 北京:国防工业出版社,2007.
[74] 吴兆欣. 空空导弹雷达导引系统设计[M]. 北京:国防工业出版社,2007.
[75] 梁晓庚. 空空导弹制导控制系统设计[M]. 北京:国防工业出版社,2006.
[76] COLLINSON R P G. 飞行综合驾驶系统导论[M]. 吴文海,程传金,译. 北京:航空工业出版社,2009.
[77] 邓志红,付梦印,张继伟,等. 惯性器件与惯性导航系统[M]. 北京:科学出版社,2012.
[78] 严利华,姬宪法,梅金国. 机载雷达原理与系统[M]. 北京:航空工业出版社,2010.
[79] 张欣,叶灵伟,李淑华,等. 航空雷达原理[M]. 北京:国防工业出版社,2012.
[80] 于剑桥,文仲辉,梅跃松,等. 战术导弹总体设计[M]. 北京:北京航空航天大学出版社,2010.
[81] 林德福,王晖,王江,等. 战术导弹自动驾驶仪设计与制导律分析[M]. 北京:北京理工大学出版社,2012.
[82] 梁晓庚. 近距格斗空空导弹技术[M]. 北京:航空工业出版社,2018.
[83] 张伟. 新概念武器[M]. 北京:航空工业出版社,2008.
[84] 向红军,苑希超,吕庆敖. 新概念武器弹药技术[M]. 北京:电子工业出版社,2020.
[85]《新概念武器》编委会. 新概念武器[M]. 北京:航空工业出版社,2009.
[86] 李治源,张倩,石志彬. 新概念弹药概论[M]. 北京:兵器工业出版社,2015.